普通高等教育“十一五”国家级规划教材

普通物理教程之一

力　　学

（第二版）

戚伯云　杨维纮　编著

科学出版社

北　京

内 容 简 介

本书是普通高等教育"十一五"国家级规划教材，是作者在中国科技大学讲授多年的力学讲稿基础上写成的. 本书的特点是用近代物理的观点去审视和组织课程内容，着重阐述力学的基本要领和基本规律，同时注重知识的扩展和深化，书中专设狭义相对论一章，并为当代科技前沿开设了一些窗口和接口，如宇宙大爆炸、当代宇航技术等. 书中各章都配有内容丰富的例题，以利学生对基本要领和规律的理解，培养其分析问题和解决问题的能力. 本书语言平实，由浅入深，重点突出，基本要领准确清晰. 本书内容包括质点运动学、质点动力学、动量守恒定律、机械能守恒定律、角动量守恒定律、质心力学定理、刚体力学、流体力学、机械振动、机械波和狭义相对论.

本书可作为普通高等综合类或师范类大学普通物理力学教材或参考书，也可供大专院校和中学物理教师及物理教学研究工作者参考.

图书在版编目(CIP)数据

力学/戚伯云，杨维纮编著. —2 版. —北京：科学出版社，2008
普通高等教育"十一五"国家级规划教材 · 普通物理教程之一
ISBN 978-7-03-022354-8

Ⅰ. 力…　Ⅱ. ①戚…②杨…　Ⅲ. 力学-高等学校-教材　Ⅳ. O3

中国版本图书馆 CIP 数据核字(2008)第 090880 号

责任编辑：昌　盛 / 责任校对：曾　茹
责任印制：吴兆东 / 封面设计：陈　敬

科学出版社 出版
北京东黄城根北街 16 号
邮政编码：100717
http://www.sciencep.com
北京富资园科技发展有限公司印刷
科学出版社发行　各地新华书店经销
*
2008 年 7 月第　一　版　开本：720×1000　1/16
2024 年 9 月第八次印刷　印张：19 3/4
字数：370 000

定价：39.00 元

（如有印装质量问题，我社负责调换）

序

今年是世界物理年.中国科学技术大学的几位教授编写的这套普通物理教材即将与读者见面,是对物理年的一份厚礼.

物理学是整个近代科学技术的基础,它是培养和提高学生科学素质、创新思维方法和科学研究能力的重要基础课. 中国科学技术大学创办几十年来,培养出了大批的优秀人才,他们基础厚实、思维活跃、具有开拓精神、后劲足,受到了国内外用人单位的称赞.科大办学的成功经验之一就是科大自创办以来一直十分重视数学、物理等基础课教学. 几十年来科大积累了丰富的基础课教学经验,编写这一套普通物理教材的几位教授他们都已在科大执教几十年,他们一边从事教学,一边从事科研,这一套教材是他们几十年教学成果的结晶. 在这套书中作者较好地处理了下面几个关系:

一、较好地处理了经典物理和近代物理的关系. 在书中他们强调经典物理的基本理论和基本规律的系统性和完整性,但尽量砍去枝蔓、压缩篇幅,同时对内容结合紧密又较易延伸的有关近代物理内容增加了有关章节和段落.

二、较好地处理了理论联系实际的关系. 在保持物理学基本规律和基本理论的系统性的同时,在选择例题和习题时,作为基本原理和基本规律的应用,尽可能联系实际,特别是增加与近代高技术相联系的内容.

三、较好地处理物理和数学的关系. 作为普通物理,他们既重视了物理图像、物理概念的阐述,同时也具有一定的数学深度,以提高学生解决实际问题的能力.

四、较好地处理传播知识和培养学生素质之间的关系. 在书中他们注重了培养学生的科学素质和创新力思维方法的培养,使学生逐步领悟和掌握物理学中每解决一个关键问题时,如何提出问题、建立模型、发现规律、创立理论等一整套思维方法和实验分析手段,使学生既要看到物理学发展史中科学家的作用,又要懂得科学的发展是一个继承和积累的过程.在书中介绍了一些重要科学家在为科学做出重大贡献时所表现出来的特殊品格和献身精神,使学生得到启迪.

今天,这套书与读者见面了,我对科大几十年来物理教学的这一成果感到由衷的高兴,盼望今后更多的好教材层出不穷.

杨国桢

2005 年 11 月

目　录

第 1 章　质点运动学

物质世界存在着各种各样的运动形式，其中机械运动是最基本最直观的运动形态. 经典力学就是研究机械运动所遵循的客观规律. 通常把力学分为运动学、动力学和静力学. 运动学只描述物体的运动，不涉及引起运动和改变运动的原因；动力学则研究物体的运动与物体间的相互作用的内在联系；静力学研究物体在相互作用下的平衡问题.

本章讨论质点运动学. 运动学的任务是描述物体的位置随时间的推移而变动. 它不涉及运动改变的原因，也不涉及物体相互作用和运动的关系. 质点运动学是整个力学的基础，力学的根本任务是研究物体的机械运动，就是要讨论物体的位置随时间的变化. 在这一章中我们要讨论用什么样的物理量才能完整的描述物体的运动，寻求这些物理量之间的相互关系，最后讨论相对运动，引入伽利略变换和相对性原理.

数学是物理学的语言，没有一定的数学高度就没有物理学的深度. 牛顿正是因为力学的需要而发明微积分的. 矢量这一数学工具的引入能使力学规律的描述简明且不依赖坐标系的选择，将矢量和微积分结合起来刻画运动，既简明、准确又具普遍性. 我们就是用这种方法来研究运动学并贯穿本教程的始终.

1.1　时间和空间

日月经天，江河行地，飞禽走兽，车水马龙，春夏秋冬，草木枯荣……宇宙间万物无不在运动变化之中. 先哲们正是在对自然现象和天体运动的观察和感悟中，逐渐形成时间与空间概念，随时间而在空间中变化的现象，一概被言之为运动，常言道，流水年华，光阴似箭，斗转星移，一晃五十年，如白驹过隙……由此可见，与运动图像相比，空间概念对于人们较为抽象，而时间概念就更为抽象了，人们好用具体形象的运动的空间图景来形容时间. 时空概念起源于运动，起源于人们对运动的观察和感悟，一旦形成了概念，时间与空间便超脱于运动，而成为独立的两个物理量，用以描述运动，将人们对物体运动的认识从最初的直观的唯象的水平，提高到定量的、清晰的、可分析的境界，因此，时空概念被首选为本章运动学之开篇.

如果用极简练的语言定义时间与空间，那可采取如下的一种表述：时间与空间表示事物之间的次序——时间描述事件的先后顺序，空间描述物体的位形，表示物体分布的秩序.

1.1.1 时间单位与基准

在国际单位制中时间的单位为秒，记作 s. 最早，人们是利用地球自转运动来计量时间的，其基本单位是平太阳日. 19 世纪末，将一个平太阳日的 1/86400 作为 1 秒，被称为世界时秒. 由于地球的自转存在着不规则变化，并有长期减慢的趋势，使得世界时秒逐年变化，不能保持恒定. 按此定义复现秒的准确度只能达到 1×10^{-8}. 随着科学技术的不断发展，及其对计时准确度要求的日益提高，关于秒的定义曾有过两次重大修改.

第一次是 1960 年，国际计量大会决定采用以地球公转运动为基础的历书时秒，作为时间单位，其措辞是"将 1900 年初附近，太阳的几何平黄经为 279°41′48.04″的瞬间作为 1900 年 1 月 1 日 0 时整，从该时刻起算的回归年的 1/31556925.9747 作为 1 秒". 换句话说，一回归年等于 31556925.9747 秒，按此定义复现秒的准确度提高到 1×10^{-9}.

第二次是 1967 年，国际计量大会决定采用原子秒定义取代历书秒定义，其措辞是"秒是铯-133 原子基态的两个超精细能级之间跃迁相对应的辐射的 9192631770 个周期所持续的时间". 按此定义复现秒的准确度已优于 1×10^{-13}. 原子在发生能级间跃迁时以电磁波形式辐射或吸收能量，该电磁波的频率或周期精确地与原子微观结构相对应，因而极为稳定，人们利用这一特性制成了各种各样性能优异的原子钟，其中实验室型铯束原子钟，具有最高的准确度和长期稳定度，是复现原子秒定义的时间频率基准器.

用选定的某一特定时刻作为原点，用选定的时间单位"秒"进行连续不断的积累，就构成了一个时间参照坐标系——时标. 原子时标是由连续不断工作着的原子钟得到的. 以各国有关研究所运转的原子钟读数为依据，进行加权平均而建立的时标被称作国际原子时(TAI)，它的起点是 1958 年 1 月 1 日 0 时 0 分 0 秒.

一些典型的时间尺度如表 1.1 所示.

表 1.1 自然界中的时间量级

(1) 人体心律周期	约 0.8s
(2) 太阳光传播到地球的时间	约 5×10^{2}s
(3) 地球上出现猿人的时间距今	约 4×10^{2} 万年
(4) 侏罗钯(亦称恐龙世纪)距今	约 0.5 亿～1.5 亿年
(5) 地球上出现生物的时间距今	约 3.5 亿年
(6) 地球年龄	约 46 亿年
(7) 太阳年龄	约 50 亿年
(8) 宇宙年龄	约 150 亿年
(9) 电子寿命	大于 10^{22}年
(10) 人眼视觉弛豫时间	约 0.1s
(11) 人体感觉神经脉冲间隔	约 1ms(毫秒)，$1\text{ms}=10^{-3}\text{s}$
(12) 普通气体光源原子发光持续时间	约 1ns(纳秒)，$1\text{ns}=10^{-9}\text{s}$
(13) 当今超短激光脉冲宽度	已达 5fs(飞秒)，$1\text{fs}=10^{-15}\text{s}$
(14) 顶夸克寿命	约 10^{-24}s

1.1.2　长度的单位与基准

在现行国际单位制中长度的单位为米，记作 m，其实物基准是一根铂铱米尺，亦称国际米原器，它是一根横截面近似 H 形的尺子，保存在标准大气压下，水平地置放于相距 571mm 的两个圆柱上，圆柱直径约 1cm，这是 1889 年第一届国际计量大会上批准建立的. 在 1927 年第七届国际计量大会上对米定义作了严格的规定，其措词是"国际计量局保存的铂铱米尺上所刻两条中间刻线的轴线在 0℃时的距离". 按此定义的米，其不确定度为 1×10^{-7}. 长度的实物基准在稳定性和安全性方面有着诸多潜在的弊端. 随着科学技术的不断发展及其对长度计量精度要求的日益提高，关于米的定义曾有过两次重大更改.

第一次是在 1960 年，第十一届国际计量大会时米的定义作了更改，其措辞是"米的长度等于氪-86 原子的 $^2p_{10}$ 和 $^5d_5$ 能级之间跃迁的辐射在真空中波长的 1650763.73 倍". 这一更改意味着以这一特定的光波波长作为尺度而标定长度单位米，这标志着人类将米定义的实物基准转化为自然基准，自然基准具有实物基准无可比拟的优越性. 按此定义的米，其不确定度为 $\pm4\times10^{-9}$. 这是因为氪-86 的这一特定谱线虽然单色性极好，毕竟还是有个谱线宽度. 米定义被更改后，国际米原器仍按原规定的条件保存在巴黎的国际计量局. 此后又出现了多种激光，它们具有很高的频率稳定度和复现性，与氪-86 波长比，它们波长更易复现，精度有望进一步提高. 于是，在 1973 年和 1979 年两次国际米定义咨询委员会会议上，先后推荐了 4 种稳定激光的波长值，同氪-86 的波长值并列使用，具有同等的准确度.

第二次是在 1983 年，第十七次国际计量大会上通过了米的新定义. 鉴于在这之前的 10 年间，光学测量技术领域的一个突出进展是精确地测量了从红外波段直至可见光波段的各种谱线的频率值. 根据甲烷谱线的频率值和波长值，获得真空中的光速值 $c=299792458\text{m/s}$，这个值是非常精确的. 因此，人们又决定将此光速值取为定义值. 而长度的定义则由时间与 c 值的乘积来导出，这是一个十分明智的方案. 于是，当年的那个大会上正式通过了长度单位米的新定义，其措辞是"米是 1/299792458 秒的时间间隔内光在真空中行程的长度". 上述氪-86 等 5 种稳定辐射波长，便成为米新定义的最好复现者，又及，真空光速值从今以后就是一个定值了，再也不会随测速方法和技术的改进而不断修正，这为天文学家和大地测绘专家解除了长期以来的烦恼.

一些典型的空间尺度如表 1.2 所示.

表 1.2　自然界中的长度量级

(1) 成人身高	1～2m
(2) 珠峰海拔高度	约 9km(千米)
(3) 地球半径	6371km

续表

(4) 月球直径	3477km
(5) 太阳直径	14×10^5km
(6) 日地距离	15×10^6km
(7) 1光年	约 9.5×10^{12}km
(8) 现代宇宙视界	为150亿光年≈10^{22}km
(9) 人眼瞳孔直径	为2～6mm(毫米),1mm=10^{-3}m
(10) 可见光波长	为0.4～0.7μm(微米),1μm=10^{-6}m
(11) 人体神经纤维直径	1～20μm(微米)
(12) 原子半径	为0.1nm(纳米),1nm=10^{-9}m
(13) 原子核半径	约1fm(飞米),1fm=10^{-15}m

1.2 质点和参考系

1.2.1 质点

在物理学中,为了突出研究对象的主要性质,暂不考虑一些次要的因素,经常引入一些理想化的模型来代替实际的物体."质点"就是一个理想化的模型.

在研究机械运动时,物体的形状和大小是千差万别的.对有些场合(如落体受到空气的阻力问题),物体的形状和大小是重要的;但在很多问题中,这些差别对物体的运动的影响不大.若不涉及物体的转动和形变,只研究它的平动部分,就可以忽略它的形状和大小,把它简化为一个具有质量的点(即质点)来处理.例如,人们常把单摆的摆球、在电场中运动的带电粒子等当作质点.又如,同是地球,在研究它绕日公转时,可以将它看作质点;在研究它的自转问题时,就不能把它当作质点处理了.此外,当我们研究一些比较复杂的物体(如刚体、流体)运动时,虽然不能把整个物体看成质点,但在处理方法上可把复杂物体看成由许多质点组成,在解决质点运动问题的基础上来研究这些复杂物体的运动.

质点突出了"物体具有质量"、"物体占有位置"这两个最重要的特征.

1.2.2 参考系

在力学范围内所说的运动,是指物体位置的变更.宇宙中的一切物体都处于永恒的运动之中,绝对静止的物体是不存在的.显然,一个物体的位置及其变更,总是相对于其他物体而言的,否则就没有意义,这便是机械运动的相对性.因此,为了描述一个物体的运动情形,必须选择另一个运动物体或几个相互间保持静止的物体群作为参考物.只有先确定了参考物,才能明确地表示被研究物体的运动情形.研究物体运动时被选作参考物的物体或物体群,称为参考系.例如,研究地球相对于太阳的运动,常选择太阳作参考系;研究人造地球卫星的运动,常选择地球作参考系；研究河水的流动，常选择地面作参考系等.

在描述质点如何运动的问题中，也仅仅在这样的问题中，参考系原则上是可以任意选择的. 对于物体的同一个运动，选择不同的参考系，对运动的描述是不同的. 例如，人造地球卫星的运动，若以地球为参考系，运动轨道是圆或椭圆；若以太阳为参考系，运动轨道是以地球公转轨道为轴线的螺旋线. 那么，在研究物体运动时，究竟应该选择哪个物体或物体群作为参考系呢？这要根据问题的性质、计算和处理上的方便来决定. 在上述人造地球卫星的例子中，显然选择地球中心作参考系比选择太阳作参考系要方便得多，结论也要简洁得多. 在题意和问题性质允许的情况下，可选择使问题的处理尽量简化的参考系.

参考系选定后，为了把运动物体在每一时刻相对于参考系的位置定量地表示出来，就要在参考系上建立适当的坐标系，以便实现对物体运动作定量化的解析描述. 坐标系的原点可取在参考系的一个固定点上. 常用的坐标系是直角坐标系，它是由三条标有刻度并相互垂直的坐标轴相交于坐标原点所构成的. 另外还有平面极坐标系、自然坐标系等，后面我们将分别加以讨论.

参考系的选择是任意的，对于同一个质点的位置，用不同参考系来描写时，则具有不同的位置矢量. 就这一点，我们可以说，位置是具有相对性的物理量.

由于时间和空间的不可分割性，参考系上还应有一个钟，作为测量时间的标准. 在牛顿力学中，虽然时间间隔被认为是绝对的，但各个参考系的时间原点还是可以不同的.

1.3　描述质点运动的物理量

1.3.1　位置矢量和轨道方程(也称运动方程)

图 1.1 中的点 P 代表我们所讨论的质点，点 O 代表参考系上的一个固定点，以后建立坐标系时坐标原点就取在这里. 用什么物理量来描述质点 P 的位置呢？质点 P 在任意时刻的位置，可用从点 O 到点 P 所引的有向线段 $\overrightarrow{OP}$ 来表示. $\overrightarrow{OP}$ 可用一个矢量 $\boldsymbol{r}$ 来代表，这个矢量 $\boldsymbol{r}$ 就称为质点 P 的**位置矢量**，简称**位矢**. 位置矢量既然是矢量，就一定包含了质点位置的两个方面的信息，一是质点 P 相对参考系上固定点 O 的方位，二是质点 P 相对参考系上固定点 O 的距离大小. 这正是矢量所具有的两个基本特征. 以后我们都用黑斜体字母代表矢量.

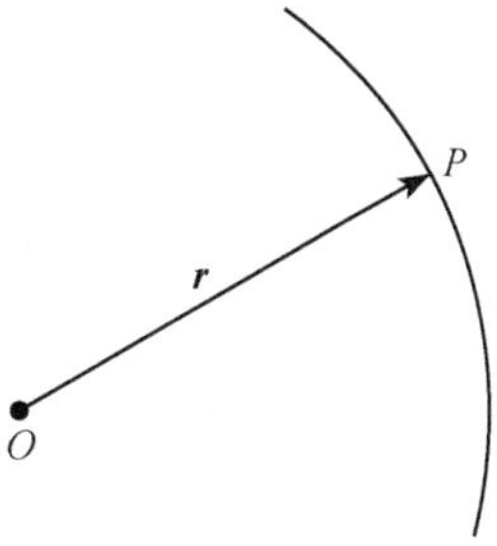

图 1.1

质点在运动，位置在变化，则表示质点位置的位置矢量 $\boldsymbol{r}$ 必定随时间在改变.

也就是说，位置矢量 $\boldsymbol{r}$ 是时间 t 的函数，即

$$\boldsymbol{r} = \boldsymbol{r}(t) \tag{1.1}$$

上式称为质点运动的轨道参量方程，即质点的**运动学方程**，它不仅给出了质点运动的轨迹，也给出了质点在任意时刻所处的位置. 一旦得到运动学方程，质点的全部情况了如指掌.

1.3.2 位移和路程

设质点沿图 1.2 所示的任意曲线 L 在运动. 质点在 t 时刻处于点 A，其位置矢量为 $\boldsymbol{r}_A$，经过 Δt 时间，质点到达点 B，位置矢量为 $\boldsymbol{r}_B$. 在此过程中，质点位置的变更可以用从点 A 到点 B 的有向线段 $\overrightarrow{AB}$ 来表示，或写成 $\Delta\boldsymbol{r}$，称为质点由 A 到 B 的**位移**. 位移 $\Delta\boldsymbol{r}$ 是矢量，它既表示质点位置变更的大小(点 A 与 B 之间的距离)，又表示这种变更的方向(点 B 相对于点 A 的方位). 由矢量运算法则可以看出

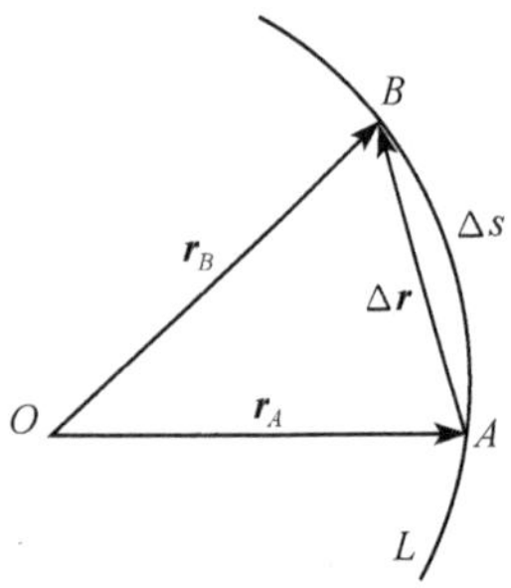

图 1.2

$$\Delta\boldsymbol{r} = \boldsymbol{r}_B - \boldsymbol{r}_A \tag{1.2}$$

上式表示：质点从点 A 到点 B 所完成的位移 $\Delta\boldsymbol{r}$，等于点 B 的位置矢量 $\boldsymbol{r}_B$ 与点 A 的位置矢量 $\boldsymbol{r}_A$ 之差.

质点在 Δt 时间内所经过的路程，是曲线 AB 的长度，写作 Δs，是标量. 显然，路程 Δs 与位移 $\Delta\boldsymbol{r}$ 是不同的. 在一般情况下，位移矢量的模 $|\Delta\boldsymbol{r}|$ 是不等于路程 Δs 的，只有在质点作单方向直线运动时，它们才相等. 如果发生位移和路程的时间 Δt 无限地缩短，$|\Delta\boldsymbol{r}|$ 和 Δs 将逐渐接近，在极限情况下，下式成立：

$$\lim_{\Delta t\to 0} |\Delta\boldsymbol{r}| = \lim_{\Delta t\to 0}\Delta s \tag{1.3}$$

尽管如此，质点的位移和路程毕竟是两个不同的物理量. 位移 $\Delta\boldsymbol{r}$ 的运算遵从矢量运算的法则，也就是平行四边形定则. 如果质点沿着任意闭合曲线从点 A 出发，经过点 B、C、D 到达点 E，如图 1.3 所示，那么质点运动的位移 $\Delta\boldsymbol{r}$ 可表示为

$$\Delta\boldsymbol{r} = \boldsymbol{r}_E - \boldsymbol{r}_A = \Delta\boldsymbol{r}_1 + \Delta\boldsymbol{r}_2 + \Delta\boldsymbol{r}_3 + \Delta\boldsymbol{r}_4$$

而质点运动的路程 Δs 则应表示为曲线 AB、BC、CD、DE 的长度之和，即

$$\Delta s = AB + BC + CD + DE$$

如果质点沿上述曲线继续运动，从点 E 又回到了点 A，如图 1.4 所示，则在这整个过程中. 质点运动的位移显然为零，即

$$\Delta\boldsymbol{r} = \Delta\boldsymbol{r}_1 + \Delta\boldsymbol{r}_2 + \Delta\boldsymbol{r}_3 + \Delta\boldsymbol{r}_4 + \Delta\boldsymbol{r}_5 = 0$$

而与此相应的路程，显然等于整个闭合曲线的周长，即

$$\Delta s = AB + BC + CD + DE + EA$$

位移和路程的单位相同，在国际单位制中为 m.

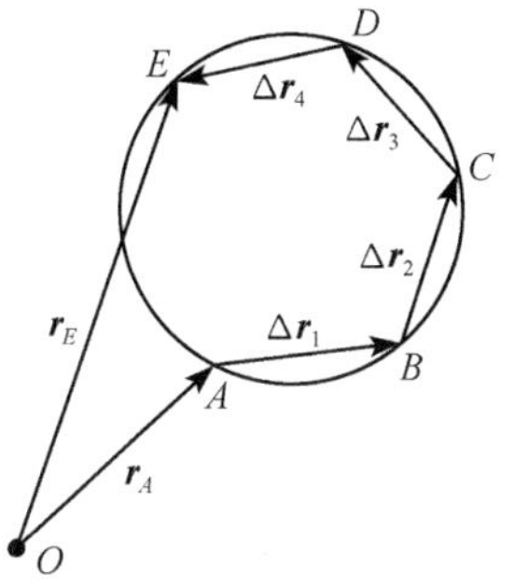

图 1.3

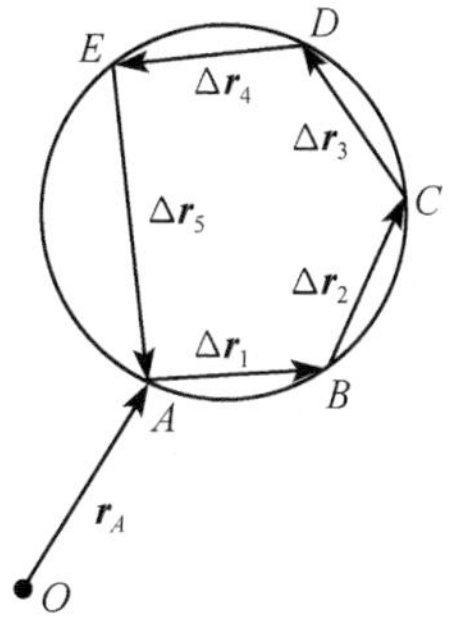

图 1.4

1.3.3　速度与速率

1. 平均速度和平均速率

在一般情况下，质点运动的方向和运动的快慢在各个时刻或者在各个位置上是不同的. 为了大致地描述质点运动的方向和运动的快慢，我们首先引入平均速度的概念.

如果质点在 Δt 时间内的位移为 $\Delta \boldsymbol{r}$，则质点的平均速度 $\bar{\boldsymbol{v}}$ 定义为

$$\bar{\boldsymbol{v}}=\frac{\Delta \boldsymbol{r}}{\Delta t} \tag{1.4}$$

平均速度是矢量，这个矢量的大小决定于位移的模 $|\Delta \boldsymbol{r}|$ 与所取时间间隔 Δt 的比值. 这个矢量的方向与位移矢量 $\Delta \boldsymbol{r}$ 的方向相同. 由图 1.5 可以看出，位移 $\Delta \boldsymbol{r}$ 的方向与所取时间间隔 Δt 的大小有密切关系. 在 t 时刻，质点处于点 A，如果经过时间间隔 $\Delta t'$，质点到达点 B'，位移为 $\Delta \boldsymbol{r}'$，在图 1.5 中由有向线段 $\overrightarrow{AB'}$ 表示. 在这段时间内质点运动的平均速度为

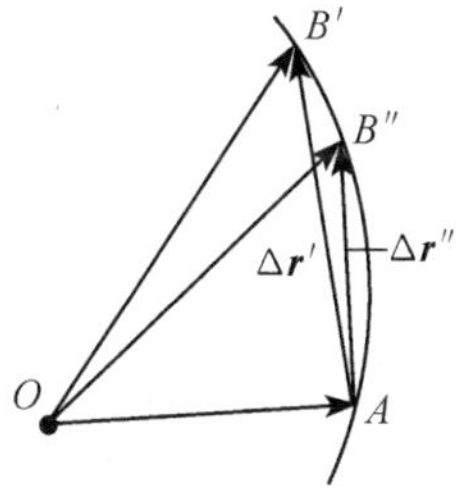

图 1.5

$$\bar{\boldsymbol{v}}'=\frac{\Delta \boldsymbol{r}'}{\Delta t'} \tag{1.5}$$

如果经过的时间间隔为 $\Delta t''$，质点从点 A 到达点 B''，位移为 $\Delta \boldsymbol{r}''$，在图 1.5 中由有向线段 $\overrightarrow{AB''}$ 表示. 那么在这段时间内，质点运动的平均速度为

$$\bar{\boldsymbol{v}}=\frac{\Delta \boldsymbol{r}''}{\Delta t''} \tag{1.6}$$

显然，$\bar{\boldsymbol{v}}'$ 和 $\bar{\boldsymbol{v}}''$ 这两个平均速度，不但大小不同，方向也不同.

由此可见，平均速度的大小和方向在很大程度上依赖于所取时间间隔的大小. 但是，时间间隔应该取多大？平均速度概念本身并没有加以限定. 所以，当使用平均速度来表征质点运动时，总要指明相应的时间间隔.

我们把质点所经过的路程 Δs 与所需时间 Δt 的比值

$$\bar{v}=\frac{\Delta s}{\Delta t} \tag{1.7}$$

称为质点在 Δt 时间内的平均速率. 平均速率是标量，它等于质点在单位时间内所通过的路程，而不考虑运动方向如何.

平均速率和平均速度是两个不同的概念. 前者是标量，后者是矢量. 另外，它们在数值上也不一定相等，因为当质点沿曲线运动时，$\Delta s \neq |\Delta \boldsymbol{r}|$. 如果在 Δt 时间内，质点沿闭合曲线运行一周，则在这段时间内质点的平均速度等于零，而相应的平均速率却不等于零. 所以，平均速率和平均速度的关系，和路程与位移的关系颇为相似.

2. 瞬时速度和瞬时速率

用平均速度来描述质点的运动是比较粗略的. 因为它只反映在某段时间内或某段路程中质点位置的平均变化. 不能精细地刻画质点在这段时间内发生的运动方向的改变和时快时慢的详细情况.

平均速度与所取的时间间隔有关，时间间隔越短，在这段时间内运动的变化就越不明显，平均速度就越接近于真实速度. 我们定义，平均速度在所取的时间间隔 Δt 趋近于零时极限，就表示质点在某一时刻的**瞬时速度**. 瞬时速度也简称为速度. 数学上可以表示为

$$\boldsymbol{v}=\lim_{\Delta t\to 0}\frac{\Delta \boldsymbol{r}}{\Delta t}=\frac{\mathrm{d}\boldsymbol{r}}{\mathrm{d}t} \tag{1.8}$$

式(1.8)表明，**质点运动的瞬时速度等于质点的位置矢量对时间的微商**. 在历史上，牛顿正是为了处理这类基本的力学问题，促使他创建了微积分学. 这一伟大的创造不仅使人们对运动的认识产生了飞跃，而且也大大丰富了数学本身.

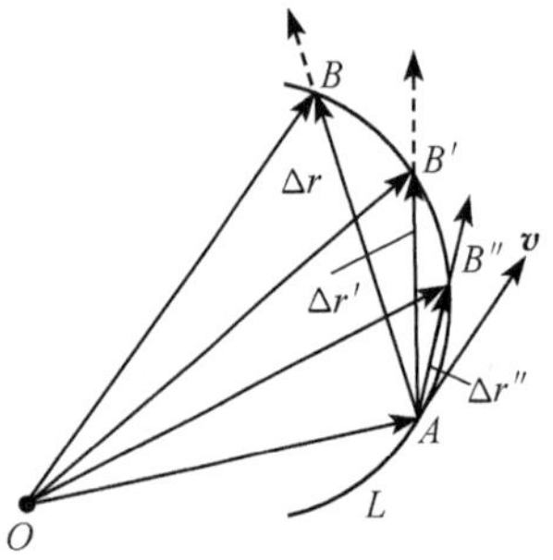

图 1.6

速度是描述物体运动状态的一个十分重要的物理量. 它不仅准确地描述了物体的运动，而且反映在动力学中. 动力学中的三个守恒量：动量、角动量和动能都是与速度有关的物理量.

速度是矢量，它的方向是当 Δt 趋于零时，平均速度或位移的极限方向. 如果质点沿着图 1.5 所示的曲线 c 运动，在 Δt 时间内，质点从点 A 到达点 B，位移为 $\Delta \boldsymbol{r}$，由有向线段$\overrightarrow{AB}$表示. 随着所取时间间隔 Δt 的逐渐缩短，点 B 也逐渐向点 A 靠近如图 1.6 中的 B'、B''等，位移分别变为 $\Delta \boldsymbol{r}'$、$\Delta \boldsymbol{r}''$等. 当 Δt 越于零时，点 B 趋于点 A，位移的方向趋于曲线在点 A 的切线方向. 所以当质点沿任意曲线运动时，质点在曲线某点的速度方向，就

是曲线在该点的切线方向.

我们把 Δt 趋于零时平均速率的极限,定义为质点运动的瞬时速率,或称速率,即

$$v=\lim_{\Delta t\to 0}\frac{\Delta s}{\Delta t}=\frac{\mathrm{d}s}{\mathrm{d}t} \tag{1.9}$$

因为当 Δt 趋于零时,路程的极限等于质点位移矢量的模的极限,所以

$$v=\frac{\mathrm{d}s}{\mathrm{d}t}=\left|\frac{\mathrm{d}\boldsymbol{r}}{\mathrm{d}t}\right|=|\boldsymbol{v}| \tag{1.10}$$

既然速率等于速度的模,即等于速度的大小,所以速率总是正值.

速度和速率具有相同的单位,在国际单位制中为 $\mathrm{m\cdot s^{-1}}$.

1.3.4 加速度

在很多情况下,质点运动的速度是在变化的.速度的变化一般包括速度大小的变化(即速率的变化)和速度方向的变化两部分.在有的运动中,速度的大小随时间在变化,而速度的方向不变,这是变速直线运动的情形;在有的运动中,速度的方向在不断变化,而速度的大小恒定,这是匀速曲线运动的情形;还有的运动,速度的大小和方向都随时间在变化,这是任意的曲线运动的情况.在上述这些运动中,都存在速度随时间变化的问题.为了描述速度随时间的变化,我们引入加速度这个物理量.

设质点沿着图 1.7(a)所示的任意曲线 c 运动,在 t 时刻,质点处于点 A,速度为 $\boldsymbol{v}_A$,在 $t+\Delta t$ 时刻,质点到达点 B,速度为 $\boldsymbol{v}_B$.在 Δt 时间内,速度的增量为

$$\Delta\boldsymbol{v}=\boldsymbol{v}_B-\boldsymbol{v}_A \tag{1.11}$$

式中 $\Delta\boldsymbol{v}$ 可用平行四边形定则求得(图 1.7(b)).显然,矢量 $\Delta\boldsymbol{v}$ 是速度大小的变化和速度方向的变化共同引起的.质点运动的**加速度**定义为

$$\boldsymbol{a}=\lim_{\Delta t\to 0}\frac{\Delta\boldsymbol{v}}{\Delta t}=\frac{\mathrm{d}\boldsymbol{v}}{\mathrm{d}t}=\frac{\mathrm{d}^2\boldsymbol{r}}{\mathrm{d}t^2} \tag{1.12}$$

上式表示,**加速度等于速度对时间的微商,或等于位置矢量对时间的二阶微商.**

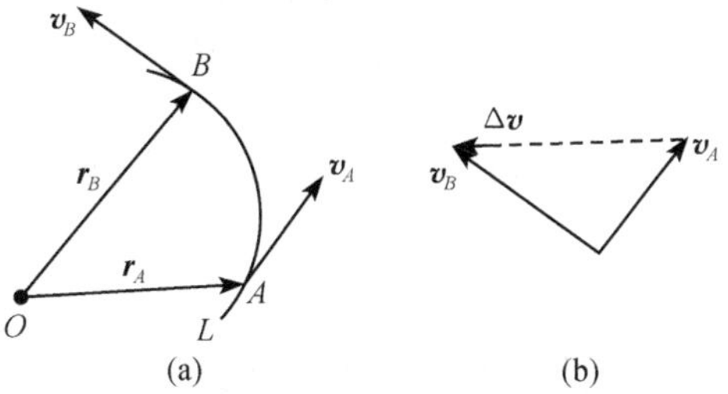

图 1.7

加速度的方向与 Δt 趋于零时 $\Delta\boldsymbol{v}$ 的极限方向一致.当质点沿直线运动时,$\Delta\boldsymbol{v}$ 的极限方向也一定沿着该直线;如果质点作加速度运动,$\boldsymbol{v}$ 的数值不断增大,$\Delta\boldsymbol{v}$

的方向必定与 $\boldsymbol{v}$ 的方向相同，加速度 $\boldsymbol{a}$ 的方向也必定与速度 $\boldsymbol{v}$ 的方向相同；如果质点作减速运动，$\boldsymbol{v}$ 的数值不断减小，$\Delta\boldsymbol{v}$ 的方向必定与 $\boldsymbol{v}$ 的方向相反，加速度 $\boldsymbol{a}$ 的方向也必定与 $\boldsymbol{v}$ 的方向相反. 当质点沿曲线运动时，$\Delta\boldsymbol{v}$ 的极限方向不但决定于质点在速率上是作加速运动还是作减速运动，而且还与曲线的形状有关. 在图 1.8 中，质点在任意两个非常靠近的位置 A 和 B 的速度分别为 $\boldsymbol{v}_A$ 和 $\boldsymbol{v}_B$，将矢量 $\boldsymbol{v}_B$ 平移到点 A，根据平行四边形定则可立即得到 $\Delta\boldsymbol{v}$，于是可以清楚地看到，$\Delta\boldsymbol{v}$ 的极限方向指向曲线的凹侧. 既然加速度 $\boldsymbol{a}$ 的方向与 $\Delta\boldsymbol{v}$ 的极限方向一致，那么加速度 $\boldsymbol{a}$ 的方向也必定指向曲线的凹侧. 质点在任一位置上的加速度与速度之间的夹角 θ 存在下面的规律：

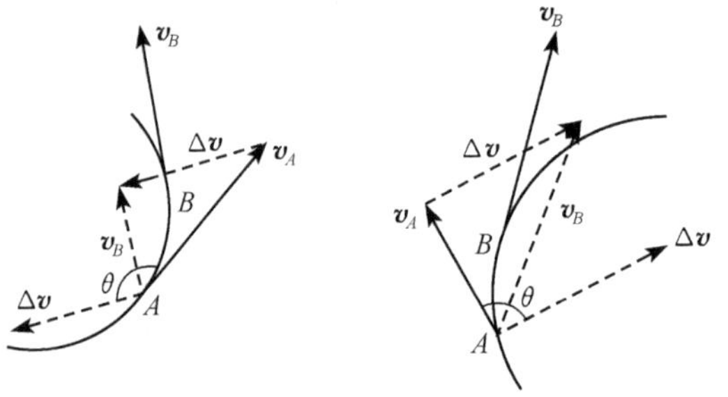

图 1.8

当 $\boldsymbol{v}_A > \boldsymbol{v}_B$ 时，$\theta > \pi/2$，如图 1.8(a)所示；当 $\boldsymbol{v}_A < \boldsymbol{v}_B$，$\theta < \pi/2$，如图 1.8(b)所示. 这表明，当质点作减速运动时，加速度方向与速度方向成钝角；当质点作加速运动时，加速度方向与速度方向成锐角. 由此可以推断，当 $v_A = v_B$ 时，必定有 $\theta = \pi/2$，即当质点作匀速率曲线运动时，加速度的方向与速度的方向相垂直.

在国际单位制中，加速度的单位是 $\mathrm{m \cdot s^{-2}}$（米/秒^2）.

加速度是描述质点运动状态的一个十分重要的物理量，它不仅反映了质点速度变化的情况，知道了加速度随时间的变化规律，再上初始条件，就可以确定任意时刻质点的速度和位置. 此外，加速度是联系质点运动学和动力学的桥梁，在动力学中搞清了质点的受力情况，就能确定其加速度，从而与运动学联系起来了.

1.4 描述质点运动的坐标系

1.4.1 直角坐标系

前面我们已经阐明了描述质点运动必须选择参考系，并用矢量形式写出了位矢、速度与加速度的意义及它们之间的相互关系，对坐标系的选择并没有做任何规定，因而适用于任何坐标系（除位矢可因原点不同而相差一个常矢量外）. 但是，仅有参考系还不能把质点运动时的确切位置定量地表示出来，所以必须在参考系上建立适当的坐标系才能解决这个问题. 此外，物理学中的方程在很多情况下是矢量方程，而矢量方程的求解特别是矢量积分必须先化成分量式才可以进行.所以为了求得物理问题的解析解,建立坐标系是十分重要的.下面几节将对于不同的坐标系做具体的讨论.

最常用的坐标系是直角坐标系.

1. 直角坐标系

在参考系上取一固定点作为坐标原点 O,过点 O 画三条相互垂直的带有刻度的坐标轴,即 x 轴、y 轴和 z 轴,就构成了直角坐标系 $Oxyz$.通常采用的直角坐标系属右手系,即当右手四指由 x 轴方向沿小角度转向 y 轴方向时,伸直的拇指则指向 z 轴的正方向.

如果图 1.9 中的点 P(其坐标为 x、y 和 z)代表我们所讨论质点在某时刻的位置,那么从坐标原点 O 向点 P 所引的有向线段就是质点在该时刻的位置矢量 $\boldsymbol{r}$.由矢量运算法则,位置矢量 $\boldsymbol{r}$ 可以表示为

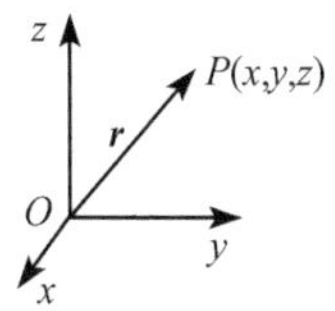

图 1.9

$$\boldsymbol{r} = x\boldsymbol{i} + y\boldsymbol{j} + z\boldsymbol{k} \tag{1.13}$$

式中 $\boldsymbol{i}$、$\boldsymbol{j}$ 和 $\boldsymbol{k}$ 分别是 x、y 和 z 方向的单位矢量.位置矢量 $\boldsymbol{r}$ 的大小可由下式决定:

$$\boldsymbol{r} = |\ \boldsymbol{r}\ | = \sqrt{x^2 + y^2 + z^2} \tag{1.14}$$

位置矢量 $\boldsymbol{r}$ 的方向可用它的方向余弦来表示

$$\cos\alpha = \frac{x}{r},\quad \cos\beta = \frac{y}{r},\quad \cos r^2 = \frac{z}{r} \tag{1.15}$$

这三个方向余弦存在下面关系:

$$\cos^2\alpha + \cos^2\beta + \cos^2 r = 1 \tag{1.16}$$

质点运动的轨道参量方程式(1.1)可以写成分量形式

$$\left.\begin{aligned} x &= x(t) \\ y &= y(t) \\ z &= z(t) \end{aligned}\right\} \tag{1.17}$$

原则上,从上式消去参变量 t,可以得到质点运动的轨道曲线的方程式.

将位置矢量的表达式(1.13)代入速度的定义式(1.8)可得

$$\boldsymbol{v} = \frac{\mathrm{d}\boldsymbol{r}}{\mathrm{d}t} = \frac{\mathrm{d}x}{\mathrm{d}t}\boldsymbol{i} + \frac{\mathrm{d}y}{\mathrm{d}t}\boldsymbol{j} + \frac{\mathrm{d}z}{\mathrm{d}t}\boldsymbol{k} = v_x\boldsymbol{i} + v_y\boldsymbol{j} + v_z\boldsymbol{k} \tag{1.18}$$

式中 v_x, v_y, v_z 分别是速度 v 的三个分量

$$v_x = \frac{\mathrm{d}x}{\mathrm{d}t},\quad v_y = \frac{\mathrm{d}y}{\mathrm{d}t},\quad v_z = \frac{\mathrm{d}z}{\mathrm{d}t} \tag{1.19}$$

速度的大小可以表示为

$$v = |\boldsymbol{v}| = \sqrt{v_x^2 + v_y^2 + v_z^2} \tag{1.20}$$

将速度矢量和位置矢量的表达式代入加速度的定义式(1.12),可得

$$\begin{aligned} \boldsymbol{a} &= \frac{\mathrm{d}v_x}{\mathrm{d}t}\boldsymbol{i} + \frac{\mathrm{d}v_y}{\mathrm{d}t}\boldsymbol{j} + \frac{\mathrm{d}v_z}{\mathrm{d}t}\boldsymbol{k} \\ &= \frac{\mathrm{d}^2x}{\mathrm{d}t^2}\boldsymbol{i} + \frac{\mathrm{d}^2y}{\mathrm{d}t^2}\boldsymbol{j} + \frac{\mathrm{d}^2z}{\mathrm{d}t^2}\boldsymbol{k} \\ &= a_x\boldsymbol{i} + a_y\boldsymbol{j} + a_z\boldsymbol{k} \end{aligned} \tag{1.21}$$

式中 a_x、a_y、a_z 为加速度矢量 $\boldsymbol{a}$ 的三个分量,它们分别表示如下:

$$\begin{cases} a_x = \dfrac{\mathrm{d}v_x}{\mathrm{d}t} = \dfrac{\mathrm{d}^2x}{\mathrm{d}t^2} \\ a_y = \dfrac{\mathrm{d}v_y}{\mathrm{d}t} = \dfrac{\mathrm{d}^2y}{\mathrm{d}t^2} \\ a_z = \dfrac{\mathrm{d}v_3}{\mathrm{d}t} = \dfrac{\mathrm{d}^2z}{\mathrm{d}t^2} \end{cases} \tag{1.22}$$

加速度的大小为

$$a = |\boldsymbol{a}| = \sqrt{a_x^2 + a_y^2 + a_z^2} \tag{1.23}$$

2. 抛体运动

抛体运动是在日常生活中经常遇到的运动,它是物体在竖直平面内二维空间的运动. 在抛体运动中的加速度就是重力加速度 g,它的大小恒定,方向向下. 现在我们采用平面直角坐标系来加以讨论. 现假设物体以初速度 v_0 沿与水平方向成 θ_0 角的方向抛出,忽略空气的影响,我们来讨论物体运动的轨道方程、射程、飞行时间和所能到达的最大高度.

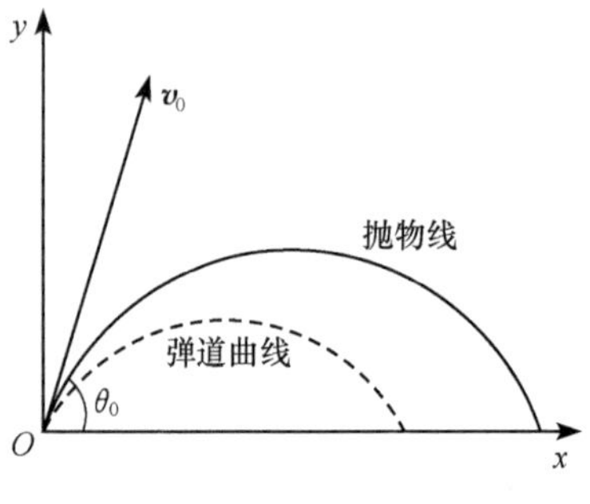

图 1.10

首先我们来建立坐标系,如图 1.10 所示,取抛射点 O 为平面直角坐标系的原点 O,x 轴水平向右,y 轴垂直向上. 于是物体的运动可以看作为 x 方向的匀速直线运动和 y 方向的匀加速直线运动的叠加.

在 x 方向上

$$a_x = 0, \quad v_x = v_0\cos\theta_0, \quad x = (v_0\cos\theta_0)t \tag{1.24}$$

在 y 方向上

$$a_y = -g, \quad v_y = v_0\sin\theta_0 - gt, \quad y = (v_0\sin\theta_0)t - \frac{1}{2}gt^2 \tag{1.25}$$

从 x 和 y 的表达式中消去参变量 t,就可得到抛体运动的轨道方程

$$y = (\tan\theta_0)x - \frac{g}{2(v_0\cos\theta_0)}x^2$$

这是一个抛物线方程，所以忽略空气阻力的抛体运动的轨迹是抛物线. 在轨迹方程中令 $y=0$，得

$$(\tan\theta_0)x - \frac{g}{2(v_0\cos\theta_0)^2}x^2 = 0$$

这个方程有两个解，一个是 $x_1=0$，这是抛射点的位置；另一个解是 $x_2=\frac{v_0^2}{g}\sin^2\theta$，这就是射程. 由射程的表达可看到，当抛射角 $\theta_0=\frac{\pi}{4}$时，射程为最大.

将射程代入式(1.24)，得物体在空间的飞行时间 $t=\frac{x_2}{v_0\cos\theta_0}=\frac{2v_0}{g}\sin\theta_0$.

当物体到达最大高度时，必有 $v_y=0$，于是可求得物体所能到达最大高度所需的时间 $t_1=\frac{v_0}{g}\sin\theta$.

将此式代入式(1.25)，就可求得物体所能到达的最大高度 $H=\frac{v_0^2}{2g}\sin^2\theta$.

在以上的讨论中，我们忽略了空气的影响. 实际上，由于空气的阻力，物体的运动轨道并不是抛物线，而是虚线所示的弹道曲线. 而且物体的实际射程和最大高度都比上述值要小. 例如，以 550m/s 的初速沿$\frac{\pi}{4}$抛射角射出的子弹，按上述公式计算的射程为 30000m 以上，实际上由于空气的阻力，射程不足 8500m.

下面我们讨论一下用矢量法求解抛体运动.

根据上面的讨论，物体的初速度为

$$\boldsymbol{v}_0 = v_0\cos\theta_0\boldsymbol{i} + v_0\sin\theta_0\boldsymbol{j}$$

物体在整个过程中的加速度为 $\boldsymbol{a}=-g\boldsymbol{j}$. 利用这些条件可得到物体在任一时刻的速度

$$\boldsymbol{v} = v_0\cos\theta_0\boldsymbol{i} + (v_0\sin\theta_0 - gt)\boldsymbol{j} \tag{1.26}$$

因 $\boldsymbol{v}=\frac{\mathrm{d}\boldsymbol{r}}{\mathrm{d}t}$，所以 $\boldsymbol{r}=\int_0^t \boldsymbol{v}\mathrm{d}t=(v_0\cos\theta_0)t\boldsymbol{i}+\left[(v_0\sin\theta)t-\frac{1}{2}gt^2\right]\boldsymbol{j}$ 这就是抛体运动方程的矢量表达式. 它清楚地表明：抛体运动是沿 x 方向的匀速直线运动和沿 y 方向的匀变速直线运动叠加而成. 图 1.11 中的矩形 $OA\ PB\ O$ 的对角线即为矢量$\boldsymbol{r}$.

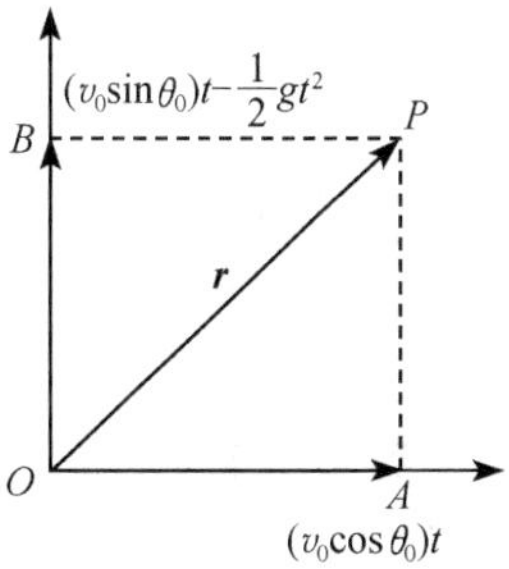

图 1.11

对任一个矢量有不同的分解方法，同样地存在多种叠加法，方程(1.26)也可以表示成

$$\boldsymbol{r}= (v_0\cos\theta_0\boldsymbol{i} + v_0\sin\theta_0\boldsymbol{j})t - \frac{1}{2}gt^2\boldsymbol{j}$$

$$= \boldsymbol{v}_0t - \frac{1}{2}gt^2\boldsymbol{j}$$

这就是说，抛体运动也可以看作沿初速度方向的匀速直线运动和沿竖直方向的自由落体运动的叠加. 抛体运动的这种叠加性可用枪打落靶的实验来演示：子弹发射前瞄准高处 A 的靶子，采取措施使靶子在子弹发射的同时开始自由下落. 那么不管子弹的初速度如何，子弹都能击中靶子. 为什么呢？这是因为子弹做的是抛体运动，子弹和靶子在垂直方向因重力加速度而引起的位移是相同的，都是 $\frac{1}{2}gt^2$. 我们可以这样考虑，若没有重力加速度，靶子就不会掉下来，子弹也必定沿着瞄准的方向以初速 $\boldsymbol{v}_0$ 匀速前进并打中靶子. 这时抛体的位移 $\boldsymbol{r}_1$ 的大小等于 v_0t，其中 t 为抛体从发射点到命中目标 A 点经过的时间.

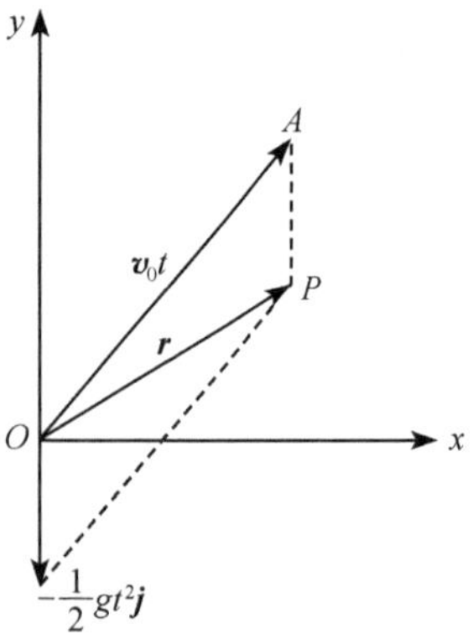

图 1.12

但是实际情况是有重力加速度存在，在 t 时间内，枪弹除了产生位移 $\boldsymbol{r}_1$ 外，还发生因重力加速度而引起的附加位移 $\boldsymbol{r}_2=\frac{1}{2}gt^2\boldsymbol{j}$，物体的总位移如图 1.12 所示，并最终到达 P 点. 与此同时，靶子 A 点自由下落，并经历了位移 $\boldsymbol{r}_2'$，且大小也等于 $\frac{1}{2}gt^2$，并到达 P' 点. 因为 $\boldsymbol{r}_2=\boldsymbol{r}_2'$，所以 P' 点与 P 点重合，于是子弹击中了靶子.

例 1.1　膨胀着下落的球面.

从高空某点 O，以同样大小的初速率 v_0 同时沿不同的方向抛出许多质点. 试证明在任意时刻这些质点都是散处在同一球面上.

解　我们选取直角坐标系，并盯准某一质点 i，设它在 t 时刻的方位角为 α_i、β_i、γ_i. 由于各抛出质点均在重力场中(不计空气阻力)作抛射运动，则质点 i 的运动方程为

$$
\begin{cases}
x_i = v_0t\cos\alpha_i & (1.27)\\
y_i = v_0t\cos\beta_i & (1.28)\\
z_i = v_0t\cos\gamma_i - \dfrac{1}{2}gt^2 & (1.29)
\end{cases}
$$

由题给条件，所求的运动轨迹与个体质点的个体因素，即方位角 α_i、β_i、γ_i 无关，为了消去方位角，利用

$$\cos^2\alpha_i + \cos^2\beta_i + \cos^2\gamma_i = 1 \tag{1.30}$$

联立方程(1.27)～(1.30)，解得

$$x_i^2 + y_i^2 + \left(z_i + \frac{1}{2}gt^2\right) = (v_0t)^2 \tag{1.31}$$

这表明被抛出的任一质点的轨迹是在以$\left(0,0,-\frac{1}{2}gt^2\right)$为球心，以 v_0t 为半径的圆球. 去掉下标 i，上式变为

$$x^2+y^2+\left(z+\frac{1}{2}gt^2\right)^2=(v_0t)^2 \tag{1.32}$$

此即为球心加速下落，同时不断膨胀着的球面.

例 1.2　由光滑钢丝弯成在竖直平面内的一条曲线，一质点穿在此钢丝上，可沿钢丝滑动，如图 1.13 所示. 已知其切向加速度为 $-g\sin\theta$，θ 是曲线切向与水平方向的夹角，设质点初始时位置为(x_0,y_0)，速率为 v_0，试求质点在各处的速率.

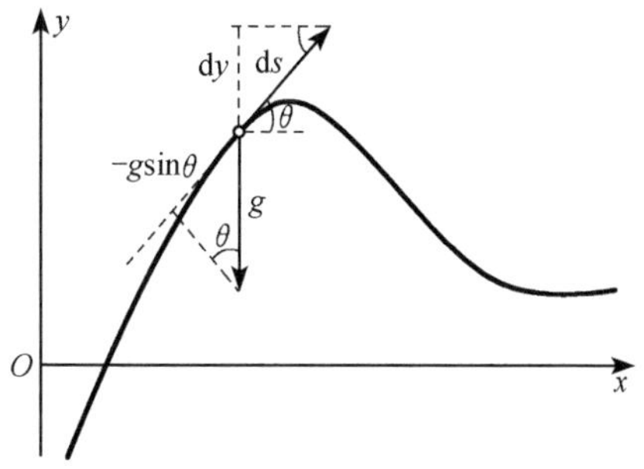

图 1.13

解　取直角坐标系如图 1.13 所示，x 轴与 y 轴分别沿水平与竖直方向. 令 ds 为质点 P 移动的弧长，它在 y 方向的投影为

$$dy=ds\sin\theta,\quad \sin\theta=\frac{dy}{ds}$$

由题给条件，切向加速度

$$a_t=\frac{dv}{dt}=-g\sin\theta$$

由此

$$dv=-g\sin\theta dt=-g\frac{dy}{ds}dt$$

因为 $v=\frac{ds}{dt}$，上式可写成

$$vdv=-gdy$$

两边积分

$$\int_{v_0}^{v}vdv=-g\int_{y_0}^{y}dy$$

得

$$v^2-v_0^2=2g(y_0-y)$$
$$v=\sqrt{v_0^2+2g(y_0-y)}$$

本例题告诉我们，只有切向加速度 a_t 改变速度的大小，好像法向加速度 a_n 在这个问题中完全不起作用. 其实 a_n 是有作用的，它的作用是改变速度的方向，使质点沿钢丝运动. 只不过在曲线给定并光滑的情况下，我们不需要计算它罢了.

1.4.2　平面极坐标系

1. 平面极坐标系

直角坐标系是最常用的坐标系,但若质点做平面运动(如地球绕太阳作椭圆运动——这一类有心力场中的运动),采用平面极坐标系是相当直观与简便的.

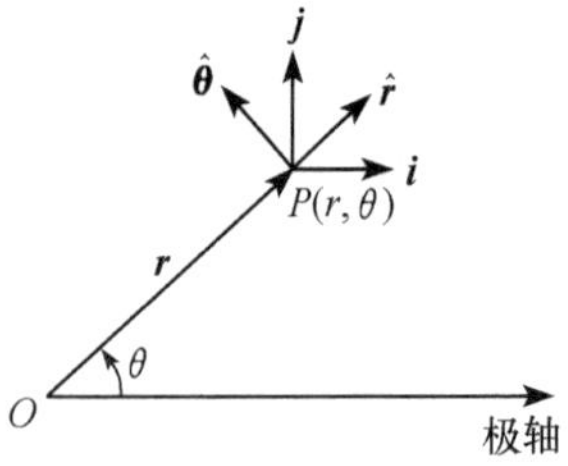

图 1.14

在所研究的平面内,取固定于参考物的一点 O 为原点,称为极点. 过此极点取一条射线,称为极轴,方向始于极点. 这就构成了极坐标系. 在极坐标系里,用 r,θ 两个坐标来表示质点的位置. r 是质点到极点的距离,称为极径,而 θ 则是质点与原点连线同极轴的夹角,如图 1.14 所示. 这里 r 是坐标,不是位矢的大小,但当位矢的原点取在极坐标的极点上时,两者数值相同. 在直角坐标系里,$x=$常量与 $y=$常量的点的轨迹分别是一些与 y 轴、x 轴平行的直线;在极坐标系里,$r=$常量与$\theta=$常量的点的轨迹分别是一些同心圆和辐射线. 在直角坐标系里,沿坐标轴正方向的单位矢量 $\boldsymbol{i}$ 和 $\boldsymbol{j}$ 是常矢量,它们分别表示 x 增加的方向和 y 增加的方向;在极坐标系里,也有两个单位矢量 $\hat{\boldsymbol{r}}$ 和 $\hat{\boldsymbol{\theta}}$,它们分别表示 r 增加的方向(称为径向)和 θ 增加的方向(称为横向). 有一点与直角坐标系相同,就是 $\hat{\boldsymbol{r}}$ 与 $\hat{\boldsymbol{\theta}}$ 两者互相垂直(原点除外,在原点,$\hat{\boldsymbol{r}}$ 和 $\hat{\boldsymbol{\theta}}$ 没有固定的方向),所以直角坐标系与极坐标系都称为正交坐标系,极坐标系是正交曲线坐标系,当然极坐标系并不是唯一的正交曲线坐标系,一些重要的三维正交曲线坐标系有柱坐标系、球坐标系、椭球坐标系、双曲坐标系等,二维情况要简单一些,也存在一些类似的正交曲线坐标系,其中最重要的就是极坐标系. 要特别注意的是,和直角坐标系不同,$\hat{\boldsymbol{r}}$ 和 $\hat{\boldsymbol{\theta}}$ 并不是常矢量,它们的方向随质点所在位置的不同而不同. 每当提到极坐标系的时候,我们应当立即想到这个特点,否则很容易犯各种各样的错误. 正是这个特点使运动学公式往往显得比较复杂. 但在某些问题中(参见本节的例题)以采用极坐标系为宜,这也正是由于极坐标系的这个特点.

现在我们来看看 $\hat{\boldsymbol{r}}$ 和 $\hat{\boldsymbol{\theta}}$ 是如何随 r,θ 变化的. 当 r 变化时,$\hat{\boldsymbol{r}}$ 和 $\hat{\boldsymbol{\theta}}$ 并不变化;当 θ 变化时,$\hat{\boldsymbol{r}}$ 和 $\hat{\boldsymbol{\theta}}$ 都变化,$\hat{\boldsymbol{r}}$ 和 $\hat{\boldsymbol{\theta}}$ 都只是 θ 的函数. 为了讨论 $\hat{\boldsymbol{r}}$、$\hat{\boldsymbol{\theta}}$ 随 θ 的变化关系,我们在 P 点画出相应的平面直角坐标系. 写出单位矢量 $\hat{\boldsymbol{r}}$、$\hat{\boldsymbol{\theta}}$ 和 $\boldsymbol{i}$、$\boldsymbol{j}$ 的变换关系

$$\begin{cases}\hat{\boldsymbol{r}} = \cos\theta\boldsymbol{i} + \sin\theta\boldsymbol{j} \\ \hat{\boldsymbol{\theta}} = -\sin\theta\boldsymbol{i} + \cos\theta\boldsymbol{j}\end{cases} \tag{1.33}$$

因为平面极坐标中的单位矢量 $\hat{\boldsymbol{r}}$、$\hat{\boldsymbol{\theta}}$ 都取决于极角 θ,而 θ 在随时间变化,所以 $\hat{\boldsymbol{r}}$ 和 $\hat{\boldsymbol{\theta}}$ 都在随时间变化,为了求出速度和加速度在极坐标系中的表示,我们先求 $\hat{\boldsymbol{r}}$、$\hat{\boldsymbol{\theta}}$ 随时间的变化规律

$$\frac{\mathrm{d}\boldsymbol{r}}{\mathrm{d}t}=\frac{\mathrm{d}\boldsymbol{r}}{\mathrm{d}\theta}\frac{\mathrm{d}\theta}{\mathrm{d}t}=\frac{\mathrm{d}}{\mathrm{d}\theta}(\cos\theta\boldsymbol{i}+\sin\theta\boldsymbol{j})\frac{\mathrm{d}\theta}{\mathrm{d}t}$$

$$=[-\sin\theta\boldsymbol{i}+\cos\theta\boldsymbol{j}]\frac{\mathrm{d}\theta}{\mathrm{d}t}=\frac{\mathrm{d}\theta}{\mathrm{d}t}\hat{\boldsymbol{\theta}}=\dot{\theta}\hat{\boldsymbol{\theta}} \tag{1.34}$$

式中 $\dot{\theta}=\frac{\mathrm{d}\theta}{\mathrm{d}t}$.

$$\frac{\mathrm{d}\hat{\boldsymbol{\theta}}}{\mathrm{d}t}=\frac{\mathrm{d}\hat{\boldsymbol{\theta}}}{\mathrm{d}\theta}\frac{\mathrm{d}\theta}{\mathrm{d}t}=\frac{\mathrm{d}\theta}{\mathrm{d}t}\cdot\frac{\mathrm{d}}{\mathrm{d}\theta}[(-\sin\theta)\boldsymbol{i}+\cos\theta\boldsymbol{j}]$$

$$=\frac{\mathrm{d}\theta}{\mathrm{d}t}[-\cos\theta\boldsymbol{i}-\sin\theta\boldsymbol{j}]=-\frac{\mathrm{d}\theta}{\mathrm{d}t}\hat{\boldsymbol{r}}=-\dot{\theta}\hat{\boldsymbol{r}} \tag{1.35}$$

2. 位矢、速度和加速度的极坐标表示

在极坐标系中,常将矢量投影到径向和横向. 当位矢的原点取在极坐标的极点上时,质点的位矢可以简单地表示为

$$\boldsymbol{r}(t)=r(t)\hat{\boldsymbol{r}}(t) \tag{1.36a}$$

按定义,$\boldsymbol{v}=\lim\limits_{\Delta t\to 0}\frac{\Delta\boldsymbol{r}}{\Delta t}$,由图 1.15 可见,$\Delta\boldsymbol{r}$ 可以看成两部分之和

$$\Delta\boldsymbol{r}=\Delta r\hat{\boldsymbol{r}}+r\Delta\theta\hat{\boldsymbol{\theta}} \tag{1.36b}$$

注意,这里 Δr 并不是 $\Delta\boldsymbol{r}$ 的大小,而是坐标 r 的变化. 于是

$$\boldsymbol{v}=\lim_{\Delta t\to 0}\frac{\Delta r}{\Delta t}\hat{\boldsymbol{r}}+\lim_{\Delta t\to 0}r\frac{\Delta\theta}{\Delta t}\hat{\boldsymbol{\theta}}=\dot{r}\hat{\boldsymbol{r}}+r\dot{\theta}\hat{\boldsymbol{\theta}} \tag{1.37}$$

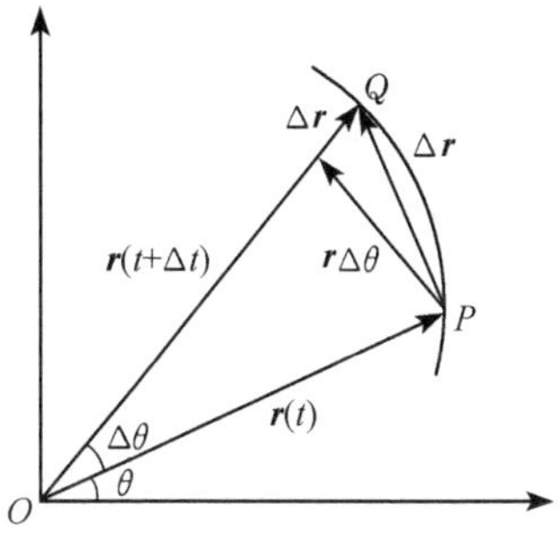

图 1.15

这就是说,速度可以分解为 $\boldsymbol{r}$ 方向的分量和 $\hat{\boldsymbol{\theta}}$ 方向的分量之和. 前者叫径向速度,用 $\boldsymbol{v}_r$ 表示;后者叫横向速度,用 v_θ 表示,即

$$\boldsymbol{v}=v_r\hat{\boldsymbol{r}}+v_\theta\hat{\boldsymbol{\theta}}=\boldsymbol{v}_r+\boldsymbol{v}_\theta \tag{1.38}$$

利用式(1.37)得

$$\boldsymbol{v}_r=\dot{r}\hat{\boldsymbol{r}},\qquad \boldsymbol{v}_\theta=r\dot{\theta}\hat{\boldsymbol{\theta}}$$

上述速度在极坐标中的分量形式的推导,物理过程比较清晰,并且有几何直观性. 其实,利用矢量的求导公式. 可以用更简洁的办法导出式(1.37).

实际上,只要注意到 $\hat{\boldsymbol{r}}$,$\hat{\boldsymbol{\theta}}$ 都不是常量,而是 θ 的函数. 利用式(1.33)有

$$\frac{\mathrm{d}\hat{\boldsymbol{r}}}{\mathrm{d}t}=\frac{\mathrm{d}\hat{\boldsymbol{r}}}{\mathrm{d}\theta}\frac{\mathrm{d}\theta}{\mathrm{d}t}=\dot{\theta}\hat{\boldsymbol{\theta}},\qquad \frac{\mathrm{d}\hat{\boldsymbol{\theta}}}{\mathrm{d}t}=\frac{\mathrm{d}\hat{\boldsymbol{\theta}}}{\mathrm{d}\theta}\frac{\mathrm{d}\theta}{\mathrm{d}t}=-\dot{\theta}\hat{\boldsymbol{r}}$$

$$\boldsymbol{v}(t)=\frac{\mathrm{d}\boldsymbol{r}(t)}{\mathrm{d}t}=\frac{\mathrm{d}}{\mathrm{d}t}[r(t)\hat{\boldsymbol{r}}]=\frac{\mathrm{d}r(t)}{\mathrm{d}t}\hat{\boldsymbol{r}}+r(t)\frac{\mathrm{d}\hat{\boldsymbol{r}}}{\mathrm{d}t}=\dot{r}\hat{\boldsymbol{r}}+r\dot{\theta}\hat{\boldsymbol{\theta}} \tag{1.39}$$

对于加速度,可以通过把速度分解为径向和横向两部分,然后类似于图 1.15 画出各分量随时间的变化图,利用加速度的定义进行推导,但那样比较繁琐.我们还是利用矢量的求导公式,将式(1.39)再对时间求导,可以求得加速度

$$\begin{aligned}\boldsymbol{a}(t) &= \frac{\mathrm{d}\boldsymbol{v}(t)}{\mathrm{d}t} = \frac{\mathrm{d}}{\mathrm{d}t}(\dot{r}\hat{\boldsymbol{r}} + r\dot{\theta}\hat{\boldsymbol{\theta}}) \\ &= \ddot{r}\hat{\boldsymbol{r}} + \dot{r}\frac{\mathrm{d}\hat{\boldsymbol{r}}(t)}{\mathrm{d}t} + \dot{r}\dot{\theta}\hat{\boldsymbol{\theta}} + r\ddot{\theta}\hat{\boldsymbol{\theta}} + r\dot{\theta}\frac{\mathrm{d}\hat{\boldsymbol{\theta}}(t)}{\mathrm{d}t} \\ &= \ddot{r}\hat{\boldsymbol{r}} + \dot{r}\dot{\theta}\hat{\boldsymbol{\theta}} + \dot{r}\dot{\theta}\hat{\boldsymbol{\theta}} + r\ddot{\theta}\hat{\boldsymbol{\theta}} + r\dot{\theta}(-\dot{\theta}\hat{\boldsymbol{r}}) \\ &= (\ddot{r} - r\dot{\theta}^2)\hat{\boldsymbol{r}} + (2\dot{r}\dot{\theta} + r\ddot{\theta})\hat{\boldsymbol{\theta}}\end{aligned} \tag{1.40}$$

其中,第一项是加速度沿径向的分量,称为径向加速度,用 $\boldsymbol{a}_r$ 表示,第二项是加速度沿横向的分量,称为横向加速度,用 $\boldsymbol{a}_\theta$ 表示,即

$$\boldsymbol{a} = a_r\hat{\boldsymbol{r}} + a_\theta\hat{\boldsymbol{\theta}} = \boldsymbol{a}_r + \boldsymbol{a}_\theta$$

$$\boldsymbol{a}_r = (\ddot{r} - r\dot{\theta}^2)\hat{\boldsymbol{r}}$$

$$\boldsymbol{a}_\theta = (2\dot{r}\dot{\theta} + r\ddot{\theta})\hat{\boldsymbol{\theta}}$$

式中 $\ddot{r}\hat{\boldsymbol{r}}$ 是由于径向速率变化而引起的加速度,$r\ddot{\theta}\hat{\boldsymbol{\theta}}$ 是由于角速度 ω 的大小的变化而引起的加速度. $-r\dot{\theta}^2\hat{\boldsymbol{r}} = -\omega^2 r\hat{\boldsymbol{r}}$ 是向心加速度,$2\dot{r}\dot{\theta}\hat{\boldsymbol{\theta}}$ 叫做科里奥利加速度,我们将在非惯性系和惯性力一节讨论.

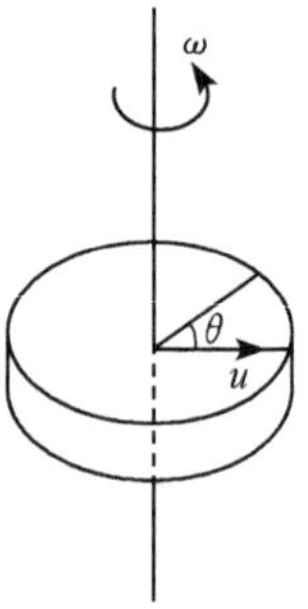

图 1.16

例 1.3 设圆盘绕过盘心且垂直盘面的定轴以角速度 ω 匀速转动,一质点从 $t=0$ 开始自质心出发以恒定的速率 u 沿一半径运动.如图 1.16 所示.求质点的轨迹、速度和加速度.

解 本题用平面极坐标解比较方便.取质点运动所沿的半径在 $t=0$ 时的位置为极轴,则由题给条件得

$$\begin{cases} r = ut \\ \theta = \omega t \end{cases}$$

$$\boldsymbol{v} = \dot{r}\hat{\boldsymbol{r}} + r\dot{\theta}\hat{\boldsymbol{\theta}} = v_r\hat{\boldsymbol{r}} + v_0\hat{\boldsymbol{\theta}}$$

$$\begin{cases} v_r = \dfrac{\mathrm{d}r}{\mathrm{d}t} = u \\ v_\theta = r\dfrac{\mathrm{d}\theta}{\mathrm{d}t} = \omega r \end{cases}$$

$$\boldsymbol{a} = (\ddot{r} - r\dot{\theta}^2)\hat{\boldsymbol{r}} + (2\dot{r}\dot{\theta} + r\ddot{\theta})\hat{\boldsymbol{\theta}}$$

因为

$$\ddot{r} = 0, \quad \ddot{\theta} = 0$$

所以

$$\boldsymbol{a} = -\omega^2 r\hat{\boldsymbol{r}} + 2u\omega\hat{\boldsymbol{\theta}}$$

轨迹方程为

$$r = \frac{u}{\omega}\theta$$

上式称为阿基米德螺旋线.

1.4.3　自然坐标系

如果质点在平面上做曲线运动的轨迹是已知的，在这种情况下，我们可以建立这样的一个坐标系：如图 1.17 所示，在轨道上任选一点 O 作为坐标原点，把原点到质点的路径长度 s 作为质点的位置坐标，s 将随时间而变，所以

$$s = s(t)$$

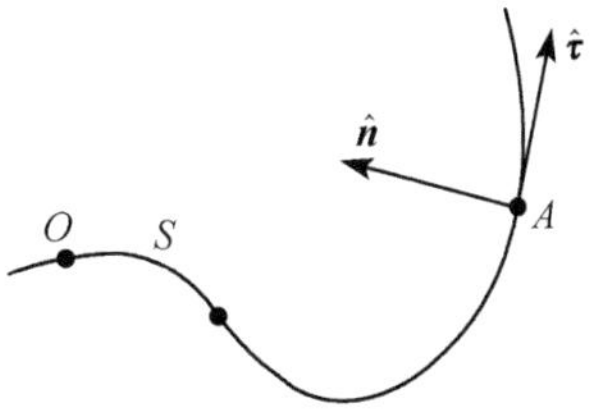

图 1.17

同时，规定两个随质点位置的变化而改变方向的正交单位矢量，一个是指向质点运动方向的切向单位矢量，用 $\hat{\tau}$ 表示，另一个是垂直于切向并指向轨道凹侧的法向单位矢量，用 $\hat{\boldsymbol{n}}$ 表示. 这个坐标系就叫做自然坐标系.

在自然坐标下，质点的轨迹方程为

$$s = s(t) \tag{1.41}$$

在自然坐标下，因为质点的速度总是沿轨道的切向，所以速度为

$$\boldsymbol{v}(t) = v(t)\hat{\boldsymbol{\tau}}, \quad v(t) = \frac{\mathrm{d}s(t)}{\mathrm{d}t} \tag{1.42}$$

加速度情况就比较复杂一些，根据加速度的定义

$$\boldsymbol{a}(t) = \frac{\mathrm{d}\boldsymbol{v}}{\mathrm{d}t} = \frac{\mathrm{d}}{\mathrm{d}t}(v\hat{\boldsymbol{\tau}})$$

请注意，现在不仅 v 随时间变化，单位矢量 $\hat{\boldsymbol{\tau}}$ 的方向也在随时间变化，所以

$$\frac{\mathrm{d}}{\mathrm{d}t}(v\hat{\boldsymbol{\tau}}) = \frac{\mathrm{d}v}{\mathrm{d}t}\hat{\boldsymbol{\tau}} + v\frac{\mathrm{d}\hat{\boldsymbol{\tau}}}{\mathrm{d}t} \tag{1.43}$$

式中第一项$\frac{\mathrm{d}v}{\mathrm{d}t}\hat{\boldsymbol{\tau}}$，显然是由于速度的大小变化而引起的加速度分量，大小等于速率的时间变化率，方向沿轨道的切向，故称为切向加速度，用 $\boldsymbol{a}_\tau$ 表示，即 $\boldsymbol{a}_\tau=\frac{\mathrm{d}v}{\mathrm{d}t}\hat{\boldsymbol{\tau}}$. 第二项 $v\frac{\mathrm{d}\hat{\boldsymbol{\tau}}}{\mathrm{d}t}$是由速度的方向变化所引起的加速度分量. 因为单位矢量 $\hat{\boldsymbol{\tau}}$ 的方向在不断随时间变化，所以$\frac{\mathrm{d}\hat{\boldsymbol{\tau}}}{\mathrm{d}t}\neq 0$，下面我们就来讨论$\frac{\mathrm{d}\hat{\boldsymbol{\tau}}}{\mathrm{d}t}$的大小和方向.

如图 1.18 所示，设质点在 t 时刻处于轨道 l 上的 A 点，此处的切向单位矢量为 $\hat{\boldsymbol{\tau}}(t)$，经过 Δt 时间质点到达 B 点，此处的切向单位矢量为 $\hat{\boldsymbol{\tau}}(t+\Delta t)$. 将单位矢量 $\hat{\tau}(t)$的 $\hat{\boldsymbol{\tau}}(t+\Delta t)$平移到点 O'，矢端分别为 A'和 B'. 由点 A'向点 B'所引的有向线段$\overrightarrow{A'B'}$就是单位矢量的增量 $\Delta\hat{\boldsymbol{\tau}}$

$$\Delta\hat{\boldsymbol{\tau}} = \hat{\boldsymbol{\tau}}(t+\Delta t) - \hat{\boldsymbol{\tau}}(t)$$

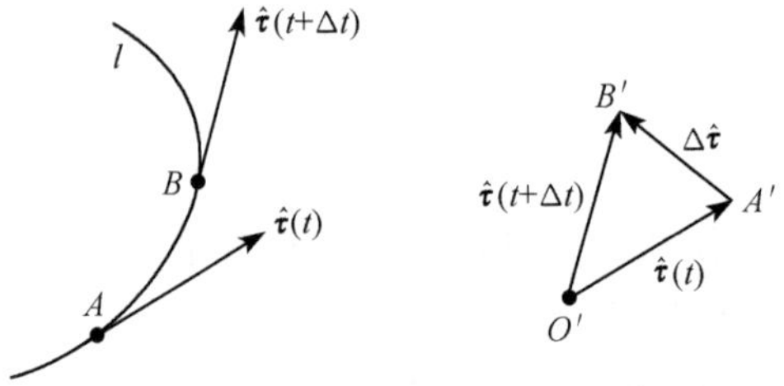

图 1.18

当 $\Delta t\to 0$ 时,点 B 趋近于点 A,与此对应,等腰三角形 $O'A'B'$ 的顶角 $\Delta\theta\to 0$. 可见当 $\Delta t\to 0$ 时,$\Delta\hat{\boldsymbol{\tau}}$ 的极限方向必定垂直于 $\hat{\boldsymbol{\tau}}(t)$ 并指向轨道的凹侧,即与法向单位矢量 $\hat{\boldsymbol{n}}$ 一致.

下面来讨论$\dfrac{\mathrm{d}\hat{\boldsymbol{\tau}}}{\mathrm{d}t}$的大小,当 Δt 趋向于 0 时,下面的关系成立:

$$\lim_{\Delta t\to 0}=\frac{|\Delta\hat{\boldsymbol{\tau}}|}{\Delta t}=\lim_{\Delta t\to 0}\frac{(1\cdot\Delta\theta)}{\Delta t}=\frac{\mathrm{d}\theta}{\mathrm{d}t}$$

综合上面两点,我们得到

$$\frac{\mathrm{d}\hat{\boldsymbol{\tau}}}{\mathrm{d}t}=\frac{\mathrm{d}\theta}{\mathrm{d}t}\hat{\boldsymbol{n}}$$

所以加速度式(1.43)的第二项称为法向加速度,记为

$$\boldsymbol{a}_n=v\frac{\mathrm{d}\theta}{\mathrm{d}t}\hat{\boldsymbol{n}}$$

如果轨道在 A 点的内切圆的曲率半径为 ρ,那么

$$\boldsymbol{a}_n=v\frac{\mathrm{d}\theta}{\mathrm{d}t}\hat{\boldsymbol{n}}=\frac{v}{\rho}\frac{\rho\mathrm{d}\theta}{\mathrm{d}t}\hat{\boldsymbol{n}}=\frac{v^2}{\rho}\hat{\boldsymbol{n}}$$

所以在一般情况下,自然坐标系下,质点的加速度为

$$\boldsymbol{a}=a_\tau\hat{\boldsymbol{\tau}}+a_n\hat{\boldsymbol{n}}=\frac{\mathrm{d}v}{\mathrm{d}t}\hat{\boldsymbol{\tau}}+\frac{v^2}{\rho}\hat{\boldsymbol{n}}\tag{1.44}$$

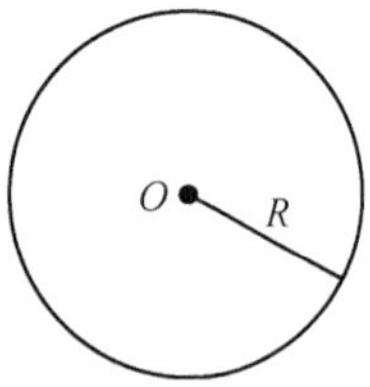

图 1.19

下面我们用自然坐标系来讨论一下圆周运动. 如图 1.19 所示,设质点的轨道曲线为半径为 R 的圆,求圆周运动的速度和加速度. 根据自然坐标系中速度的表示式

$$\boldsymbol{v}(t)=v\hat{\boldsymbol{\tau}}$$

而

$$v=\frac{\mathrm{d}s}{\mathrm{d}t}=\frac{\mathrm{d}}{\mathrm{d}t}(R\theta)=R\frac{\mathrm{d}\theta}{\mathrm{d}t}$$

令 $\omega\equiv\dfrac{\mathrm{d}\theta}{\mathrm{d}t}$,称为质点做圆周运动的角速度. 可以证明角速度 ω 是一个真矢量,它的

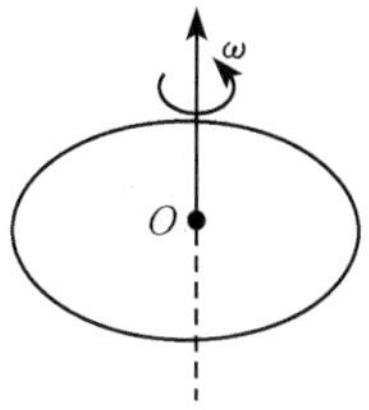

图 1.20

大小为 $\omega=\frac{d\theta}{dt}$,它的方向沿转动轴,指向由右手螺旋法则判定,即右手握住轴线,并让四指旋向转动方向,这时大拇指沿轴线的指向即为角速度的方向. 如图 1.20 所示.

若用 $\boldsymbol{\omega}$ 表示角速度矢量,以 $\boldsymbol{R}$ 表示质点相对圆心 O 的矢径,则质点的速度可写成 $\boldsymbol{\omega}$ 和 $\boldsymbol{R}$ 的矢量矩

$$\boldsymbol{v}=\boldsymbol{\omega}\times\boldsymbol{R} \tag{1.45}$$

下面讨论质点的加速度.

$$\boldsymbol{a}=\frac{dv}{dt}\hat{\boldsymbol{\tau}}+\frac{v^2}{R}\boldsymbol{n} \tag{1.46}$$

由上面的讨论已知,速度的大小

$$v=\omega R$$

所以切向加速度分量

$$\boldsymbol{a}_\tau=\frac{d}{dt}(\omega R)\hat{\boldsymbol{\tau}}=R\frac{d\omega}{dt}\hat{\boldsymbol{\tau}}$$

令 $\beta=\frac{d\omega}{dt}$称为质点做圆周运动的角加速度,所以

$$\boldsymbol{a}_\tau=R\beta\hat{\boldsymbol{\tau}}$$

法向加速度分量

$$\boldsymbol{a}_n=\frac{v^2}{R}\hat{\boldsymbol{n}}=\omega^2R\hat{\boldsymbol{n}}$$

因为法向加速度的方向始终指向圆心,所以称为向心加速度.

$$\boldsymbol{a}=R\beta\hat{\boldsymbol{\tau}}+\omega^2R\hat{\boldsymbol{n}}$$

$\boldsymbol{a}$ 的大小为

$$a=\sqrt{a_\tau^2+a_n^2} \tag{1.47}$$

$\boldsymbol{a}$ 与 $\boldsymbol{v}$ 之间的夹角为

$$\theta=\arctan\frac{a_n}{a_\tau}$$

例 1.4　质点的初速 v_0 沿半径为 R 的圆周运动,已知其加速度方向与速度方向的夹角 θ 为一恒量. 求质点速率与时间的关系.

解　用自然坐标系.

$$\boldsymbol{a}=\frac{dv}{dt}\hat{\boldsymbol{\tau}}+\frac{v^2}{R}\boldsymbol{n}$$

$$\tan\theta=\frac{a_n}{a_\tau}=\frac{v^2}{R}\frac{dt}{dv}$$

分离变量

$$\frac{\mathrm{d}v}{v^2} = \frac{\mathrm{d}t}{R\tan\theta}$$

等式两边积分

$$\int_{v_0}^{v} \frac{\mathrm{d}v}{v^2} = \int_0^4 \frac{\mathrm{d}t}{R\tan\theta}$$

得

$$\frac{1}{v} = \frac{1}{v_0} = \frac{t}{R\tan\theta}$$

1.5　运动学的反问题

以上我们讨论了已知运动的轨迹函数 $\boldsymbol{r}(t)$后，求速度 $\boldsymbol{v}(t)$和加速度 $\boldsymbol{a}(t)$，即

$$\boldsymbol{v}(t) = \frac{\mathrm{d}\boldsymbol{r}(t)}{\mathrm{d}t}, \quad \boldsymbol{a}(t) = \frac{\mathrm{d}\boldsymbol{v}(t)}{\mathrm{d}t} = \frac{\mathrm{d}^2\boldsymbol{r}(t)}{\mathrm{d}t^2}$$

现在我们要讨论如果已知质点在各时刻的速度 $\boldsymbol{v}(t)$，如何求它的轨迹函数 $\boldsymbol{r}(t)$；已知了加速度 $\boldsymbol{a}(t)$，如何求任意时刻的速度 $\boldsymbol{v}(t)$. 因为在下章我们要研究质点的动力学规律，往往先得到质点的加速度，再去求质点的速度和轨迹函数，所以这个问题是非常重要而且具有现实意义的.

从数学上讲，由已知轨迹函数求速度和加速度，用的是微分运算；而已知加速度求速度和轨迹函数将要用到积分运算，所以我们把它称为反问题.

我们先讨论若已知质点的加速度，如何求速度. 因为

$$\boldsymbol{a}(t) = \frac{\mathrm{d}\boldsymbol{v}(t)}{\mathrm{d}t}$$

所以

$$\mathrm{d}\boldsymbol{v}(t) = \boldsymbol{a}(t)\mathrm{d}t$$

若我们还知道初始时刻，即 $t=0$ 时刻的速度 $\boldsymbol{v}(0)=\boldsymbol{v}_0$，我们就可以对上式两边积分，其积分限为，时间从 $0\to t$，速度从 $\boldsymbol{v}_0\to\boldsymbol{v}(t)$，得

$$\int_{\boldsymbol{v}_0}^{\boldsymbol{v}} \mathrm{d}\boldsymbol{v} = \int_0^t \boldsymbol{a}(t)\mathrm{d}t$$

所以

$$\boldsymbol{v}(t) = \boldsymbol{v}_0 + \int_0^t \boldsymbol{a}(t)\mathrm{d}t \tag{1.48}$$

下面我们讨论已知速度 $\boldsymbol{v}(t)$和初始时刻($t=0$)的位矢 $\boldsymbol{r}(0)=\boldsymbol{r}_0$，则利用与上面同样的方法求任意时刻的轨迹函数 $\boldsymbol{r}(t)$.

因为

$$\boldsymbol{v}(t) = \frac{\mathrm{d}\boldsymbol{r}(t)}{\mathrm{d}t}$$

所以

$$\mathrm{d}\boldsymbol{r}(t)=\boldsymbol{v}(t)\mathrm{d}t$$

等式两边积分,时间从 $0\to t$,位置从 $\boldsymbol{r}_0\to\boldsymbol{r}$,有

$$\int_{r_0}^{r}\mathrm{d}\boldsymbol{r}=\int_0^t\boldsymbol{v}(t')\mathrm{d}t'$$

得

$$\boldsymbol{r}(t)=\boldsymbol{r}_0+\int_0^t\boldsymbol{v}(t')\mathrm{d}t' \tag{1.49}$$

上面各式都是对矢量的积分,但根据积分学原理,矢量是不能直接积分的,必须把矢量在一个坐标系中化成分量形式才能进行积分.

如在直角坐标系中,

$$\boldsymbol{r}=x\boldsymbol{i}+y\boldsymbol{j}+z\boldsymbol{k}$$
$$\boldsymbol{v}=v_x\boldsymbol{i}+v_y\boldsymbol{j}+v_z\boldsymbol{k}$$
$$\boldsymbol{a}=a_x\boldsymbol{i}+a_y\boldsymbol{j}+a_z\boldsymbol{k}$$

这样式(1.48)就变成三个分量的标量积分

$$\begin{cases}v_x=v_{0x}+\int_0^t a_x\mathrm{d}t'\\ v_y=v_{0y}+\int_0^t a_y\mathrm{d}t'\\ v_z=v_{0z}+\int_0^t a_z\mathrm{d}t'\end{cases} \tag{1.50}$$

式(1.49)变为

$$\begin{cases}x=x_0+\int_0^t v_x\mathrm{d}t'\\ y=y_0+\int_0^t v_y\mathrm{d}t'\\ z=z_0+\int_0^t v_z\mathrm{d}t'\end{cases} \tag{1.51}$$

举一个质点做准匀加速直线运动的例子,质点以恒定的加速度 a 沿 x 轴运动,已知在 $t=0$ 时刻的速度为 v_0,位置为 x_0,求任意时刻 t,质点的速度和位置.

利用式(1.50)中的第一个式子,得

$$v(t)=v_0+\int_0^t a\mathrm{d}t'=v_0+at \tag{1.52}$$

再利用式(1.51)中的第一个式子,得

$$\begin{aligned}x&=x_0+\int_0^t v\mathrm{d}t'=x_0+\int_0(v_0+at')\mathrm{d}t'\\&=x_0+v_0t+\frac{1}{2}at^2\end{aligned} \tag{1.53}$$

由式(1.52)和式(1.53)两式消去时间 t,得

$$v^2(t) - v^2(0) = 2a(t)(x - x_0)$$

即

$$v^2 - v_0^2 = 2a(x - x_0) \tag{1.54}$$

例 1.5 跳水运动员自 10m 跳台自由下落，入水后受水的阻碍而减速，自水面向下取坐标轴 Oy，其加速度为 $-kv_y^2$，$k=0.4\text{m}^{-1}$. 求运动员速度成为入水速度 1/10 时的入水深度.

解 设运动员以初速度为零起跳，至水面之速度为

$$v_0 = \sqrt{2gh} = 14\text{m/s}$$

在水中加速度为

$$a_y = \frac{\mathrm{d}v_y}{\mathrm{d}t} = -kv_y^2$$

因为 v_y 为 y 的函数，所以

$$\frac{\mathrm{d}v_y}{\mathrm{d}t} = \frac{\mathrm{d}v_y}{\mathrm{d}y}\frac{\mathrm{d}y}{\mathrm{d}t} = v_y\frac{\mathrm{d}v_y}{\mathrm{d}y}$$

将此式代入上式得

$$\frac{\mathrm{d}v_y}{\mathrm{d}y} = -kv_y$$

分离变量

$$\frac{\mathrm{d}v_y}{v_y} = -k\mathrm{d}y$$

两边积分得

$$v_y = c\mathrm{e}^{-ky}$$

式中 c 为积分常数.

引入初始条件，当 $y=0$ 时，$v_y=v_0$，代入上式可求得常数 c. 最后得

$$v_y = v_0\mathrm{e}^{-ky}$$

当 $v_y=\frac{v_0}{10}$代入上式得

$$y = 5.76\text{m}$$

即运动员入水 5.76m 时，其速度变为入水速度的十分之一.

1.6 相对运动和伽利略变换

运动描述的相对性表明，只有相对于确定的参考系，才能对运动进行量度，描述质点运动状态的物理量如位矢、速度和加速度，都有这种相对性. 例如：在无风的雨天，在静止的汽车内，看到窗外雨丝如帘，在你的面前垂下，但在匀速行驶的汽车中，又会见到雨丝的帘幕似乎迎风飘起. 人们不禁要问，在静止的车内所看到的雨

滴速度 $\boldsymbol{v}$ 和运动的车内所看到的雨滴的速度$\boldsymbol{v}$ 之间究竟有没有关系呢？因为运动学的物理量都是从空间和时间导出的，所以要解决上述速度的相对性问题，首先要弄清楚两个不同的参考系之间空间和时间的关系.

1.6.1　伽利略坐标变换

设有两个参考系 s 和 s'相应的坐标系为 $Oxyz$ 和 $O'x'y'z'$. 各对应轴互相平行，其中 x 轴和 x'轴重合，参考系 s 静止，s'系相对于 s 以恒定速度 $\boldsymbol{u}$ 沿 x 轴正方向运动. 我们称 s 为静止坐标系，s'为运动坐标系，以 O 和 O'重合的时刻为计时的起点. 如图 1.21 所示，我们要找出同一质点 P 在 s 系和 s'系的坐标变换公式. 设质点 P 在坐标 s 系的位矢为 $\boldsymbol{r}$，在 s'系的位矢为 $\boldsymbol{r}'$，并以 $\boldsymbol{R}$ 代表 s'系原点 O'对 s 系原点 O 的位矢，有

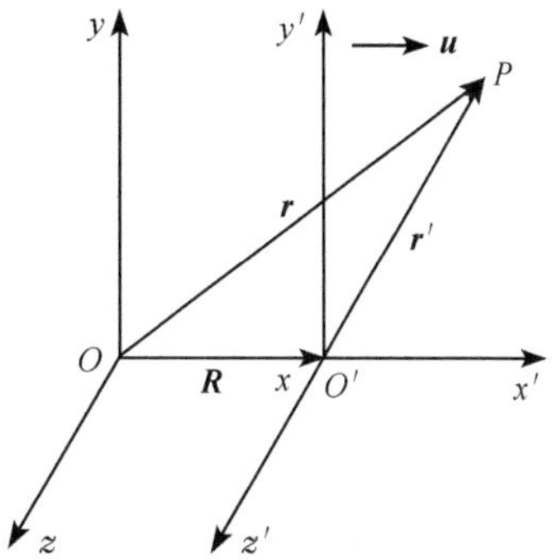

图 1.21

$$\boldsymbol{r} = \boldsymbol{R} + \boldsymbol{r}'$$

这个公式看似很普通，但它不是一般的矢量合成公式，而是两个参考系的坐标变换. 它们的成立是有条件的. 在 s 系中的观测者认为，$\boldsymbol{r}$ 和 $\boldsymbol{R}$ 是他观测到的值，而 $\boldsymbol{r}'$是 $\boldsymbol{S}'$系中的观测者观测到的值. 在做矢量相加时，各个矢量必须是由同一坐标系测定的. 所以上式要成立，只有 s 系的观测者测到的矢量$\overrightarrow{O'P}$的值与 s'系中的观测者测到的矢量 $\boldsymbol{r}'$的值相同，对 s 系才有 $\boldsymbol{r}=\boldsymbol{R}+\boldsymbol{r}'$.

由此可见，上式成立的条件是：空间两点间的距离不管从哪个坐标系测量，结果都应相同. 这一结论叫做空间的绝对性.

其次，运动的研究，不仅涉及空间，还要涉及时间. 上面的假设，当 s 系和 s'系的原点 O 和 O'重合时为计算起点，两个参考系的钟是经过校准的. 用 t 和 t'分别表示自 s 系和 s'系观测同一事件发生的时刻，在爱因斯坦提出相对论之前，人们认为 $t=t'$，因此有

$$\boldsymbol{R} = \boldsymbol{u}t = \boldsymbol{u}t'$$

综上所述，质点 P 在 s'系中的时空坐标(x',y',z',t')与 s 系中的时空坐标(x,y,z,t)之间的关系式为

$$\begin{cases} \boldsymbol{r}' = \boldsymbol{r} - \boldsymbol{u}t \\ t' = t \end{cases}$$

写成分量形式为

$$\begin{cases} x' = x - ut \\ y' = y \\ z' = z \\ t' = t \end{cases} \tag{1.55}$$

两个参考系之间的时空坐标变换关系,称为伽利略变换,它们的逆变换关系为

$$\left.\begin{aligned} x &= x' + ut \\ y &= y' \\ z &= z' \\ t &= t' \end{aligned}\right\} \tag{1.56}$$

1.6.2 伽利略变换蕴含了牛顿的绝对时空观

1. 关于同时性

设在 s 系中的观察者测得两事件均于 t 时刻发生,二者可在同一地点或不同地点. 在 s' 系的观测者测该两事件发生的时刻为 t_1' 和 t_2',根据伽利略变换:

$$t_1' = t,\quad t_2' = t$$

所以

$$t_1' = t_2'$$

这表明 s' 系中的观测者测得这两个事件也是同时发生的. 同时性与观测者做匀速直线运动的状态无关,换句话说,同时性是绝对的.

2. 关于时间间隔

设在 s 系中观测者测得两事件于 t_1 和 t_2 时刻相继发生. 在 s' 系中观测者测得两事件发生的时刻为 t_1' 和 t_2'. 由伽利略变换

$$t_1' = t_1,\quad t_2' = t_2$$

所以

$$t_2' - t_1' = t_2 - t_1$$

或写成

$$\Delta t' = \Delta t$$

这说明在两参考系中观测到两事件的时间间隔相同,换句话说,在伽利略变换下,时间间隔是绝对的.

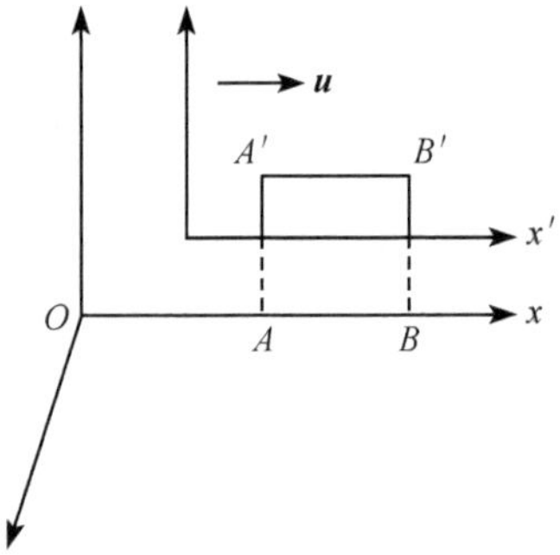

图 1.22

3. 关于杆的长度

在 s' 系中放一杆与 x' 轴平行,它相对于 s' 系静止,但对 s 系以速率 u、沿 x 轴正向运动,见图 1.22. 分别在 s 系和 s' 系中,用在同一参考系中校准过的尺来测量杆的长度. 因为杆在 s' 系中静止;观测者可以按通常方法直接用尺测定杆长. 用 x_1' 和 x_2' 表示显得的杆两端的坐标,得杆长

$$\Delta x' = x'_2 - x'_1$$

至于在 s 系中测量杆的长度，必须注意，不能让杆停下来测量，因为我们正是关心杆的“静长度”和“动长度”的区别. 在杆运动的某一时刻 t，在 s 系中的观测者同时测得杆两端的坐标，设为 x_1 和 x_2，即若杆和 s'系中端点 A'与 s 系中的刻度 A 相对准为一事件，把杆在 s'系中的端点 B'与 s 系中的刻度 B 相对准为另一事件，则这两个事件是同时发生的. 则运动杆在 s 系中测得的长度为 $\Delta x = x_2 - x_1$.

根据伽利略变换

$$\left.\begin{aligned} x'_1 &= x_1 - ut \\ x'_2 &= x_2 - ut \end{aligned}\right\}$$

两式相减，得

$$x'_2 - x'_1 = x_2 - x_1$$

即

$$\Delta x' = \Delta x$$

表明在彼此做匀速直线运动的参考系中，测量杆的长度，将得到相同的结果. 换句话说杆沿运动方向的长度与杆静止时相同. 在伽利略变换下，杆的长度也是绝对的. 而杆长是空间间隔的量度，说明空间是绝对的.

综合上面两点，我们看到，在伽利略变换下，时间间隔和空间间隔均与参考系的运动状态无关，它们是绝对的，时间和空间也不相联系. 这就是牛顿的绝对时空观. 伽利略变换反映了牛顿的绝对时空观. 当两参考系的相对运动速度 u 接近真空中的光速 c 时，牛顿时空观失效. 经典力学代之以狭义相对论，在那里同时是相对的，运动的时钟拨慢了，运动的直杆缩短了. 我们到狭义相对论一章再详细讨论.

1.6.3　伽利略速度变换

设质点 P 在 s 系中的测得的运动速度为

$$\boldsymbol{v}_{\text{绝}} = \frac{\mathrm{d}\boldsymbol{r}}{\mathrm{d}t}$$

称为是绝对速度. 质点在 s'系中测得的运动速度为

$$\boldsymbol{v}_{\text{相}} = \frac{\mathrm{d}\boldsymbol{r}'}{\mathrm{d}t}$$

参考系 s'相对参考系 s 的运动速度为

$$\boldsymbol{u}_{\text{牵}} = \frac{\mathrm{d}\boldsymbol{R}}{\mathrm{d}t}$$

称为牵连速度. 根据伽利略坐标变换

$$\boldsymbol{r} = \boldsymbol{r}' + \boldsymbol{u}t$$

全式对时间求导得

$$\frac{\mathrm{d}\boldsymbol{r}}{\mathrm{d}t}=\frac{\mathrm{d}\boldsymbol{r}'}{\mathrm{d}t}+\boldsymbol{u}$$

即

$$\boldsymbol{v}_{绝}=\boldsymbol{v}_{相}+\boldsymbol{u}_{牵} \tag{1.57}$$

该式表明,质点的绝对速度等于相对速度和牵连速度的矢量和.这就是伽利略速度变换公式.逆变换公式为

$$\boldsymbol{v}_{相}=\boldsymbol{v}_{绝}-\boldsymbol{u}_{牵} \tag{1.58}$$

例 1.6 雨天有一辆客车在水平高速公路上以 $20\mathrm{m}\cdot\mathrm{s}^{-1}$的速度向东行驶.雨滴在空中以 $10\mathrm{m}\cdot\mathrm{s}^{-1}$的速度垂直下落.求车中的驾驶员观测到雨滴的速度大小与方向.

解 如图 1.23 所示,以 xOy 表示地面参考系 s(即静止参考系),以 $x'O'y'$表示车厢参考系 s'(即运动参考系).根据题给条件,雨滴相对地面的速度为绝对速度,即 $\boldsymbol{v}_{绝}=-v_{绝}\,\boldsymbol{j}=-10\boldsymbol{j}$. s'系相对于 s 系的速度,即客车速度为牵连速度

$$\boldsymbol{u}_{牵}=u_{牵}\,\boldsymbol{i}=20\boldsymbol{i}$$

现在求在 s'系中的观测者测得的雨滴的速度即相对速度 $\boldsymbol{v}_{相}$,由伽利略速度变换关系

$$\boldsymbol{v}_{相}=\boldsymbol{v}_{绝}-u_{牵}=-10\boldsymbol{j}-20\boldsymbol{i}$$

其矢量图如图 1.24 所示,所以

$$v_{相}=\sqrt{v_{绝}^2+u_{牵}^2}\pm\sqrt{10^2+20^2}=22.4(\mathrm{m/s})$$

速度的方向用它与竖直方向的夹角 θ 表示,

$$\tan\theta=\frac{u_{牵}}{v_{绝}}=\frac{20}{10}=2$$

所以

$$\theta=63.4^{\circ}$$

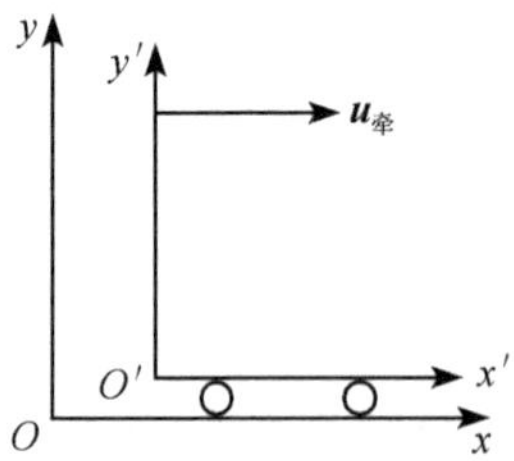

图 1.23

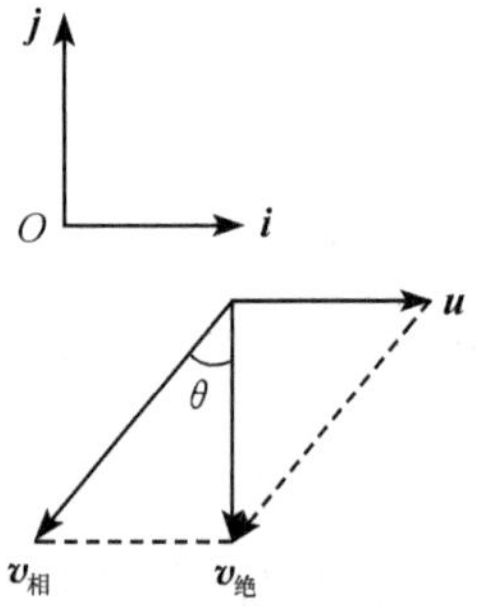

图 1.24

1.6.4　质点的加速度对伽利略变换为不变量

如果质点的运动速度是随时间变化的，以 $\boldsymbol{a}_{绝}$ 表示 s 系中的观测者测得的质点的加速度，以 $\boldsymbol{a}_{相}$ 表示在 s' 系中的观测者测得的质点的加速度，将伽利略速度变换公式的两边对 t 求导，并考虑到 s' 相对 s 系做匀速直线运动，即 $\boldsymbol{u}_{牵}$ = 恒矢量，

$$\frac{\mathrm{d}\boldsymbol{v}_{绝}}{\mathrm{d}t}=\frac{\mathrm{d}\boldsymbol{v}_{相}}{\mathrm{d}t}+\frac{\mathrm{d}\boldsymbol{u}_{牵}}{\mathrm{d}t}$$

即

$$\boldsymbol{a}_{绝}=\boldsymbol{a}_{相} \tag{1.59}$$

这就是说，在相对做匀速直线运动的参考系中观察同一质点的运动时，所测得的加速度是相同的. 这是一个非常重要的结果.

如果 s' 系相对 s 系以加速度 $\boldsymbol{a}_0$ 作匀加速运动，即牵连速度 $\boldsymbol{u}$ 是时间的函数，$\boldsymbol{u}=\boldsymbol{u}(t)$，$\boldsymbol{a}_0=\frac{\mathrm{d}\boldsymbol{u}}{\mathrm{d}t}$ = 恒量，则有

$$\boldsymbol{a}_{绝}=\boldsymbol{a}_{相}+\boldsymbol{a}_0 \tag{1.60}$$

习　题

1.1　甲乙两列火车在同一水平直路上以相等的速率（30km · h^{-1}）相向而行. 当它们相隔 60km 的时候，一只鸟以 60km · h^{-1} 的恒定速度离开甲车头向乙车头飞去，当到达立即返回，如此来回往返不止. 试问：

(1) 当两车头相遇时，鸟往返了多少次？

(2) 鸟共飞行了多少时间及距离？

1.2　一人从 O 点出发，向正东走 30m，又向正北走 1.0m，然后向东北走 2.0m，试求合位移的大小及方向.

1.3　一物体作直线运动，它的位置由方程 $x=10t^2+6$ 决定，其中 x 的单位为 m，t 的单位为 s，试计算：

(1) 在 3.00～3.10s、3.00～3.01s 及 3.000～3.001s 间隔时间内的平均速度.

(2) 在 t=3.00s 时的瞬时速度.

(3) 用微分方法求它的速度及加速度公式.

1.4　有一质点沿 x 方向作直线运动，t 时刻的坐标为

$$x=4.5t^2-2t^3$$

式中 x 的单位为 m，t 的单位为 s. 试求：

(1) 第 2 秒内的位移和平均速度；

(2) 第 1 秒末和第 2 称末的瞬时速度；

(3) 第 2 秒内质点所走过路径的长度；

(4) 第 2 秒内的平均加速度以及第 0.5 秒末的瞬时加速度.

1.5　一物体从静止开始，先以 α 大小的切线加速度运动一段时间后，接着就以 β 大小的切线减速度运动直到停止. 若物体整个运动的时间为 t. 证明：物体运动的总路程为

$$s=\frac{\alpha\beta}{2(\alpha+\beta)}t^2$$

1.6　一摩托车从静止开始以 $\alpha=1.6\mathrm{m\cdot s^{-2}}$ 的匀加速度沿直线行驶，中途作一段匀速运动，后又以 $\beta=6.4\mathrm{m\cdot s^{-2}}$ 的匀减速度沿直线行驶直至停止. 若这样走了 $L=1.6\mathrm{km}$，共用了 $t=130\mathrm{s}$ 的时间，试求车的最高行驶速度 v.

1.7　用上题的 α、β、L 的数值求：

(1) 车走这段路程所需的最短时间；

(2) 这时车的最高速度.

1.8　若要求把一辆静止在某一地点的小车在最短时间内推到另一个地点，并静止在那里. 这两个地点的路程为 L，如果小车的加速性能限制它的切线加速度的绝对值只能是 α，要满足上述要求，小车前进的最大速度 v 应为多大?

1.9　在一个很长的平直跑道上，有 A 和 B 两种型号的喷气式飞机进行飞行试验. 两机同时自起点运动，A 机沿地面作匀加速飞行，到达跑道中点起它就作匀速飞行；B 机则在启动后始终作匀加速运动. 观测中发现 A、B 两喷气机用完全相等的时间从起点开始到终点完成整个试验距离. 问两者的加速度比是多大?

1.10　一个皮球从 1.5m 高处落到地板上，然后跳回到 1.0m 高处. 假设皮球与地板接触的时间为 0.010s，试问在接触期间，球的平均加速度多大?(忽略空气阻力)

1.11　有一辆汽车，紧急刹车之后，在路上滑行了 6.5m. 假设汽车的最大减速度不能超过重力加速度，试问在刹车之前，汽车的行驶速率能否超过 $48\mathrm{km\cdot h^{-1}}$?

1.12　以速率 v_1 运动的火车上的司机，看见在前面距离 d 处，有一列货车在同一轨道上以较小的速率 v_2 沿相同方向运动，他就立即刹车，使他的火车以匀减速度 a 慢下来，试证明：

(1) 如果 $d>\dfrac{(v_1-v_2)^2}{2a}$ 则两车不会碰撞；

(2) 如果 $d<\dfrac{(v_1-v_2)^2}{2a}$，则两车将会碰撞.

1.13　已知一质点在 10 秒内走过的路程 $s=30\mathrm{m}$，而其速度增为 5 倍. 设这质点为匀加速运动，试求它的加速度.

1.14　一小球从 80m 高的塔上自由落下. 同时，正对此球在地面上以 $40\mathrm{m\cdot s^{-1}}$ 的初速度竖直上抛另一小球，问过多少时间两球相遇? 在什么高度相遇?(忽略空气阻力)

1.15　从地面上竖直向上抛出一球，在球离地后的上升过程中，从 $t_1=2.0\mathrm{s}$ 到 $t_2=3.0\mathrm{s}$ 这一段时间内走了 $\Delta s=5.5\mathrm{m}$ 的距离，试求从抛出到 $t=3.0\mathrm{s}$ 时间内的平均速度.(不计空气阻力)

1.16　把两个小物体从同一地点(地面)以同样的初速率 $v_0=24.5\mathrm{m\cdot s^{-1}}$ 先后竖直上抛，设两物体抛出的时间差 $\Delta t=0.500\mathrm{s}$，试问：

(1) 第二个物体抛出后经多少时间方与第一个物体相碰?

(2) 如果 $\Delta t>2v_0/g$，那么，结果的物理意义怎样?(不计空气阻力)

1.17　由楼上以同样大小的初速率 v_0 同时抛掷两物体，一物竖直上抛，另一物竖直下抛，略去空气阻力，求这两个物体之间的距离 s 与时间 t 的关系.

1.18　一升降机以 $a=2g$ 的加速度从静止开始上升，它里面有一用细绳吊着的小球，在 2.0s 末，小球因绳子断了而往下落. 设小球原来到底板的距离为 h=2.0m. 略去空气阻力. 试求：

(1) 小球下落到底板所需的时间 t；

(2) 小球相对于地面下落的距离 s.

1.19　自由落体在最后半秒钟内落下的距离为 $h_1=20\text{m}$，试求下落的总高度 h.

1.20　在高度 $h=40\text{m}$ 处竖直抛出一物体，问初速度 v_0 为多大时，才能使它比自由落下(1)早 $t=1\text{s}$，(2)迟 $t=1\text{s}$ 落到地上？(不计空气阻力)

1.21　一轰炸机离地面 10km，以 $240\text{km}\cdot\text{h}^{-1}$ 的水平速度，向其轰炸目标的正上空飞行. 问当瞄准器到目标的视线与竖直线所成的角 φ 为多大时投下炸弹，才能正好击中目标？(略去空气阻力).

1.22　一轰炸机离海面 10km，以 $240\text{km}\cdot\text{h}^{-1}$ 的水平速度追击正前方一鱼雷艇，鱼雷艇的速度是 $95\text{km}\cdot\text{h}^{-1}$，不计空气阻力，问飞机应在艇后多少距离投弹才能正好击中目标？

1.23　一俯冲轰炸机沿与竖直成 37°方向俯冲，在 800m 高度投弹，炸弹离飞机 5.0s 时着地. 不计空气阻力，试问：

(1) 飞机的飞行速度是多少？

(2) 炸弹离开飞机后在水平方向前进多远？

(3) 炸弹着地时，速度的大小和方向如何？

1.24　一小孩以 $16\text{m}\cdot\text{s}^{-1}$ 的速度把一皮球抛到墙上，墙离小孩 5.0m 远. 问小孩应以什么方向抛球，才能使球在反射后的轨道的最高点刚好在小孩的头顶上方？(设球与墙的碰撞为完全弹性碰撞，略去空气阻力).

1.25　在小山上安一靶子，由炮位所在处观测靶子的仰角为 α，炮与靶子间的水平距离为 L，向目标射击时，炮身的仰角为 β. 略去空气阻力，求能射中靶子的子弹的初速度 v_0.

1.26　炮弹的出膛速度为 $400\text{m}\cdot\text{s}^{-1}$，要射中水平距离为 1000m、高度为 330m 的目标. 不计空气阻力. 试求炮的仰射角.

1.27　设火箭引信的燃烧时间为 6.0s，在与水平成 45°角的方向把火箭发射出去时，欲使火箭在弹道的最高点爆炸，不计空气阻力，问应以多大的初速度发射火箭？

1.28　一个球从楼梯顶上以 $2.0\text{m}\cdot\text{s}^{-1}$ 的水平速度滑下，所有阶梯恰好都是 20cm 高，20cm 宽，问球首先撞在哪一级阶梯上？用草图画出.

1.29　一汽车在半径为 $R=400\text{m}$ 的圆周上作变速运动，已知它的切向加速度的大小为 $a_\tau=0.20\text{m}\cdot\text{s}^{-2}$，方向与速度方向相反，速度的大小为 $10\text{m}\cdot\text{s}^{-1}$，求这时它的法向加速度和总加速度.

1.30　一质点沿半径为 $R=10\text{cm}$ 的圆周作匀速圆周运动，速率为 $v=1.0\text{cm}\cdot\text{s}^{-1}$.

(1) 求 $t=0\text{s}$ 至 $t=1\text{s}$ 的时间间隔内，平均加速度矢量与 $t=0\text{s}$ 时的加速度矢量间的夹角；

(2) 求 $t=0\text{s}$ 至 $t=0.1\text{s}$ 的时间间隔内，上述两个矢量间的夹角；

(3) $\Delta t\to 0$，问上述夹角趋于多少？

1.31　一物体从静止出发沿半径 $R=3.0\text{m}$ 的圆周运动，切向加速度为 $a_\tau=3.0\text{m}\cdot\text{s}^{-2}$. 试问：

(1) 经过多少时间它的总加速度 a 恰与半径成 45°的角？

(2) 在上述时间内物体所通过的路程 s 等于多少?

1.32　离水面高度为 h 的岸上有人用绳索拉船靠岸. 人以恒定速率 v_0 拉绳,求当船离岸的距离为 s 时,船的速度与加速度.

1.33　杆以匀角速 ω_0 绕过其固定端 O 且垂直于杆的轴转动. 在 $t=0$ 时,位于 O 点的小珠从相对于静止开始沿杆作加速度为 a_0 匀加速运动. 求小珠在时刻 t 的速度和加速度.

1.34　某人以 $2.5\text{m}\cdot\text{s}^{-1}$ 的速度向正西方向跑时,感到风来自正北. 如他将速度增加一倍,则感到风从正西北方向吹来. 求风速和风向.

1.35　当蒸汽船以 $15\text{km}\cdot\text{h}^{-1}$ 的速度向正北方向航行时,船上的人观察到船上的烟囱里冒出的飘向正东方向. 过一会儿,船以 $24\text{km}\cdot\text{h}^{-1}$ 的速度向正东方向航行,船上的人则观察到烟飘向正西北方向. 若在这两次航行其间风速不变. 求风速及方向.

1.36　A 船以 $V_A=30\text{km}\cdot\text{h}^{-1}$ 的速度向东航行,B 船以 $45\text{km}\cdot\text{h}^{-1}$ 的速度向正北航行. 求 A 船上的人观察到的 B 船的航速和航向.

1.37　一溜冰者在冰面上以 $v_0=7\text{m}\cdot\text{s}^{-1}$ 的速度沿半径 $R=15\text{m}$ 的圆周溜冰. 某时刻他平抛出一小球,为使小球能击中冰面上圆心处,他应以多大的相对于他的速度抛球,并求出该速度的方向(用与他溜冰速度之间的夹角 θ 表示). 已知人抛球时手的高度 $h=1.5\text{m}$.

1.38　一架飞机在无风时以匀速 v 相对地面飞行,能飞出的最远距离为 R(包括飞出和飞回). 现在风速为 u,方向为北偏东 α 度的风中飞行,而飞行的实际航向为北偏东 β 度. 求证,在这种情况下,飞机能飞出的最远距离为

$$\frac{R(v^2-u^2)}{v\sqrt{v^2-u^2\sin^2(\beta-\alpha)}}$$

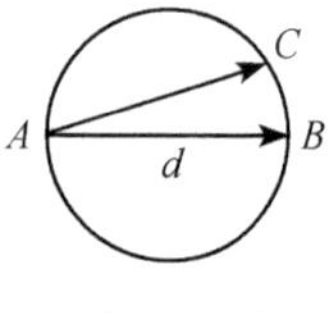

题 1.39 图

1.39　如题 1.39 图所示,一个圆盘直径为 d,绕通过圆心的垂直轴以角速度 ω 匀速旋转,今有一人站在圆盘上的点 A 射出一颗子弹,已知子弹出膛速度为 v,$v\gg\omega d$. 现在希望子弹击中点 A 的对径点 B(AB 是圆盘的直径). 则应瞄准点 C,问 BC 的弧长是多少? 又问这颗子弹在圆盘上的轨迹是什么? 求出相应的曲率半径.

第 2 章　质点动力学

在第一章中，我们讨论了运动的描述，而没有涉及运动的原因，没有研究不同式样的运动之间的内在联系. 譬如，自由落体为什么垂直向下做匀加速运动？行星为什么绕太阳旋转不息？自由落体与行星旋转两者之间有什么关系？物体的运动千差万别，究竟是什么因素决定物体作这样或那样的运动？这些问题运动学本身不能回答，回答这些问题是动力学乃至整个自然科学的任务.

伽利略作为近代科学的先驱，他在动力学方面的开创性工作是意义深远的. 爱因斯坦说，伽利略的发现以及他所用的科学推理方法是人类思想史上最伟大的成就之一，而且标志着物理学的真正开端. 正是在伽利略工作的基础上，又经过一些科学家，例如笛卡儿和惠更斯，特别是牛顿的努力，才将这一工作推向成功的高峰. 笛卡儿第一个对惯性定律作正确的表述，并提出了一般的运动量守恒原理（但他对运动量的含义是不明确的）；惠更斯发现了向心力的原理和弹性碰撞中的守恒定律；而牛顿在 1687 年发表的《自然哲学的数学原理》（图 2.1）一书则全面总结了这些成果. 牛顿的主要功绩是把动力学分为两部分：第一部分是将物体之间的相互作用归结为力，而力是由力的定律来描述的；第二部分是物体在力的作用下按一定的规律运动，这种运动则是由运动定律来描写的.

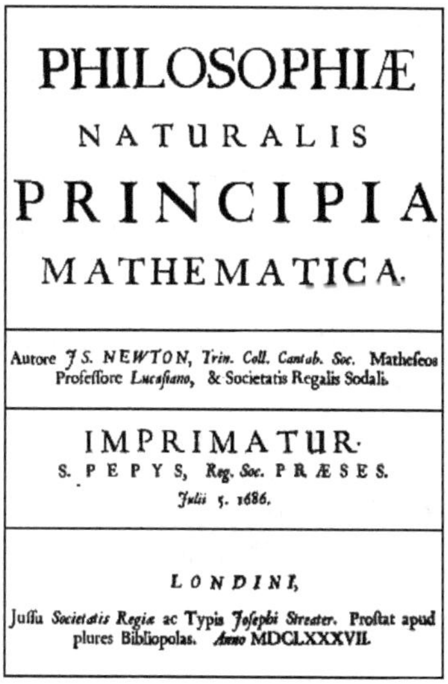
PHILOSOPHIÆ
NATURALIS
PRINCIPIA
MATHEMATICA.

Autore *J S. NEWTON*, *Trin. Coll. Cantab. Soc.* Matheseos Professore *Lucasiano*, & Societatis Regalis Sodali.

IMPRIMATUR.
S. PEPYS, *Reg. Soc.* PRÆSES.
Julii 5. 1686.

LONDINI,
Jussu *Societatis Regiæ* ac Typis *Josephi Streater*. Prostat apud plures Bibliopolas. *Anno* MDCLXXXVII.

图 2.1

2.1　牛顿运动定律

牛顿在《自然哲学的数学原理》一书中，把物体的运动规律归结为三条定律，现分别叙述如下.

2.1.1　牛顿第一定律

爱因斯坦把科学家一代一代探索自然奥秘的努力，比喻做读福尔摩斯一类侦探小说，在好的侦探故事中. 一些最明显的线索往往把人们引导到错误的猜疑中去,凭直觉的推理方法往往是靠不住的.

有一个基本问题,由于太复杂,曾经几千年搞不清楚,那就是物体的运动问题.长期以来人们认为,要改变一个静止物体的位置,必须推它、提它或拉它,于是人们直觉地认为,运动是与推、提、拉等动作相联系的.经验使人们相信,要使一个物体运动得更快,必须用更大的力推它,当推动物体的力不再作用时,原来运动的物体便静止下来.这也就是亚里士多德学派所说的,静止是水平地面上物体的"自然状态".然而在自然界这部侦探小说中这是一个错误的线索.直到三百年前,伽利略创造了有效的侦察技术,发展了寻求正确线索的系统方法.伽利略领悟到,将人们引入歧途的是摩擦力或空气阻力,它们是人们在日常观察物体运动时难以避免的.为了得到正确的线索,除了实验和观察外,还需要抽象的思维.伽利略注意到,当一个球沿斜面向下滚动时,其速度增大,而向上滚动时,其速度减小.由此推论,当球沿水平面滚动时,其速度不增不减.球在水平面上越滚越慢,并非是它要自觉地回归"静止"这个自然状态,而是由于地面施于球摩擦力的缘故.表面越光滑,球滚得越远,于是伽利略推论,如果没有摩擦力,球会永远滚下去.所以伽利略得出结论:存在一类运动,它们不是由外力所维持,它们的特征是速度保持不变,即做匀速直线运动或静止.

后来,牛顿吸收了伽利略的正确思想,在《自然哲学的数学原理》一书中,他写道:

"每个物体都要保持其静止或匀速直线运动的状态,除非有力加于其上迫使它改变这种状态."

这就是**牛顿第一定律**,也称**惯性定律**.

1. 牛顿第一定律的意义

(1) 揭示了力与运动的关系.

首先牛顿创造性地把物体之间错综复杂的相互作用抽象为力,这是牛顿的伟大功绩之一.

物体的运动并不需要力去维持,只有当物体的运动状态(速度)发生变化,即产生加速度时才需要力的作用.力不是维持速度的原因,而是改变速度的原因.根据牛顿第一定律,我们得到了力的定性定义:力是一物体对另一物体的作用,它使物体改变速度,即产生加速度.

(2) 牛顿第一定律揭示了惯性的概念.

物体之所以能在不受外力的作用下,保持静止或匀速直线运动的状态,这是由物体本身的属性决定的.我们把物体所固有的、保持原来运动状态不变的属性称为惯性.所以物体在不受外力时所作的匀速直线运动也叫做惯性运动.惯性是每个物体按其一定的量存在于其中的一种抵抗运动状态改变的能力.

(3) 牛顿第一定律断言惯性参考系的存在.

在第 1 章中我们说过,要描述运动,就一定要选择参考系. 在运动学中,参考系的选择是任意的,只要根据运算的方便. 那么牛顿第一定律是否对任何参考系都成立呢? 先让我们看几个例子:

① 两个人同时从一个很高的平台下落,各自以自身为参考系观察对方的运动,会发现对方是静止的. 根据牛顿第一定律可得出结论,对方没有受到力的作用. 但实际上每个人都受到重力的作用,这就与牛顿第一定律矛盾,也就是说以自由下落的人作为参考系,牛顿第一定律不正确.

② 一个在加速运动的火车厢内的观察者,他以火车为参考系观察到铁路边的树木、房屋朝后作加速运动,但它们并没有受到水平方向的任何推力,也与牛顿第一定律矛盾.

上面两个例子证明,不是对任何参考系牛顿第一定律都成立. 因而惯性定律的意义在于它断言:一定存在这样一种参考系,相对于它,所有不受力作用的物体,都将维持它的匀速直线运动或静止的状态. **这类牛顿第一定律成立的参考系称为惯性参考系**,凡是牛顿第一定律不成立的参考系,如加速的车厢,自由下落的物体等,称为**非惯性系**.

惯性定律的确定,成为旧物理学(即亚里士多德物理学)的终点,新的物理学的起点. 本章以后的讨论都采用惯性参考系.

2. 几种实用的惯性系

(1) 地球. 地球是最常用的惯性系(有人称之为基本参考系). 伽利略就是在地球上发现惯性定律的. 因为地球与其周围物体相距比较远,离地球最近的恒星是太阳,两者相距约 1.5×10^8 km;与月亮距离较近,为 3.84×10^5 km,但月亮比较小,所以地球是一个相当好的惯性系. 由于太阳的存在,地球相对惯性系有 $5.9\times10^{-3}\,\mathrm{m\cdot s^{-2}}$ 的加速度,这就是公转加速度. 至于地球的自转所造成的加速度则更大,达 $3.4\times10^{-2}\,\mathrm{m\cdot s^{-2}}$. 但对大多数精度要求不很高的实验,这一自转的加速效应仍可以忽略. 精确观察表明,地球不是严格的惯性系,它与惯性系的偏离在观察行星运动时会显示出来.

(2) 太阳系. 通常是指以太阳为原点,以太阳与恒星的连线为坐标轴的参考系. 这是更好的实用惯性系. 离太阳最近的恒星的距离约 4 光年,离其他物体更远,故太阳系比地球参考系更好. 当然,它与惯性系的要求还是有偏差的. 精密的观察表明,由于太阳受银河系整个分布质量的作用,它与整个银河系的其他星体一起绕其中心旋转,使它相对惯性系仍有约 $10^{-10}\,\mathrm{m\cdot s^{-2}}$ 的加速度. 它与惯性系的偏差在观察恒星运动时仍会显示出来.

(3) FK_4 系. 这是目前所用的最好的实用惯性系. 它是以选定的 1533 颗恒星

的平均静止的位形作为基准的参考系. FK_4 系离周围其他物体更加遥远,因此更加接近理想. FK_4 是一个代号. 最初只选了几百颗星参与平均,后来感到还不够,又多次改进扩大星数. FK_4 系是 1960 年选定的. 观察表明,它是比以上两个参考系好得多的惯性系.

为进一步提高惯性系的精度,还在研究比 FK_4 更好的惯性质,如一系列射电源为基准的参考系和以微波背辐射为基准的参考系等.

综上所述,第一定律具有丰富的内容,它既提出了力和惯性的概念,又定义了惯性系;而且,它的成立并不依赖于力和惯性的定量量度. 它比第二定律具有更大的兼容性.

2.1.2　牛顿第二定律

牛顿第一定律确立了在不受力的情况下,物体的运动性质,并提出了力是改变物体运动状态的原因,但没有确立力和惯性之间的定量关系. 牛顿第二定律就是回答力和惯性、加速度之间的定量关系.

牛顿第二定律的表述:

在惯性参考系中,一个物体所受到的合外力,等于该物体的动量的时间变化率. 它的数学表达式为

$$\boldsymbol{F}=\frac{\mathrm{d}\boldsymbol{P}}{\mathrm{d}t}=\frac{\mathrm{d}(m\boldsymbol{v})}{\mathrm{d}t}$$

在牛顿力学适用的范围内,即当物体的速度远远小于真空中的光速,即 $v \ll c$ 时,质量是不随时间变化的恒量,于是上式可写成

$$\boldsymbol{F}=m\frac{\mathrm{d}\boldsymbol{v}}{\mathrm{d}t}=m\boldsymbol{a} \tag{2.1}$$

这就是牛顿第二定律的通常形式.

牛顿第二定律涉及力、质量和加速度三个物理量之间的定量联系,这就要求对这三个物理量作定量的量度. 加速度的量度在有了长度和时间的量度后是不成问题的,剩下的是质量和力的量度问题.

1. 质量和质量的量度

牛顿并没有对质量的量度下过定义,但他正确地指出质量的惯性属性,并指出惯性与"物质的量成正比". 因此,我们可用惯性大小来量度质量.

尽管目前我们还没有力的量度方法,但对相同的力仍是可以判定的. 例如一端固定的一个弹簧的同样伸长,将施于连接其上的物体以相同的作用力. 我们可以安排如下一组实验,在一足够光滑的桌面上,把一个弹簧的一端固定,现有两块同样质料,大小不同的铜块 A、B. 如图 2.2 所示分别连接在弹簧的另一端.

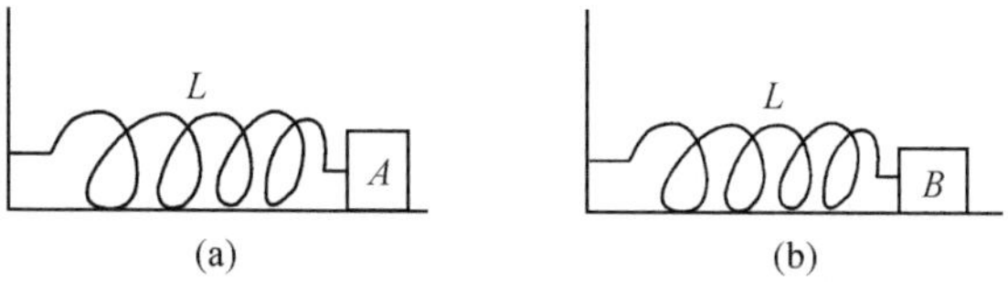

图 2.2

实验 1:把铜块 A 和弹簧相连,把弹簧拉伸到 L,然后释放,则铜块在弹簧的弹性力的作用下,获得一个加速度,测出在刚释放时刻的铜块 A 的加速度 a_A. 实验 2:把铜块 A 换成铜块 B 与弹簧连接,仍把弹簧拉伸到 L,测得释放时刻铜块 B 的加速度 a_B,实验发现,大的铜块 A 获得的加速度 a_A 小于小的铜块 B 获得的加速度 a_B. 在上面的实验中,由于弹簧的拉伸长度相同,可以判定弹簧施于 A、B 的作用力相同. 实验结果说明:在相同的作用力下,不同的物体获得的加速度的大小不同,而加速度大小的不同反映了不同物体运动状态改变的难易程度不同. 在相同作用力下,获得的加速度小的物体,说明它抵抗运动状态改变的能力强;加速度大的物体抵抗运动状态改变的能力小. 物体的这种抵抗运动状态改变的能力称为惯性. 所以铜块 A 的惯性比铜块 B 的惯性大. 我们把物体所受的外力和它所获得的加速度的比值定义为该物体的质量即

$$m=\frac{F}{a}$$

所以

$$m_A=\frac{F}{a_A};\quad m_B=\frac{F}{a_B}$$

如果取铜块 A 的质量为标准质量 m,则铜块 B 的质量为 $m_B=\frac{a_A}{a_B}m$. 任何其他物体的质量都可用上述方法与物体 A 的质量进行比较而得到. 这种用惯性的大小定义的质量称为惯性质量. 实验证明,这样定义的质量符合代数相加原则,即把质量为 m_1 和 m_2 的两个物体合在一起形成一个物体时,它的质量为 m_1+m_2.

质量 m 是一个绝对量. 由 $m=F/a$,同一个质点在不同的惯性系中,加速度 a 和力不变,故 m 不变. 于是在牛顿力学中,m 是个绝对量,与时间的选取无关,与坐标系的选取无关,与物体的速度无关. 但实验证明,当物体的速度接近真空中的光速时,其质量大大增加. 所以只有在物体速度远远小于光速的范围内,质量才是绝对量.

质量的单位是(kg). 1901 年正式规定 kg 原器的质量为 1kg 的标准. kg 原器是用铂铱合金制造的、直径和高都是 3.9cm 的圆柱体,保存在巴黎国际计量局中. 在原子尺度上,采用原子质量单位,用 ^{12}C 作它的标准,国际协议规定 ^{12}C 的原子质量精确地等于 12 个原子质量单位(u). 原子质量单位与 kg 的关系为

$$1u=1.6605655\times10^{-27}kg$$

2. 力和力的量度

现在我们集中讨论力这个概念,力是什么?我们说,力是物质之间的相互作用,牛顿把物体之间复杂的相互作用归结为力,这是牛顿的一大贡献.物质的各种不同种类的相互作用,都有本身的规律,例如两物体间的万有引力遵循的是万有引力定律,两个静止的点电荷之间的相互作用遵循的是库仑定律等等.不管是什么种类的力,它们具有一个共同的、本质的特性,当它们作用于物体时,就能改变这个物体的运动状态,从而产生加速度.所以力是物体产生加速度的原因,而且力和加速度的关系是一种瞬时关系,一个物体一旦受力作用,就立即产生加速度,一旦作用力消失,物体的加速度立即消失.

牛顿第二定律,给出了力的定量定义:作用在一个质点上的力就是质点的质量乘以由该力产生的加速度,这就给力的量度提供了依据.在国际单位制中,规定使1kg 的质量获得 1 米/秒^2 的加速度的力,称为一个牛顿,即 $1\text{N}=1\text{kg}\cdot\text{m}\cdot\text{s}^{-2}$.

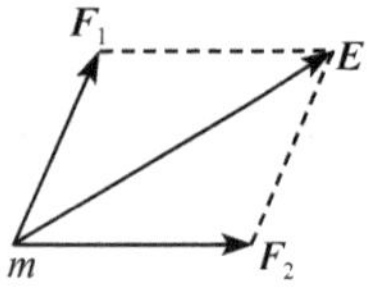

图 2.3

力是矢量,牛顿第二定律指出,物体加速度的方向与产生该加速度的力的方向一致.实验证明,力的合成满足矢量的平行四边形相加法则.如图 2.3 所示,当有两个力 $\boldsymbol{F}_1$ 和 $\boldsymbol{F}_2$ 同时作用于物体时,其效果与这两个力的合力即 $\boldsymbol{F}_1$ 和 $\boldsymbol{F}_2$ 的矢量和 $\boldsymbol{F}$ 作用于该物体的效果相同.当有 n 个力同时作用于物体(质点)时,牛顿第二定律中的 $\boldsymbol{F}$ 应视为这 n 个力的合力,即

$$\boldsymbol{F}=\sum_{i=1}^{n}\boldsymbol{F}_i=m\boldsymbol{a}$$

总之,只有当我们把力的规律和牛顿第二定律结合起来,就能有效地解决物体在环境作用下如何运动这一动力学的根本任务.

牛顿第二定律适用的参考系是惯性系.

我们已经用牛顿第一定律定义了惯性系.而牛顿第二定律只有在惯性系中才正确,并非适用于所有的参考系.因此,牛顿第二定律是建立在第一定律的基础上的,不能把牛顿第一定律看成是牛顿第二定律的特例.

$\boldsymbol{F}=m\boldsymbol{a}$ 是一个矢量方程,在直角坐标系中,它等价于三个分量方程

$$F_x=ma_x=m\ddot{x},\quad F_y=ma_y=m\ddot{y},\quad F_z=ma_z=m\ddot{z} \tag{2.2}$$

在自然坐标系中,它等价于

$$F_{\mathrm{t}}=m\frac{\mathrm{d}v}{\mathrm{d}t},\quad F_{\mathrm{n}}=m\frac{v^2}{R} \tag{2.3}$$

在平面极坐标系中为

$$F_r=m(\ddot{r}-r\dot{\theta}^2),\quad F_\theta=m(r\ddot{\theta}+2\dot{r}\dot{\theta}) \tag{2.4}$$

牛顿第二定律是瞬时关系式.

一旦有力作用于物体，物体立即产生加速度；一旦力发生变化，加速度也发生变化，一旦力撤离物体，加速度立即消失，所以力和加速度是瞬时关系.

2.1.3　牛顿第三定律（作用与反作用律）

当物体 1 以力 $\boldsymbol{F}_{12}$ 作用于物体 2 时，物体 2 也必定同时以力 $\boldsymbol{F}_{21}$ 作用于物体 1，$\boldsymbol{F}_{12}$ 与 $\boldsymbol{F}_{21}$ 大小相等，方向相反，并处于同一条直线上.

数学表达式

$$\boldsymbol{F}_{12} = -\boldsymbol{F}_{21}$$

这就是**牛顿第三定律**. 从动力学角度看，有了前两个定律已经完整了. 牛顿第三定律是关于力的性质的定律，而不是动力学本身的定律. 它是牛顿独立发现的.

关于牛顿第三定律，有下列几点需要说明：

(1) 由于第三定律不涉及运动，因而它与第一、第二定律不同，并不要求参考系是惯性系.

作用力与反作用力相等而反向，是以力的传递不需要时间，即传递速度无限大为前提的，这是牛顿的超距作用的观点. 如果力的传递速度是有限的，作用力与反作用力就不一定相等. 设想物体 1 静止不动，2 物体以一定速度向右运动，t_1 时刻它在 B 点，t_2 时刻它在 B'点，如图 2.4. 如果力的传递速度有限，当它处在图中 B'点时，它在 t_1 时刻对 1 的作用力 $\boldsymbol{F}_{21}$ 刚传到 1 物体上，方向向下，而物体 2 受到物体 1 的作用力 $\boldsymbol{F}_{12}$ 则指向左下方. 这是因为物体 1 静止不动，它的作用早已传到空间各处. 故 $\boldsymbol{F}_{12} \neq \boldsymbol{F}_{21}$. 在通常的力学问题中，物体的运动速度往往不大，即使力以有限的速度传递，但因传递速度比物体的速度大很多（如引力以光速传递），力以有限速度传递的效应并不显著，可不必考虑. 但在有些情况，如在较强电磁力作用下，粒子速度往往可与光速相比拟，牛顿第三定律就不再正确了. 我们将用动量守恒等一些守恒定律来代替牛顿第三定律.

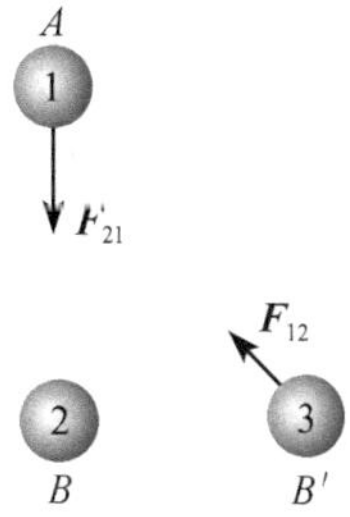

图 2.4

(2) 作用力与反作用力是性质相同的力. 譬如都为万有引力、都为电磁力、都为弹性力等.

(3) 作用力与反作用力作用在两个物体上，永远不会相互抵消.

2.1.4　牛顿定律的意义和局限性

牛顿运动定律是从大量的实验事实中总结出来的，从它所推论出来的大量结论，在很广的范围内得到了验证，尤其是在天体运动的研究方面取得了许多重大的成就之后，牛顿运动定律的可靠性，已得到了充分的肯定. 牛顿三定律的发现在人类的科学史上树起了一座光灿夺目的里程碑！然而近代科学的发展证明，它只是在宏观、低速的范围内适用的理论. 当物体的运动速度接近光速时，当我们的研究深入到原子范围的微观物体时，则需要分别应用狭义相对论和量子力学.

2.2 基本相互作用和日常生活中常见的力

找到了动力学基本方程之后，关于运动的定律已经有了. 物理学的另一主要任务就是研究力，即根据给定物体和它周围环境的性质来计算作用在该物体上的力，并寻找各种不同类型的力的统一. 如果弄清楚自然界中的最基本的力，我们在原则上就能解释自然界中各式各样的运动现象.

2.2.1 四种基本相互作用

迄今为止，人类认识到在宇宙中存在四种基本的相互作用，它们是：1. 万有引力相互作用；2. 电磁相互作用；3. 强相互作用；4. 弱相互作用. 万有引力和电磁相互作用是与物体之间距离的平方成反比，故它们是长程力，能在远距离范围内起作用. 然而万有引力总是相互吸引，而电磁相互作用既有吸引力也有排斥力. 在大的系统中，电的吸引和排斥高度地抵消，只有万有引力单独留下. 由于这个原因，万有引力在大尺度上支配着整个宇宙间星体的运行. 而在分子、原子范围，由于电力比万有引力的作用要强大很多，所以我们周围的世界基本上是由电力支配的，电磁相互作用决定了原子、分子和更复杂形式的物质的结构，我们日常生活中所遇到的各种各样力，如重力、弹簧的弹力、绳中的张力、摩擦力、地面的支撑力、空气的阻力等等，除重力属于万有引力之外，上述列举的其他的力，从微观上看无一不是原子，分子间电磁相互作用的宏观表现.

强相互作用和弱相互作用是短程力. 它们只在 10^{-15}m 的原子核距离上才有重要的作用，这两种相互作用即使对于 10^{-10}m 的原子距离，也是可以忽略的. 强相互作用是非常强的力，在原子核距离内它比电磁力要强大的多，它是把原子核结合起来的“胶”. 弱相互作用只与某些放射性衰变有关，它周旋于中微子的产生和消灭之中. 由于这两种力的力程太短，它们在人们的日常生活中没有什么影响. 表 2.1 给出了四种基本相互作用的比较.

表 2.1 四种基本相互作用

类 型	媒介粒子	强度①	作用范围
万有引力	引力子	10^{-38}	长
电磁相互作用	光子	10^{-2}	长
弱相互作用	中间玻色子	10^{-13}	短(～10^{-18}m)
强相互作用	胶子	1	短(10^{-15}m)

① 在距离源 10^{-15}m 处，该相互作用对于强相互作用的相对强度

2.2.2　日常生活中常见的力

1. 弹性力

变形物体因形变而产生的恢复力称为**弹性力**. 当形变不大时，弹性力与形变成正比.

$$F=-kx$$

这就是**胡克定律**. 其中 k 是一个常数，称为倔强系数或劲度系数，x 为偏离平衡位置的位移，负号表示力与位移的方向相反. 胡克定律的成立是有一定限度的，当形变太大时，胡克定律将不再成立，这时，即使撤去迫使形变的外力，形变物体也不能恢复原状. 这种形变不能恢复的性质称为范性，或称塑性.

如物体的变形很轻微(不少情况如此)，可近似认为不变形，是刚性的，但弹性力仍来自形变. 这样对同一物体会同时使用刚性和弹性两个似乎矛盾的概念.

2. 摩擦力

当两物体的接触面有相对滑动或有相对滑动的趋势时，会产生一种阻碍相对滑动或相对滑动趋势的力，这种力叫**摩擦力**，前者称为滑动摩擦力(简称动摩擦力)，后者称为静摩擦力.

摩擦力是最常遇到的力，但是关于它的规律却是复杂的. 我们在这里仅谈几条简单的规律.

(1) 干摩擦. 两块干燥固体之间的摩擦力，称为干摩擦，服从以下的规律：

① 动摩擦力 f_k 与正压力成正比，与两物体的表观接触面积无关；

② 当相对速度不很大时，动摩擦力与速度无关；

③ 静摩擦力 f_s 可在零与一个最大值(称最大静摩擦力)之间变化. 视相对滑动趋势的程度而定. 最大静摩擦力也与正压力成正比，在一般情况下它大于动摩擦力.

这三条规律通常称为库仑摩擦定律，是库仑确定的. 其中第一条和第三条定律，写成表达式为

$$f_k=\mu_k N \quad f_s \leqslant \mu_s N \tag{2.5}$$

式中 μ_k、μ_s 分别称为动摩擦系数和静摩擦系数，通常 μ_k 在 0.15～0.5 之间. μ_s 略大于 μ_k. 摩擦的起因相当复杂，主要与接触面的局部形变和表面的分子引力有关.

(2) 湿摩擦. 流体不同层之间由于相对滑动而造成的阻力叫**湿摩擦力**或**黏滞阻力**，当相对速度不很大时，黏滞阻力与速度的横向变化率、接触面积及黏度成正比. 固体与流体接触面发生相对运动时所产生的阻力的起因与此相同，当相对运动速度不大时，与流体相对固体的速度 v 成正比，即

$$F=-\eta v$$

式中 η 是黏滞系数.应该指出的是,此定律是一条粗糙的经验定律,当速度较大时,比如飞机飞行中所受的阻力,它近似地与速度的平方成正比,为

$$F=-\eta v^2 \tag{2.6}$$

通常湿摩擦比干摩擦要小很多,且不存在静摩擦力.利用润滑油以减小固体间的摩擦,就是这个道理.

3. 重力

在地球表面附近,一个质量为 m 的物体受到的重力方向垂直于水平面,大小为

$$F=mg \tag{2.7}$$

其中 g 是重力加速度.重力主要来源于地球表面的万有引力.

4. 万有引力

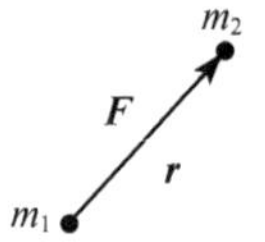

图 2.5

如图 2.5 所示的任意两个质点 m_1 和 m_2 之间都存在着相互吸引力,它们服从牛顿万有引力定律.

$$\boldsymbol{F}=-G\frac{m_1m_2}{r^2}\hat{r} \tag{2.8}$$

其中 m_1 和 m_2 称为引力质量,G 称为引力常数.

5. 库仑力

带电体之间的相互作用规律是由法国物理学家库仑发现的.该相互作用力称之为库仑力.如图 2.6 所示,真空中两个静止的点电荷之间的作用力的大小与它们所带的电荷 q_1、q_2 的乘积成正比,与它们之间的距离 r 的平方成反比,方向沿着两点电荷的连线.如果电荷是异号的,则为吸引力,如果是同号的,则为排斥力.其表达式为

图 2.6

$$\boldsymbol{F}=k\frac{q_1q_2}{r^2}\hat{\boldsymbol{r}} \tag{2.9}$$

式中 k 是比例系数,选取适当的单位,可以令 $k=1$.

6. 分子力

分子间相互作用的规律较复杂,很难用简单的数学公式表示.一般在实验的基础上,采用简化模型处理问题,可近似地用下列的半经验公式来表示

$$F=\frac{\lambda}{r^s}-\frac{\mu}{r^t}\quad(s>t) \tag{2.10}$$

式中 r 为两个分子中心之间的距离，λ, μ, s, t 都是正数(需根据实验数据加以确定). 上式中的第一项是正的，代表斥力；第二项是负的，代表引力. 由于 s 和 t 都比较大，一般约为 6～7，所以分子力随分子间距离 r 的增大而急剧地减小. 这种力可以认为具有一定的有效作用距离，超出有效作用距离，作用力实际上可以完全忽略. 由于 $s>t$，所以斥力的有效作用距离比引力的小. 力随分子间距离 r 的变化情况大致如图 2.7 所示.

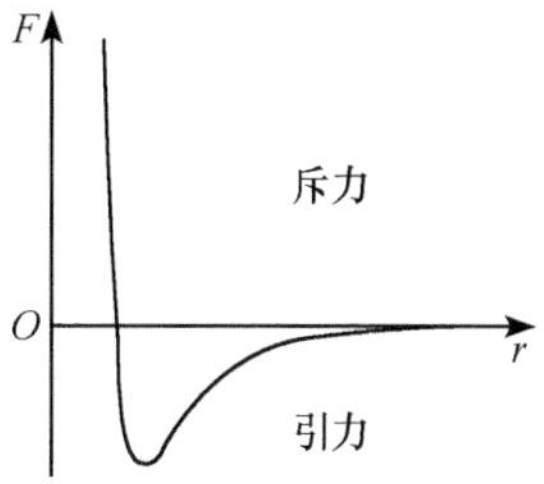

图 2.7

7. 洛伦兹力

一个带电荷 q 的点电荷以速度 $\boldsymbol{v}$ 在磁感应强度为 $\boldsymbol{B}$ 的磁场中运动，要受到磁场的作用力，此种力称为洛伦兹力，其表达式为

$$\boldsymbol{F} = q\boldsymbol{v} \times \boldsymbol{B}$$

8. 核力

核力是把原子核中的核子(质子和中子)束缚在一起的力. 这种力有效作用距离极短，对于大于约 10^{-13} cm 的距离，核力很快就变得很小，可略而不计了. 但在小尺度内，它却超过核子之间的一切其他形式的相互作用而占支配地位. 这是一种异常复杂的相互作用，直到大约 0.4×10^{-13} cm，它还是吸引力，大小可表示为

$$F = \frac{C}{r^n}\mathrm{e}^{-\frac{r}{r_0}} \tag{2.11}$$

式中 C 为常数，r 是两个核子间的距离，$r_0 \approx 10^{-13}$ cm. 但距离若再小，就成为强排斥力了.

以上我们列举了八种力，当然，还可以举出很多种. 各式各样的力只不过是上面讨论的四类基本力在不同情况下的不同表现而已.

2.3　动力学问题的求解

动力学的典型问题大致可以归结为以下三类：

(1) 已知质点的运动情况，求其他物体施于该质点的作用力，即研究质点何以作这种运动；

(2) 已知其他物体施于某质点的作用力，求质点运动情况；

(3) 已知质点运动情况与所受力的某些方面，求质点运动情况与所受力的未知方面.

质点动力问题的求解关键是力. 牛顿运动定律指出，力使质点获得加速度. 而质点在各个瞬间的加速度(附以适当的初始条件)则完全确定了质点的运动情况，这是我们在质点运动学中已研究过的问题. 这样，力对质点运动情况的影响是通过加速度表现出来的，因此，加速度这个物理量起着很重要的“桥梁”作用，它将牛顿运动定律与质点运动学结合起来.

综上所述，求解质点动力学问题的步骤如下：

(1) 隔离物体. 如果所讨论的问题多于一个质点，可以把几个物体分别隔离出来，对每个物体分别加以讨论.

(2) 受力分析. 采用图示方法把质点受到的力(主动力与约束力)全部示于图中，不得遗漏. 为防止遗漏某些力，应当注意掌握力的特性. 作用力与反作用力总是成对出现的(重力的反作用力作用在地球上)，这样做就能有效地防止遗漏某些作用力.

(3) 运动分析. 对质点进行运动分析是十分必要的. 必要的运动分析，加上正确的受力分析，提供了给出动力学方程的前提条件.

(4) 选定坐标系，列出方程. 动力学方程是矢量方程，为了算出结果，一般应写出分量方程. 在什么坐标系下写分量方程，往往应根据运动或受力进行选取，选取得当可以使求解简洁，不易出错. 对于约束运动往往还需要列出约束方程.

(5) 方程求解、讨论. 对分量方程进行数学求解，必须注意分析结果的合理性，给出必要的讨论.

下面举例说明：

例 2.1　阿脱武德机. 图 2.8 所示的装置称为阿脱武德机. 左、右两边原挂有质量均为 M 的物块，在右物块上又放有质量为 m 的小物块. 忽略滑轮和绳的质量及轮轴上的摩擦. 求左物体上升的加速度，m 与 M 之间的作用力及支点 A 所承受的力.

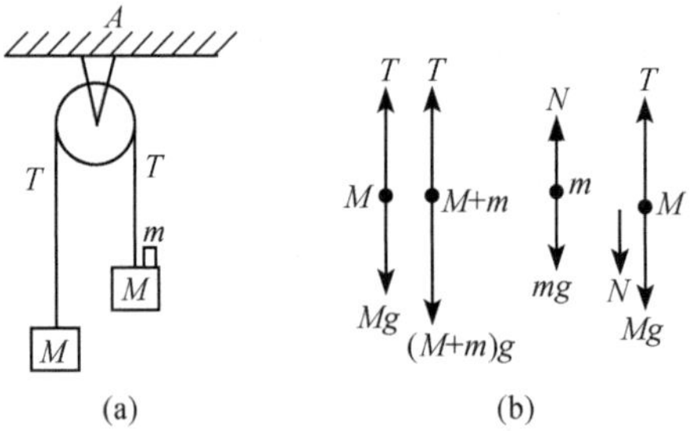

图 2.8

解　把右物体 M 和小物块 m 看成一个体系，设绳中张力为 T，把左物体 M 和右物体($M+m$)隔离开，分别画出它们的受力分析图，如图 2.8(b)，取向上为坐标轴 y 的正向，因不计绳子质量，滑轮两侧绳子的张力相同为 T，可对左右物体列出方程

左物体

$$T - Mg = Ma_1 \tag{2.12}$$

右物体

$$T - (M+m)g = (M+m)a_2 \tag{2.13}$$

但由于绳长为常数，左物体上升的距离必等于右物体下降的距离，由此可得约束方程

$$-a_1 = a_2 \tag{2.14}$$

联立方程(2.12)～(2.14)可得到

$$a_1 = \frac{m}{2M+m}g \tag{2.15}$$

为求出右边 m 和 M 之间的作用力，可将 m 和 M 隔离开，画出受力图，如图 2.8(b)，对它列出运动方程. 设 m 和 M 的作用力为 N，则有

$$mg - N = ma_1 \tag{2.16}$$

故

$$N = m(g - a_1) = mg\left(1 - \frac{m}{2M+m}\right) = \frac{2Mm}{2M+m}g \tag{2.17}$$

A 点所受的支承力

$$F = 2T \tag{2.18}$$

由式(2.12)得

$$T = M(g + a_1) = \frac{2(M+m)}{2M+m}Mg \tag{2.19}$$

本例有两点值得指出：

① 当把 M 与 m 看成一个物体时，N 是内力，不出现在运动方程中. 要求出 N，必须把 m 和 M 隔离开，这样原来的内力就成了外力，出现在运动方程(2.16)中.

② A 点的支撑力不等于三个物体的重量之和，这是由于三物体都在作加速度运动的缘故.

阿脱武德机是阿脱武德为研究落体定律而发明的一种著名装置，在实验中可事先测定质量 M 和 m，又可通过实验测出物体下降或上升的距离，以及通过这一距离所用的时间，从而求出加速度，若计算结果和实验结果一致，则牛顿第二定律得到验证. 所以它与伽利略所用的斜面一样，具有减慢落体加速度的作用，使实验易于观测.

例 2.2　竖直上抛物体最小应具有多大速度 v_0 才能不再落回地面. 不计空气阻力.

解　由于物体只受万有引力作用，引力的力心指向地心. 初速度的方向与引力的方向相反，这是直线运动，只需取一维坐标. 选地球为参考系，坐标原点在地心上. 如图 2.9 所示.

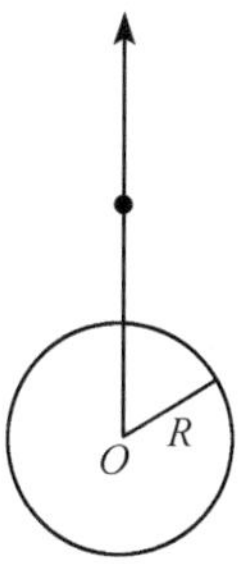

图 2.9

物体所受的地球的引力为

$$F=-G\frac{Mm}{x^2} \tag{2.20}$$

对地面附近的引力等于重力 mg

$$-G\frac{Mm}{R^2}=-mg \tag{2.21}$$

用式(2.20)除以式(2.21)得

$$F=-mg\frac{R^2}{x^2}$$

初始条件为 $t=0$ 时，$x=R,\frac{\mathrm{d}x}{\mathrm{d}t}=v_0$.

由牛顿第二定律得

$$-mg\frac{R^2}{x^2}=m\frac{\mathrm{d}^2x}{\mathrm{d}t^2} \tag{2.22}$$

在方程(2.22)两边同乘 $\mathrm{d}x$，可得

$$-mg\frac{R^2}{x^2}\mathrm{d}x=m\frac{\mathrm{d}^2x}{\mathrm{d}t^2}\mathrm{d}x=m\frac{\mathrm{d}^2x}{\mathrm{d}t^2}\frac{\mathrm{d}x}{\mathrm{d}t}\mathrm{d}t$$

因为

$$\frac{\mathrm{d}x}{\mathrm{d}t}=v,\quad \mathrm{d}\left(\frac{\mathrm{d}x}{\mathrm{d}t}\right)=\frac{\mathrm{d}^2x}{\mathrm{d}t^2}\cdot\mathrm{d}t$$

所以

$$-mg\frac{R^2}{x^2}\mathrm{d}x=m\frac{\mathrm{d}x}{\mathrm{d}t}\mathrm{d}\left(\frac{\mathrm{d}x}{\mathrm{d}t}\right)=mv\mathrm{d}v$$

利用初始条件对等式两边积分

$$-\int_R^x mg\frac{R^2}{x^2}\mathrm{d}x=\int_{v_0}^v mv\mathrm{d}v$$

得

$$mg\frac{R^2}{x}-mgR=\frac{1}{2}mv^2-\frac{1}{2}mv_0^2$$

所以得到质点在 x 处的速度

$$v=\frac{\mathrm{d}x}{\mathrm{d}t}=\sqrt{v_0^2-2gR+\frac{2gR^2}{x}}$$

讨论：

1. 若 $v_0^2<2gR$，则当 $x=\frac{2gR^2}{2gR-v_0^2}$时，$v=0$. 于是，物体由该点折回向地面降落.

2. 若 $v_0^2\geqslant 2gR$，则永远有 $v>0$，物体永远向上运动而不再回到地球. 所以竖直上抛的物体若要不回地球，它的初速最小应为

$$v_0=\sqrt{2gR}=11.2\times10^3\,\mathrm{m/s}$$

该速度称为逃逸速度，又称为第一宇宙速度. 上面的讨论中没有考虑空气的阻力. 事实上，当物体高速运动时，空气的阻力是很大的，上面的计算只给出一个粗略的结果. 若物体从地面发射时就具有第一宇宙速度，空气阻力产生的热量使这物体的温度剧烈升高，不论物体是用什么材料制成的都将被烧毁. 因此，物体应当以较低的速度上升，在上升过程中加速，等物体达到空气极稀薄的高度时才使其达到第一宇宙速度，这样才不致被烧毁. 用多级火箭发射宇宙飞船正是这种情况.

例 2.3　一质量为 m 的物块置于倾角为 θ 的固定斜面上，如图 2.10 所示，物体与斜面的静摩擦系数为 μ，$\mu<\sin\theta$. 现用一水平外力 F 推物块，欲使物块不滑动，F 的大小应满足什么条件?

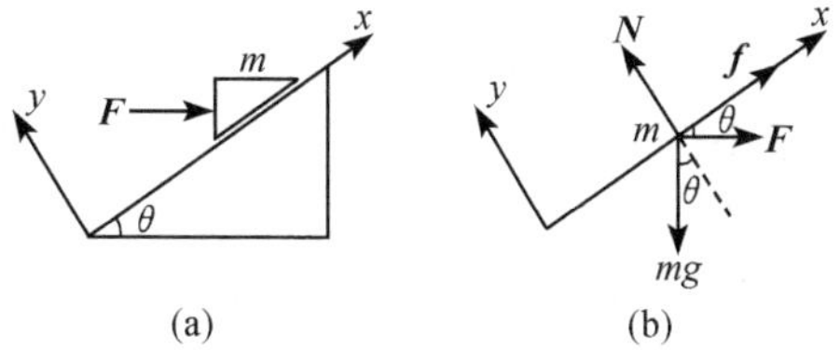

图 2.10

解　这是一个平衡问题，平衡问题可以看成动力学问题的特例，即合力为零的情形. 把物块隔离出来，由于物块受重力 $m\boldsymbol{g}$、水平外力 $\boldsymbol{F}$、斜面的法向支承力 $\boldsymbol{N}$ 及静摩擦力 $\boldsymbol{f}$ 四个力作用. 平衡条件为

$$m\boldsymbol{g}+\boldsymbol{N}+\boldsymbol{f}+\boldsymbol{F}=0$$

由于约束，物块只能沿斜面滑动，故取图上所示的坐标，考察即将下滑的情形，平衡方程的分量式为

$$F\cos\theta+f-mg\sin\theta=0 \tag{2.23}$$

$$N-F\sin\theta-mg\cos\theta=0 \tag{2.24}$$

而

$$f=\mu N \tag{2.25}$$

由式(2.23)～式(2.25)可解得

$$F=F_1=\frac{\sin\theta-\mu\cos\theta}{\cos\theta+\mu\sin\theta}mg \tag{2.26}$$

即当作用力小于 F_1 时，物块将下滑. 但 F 也不能太大，因为物体还可以上滑. 当物体即将上滑时，平衡方程为

$$F\cos\theta-\mu N-mg\sin\theta=0 \tag{2.27}$$

$$N-F\sin\theta-mg\cos\theta=0 \tag{2.28}$$

解式(2.27)和式(2.28)得

$$F = F_2 = \frac{\sin\theta + \mu\cos\theta}{\cos\theta - \mu\sin\theta}mg \tag{2.29}$$

即当 $F>F_2$ 时，物体上滑. 综合以上结果，物块不滑动的条件为

$$\frac{\sin\theta - \mu\cos\theta}{\cos\theta + \mu\sin\theta}mg < F < \frac{\sin\theta + \mu\cos\theta}{\cos\theta - \mu\sin\theta}mg$$

注意：

① 静摩擦力 f 并不是一个定值，它可以取从 $-\mu N$ 到 $+\mu N$ 之间的任一个值，究竟取何值，由具体情况而定，不要一提起静摩擦力，就套上了 $f=\mu N$ 的公式.

② 斜面上物体对斜面的正压力，也不能简单地套用 $mg\cos\theta$，而要由运动方程决定，如本例中，F 垂直于斜面的分力，使正压力增大.

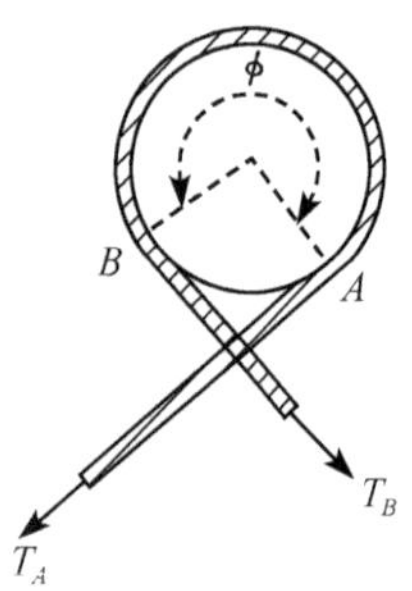

图 2.11

例 2.4 一种称为绞盘的装置，如图 2.11 所示，绳索绕在绞盘的固定圆柱上，当绳子承受负荷巨大的拉力 T_A，人可以用小得多的力 T_B 拽住绳子. 设绳与圆柱的摩擦系数为 μ，绳子绕圆柱的张角为 ϕ，求 T_A 与 T_B 的关系.

解 用隔离物体法，考虑在 θ 处对圆心张角 $d\theta$ 的一段线元，分析它受力的情况，如图 2.12 所示. 略去绳索质量，该线元受四个力的作用：两端张力 $T(\theta)$，$T(\theta+d\theta)$，法向力 dN，摩擦力 μdN. 在无加速度的情况下四力的合力为 0. 分别列出切向和法向分力平衡方程.

切向

$$[T(\theta+d\theta) - T(\theta)]\cos\frac{d\theta}{2} = -\mu dN \tag{2.30}$$

法向

$$[T(\theta+d\theta) + T(\theta)]\sin\frac{d\theta}{2} = dN \tag{2.31}$$

因 $d\theta$ 很小，$\sin(d\theta/2)\approx d\theta/2$，$\cos(d\theta/2)\approx 1$，$T(\theta+d\theta)-T(\theta)=dT$（$T$ 的微分增量），$T(\theta+d\theta)+T(\theta)=2T$，故上式可写为

$$dT = -\mu dN \tag{2.32}$$

$$Td\theta = dN \tag{2.33}$$

式(2.32)除以式(2.33)，得

$$\frac{dT}{T} = -\mu d\theta \tag{2.34}$$

设绞盘上 A、B 两点分别对应 $\theta=\theta_A$ 和 θ_B，对由式(2.34)积分，得

$$\int_{T_A}^{T_B}\frac{dT}{T} = -\mu\int_{\theta_A}^{\theta_B}d\theta$$

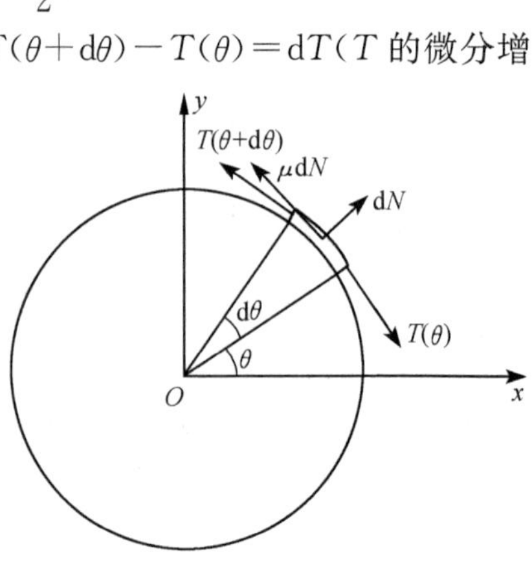

图 2.12

或

$$\ln\frac{T_B}{T_A} = -\mu(\theta_B - \theta_A) = -\mu\phi$$

即

$$T_B = T_A\exp(-\mu\phi)$$

此式表明，张力随 ϕ 增加按指数减小，故很容易做到让 $T_B \ll T_A$. 若摩擦力可忽略，$\mu=0$，有 $T_B = T_A$，即两端绳的张力相等. 这便是轻绳跨过无摩擦滑轮的情况.

例 2.5　一个质量为 m 的珠子系在线的一端，线的另一端绑在墙上的钉子上，线长为 l. 先拉动珠子使线保持水平静止，然后松手使珠子下落. 求线摆下 θ 角时这个珠子的速率和张力.

解　这是一个变加速问题，求解要用到微积分. 但物理概念没有什么特殊. 如图 2.13 所示，珠子受的力有线对它的拉力 $\boldsymbol{T}$ 和重力 $m\boldsymbol{g}$. 由于珠子沿圆周运动，所以我们按切向和法向来列牛顿第二定律分量式.

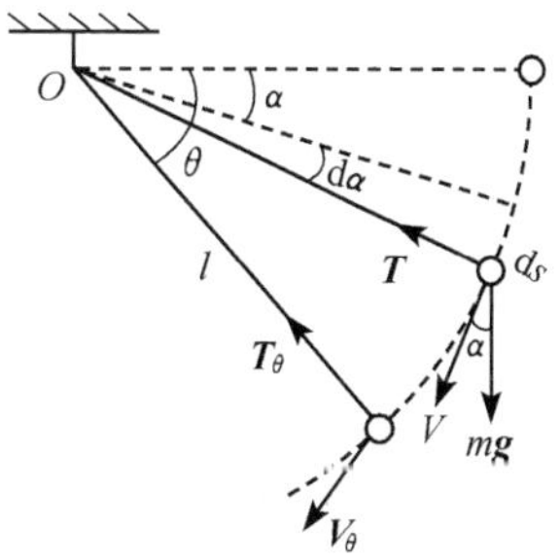

图 2.13

对珠子，在任意时刻，当摆下角度为 α 时，牛顿第二定律的切向分量式为

$$mg\cos\alpha = ma_\tau = m\frac{\mathrm{d}v}{\mathrm{d}t}$$

以 $\mathrm{d}s$ 乘以此式两侧，可得

$$mg\cos\alpha \cdot \mathrm{d}s = m\frac{\mathrm{d}v}{\mathrm{d}t}\mathrm{d}s = m\frac{\mathrm{d}s}{\mathrm{d}t}\mathrm{d}v$$

由于 $\mathrm{d}s = l\mathrm{d}\alpha$，$\frac{\mathrm{d}s}{\mathrm{d}t} = v$，所以上式可改写成

$$gl\cos\alpha \cdot \mathrm{d}\alpha = v\mathrm{d}v$$

两侧同时积分，由于摆角从 0 增大到 θ 时，速率从 0 增大到 v_θ，所以有

$$\int_0^\theta gl\cos\alpha \cdot \mathrm{d}\alpha = \int_0^{v_\theta} v\mathrm{d}v$$

由此得

$$gl\sin\theta = \frac{1}{2}v_\theta^2$$

从而

$$v_\theta = \sqrt{2gl\sin\theta}$$

当珠子摆下 θ 角时，牛顿第二定律的法向分量式为

$$T_\theta - mg\sin\theta = ma_n = m\frac{v_\theta^2}{l}$$

将上面 v_θ 值代入此式,可得线对珠子的拉力为

$$T_\theta = 3mg\sin\theta$$

这也就等于线中的张力.

例 2.6 如图 2.14 所示,在光滑的水平面上放一质量为 M 的楔块,楔块底角为 θ,斜边光滑. 今在其斜边上放一质量为 m 的物块,求物块沿楔块下滑时对楔块和对地面的加速度.

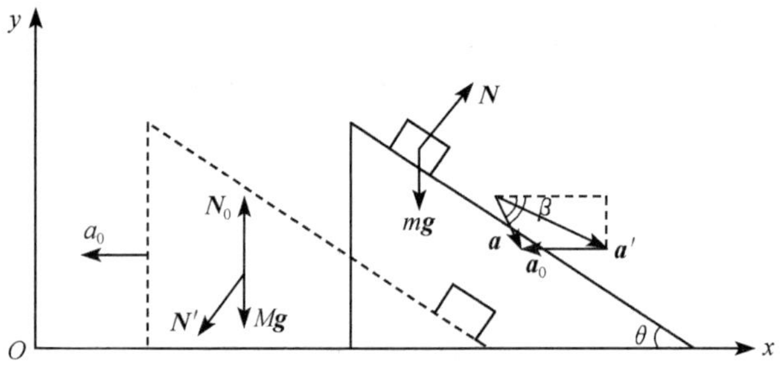

图 2.14

解 分别以楔块和物块为研究对象,它们受力情况如图 2.14 所示,其中 $\boldsymbol{N}$ 和 $\boldsymbol{N}'$ 为二者之间的相互作用. 由于水平地面光滑,在物块下滑过程中,楔块会向后退. 以 $\boldsymbol{a}$ 表示物块对地面的加速度,它的方向与水平面成 β 角向下. 以 $\boldsymbol{a}'$ 表示物块对楔块的加速度,它的方向就沿着斜边,与地面成 θ 角向下. 以 $\boldsymbol{a}_0$ 表示楔块的加速度,它的方向水平向后. 根据运动的相对性,有

$$\boldsymbol{a} = \boldsymbol{a}' + \boldsymbol{a}_0$$

在地面参考系中选如图示的坐标系,则有

$$a_x = a'_x - a_0 = a'\cos\theta - a_0$$

$$a_y = a'_y = -a'\sin\theta$$

对滑块应用牛顿第二定律,就有

x 向

$$N\sin\theta = ma_x$$

y 向

$$N\cos\theta - mg = ma_y$$

利用上面的关系式,可得

$$N\sin\theta = ma'\cos\theta - ma_0 \tag{2.35}$$

$$N\cos\theta - mg = -ma'\sin\theta \tag{2.36}$$

对楔块应用牛顿第二定律,注意到 $N' = N$,就有

x 向

$$N\sin\theta = ma_0 \tag{2.37}$$

联立解式(2.35)～式(2.37),得

$$a' = \frac{(M+m)\sin\theta}{M+m\sin^2\theta}g,\quad a_0 = \frac{m\sin\theta\cos\theta}{M+m\sin^2\theta}g$$

由此得

$$a = \sqrt{a_x^2 + a_y^2} = \frac{\sin\theta\sqrt{M^2 + m(2M+m)\sin^2\theta}}{M+m^2\sin^2\theta}g$$

方向角 β 由下式给出

$$\tan\beta = \left|\frac{a_y}{a_x}\right| = \left(1 + \frac{m}{M}\right)\tan\theta$$

例 2.7　如图 2.15 所示,在悬挂的弹簧(其劲度系数为 k)的下端挂一质量为 m 的小球.小球静止时,弹簧伸长 l_0.今用手抓住小球向上移动一段距离 A,然后松手.从松手时开始计时,求此后小球的位置和速度随时间变化的关系式.

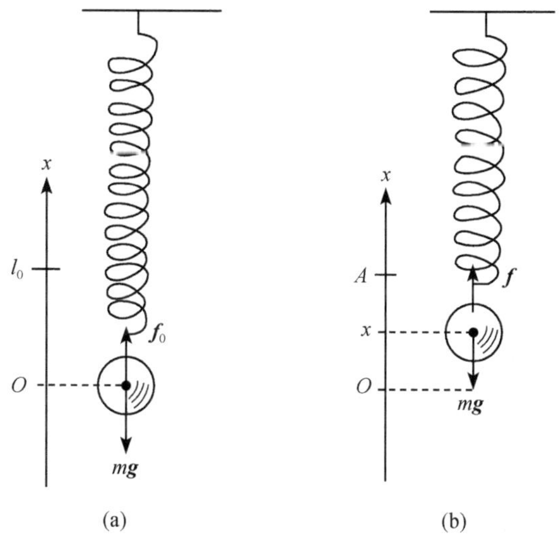

图 2.15

解　在图 2.15 中取小球静止时的位置为坐标原点 O,并取向上的方向为 x 坐标的正方向.对小球,用力的平衡条件可得

$$kl_0 = mg \tag{2.38}$$

今考虑在某一时刻 t,小球位于 x 处.此时它受的力有重力 $-mg$ 和弹簧对它的弹力 $f = k(l_0 - x)$.根据牛顿第二定律应该有

$$k(l_0 - x) - mg = ma$$

利用式(2.38),此式可简化为

$$ma = -kx$$

由于 $a=\frac{\mathrm{d}^2x}{\mathrm{d}t^2}$,所以又可得

$$m\frac{\mathrm{d}^2x}{\mathrm{d}t^2}=-kx \tag{2.39}$$

此式为牛顿第二定律给出的小球的运动微分方程.解此方程即可得小球的运动函数 $x=x(t)$.此方程为典型的简谐振动的动力学方程,我们将在第 9 章中详细介绍,在此我们只给出式(2.39)的解为

$$x=c\cos\left(\sqrt{\frac{k}{m}}\cdot t+\varphi\right) \tag{2.40}$$

小球的速度为

$$v=\frac{\mathrm{d}x}{\mathrm{d}t}=-\sqrt{\frac{k}{m}}c\sin\left(\sqrt{\frac{k}{m}}t+\varphi\right) \tag{2.41}$$

式中的 c,φ 为待定常数.为求 c 和 φ 的值,需要利用小球运动的初始条件,即 $t=0$ 时,小球的位置 $x_0=A$ 和速度 $v_0=0$.将此条件代入式(2.40)和式(2.41),可得

$$x_0=c\cos\varphi=A,\quad v_0=-\sqrt{\frac{k}{m}}c\sin\varphi=0$$

从而有

$$c=A,\quad \varphi=0$$

最后将此 c 和 φ 的值代入式(2.40)和式(2.41),即得小球的位置随时间变化的关系为

$$x=A\cos\sqrt{\frac{k}{m}}t \tag{2.42}$$

速度随时间变化的关系

$$v=-\sqrt{\frac{k}{m}}A\sin\sqrt{\frac{k}{m}}t \tag{2.43}$$

式(2.42)表示小球运动为简谐振动.

本例题演示了牛顿力学处理问题的典型过程,即:已知物体受力的情况下,再给出一定的初始条件(即物体在某一时刻的位置和速度),该物体在以后(以及以前)的运动就完全确定了.

2.4 非惯性系和惯性力

根据前面几节的讨论我们知道,牛顿运动定律只有在惯性系中成立.然而,在实际情况中,我们往往不得不和非惯性系打交道,也就是要和有加速运动的参考系打交道,严格地说,地球也是非惯性系,物体相对地球的运动也是相对非惯性的运动,所以研究物体在非惯性中的运动是有现实意义的,而且在很多情况下,选择非

惯性系研究物体的运动甚至比选择惯性系更方便、更直观. 根据下面的讨论我们可以看到,只要在非惯性中引进适当的虚似力——惯性力,在形式上就可以应用牛顿定律研究物体的运动.

2.4.1　加速平动参考系中的惯性力

首先我们讨论加速平动参考系的情况.

让我们先看一个例子:

设想一个小球静置于原来静止的火车内的光滑台面上. 当火车沿着平直轨道加速前进时,小球将相对于火车加速后退,如图 2.16 所示. 这一现象相对于地面静止的观察者来说,完全符合牛顿定律,因球在水平方向上不受力,当火车加速前进时,它仍应相对于地面静止,故相对于火车加速后退. 但在火车上的观察者看来,小球在水平方向上不受力,却向后加速,这是不符合牛顿定律的. 因此在加速运动的参考系中牛顿定律失效了. 但如果设想小球受一个与火车的加速度 a 方向相反的、大小为 ma(m 为小球质量)的假想的力(虚拟力)$f_i = -ma$ 的作用,则小球的运动就符合牛顿定律了.

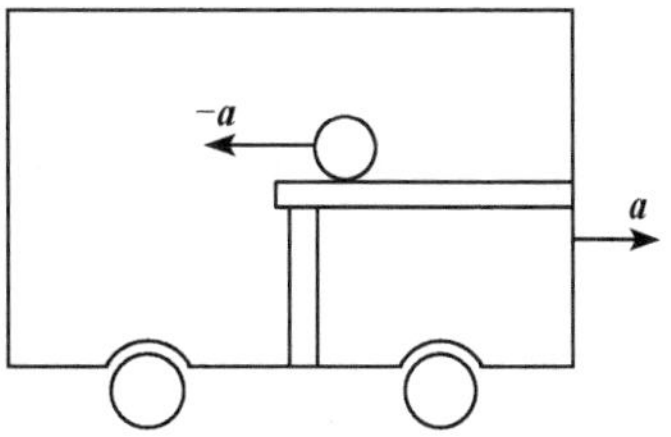

图 2.16

现在我们讨论一般情况,设参考系 s 为惯性系,参考性 s' 相对于 s 系以加速度 $\boldsymbol{a}_0$,沿 x 轴正方向运动,有一质量为 m 的质点,对于惯性系 s,它受真实的外力 $\boldsymbol{F}$ 作用,测得其加速度 $\boldsymbol{a}$,根据牛顿第二定律,有

$$\boldsymbol{F} = m\boldsymbol{a}$$

在参考系 s' 中,测得质点的加速度为 $\boldsymbol{a}'$,根据第一章中讨论的运动的相对性,有

$$\boldsymbol{a} = \boldsymbol{a}' + \boldsymbol{a}_0 \quad 或 \quad \boldsymbol{a}' = \boldsymbol{a} - \boldsymbol{a}_0$$

等式两边乘以质量 m,则有

$$\begin{aligned} m\boldsymbol{a}' &= m\boldsymbol{a} - m\boldsymbol{a}_0 \\ &= \boldsymbol{F} - m\boldsymbol{a}_0 \end{aligned} \tag{2.44}$$

此式表明在 s' 系中,牛顿第二定律不适用了,物体的质量乘以 s' 系中测得的加速度 $\boldsymbol{a}'$,不再等于质点受到的真实力 $\boldsymbol{F}$,而要在真实力 $\boldsymbol{F}$ 后加上一项($-m\boldsymbol{a}_0$). 为了能在 s' 系中形式上使用牛顿第二定律,我们需引入一个虚拟力 $\boldsymbol{F}_i = -m\boldsymbol{a}_o$,并记 $\boldsymbol{F} + \boldsymbol{F}_i = \boldsymbol{F}_{eff}$,称为表观力. 这样

$$\boldsymbol{F}_{eff} = m\boldsymbol{a}' \tag{2.45}$$

于是牛顿第二定律形式上就可以使用了.

我们把这个虚似力称为**惯性力**.

必须注意,$\boldsymbol{F}$ 是实际存在的真实力,它是物体之间的相互作用的表现,其本质

都可以归结为四种基本的自然力，而惯性力 $\boldsymbol{F}_{\mathrm{i}}$ 只是参考系的非惯性运动的表观显示，或者说是物体的惯性在非惯性系中的表观.

"虚似力"与"真实力"的区别为

(1) 不能指出是哪个物体作用的；

(2) 没有反作用力；

(3) 所有质点都受力，其指向一律与"牵连"加速度(坐标系的加速度)相反，且正比于质量(和重力规则类似).

(4) 原则上讲，只要选择惯性系，就可以消除惯性力，而真实力一般不能这样来消除.

我们在"虚似力"和"真实力"上加上引号，是因为这只是牛顿力学的说法，在近代物理中，"虚拟力"和"真实力"的界限已经不那么明显了. 下面我们深入地讨论这个问题.

例 2.8 在水平轨道上有一节车厢以加速度 $\boldsymbol{a}_0$ 前进，在车厢中看到一质量为 m 的小球静止地悬挂在天花板上，试以车厢为参考系，求悬线与竖直方向的夹角，如图 2.17 所示.

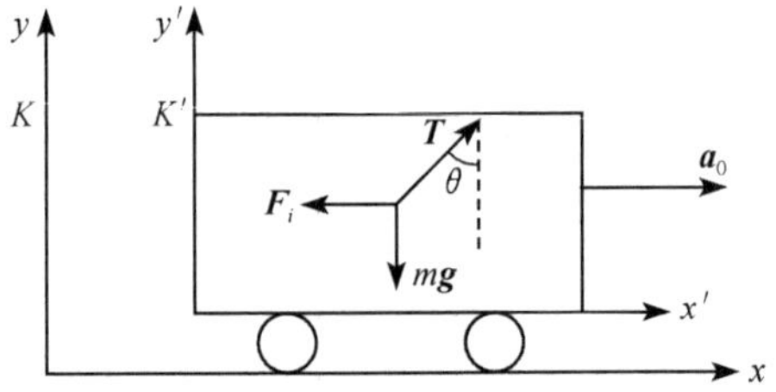

图 2.17

解 在车厢参考系内观察小球是静止的，即 $\boldsymbol{a}'=0$，说明所受的合外力为零. 我们分析其受力情况：小球共受到三个力：悬线的拉力 $\boldsymbol{T}$，小球的重力 $m\boldsymbol{g}$ 和惯性力 $\boldsymbol{F}_{\mathrm{i}}=-m\boldsymbol{a}_0$.

因合外力为零，即

$$\boldsymbol{T}+m\boldsymbol{g}+\boldsymbol{F}_{\mathrm{i}}=0$$

写成分量形式为

x'向

$$T\sin\theta-F_{\mathrm{i}}=T\sin\theta-ma_0=0$$

y'向

$$T\cos\theta-mg=0$$

在上两式中消去 T，即可得

$$\theta=\arctan(a_0/g)$$

读者可以相对地面参考系(惯性系)再解释一次这个问题,并与上面的解法相比较

2.4.2　在匀速转动参考系中静止小球所受的惯性力——惯性离心力

如图 2.18 所示,设圆盘以匀角速度 ω 绕过盘心的垂直轴转动,在圆盘上用长为 r 的细线将质量为 m 的小球系于盘心 O,且小球相对圆盘静止,即随圆盘一起作匀速圆周运动.

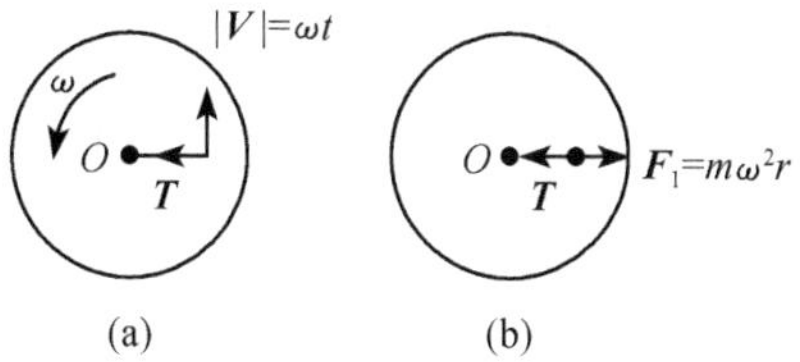

图 2.18

从惯性参考系(地面参考系)观察,小球在细线的拉力 $\boldsymbol{T}$ 作用下作匀速圆周运动,符合牛顿第二定律,此处 $\boldsymbol{T}$ 提供小球作匀速圆周运动的向心力.

以圆盘为参考系观察,小球受到细线拉力 $\boldsymbol{T}$ 的作用,但却保持静止,没有加速度,不符合牛顿第二定律,所以相对于惯性系做匀速转动的参考系也是非惯性系.

因为小球在圆盘面上运动,我们取盘心为坐标原点,采用极坐标系,在地面参考系观察位置矢量为 $\boldsymbol{r}=\boldsymbol{r}(t)$

速度

$$\boldsymbol{v} = \dot{r}\hat{\boldsymbol{r}} + r\dot{\theta}\hat{\boldsymbol{\theta}}$$

考虑到小球做圆周运动,半径 r=恒量,于是 $\dot{r}=0,\dot{\theta}=\omega$,所以 $\boldsymbol{v}=r\dot{\theta}\hat{\boldsymbol{\theta}}=\omega r\hat{\boldsymbol{\theta}}$,即只有切向分量.

加速度

$$\boldsymbol{a} = (\ddot{r} - r\dot{\theta}^2)\hat{\boldsymbol{r}} + (r\ddot{\theta} + 2\dot{r}\dot{\theta})\hat{\boldsymbol{\theta}}$$

因为

$$\dot{r} = 0 \quad \ddot{r} = 0 \quad \ddot{\theta} = 0$$

所以

$$\boldsymbol{a} = -\dot{r}\dot{\theta}^2\hat{\boldsymbol{r}} = -\omega^2 r\hat{\boldsymbol{r}}$$

即加速度的方向沿径向指向圆心,称为向心加速度.于是,在惯性系中观测,小球受到线提供的向心拉力 $\boldsymbol{T}$ 为

$$\boldsymbol{T} = -m\omega^2 r\hat{\boldsymbol{r}}$$

在圆盘参考系(非惯性系)中观测,因小球静止,小球所受的表观力(细线的拉力与惯性力之和)等于零

$$\boldsymbol{F}_{\mathrm{eff}} = \boldsymbol{T} + \boldsymbol{F}_{\mathrm{i}} = 0$$

所以

$$\boldsymbol{F}_{\mathrm{i}} = -\boldsymbol{T} = m\omega^2 r\hat{\boldsymbol{r}} \tag{2.46}$$

即惯性力的方向沿径向向外,称其为**惯性离心力**.

例 2.9　试说明地球上物体的重力并不严格指向地心,且重力随纬度的减小而减小.

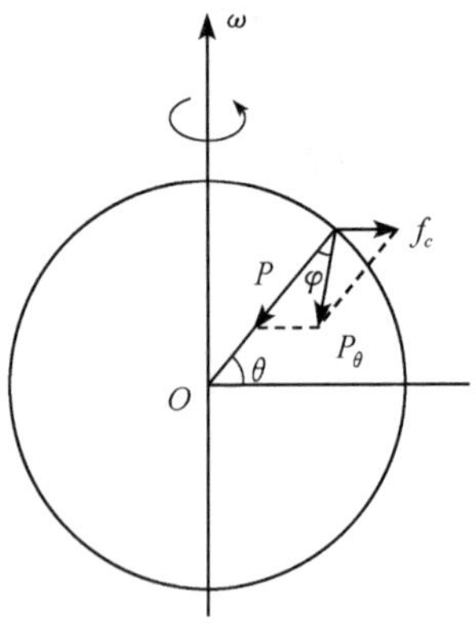

图 2.19

解　由于地球的自转，在地球上测得的物体的重力并非是物体的真实重力，而是表观重力. 表观重力 P_θ 为物体所受引力 $\boldsymbol{P}$ 和离心力 $\boldsymbol{f}_c$ 的矢量和. 如图 2.19 所示. 纬度为 θ 处，离心力为

$$f_c = m\omega^2 R\cos\theta$$

式中 ω 是地球的自转角速度，R 是地球半径. 由于 $f_c \ll P$，表观重力 P_θ 近似等于

$$P_\theta \approx P - f_c\cos\theta = P - m\omega^2\cos^2\theta \qquad (2.47)$$

即重力随纬度的减小而减小. 因 $\omega = \dfrac{2\pi}{86400} = 7.3\times 10^{-5}$ 弧度/秒，地面处 $R = R_0 = 6.4\times 10^6$ 米，由此算得 $\dfrac{\omega^2 R}{g} \approx 0.3\%$，故 P_θ 与 P 相差最大(赤道处)不过 0.3%. 而 P_θ 与 P 的夹角 φ，由图(2.19)知为

$$\varphi \approx \frac{f_c\sin\theta}{P} = \frac{m\omega^2 R\cos\theta\sin\theta}{mg} = \frac{\omega^2 R\sin 2\theta}{2g} \qquad (2.48)$$

可见，φ 在 45°处最大，为

$$\varphi_{\max} = \frac{\omega^2 R}{2g} = 0.15\% \approx 6'.$$

如果考虑到引力质量与惯性质量的不同，φ 的表达式应为

$$\varphi = \frac{\omega^2 R\sin 2\theta}{2g} \cdot \frac{m_{惯}}{m_{引}}$$

如果惯性质量与引力质量不成正比，此 φ 角将因物体的资料不同而异. 因而，若用细线将不同质量的物体悬挂起来，悬线将取不同的方向. 厄缶原来的实验正是基于这一思想，此实验在 1922 年发表时，精度达到 10^{-5}.

2.4.3　在匀速转动的参考系中做匀速直线运动的小球所受的惯性力——科里奥利力

我们仍讨论匀速转动的圆盘参考系 K'，转动角速度为 ω. 一质量为 m 的质点相对 K' 系，沿径向做匀速直线运动，速度为 $\boldsymbol{v}$. 下面我们来讨论质点所受的惯性力，在 K' 系的观测者看来，因为质点做匀速直线运动，所以它受到的表观力为零，即

$$\boldsymbol{F}_{\text{eff}} = \boldsymbol{F}_{真} + \boldsymbol{F}_{\text{i}} = 0$$

所以它受的惯性力 $\boldsymbol{F}_{\text{i}} = -\boldsymbol{F}_{真}$，所以只要求出真实力 $\boldsymbol{F}_{真}$. 则惯性力迎刃而解.

因为质点仍在圆盘面上运动，仍取平面极坐标系，在 K 系中看. 质点的位置矢量为

$$\boldsymbol{r} = \boldsymbol{r}(t)$$

质点的速度

$$\boldsymbol{v}=\dot{r}\hat{\boldsymbol{r}}+r\dot{\theta}\hat{\boldsymbol{\theta}}$$

质点的加速度

$$\boldsymbol{a}=(\ddot{r}-r\dot{\theta}^2)\hat{\boldsymbol{r}}+(r\ddot{\theta}+2\dot{r}\dot{\theta})\hat{\boldsymbol{\theta}}$$

现在

$$\dot{r}=v,\quad \dot{\theta}=\omega$$

所以

$$\boldsymbol{v}=v\hat{\boldsymbol{r}}+\omega r\hat{\boldsymbol{\theta}}$$

因为

$$\dot{r}=v,\quad \dot{\theta}=\omega,\quad \ddot{r}=0,\quad \ddot{\theta}=0$$

所以

$$\boldsymbol{a}=-\omega^2 r\hat{\boldsymbol{r}}+2v\omega\hat{\boldsymbol{\theta}} \tag{2.49}$$

上式右边第一项为径向加速度$-\omega^2 r\hat{\boldsymbol{r}}$，即向心加速度；第二项为切向加速度，与质点的速度 $\boldsymbol{v}$ 垂直，称为科里奥利加速度 $\boldsymbol{a}_{\text{cor}}$.

如果用角速度矢量 $\boldsymbol{\omega}$ 描述圆盘的运动，$\boldsymbol{\omega}$ 的方向与圆盘的转动方向成右手螺旋，即右手握拳伸出拇指，四指指向为圆盘的旋转方向. 拇指指向为角速度 $\boldsymbol{\omega}$ 的方向，角速度矢量的大小即为角速率. 则 $\boldsymbol{\omega}$，$\boldsymbol{v}$ 和 $\boldsymbol{a}_{\text{cor}}$ 形成右手螺旋(如图 2.20 所示)，即

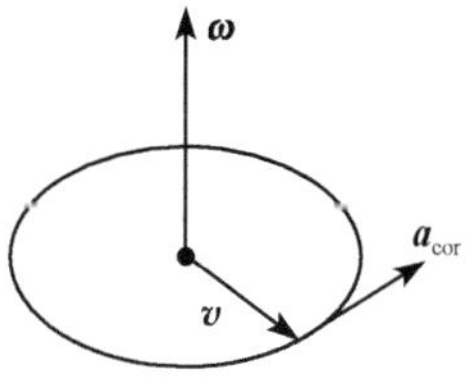

图 2.20

$$\boldsymbol{a}_{\text{cor}}=2\boldsymbol{\omega}\times\boldsymbol{v}$$

式中 $\boldsymbol{\omega}\times\boldsymbol{v}$ 的方向为 $\hat{\boldsymbol{\theta}}$ 的方向，质点受到的真实力为

$$\boldsymbol{F}=m\boldsymbol{a}=-m\omega^2 r\hat{\boldsymbol{r}}+2mv\omega\hat{\boldsymbol{\theta}}$$

在 K' 系观察，因为质点做匀速直线运动，所以受力为零，即

$$\boldsymbol{F}_{\text{eft}}=\boldsymbol{F}_{\text{真}}+\boldsymbol{F}_{\text{i}}=0$$

所以

$$\boldsymbol{F}_{\text{i}}=-\boldsymbol{F}_{\text{真}}=m\omega^2 r\hat{\boldsymbol{r}}-2m\boldsymbol{\omega}\times\boldsymbol{v} \tag{2.50}$$

即质点所受的惯性力有两部分组成，一是沿径向的惯性离心力，另一部分为沿切向的虚似力，按发现者命名为科里奥利力，它总是指向质点速度方向的右侧.

由科里奥利力表达式可见，该力具有以下三个特征：

(1) 与相对速度成正比，故只有当物体相对转动参考系运动时才可能出现.

(2) 与转动参考系的角速度的一次方成正比，而离心力与角速度的二次方成正比，故当参考系的转动角速度较小时，科里奥利力比离心力更重要.

(3) 力的方向总是与相对速度垂直，故不会改变相对速度的大小. 在地球上，当 ω 方向向上(指向地心反方向，如地球的北半球)时，力指向相对运动的右方；当 ω 方向向下(指向地心方向，如南半球)时，力指向相对运动的左方.

地球是一个转动参考系，在地球上运动的物体也受到科里奥利力作用. 科里奥

利力在地球上有以下的表现：

（1）地面上北半球河流冲刷右岸．火车对右轨的偏压较大．（在南半球，则对左岸和左轨作用大）．

（2）自由落体因受科里奥利力的作用，会向东偏斜．这可以用实验来演示．如图 2.21 所示，在旋转平台上装一个斜坡，让小球从斜坡的上方自由滚下，小球的运动将向旋转的前方偏斜，这就是落体偏东的演示．

（3）在北半球的单摆由于受科里奥利力的作用，摆球轨迹每次都向运动方向的右方偏斜，最后使摆平面沿顺时针方向转动，如图 2.22 所示．计算可得，转动角速度 $\Omega=-\omega\sin\theta$，式中，θ 为摆所在地的纬度，ω 为地球自转角速度．当摆位于北极时，摆面转动角速度与地球的转动角速度大小相同（方向相反）．这是可以理解的，因为摆面相对于惯性系保持不动．1851 年，傅科（J · L · Foucanlt，1819～1868）在巴黎伟人祠用长 67 米的摆做了一次实验，摆的振动周期 $T=16.5$ 秒，他发现该摆在摆动时，其摆动平台沿顺时针方向，每小时转过 11.5°的角度，直接证明了地球在自转．

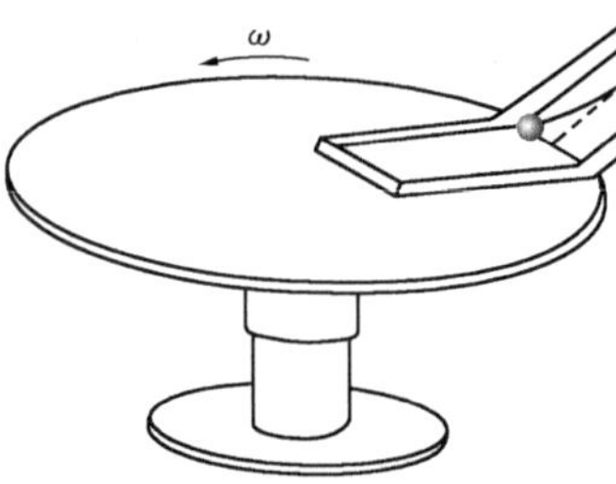

图 2.21

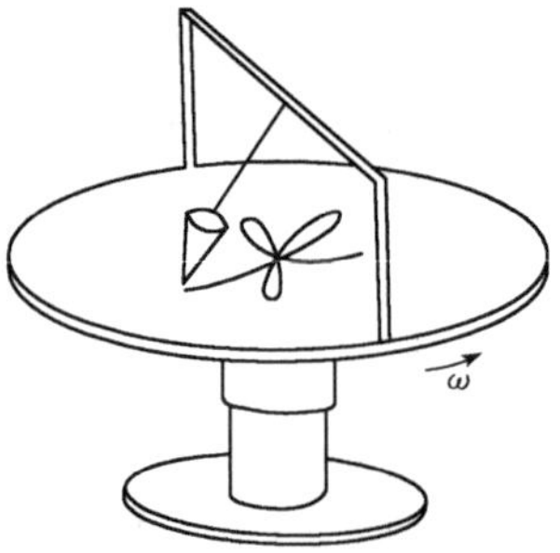

图 2.22

2.4.4　潮汐现象的解释

潮汐是地球表面的海水周期性涨落现象．"昼涨称潮，夜涨称汐"．这种现象由牛顿首先给出了正确的解释．它是由于月亮、太阳对海水的引力以及地球绕太阳公转又自转的结果．潮汐现象的解释是应用非惯性系分析物体受力的一个很好的例子．

为分析方便起见，设想地球是一个均匀球体，表面为一层海水所覆盖．设地球的质量为 M_E，半径为 R_E．我们以太阳对海水的引力效果为例来说明，如图 2.23．

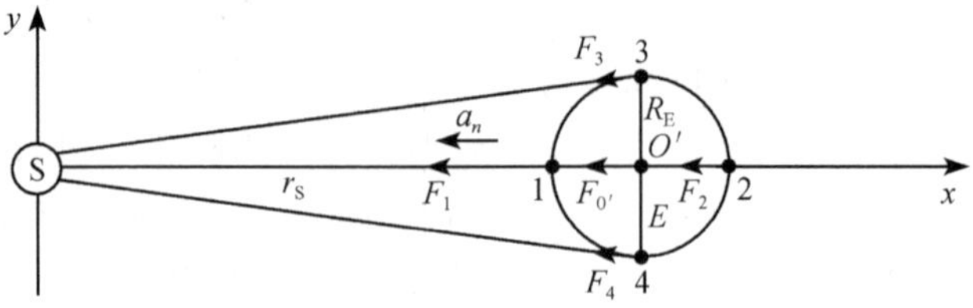

图 2.23

在太阳系内观察，地球绕太阳的运动可近似看作圆周运动. 以 r_S 表示太阳到地球的距离，以 ω 表示公转的角速度，地球绕太阳的圆周运动使地球上各处都有指向太阳的向心加速度，大小为

$$a = \omega^2 r_S$$

不失一般性，分析地心正好通过太阳坐标系 x 轴时的情况如图 2.23 所示. 考察地球表面 a、b、c、d 四点处的一质量元 Δm，(此质量元为海水的质量元)，它们所受到的太阳的万有引力的大小和方向都不同，但它们受到的惯性力与地球中心 O' 处质元的惯性力大致相等，为

$$\boldsymbol{F}_i = \Delta m \omega^2 r_S \tag{2.51}$$

Δm 受太阳的引力为

$$F_{O'} = \frac{GM_S \Delta m}{r_S^2} \tag{2.52}$$

由于在地心参考系中 O' 处的 Δm 静止，所以 F_i 和 $F_{O'}$ 相互平衡，因而有 $F_i = F_{O'} = \dfrac{GM_S \Delta m}{r_S^2}$，方向与 x 轴正向平行.

现在考虑地球表面离太阳最近的“1”处的质量为 Δm 的海水，它受到的太阳引力为

$$F_1 = \frac{GM_S \Delta m}{(r_S - R_E)^2}$$

由于 $R_E \ll r_S$，取一级近似，上式可写成

$$F_1 = \frac{GM_S \Delta m}{r_S^2}\left(1 + \frac{2R_E}{r_S}\right)$$

而此处 Δm 海水所受惯性力仍由式(2.51)给出，将 F_1 和 F_i 相比可知 F_1 较大，有

$$F_1' = F_1 - F_i = \frac{2GM_S \Delta m}{r_S^2} R_E$$

方向背离地心，这就是地球上观察到的“引潮力”，它使此处海水凸起形成涨潮.

再考虑地球表面离太阳最远的“2”处的质量为 Δm 的海水，它受太阳的引力为

$$F_2 = \frac{GM_S \Delta m}{(r_S + R_E)^2}$$

仍取一级近似，得

$$F_2 = \frac{GM_S \Delta m}{r_S^2}\left(1 - \frac{2R_E}{r_S}\right)$$

这力比惯性力 F_i 小，其差值为

$$F_2' = F_i - F_2 = \frac{2GM_S \Delta m}{r_S^2} R_E$$

方向背离地心. 这就是此处“2”观察到的引潮力，它也将使此处的海水凸起形成涨潮.

再考虑地球表面上“3”、“4”两处质量为 Δm 的海水，它们受太阳的引力为

$$F_3 = F_4 = \frac{GM_S\Delta m}{r_S^2 + R_E^2}$$

此力平行于 x 轴的分量，取一级近似为

$$F_{3x'} = F_{4x'} = \frac{GM_S\Delta m}{r_S^2}$$

此力正好和惯性力 F_i 大小相等方向相反，互相抵消. 上述引力沿 y' 的分量取一级近似为

$$F_3' = F_4' = \frac{GM_S\Delta m}{r_S^2}R_E$$

其方向指向地心. 这一分力将压迫此处的海水向地心下降，我们称它为“压潮力”.

以上只分析了 4 处海水受力的情况. 由于这种力的分布，地球表面的海水就呈现了凸起和压下的形状，形成了潮起潮落的现象.

例 2.10　试利用惯性力的概念解答例 2.6

解　如图 2.24 所示，仍以 a_0 表示楔块相对于地面参考系的加速度，方向和地面坐标系 x 轴方向相反.

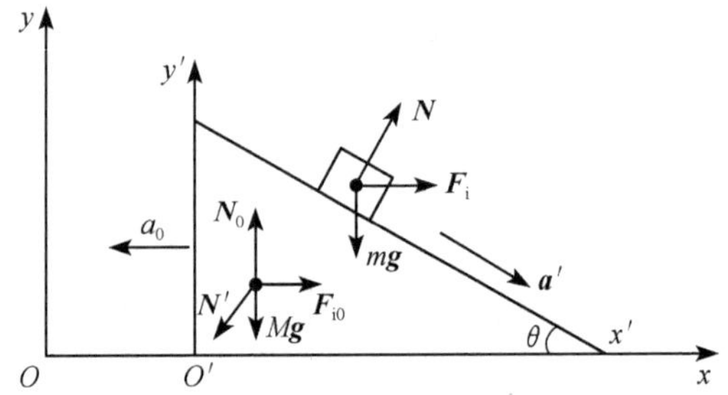

图 2.24

以楔块为参考系，建立坐标 $O'x'y'$. 在此加速参考系内，除真实力外，楔块还受到惯性力 $F_{i0} = -ma_0$，木块还受到惯性力 $F_i = -ma_0$，二者方向均沿 x'轴正向. 对木块，由牛顿第二定律有

x'向

$$N\sin\theta + ma_0 = ma'\cos\theta$$

y'向

$$N\cos\theta - mg = -ma'\sin\theta$$

对楔块，由于它的加速度为零，并注意到 $N' = N$，有

x'向

$$N\sin\theta - ma_0 = 0$$

以上三式是利用惯性力列出的牛顿第二定律关系式，它们和例 2.6 的解中在惯性系（地面参考系）利用牛顿第二定律列出的式(1)～(3)在数学上完全相同. 所以，也就能得出和该例中相同的结果（结果表示式此处不再重复）.

例 2.11　如图 2.25 所示，一根不可伸长的轻绳跨过定滑轮后，一端吊着质量为 m_1 的物体，另一边绳上套着质量为 m_2 的圆柱，柱相对绳以加速度 a'_2 向下滑动. 若不计定滑轮的质量及轴处摩擦，求物体 m_1 的加速度及柱与绳之间的摩擦力 f.

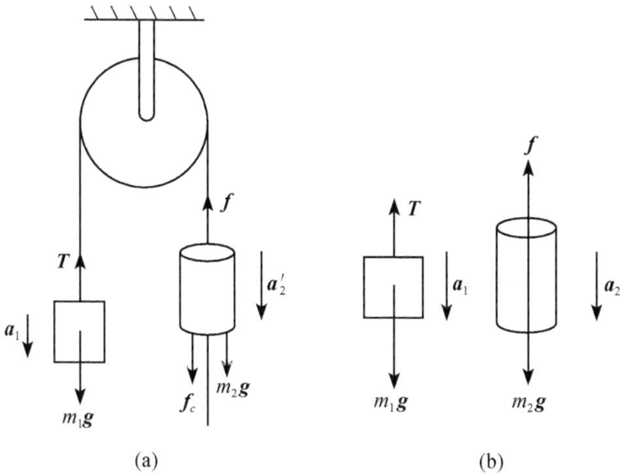

图 2.25

解　可将惯性系和非惯性系结合运用. 在惯性系中讨论 m_1 运动；而以绳为参考系（非惯性系）讨论 m_2 的运动. 在惯性参考系中 m_1 和 m_2 的受力分析如图 2.26(b)所示；而在非惯性系中讨论 m_2 的运动时需加上惯性力 f_c，如图 2.26(a)所示. 于是质点的动力学方程为

$$m_1a_1 = m_1g - T = m_1g - f$$

$$m_2a'_2 = m_2g + f_c - f = m_2g + m_2a_1 - f$$

由上两式解得

$$a_1 = \frac{(m_1 - m_2)g + m_2a'_2}{m_1 + m_2}$$

$$f = \frac{m_1m_2(2g - a'_2)}{m_1 + m_2}$$

例 2.12　水桶绕自身的竖直轴以角速度 ω 旋转，当水与桶一起转动时，求水面的形状.

解　在和水与桶一起旋转的参考系上，水受离心力作用向四周散开，故最后必

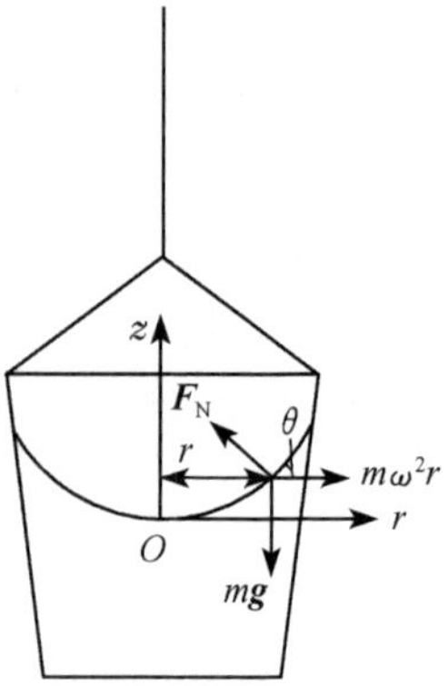

图 2.26

成旋转凹面状. 由于凹面具有旋转对称性,只要求得凹面与过轴的竖直面的交线即可确定水面的形状. 建立 z,r 坐标,以液面中心为原点,如图 2.26 所示. 考察横坐标为 r 的一液面上的液体微团,设其质量为 m,它受重力 mg、离心力 $m\omega^2 r$ 和其他液体对它的作用力 F_N 的共同作用,合力为零. 由于液体质元间的作用力是短程力,其他液体对该液体微团的作用,只是其周围附近的液体对它的作用,由于液体内部无切向应力,此作用力 F_N 必与液面垂直,也就是与所求交线在该点的切线垂直,于是有

$$\frac{dz}{dr} = \tan\theta = \frac{m\omega^2 r}{mg} = \frac{\omega^2}{g} r$$

积分得

$$z = \frac{\omega^2}{2g} r^2 + c$$

由 $r=0$ 时,$z=0$ 得 $c=0$,故

$$z = \frac{\omega^2}{2g} r^2$$

此为抛物线方程,故液面为旋转抛物面.

例 2.13 使长为 l 的细绳一端固定在以 ω 匀速转动的水平光滑圆盘的中心 O 点上,绳的另一端系一质量为 m_o 的小球. 欲使小球在盘上相对于盘以匀速率 v 做圆周运动,方向与盘相反. 问绳中的张力 T 多大?

解 (1) 惯性系解法.

小球受绳的力 T 是向心力,使小球产生向心加速度,此为相对于地面的绝对加速度 $a_{绝}$.

由

$$T = ma_{绝}$$

得

$$a_{绝} = \frac{v_{绝}^2}{l}$$

因为

$$v_{绝} = v_{相} + v_{牵}$$

所以

$$v_{绝} = v - l\omega$$

$$a_{绝} = \frac{(v - l\omega)^2}{l} = \frac{v^2}{l} + l\omega^2 - 2v\omega$$

$$T = m\frac{v^2}{l} + ml\omega^2 - 2mv\omega$$

(2) 非惯性系解法.

小球受到绳的张力与惯性力的合力为向心力,使它作匀速率 v 的圆周运动. 此时要用到在非惯性系中的相对加速度.

在旋转坐标系中,作匀速圆周运动的物体受到两个惯性力的作用,即惯性离心力(f')和科里奥利力(f'')

$$f' = -ml\omega^2$$
$$f'' = 2mv\omega$$

所以

$$T + f' + f'' = ma_{绝}$$

即

$$T + 2mv\omega - ml\omega^2 = m\frac{v^2}{l}$$

故

$$T = m\frac{v^2}{l} + ml\omega^2 - 2mv\omega$$

与上述结果相同.

习　题

2.1　如题 2.1 图所示的装置可用来测物体 A 与桌面间的摩擦系数 μ. 设已知 A、B 的质量分别是 m_A, m_B,它们的加速度是 a,试导出摩擦系数的表达式.

2.2　两人分别将一小车以同样的加速度推土坡,一人的推力方向与斜面平行,以 F_1 表示. 另一人的推力方向与水平面平行,以 F_2 表示. 设车与斜面的摩擦系数 μ 及斜面的倾角 θ 已知,求两人推力之比.(如题 2.2 图所示.)

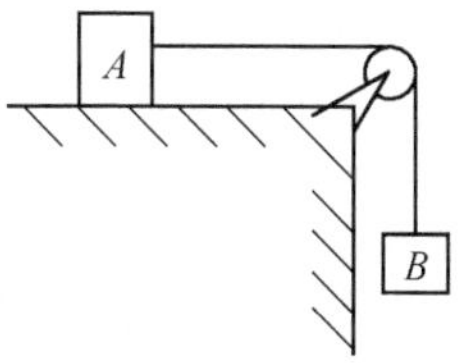

题 2.1 图

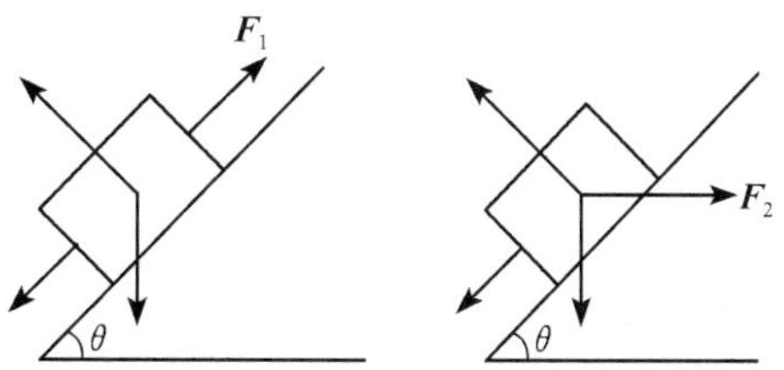

题 2.2 图

2.3　用起重机吊起 4t 重的物件,吊索最多可承受 5.0t 的拉力,吊索本身重量可不计,求在下列各情况中吊索所受的拉力:

(1) 物件吊在空中静止;

(2) 物件以 25cm · s^{-1}的速度匀速上升；

(3) 物件以 80cm · s^{-1}的速度匀速下降；

(4) 要使吊索不断，物体向上的最大加速度是多少？

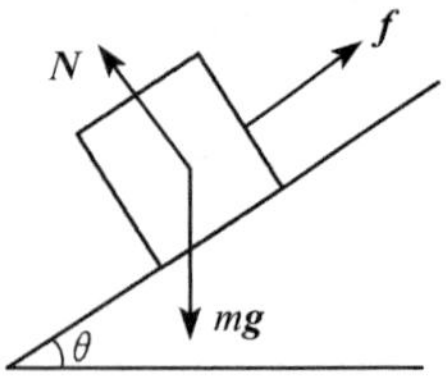

题 2.4 图

2.4 一个学生要确定一个盒子与一块平板之间的静摩擦系数 μ_0 及滑动摩擦系数 μ. 他把盒子放在平板上，渐渐抬高板的一端，当板的倾角(即板与水平之夹角)达 30°时，盒子开始滑动，并恰好在 4.0s 内滑下 4.0m 的距离(见题 2.4 图). 试用这些数据确定 μ_0 及 μ_θ.

2.5 一自重为 2.0t 的汽车，载 4.0t 重的货物，设汽车和货物的重心都在前后轴之间中点的正上方，欲使它以 0.2m · s^{-2}的加速度运动，问在忽略其他阻力的情况下，汽车主动轮的外胎和路面间的摩擦系数最小应是多少？分别就下面两种情况进行讨论：

(1) 全部车轮都起主动作用；

(2) 只有后边两个车轮起主动作用.

2.6 某卡车载货重为卡车自重的三倍，卡车的前后轴相距 3.0m，货和车的共同的重心在前后轴之间中点的正上方. 现发现该卡车驶上一个 10°的斜坡时其主动轮(后轮)开始打滑，若要使这卡车驶上 15°的斜坡，应把货物往后移动多少距离？(设两斜坡的摩擦系数相同.)

2.7 两个重量分别为 m_1 和 m_2 的小环，用细线连着套在一个竖直固定着的大圆环上，如果连线对圆心的张角为 α，如题 2.7 图所示，当小圆环与大圆环之间的摩擦力和线的质量都略去不计时，求证：连线与竖直方向的夹角 θ 满足

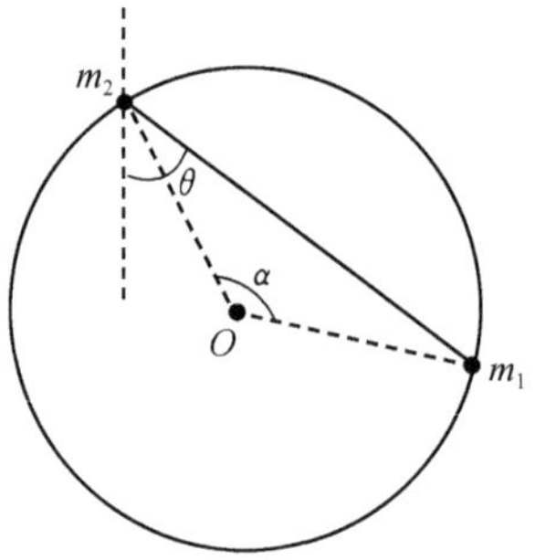

题 2.7 图

$$\tan\theta = \frac{m_1 + m_2}{m_2 - m_1}\cot\frac{\alpha}{2}$$

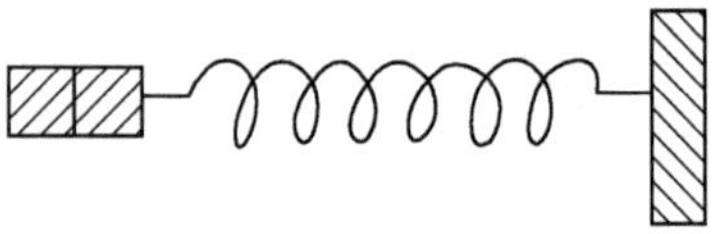
题 2.8 图

2.8 如题 2.8 图所示，质量均为 100g 的 A、B 两木块并排的放在光滑的水平面上，A 由一水平弹簧与墙壁连接着，弹簧的倔强系数为 K=20N · cm^{-1}. 假若把 A、B 两木块向墙推进使簧压缩 2.0cm，使之静止，然后放手，弹簧便将两木块向外推开. 试问

(1) 在什么地方 B 将与 A 脱离？B 得到的速度等于多少？

(2) A、B 脱离后，A 将继续向外移动多少距离开始反向运动？

2.9 质量分别为 m_A 和 m_B 的两物体 A、B，固定在倔强系数为 K 的弹簧两端，竖直地放在水平桌面上. 如题 2.9 图所示. 用一力 F 垂直地压在 A 上，并使其静止不动. 然后突然撤去 F，问欲使 B 离开桌面，F 至少为多大？

2.10 如题 2.10 图所示，质量为 M 的三角形斜面上放一个小质量物体 m，三角形物体放在水平面上，假设所有接触都是光滑的. 求

(1) 必须用多大的水平推力 F，才能使 m 相对于 M 为静止？

(2) 此时系统的加速度 a 有多大？

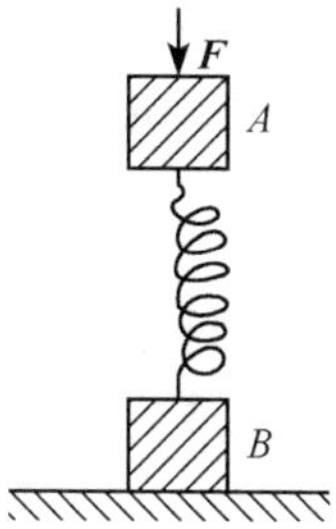

题 2.9 图

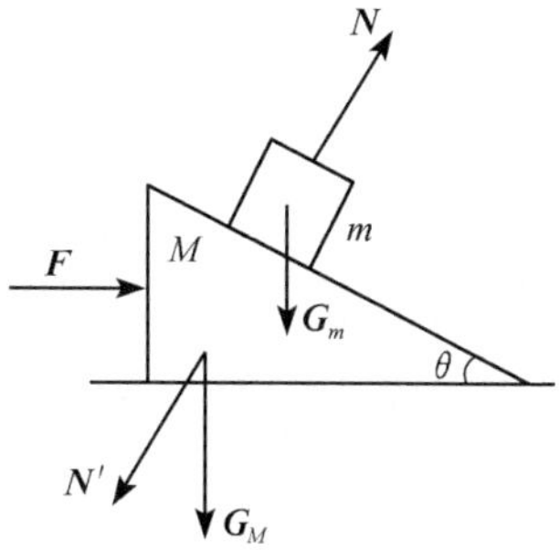

题 2.10 图

2.11　收尾速度问题.空气对物体的阻力由许多因素决定.然而,一个有用的近似公式是,阻力 $f=-\beta v$,其中 v 是物体的速度,β 是一个与速度无关的常数.现在考虑空气中的一个自由下落物体,将 z 轴的正方向取为竖直向下.

(1) 给出落体的牛顿方程.

(2) 当物体的速度 $v(t_o)$ 等于多少时,物体不再加速(这个速度叫做收尾速度)?

(3) 试证:速度随时间变化的关系为:$v(t)=v(t_o)(1-e^{\frac{\beta}{m}}t)$,并作出 v-t 曲线.

2.12　用同一种质料做成的两个实心小球,在空气中下落.其中一球的直径是另一球直径的二倍.假设空气阻力与运动物体的横截面积成正比,也与运动物体的速度平方成正比,问两小球收尾速度之比等于多少?

2.13　一个半径为 r、以速度 v 运动的小球所受到的空气阻力可以表示为

$$f(x)=3.1\times10^{-4}rv+0.87r^2v^2$$

这是一个对很宽的速度区间都有效的公式.其中 $f(v)$ 的单位为牛顿,r 的单位为 m,v 的单位为 m/s.把雨滴看做在空气中运动的小球,求雨滴下落收尾速度表示式,并计算一个半径为 2mm 的雨滴的收尾速度.

2.14　重为 w、牵引力为 F 的一列火车所受阻力为 R.当它从静止出发由一车站沿直线走过距离 S 到另一站停止时,如果途中不用刹车,证明:该 列车行驶时间最少为

$$t_{\min}=\sqrt{\frac{2s}{g}\frac{wF}{R(F-R)}};$$

途中最大速度为

$$v_{\max}=\sqrt{2gs\frac{R(F-R)}{Fw}}$$

2.15　跨过定滑轮的绳子的两端拴着两个物体,质量分别为 m_1 和 m_2($m_1>m_2$),如果两物体从静止开始运动,经 t 秒后 m_1 下降的距离正好等于它在同样时间内自由下落走过的距离的一半,两物体质量之比是多少? 如果 m_1 下降的距离恰好等于它在同样时间内自由下落距离的 $1/n$,两物体质量之比是多少?(设定滑轮和绳子的质量以及滑轮轴承处的摩擦力都可略去不计,绳子长度不变).

2.16　4kg 重的物体 A,放在 8kg 的物体 B 上,B 放在水平桌面上.一细绳绕过定滑轮连

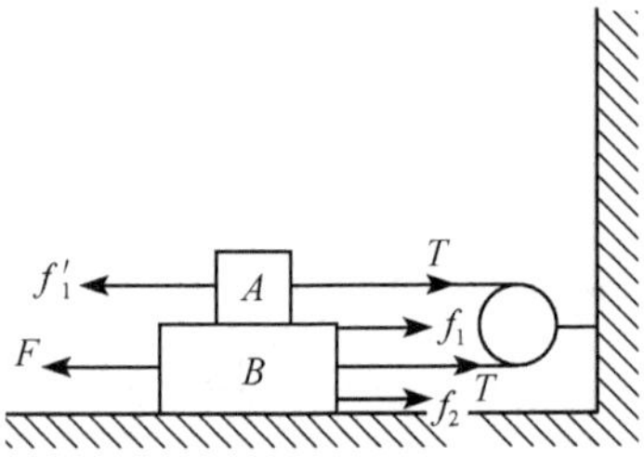

题 2.16 图

接物体 A 和 B，如题 2.16 图所示. A 与 B 之间，B 与桌面之间的静摩擦系数均为 0.25，若使物体 B 向左运动，并保持细绳始终水平，滑轮的质量及滑轮轴承处的摩擦力均可略去不计，绳子长度不变，求所需最小水平拉力 F 是多少？

2.17 一长为 a，重为 w 的均匀细绳挂在一钉子上自由下滑，证明：当绳长一边为 b，另一边为 c 时，它对钉子的压力为

$$F = 4w\left(\frac{bc}{a^2}\right)$$

2.18 一质量为 M 的楔形物体放在倾角为 α 的固定的光滑斜面上，楔形物体的上表面与水平面平行，再在这个面上放一质量为 m 的质点，如题 2.18 图所示.

(1) 若质点与 M 间的摩擦系数为 $\mu=0$，证明当 m 在 M 上运动时，它相对于斜面的加速度为

$$a = \frac{(M+m)g\sin^2\alpha}{M+m\sin^2\alpha}$$

(2) 求楔形物体与斜面间的作用力.

2.19 一质量为 M 的光滑斜面放在光滑的水平面上，斜面的顶端装一滑轮. 一条细绳跨过滑轮拴着两个质量分别为 m_1 和 m_2 的物体 A 和 B，如题 2.19 图所示. 设绳子和滑轮的质量以及滑轮轴承处的摩擦力均可略去不计，绳子长度不变，问在 A 下滑过程中欲 M 不动时作用在 M 上的水平方向的力 F 需要多大？

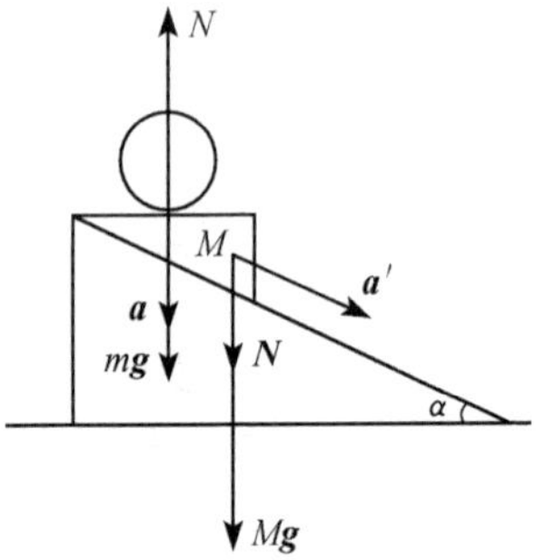

题 2.18 图

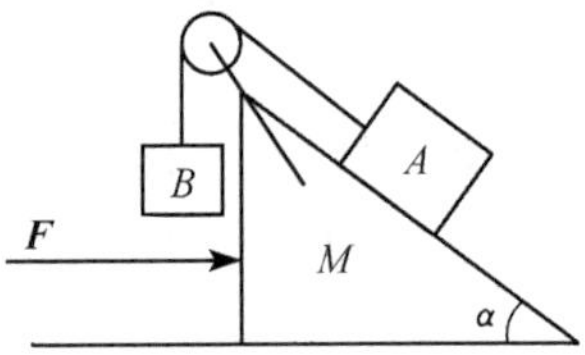

题 2.19 图

2.20 如题 2.20 图所示，一复杂的滑轮组，吊着的物体质量分别为 m_1、m_2、m_3、m_4，设滑轮和绳子的质量以及滑轮轴承处的摩擦力均可略去不计，且绳子长度不变，求每个物体的加速度和每段绳子中的张力.

2.21 如题 2.21 图所示，一滑轮组由一个定滑轮和 n 个动滑轮组成. 设所有的滑轮大小相同. 下垂的绳子彼此平行，定滑轮的绳子下吊着重为 ω_1 的物体，最右边的一个动滑轮下吊着一重为 ω_2 的物体，如果滑轮和绳子的质量以及滑轮轴承上的摩擦力均可略去不计，绳子长度不变.

(1) 当整个系统平衡时，证明：$\omega_2=2^n\omega_1$；

(2) 当 ω_1、ω_2 加速运动时，设 ω_1 的加速度为 a_1、ω_2 的加速度为 a_2，证明：$a_1/a_2=-2^n$；

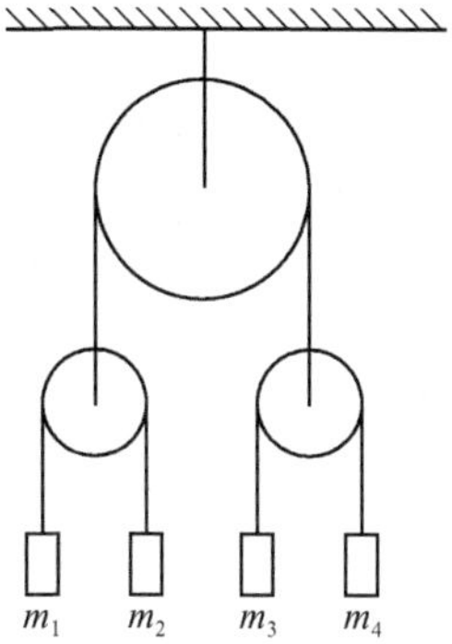

题 2.20 图

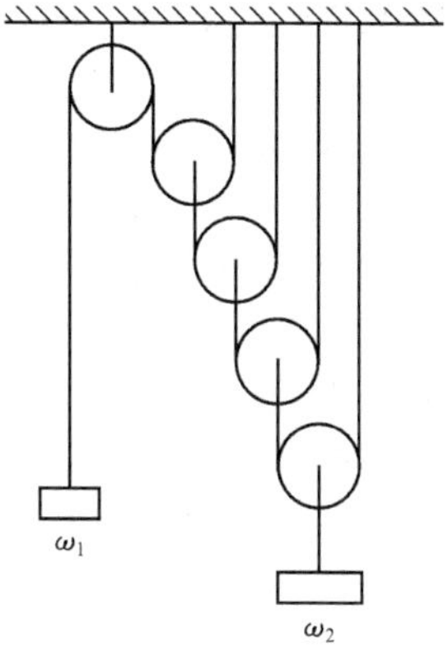

题 2.21 图

(3) 求各段绳子中的张力.

2.22　一细绳的一端固定在天花板的 A 点上,另一端跨过一定滑轮吊着一重量为 w_1 的物体,又在 A 点和定滑轮之间的绳子上兜着一动滑轮,动滑轮下吊着一物体,物体重量为 w_2,且 $w_1=w_2$. 在定滑轮和动滑轮之间的绳子上拴一重物 w_3,如题 2.22 图所示. 假设滑轮和绳子的质量及滑轮轴上的摩擦力均可忽略不计,绳子长度不变. 问当系统静止时 w_3 等于多少?

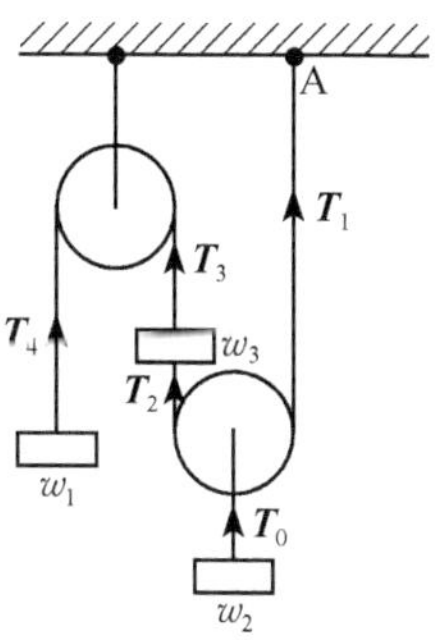

题 2.22 图

2.23　一子弹以 v_0 的初速度和 45°的仰角自地面射出,子弹在飞行时受到的空气阻力为其速度的 km 倍(m 为子弹的质量,k 为常数.)试求子弹的速度与水平线又成 45°角时,子弹与发射点之间的水平距离 S.

2.24　如题 2.24 图所示,一长为 l、质量为 m 的均匀链条套在一表面光滑、顶角为 α 的圆锥上,当链条在圆锥面上静止时,求链中张力.

2.25　一条绳索的一端系住停泊在河中的小船上,另一端由站在岸上的人拿着. 人正欲收绳把船拉往岸边时,突然刮起了大风,风把船吹向河心. 为了不让风把船吹走,人把绳索在岸边的固定圆柱上缠绕若干圈后再拉住绳索. 若由于大风使船与圆柱间的绳索中张力变为 50000N,而人拉绳的最大力为 600N. 已知绳索与圆柱之间的摩擦系数为 0.32,问强索至少在圆柱上绕几圈,船才不会被吹走? 受力分析见题 2.25 图.

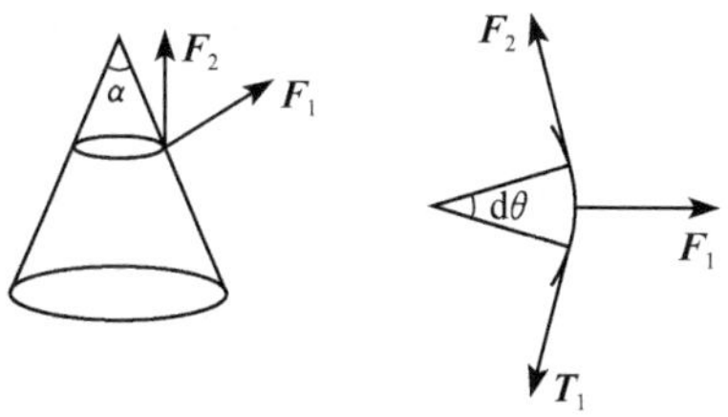

①　　②

题 2.24 图

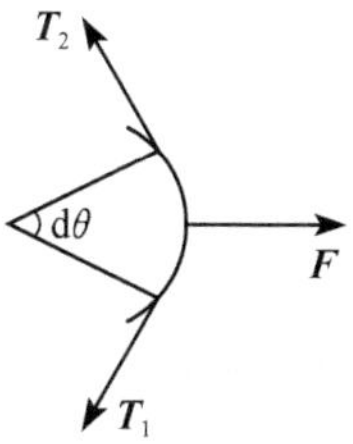

题 2.25 图

2.26　假设汽车能以速率 $v=100\text{km}\cdot\text{h}^{-1}$ 驶过半径为 $R=200\text{m}$ 的水平弯道，车胎与地面间的摩擦系数至少要多大？

2.27　一飞机在竖直平面内以 $540\text{km}\cdot\text{h}^{-1}$ 的速度沿一圆周飞行. 为使在飞机飞行过程中，驾驶员与坐椅之间的相互作用力不大于驾驶员重力的 8 倍. 试求此圆周的最小半径.

2.28　长为 $l=40\text{cm}$ 的绳，一端固定于一点 O，另一端系一质量 $m=100\text{g}$ 的小球，绳不可伸长，其质量可忽略. 让小球在沿直平面做圆周运动. 问：

(1) 小球通过最高点时，若绳的张力为零，小球的速度 v_0 为多少？

(2) 若小球通过最高点时的速度为 $2v_0$，绳中的张力 T 是多少？

2.29　一根光滑的钢丝弯成如题 2.29 图所示的形状，其上套有一小环. 当钢丝以恒定角速度 ω 绕其竖直对称轴旋转时，小环在其上任何位置都能相对静止. 求钢丝的形状(即写出 y 与 x 的关系).

2.30　一圆盘绕其竖直的对称轴以恒定的角速度 ω 旋转. 如题 2.30 图所示，在圆盘上沿径向开有一光滑小槽，槽内一质量为 m 的质点以 v_0 的初速从圆心开始沿半径向外运动. 试求：

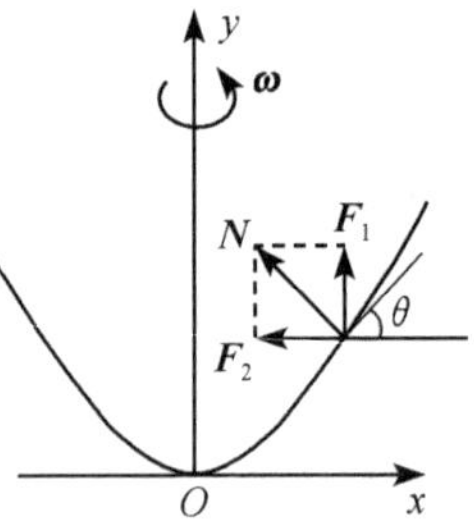

题 2.29 图

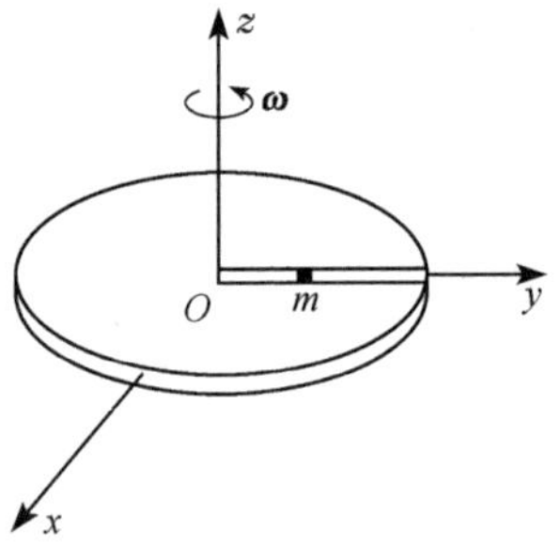

题 2.30 图

(1) 质点到达图示位置(即 $y=y_0$)时的速度 v；

(2) 质点到达该处所需的时间 t；

(3) 质点在该处所受到的槽壁对它的侧向作用力 F.

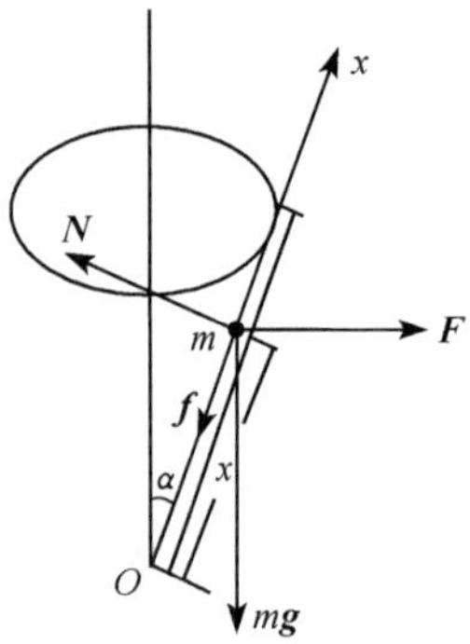

题 2.31 图

2.31　如题 2.31 图所示，一圆柱形刚性杆 OA 上套有一质量为 m 的小环，杆的一端固定，整个杆绕着通过固定端 O 的竖直轴以恒定的角速度旋转，旋转时杆与竖直轴的夹角 α 保持不变. 设小环与杆之间的摩擦系数为 μ，已知当小环相对杆运动到图示位置 x 时其相对于杆的速度为 x，试列出此时小环沿杆的运动方程(不要求解出此方程).

2.32　质量为 m 的小球置于光滑水平台面，用长为 l 的细线系于台面上的 p 点，水平台面绕着过 O 点的铅垂轴以恒定角速度 ω 旋转，P 点与 O 点的距离为 b，试列出小球的运动方程. 设在小球运动过程中，线始终保持拉直状态.

第 3 章　动量守恒定律

有了力的定律和运动定律，动力学的根本任务，即在一定环境下求物体的运动问题，似乎就成为求解运动方程 $\boldsymbol{F}=m\dfrac{\mathrm{d}^2\boldsymbol{r}}{\mathrm{d}t^2}$ 的数学问题了. 其实，并非完全如此.

首先牛顿第一、第二定律只适用于质点. 我们讨论的是单个质点的运动. 而从这一章起，我们要讨论由许多质点构成的体系的运动规律. 这种问题，常称为质点系问题，或多体问题. 例如，由所有行星和太阳构成的太阳系就是一个典型的质点系. 一般在质点系中，每个质点都要受到其他质点的作用，同时，也受到体系之外的物体的作用，例如地球不但要受到太阳的万有引力作用，而且与其他所有星体都有万有引力作用，显然，在质点系中，每个质点的运动一般是相当复杂的.

如果我们在动力学定律的基础上引进一些新的概念和新的物理量，如动量、能量和角动量等，就可进而得到关于这些量的新的规律(包括所谓运动定理以及由此引出的守恒定律)，而直接用这些规律去分析质点的运动问题，往往比从运动定律出发更为方便. 事实上，运动定理及守恒定律几乎是我们解决质点系动力学问题唯一可资利用的工具. 运动定理和守恒定律，起初是从牛顿定律导出来的，但目前看来，即使在牛顿定律不一定适用的许多场合，包括微观领域，守恒定律却仍然有效. 这样，原来仅仅作为牛顿定律辅助工具而引入的运动定理的推论——守恒定律，却成为比牛顿定律更为基本的规律.

3.1　动量定理与动量守恒定律

3.1.1　力的时间积累效应和质点的动量定理

我们从牛顿第二定律 $\boldsymbol{F}=m\dfrac{\mathrm{d}\boldsymbol{v}}{\mathrm{d}t}$ 出发，观察力的时间积累效应，若力 $\boldsymbol{F}$ 对质点的作用持续了一段时间 $\mathrm{d}t$，看发生了什么. 我们在牛顿第二定律的等式两边乘以 $\mathrm{d}t$，

$$\boldsymbol{F}\mathrm{d}t = m\frac{\mathrm{d}\boldsymbol{v}}{\mathrm{d}t}\mathrm{d}t = \mathrm{d}(m\boldsymbol{v}) = \mathrm{d}\boldsymbol{p} \tag{3.1}$$

式中 $\mathrm{d}\boldsymbol{p}$ 表示质点动量的改变量，$\boldsymbol{F}\mathrm{d}t$ 表示合外力在时间 $\mathrm{d}t$ 内的积累量. 定义为 $\mathrm{d}t$ 时间内质点所受合外力的**冲量**(又称为元冲量)，记为 $\mathrm{d}\boldsymbol{J}$，即，$\mathrm{d}\boldsymbol{J}=\boldsymbol{F}\mathrm{d}t$，式(3.1)表明**在 dt 时间内质点所受合外力的冲量，等于同一时间内质点动量的增量**，这一关系叫做质点**动量定理**的微分形式.

如果将式(3.1)对 t_0 到 t_1 这段有限时间积分，即考虑力在某段时间内的积累效果，则有

$$\boldsymbol{J}=\int_{t_0}^{t_1}\boldsymbol{F}\mathrm{d}t=\boldsymbol{p}_1-\boldsymbol{p}_0 \tag{3.2}$$

式中 $\boldsymbol{J}$ 表示在 t_0 到 t_1 这段时间内合外力的冲量. 冲量是矢量，它是力的时间积累量. 式(3.2)称为质点动量定理的积分形式. 值得注意的是，要产生同样的动量增量，力大力小都可以. 力大，作用时间可以短些；力小，作用时间需要长些. 只要力的时间积累冲量一样，就产生同样的动量增量.

动量定理常用于碰撞过程. 碰撞一般泛指物体间相互作用时间很短的过程. 在这一过程中，相互作用力往往很大而且随时间改变，这种力通常叫做冲力. 关于碰撞的研究我们留到下章进行.

在相对论中，质量随速率而变，$\boldsymbol{F}=m\boldsymbol{a}$ 已不再正确，但式(3.1)仍然正确.

3.1.2 质点系动量定理

现在我们考虑由 n 个存在相互作用的质点组成的质点系，设第 i 个质点的质量为 m_i，用 $\boldsymbol{F}_i$ 表示质点 m_i 受到来自体系以外的合力(外力)，用 $\boldsymbol{f}_{ij}$ 表示体系内质点 m_j 对质点 m_i 的作用力(内力). 下面我们对两质点系统的多质点系统分别加以讨论.

1. 两质点系统($n=2$)

$$\begin{cases} m_1\dfrac{\mathrm{d}\boldsymbol{v}_1}{\mathrm{d}t}=\boldsymbol{F}_1+\boldsymbol{f}_{12} & (3.3)\\[2ex] m_2\dfrac{\mathrm{d}\boldsymbol{v}_2}{\mathrm{d}t}=\boldsymbol{F}_2+\boldsymbol{f}_{21} & (3.4)\end{cases}$$

由牛顿第三定律有

$$\boldsymbol{f}_{12}=-\boldsymbol{f}_{21}$$

将式(3.3)和式(3.4)相加，得

$$\frac{\mathrm{d}}{\mathrm{d}t}(m_1\boldsymbol{v}_1+m_2\boldsymbol{v}_2)=\boldsymbol{F}_1+\boldsymbol{F}_2 \tag{3.5}$$

定义体系的总动量

$$\boldsymbol{p}=m_1\boldsymbol{v}_1+m_2\boldsymbol{v}_2=\boldsymbol{p}_1+\boldsymbol{p}_2$$

令

$$\boldsymbol{F}_{ex}=\boldsymbol{F}_1+\boldsymbol{F}_2$$

式中 $\boldsymbol{F}_{ex}$ 为体系所受的外力的矢量和，称为体系所受的合外力. 由式(3.5)得

$$\boldsymbol{F}_{ex}=\frac{\mathrm{d}\boldsymbol{p}}{\mathrm{d}t} \tag{3.6}$$

这就是两质点系的动量定理：**体系所受的合外力，等于体系总动量的时间变化率.**

动量定理的积分形式为

$$\int_{t_0}^{t} \boldsymbol{F}_{ex}\,\mathrm{d}t = \boldsymbol{p} - \boldsymbol{p}_0 \tag{3.7}$$

式中 $\boldsymbol{p}_0$ 为 $t=t_0$ 时体系的总动量.

2. 多质点系统($n>2$)

以上结果很容易推广到多质点($n>2$)系统，对系统内每个质点列出动力学方程为

$$\begin{cases} \dot{\boldsymbol{p}}_1 = \boldsymbol{F}_1 + \boldsymbol{f}_{12} + \boldsymbol{f}_{13} + \cdots + \boldsymbol{f}_{1n} \\ \dot{\boldsymbol{p}}_2 = \boldsymbol{f}_{21} + \boldsymbol{F}_2 + \boldsymbol{f}_{23} + \cdots + \boldsymbol{f}_{2n} \\ \quad\cdots\cdots \\ \dot{\boldsymbol{p}}_i = \boldsymbol{f}_{i1} + \boldsymbol{f}_{i2} + \boldsymbol{F}_i + \cdots + \boldsymbol{f}_{in} \\ \dot{\boldsymbol{p}}_n = \boldsymbol{f}_{n1} + \boldsymbol{f}_{n2} + \boldsymbol{f}_{n3} + \cdots + \boldsymbol{F}_n \end{cases} \tag{3.8}$$

利用牛顿第三定律

$$\boldsymbol{f}_{ij} = -\boldsymbol{f}_{ji}$$

将方程组(3.8)中的所有方程相加，由于所有内力的矢量和为零，得

$$\dot{\boldsymbol{p}}_1 + \dot{\boldsymbol{p}}_2 + \dot{\boldsymbol{p}}_3 + \cdots + \dot{\boldsymbol{p}}_n = \boldsymbol{F}_1 + \boldsymbol{F}_2 + \boldsymbol{F}_3 + \cdots + \boldsymbol{F}_n \tag{3.9}$$

体系的总动量为

$$\boldsymbol{p} = \sum_{i=1}^{n} \boldsymbol{p}_i = \sum_{i=1}^{n} m_i \boldsymbol{v}_i \tag{3.10}$$

令

$$\boldsymbol{F}_{ex} = \sum_{i=1}^{n} \boldsymbol{F}_i$$

式中 $\boldsymbol{F}_{ex}$ 为体系所受的外力的矢量和，称为体系所受的总外力. 由式(3.10)得

$$\boldsymbol{F}_{ex} = \frac{\mathrm{d}\boldsymbol{p}}{\mathrm{d}t} \tag{3.11}$$

或

$$\int_{t_0}^{t} \boldsymbol{F}_{ex}\,\mathrm{d}t = \boldsymbol{p} - \boldsymbol{p}_0 \tag{3.12}$$

这就是多质点体系的动量定理，它可以表述为：**作用在体系上所有外力在一段时间内的总冲量，等于体系动量的增量.** 式(3.11)是体系动量定理的微分形式.

几点说明：

(1) 只有外力的冲量才对体系的总动量变化有贡献，内力对体系的总动量变化没有贡献；但内力对动量在体系内部的分配是有作用的.

(2) 动量定理与牛顿定律的关系.

① 对一个质点来说,牛顿定律说的是力的瞬时效果,而动量定理说的是力对时间的积累效果;

② 牛顿定律只适用于质点,不能直接用于质点系,而动量定理可适用于质点系.

(3) 与牛顿定律一样,动量定理也只适用于惯性系,要在非惯性系中应用动量定理,必须考虑惯性力的冲量.

例 3.1 质量为 $M=5.0\times10^2$kg 的重锤从高度 $h=2.0$m 处自由下落打在工件上,经 $\Delta t=1.0\times10^2$s 时间,速度变为零.若忽略重锤自身的重量,求重锤对工件的平均冲力.

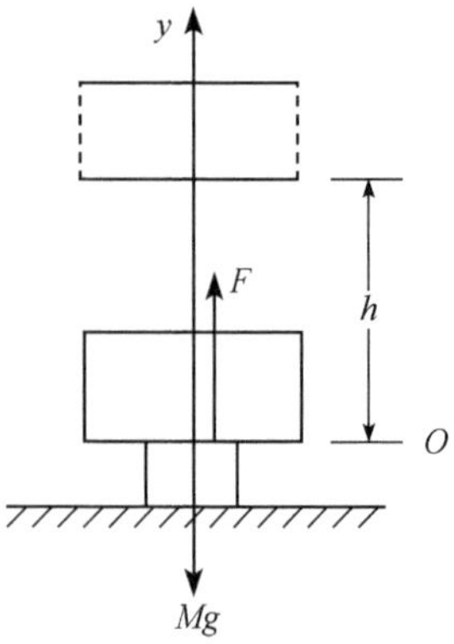

图 3.1

解 取重锤为研究对象,并视为质点.在打击工件时,重锤受到两个力作用(见图 3.1):一是工件对重锤的冲力 F,竖直向上;另一个是重锤自身的重力 Mg,竖直向下,按题意后者可以忽略.

取 y 轴竖直向上.当重锤与工件接触时,重锤的动量向下,大小为 $M\sqrt{2gh}$,经过 Δt 时间动量变为零.根据质点动量定理的分量式可写出下面的方程

$$\int_0^{\Delta t} F\mathrm{d}t = MV_2 - MV_1$$

即

$$\overline{F}\Delta t = 0-(-M\sqrt{2gh})$$

解出 $\overline{F}$,得

$$\overline{F}=\frac{M\sqrt{2gh}}{\Delta t}=\frac{5.0\times10^2\times(2\times9.8\times2.0)^{1/2}}{1.0\times10^{-2}}\mathrm{N}$$
$$=3.1\times10^5\mathrm{N}$$

式中 $\overline{F}$ 是工件对重锤的平均冲力,工件所受重锤的平均冲力则是 $\overline{F}$ 的反作用力,它们大小相等,方向相反.

重锤的重量为 $Mg=5.0\times10^2\times9.8\mathrm{N}=4900\mathrm{N}$,上面算得的平均冲力约为它的 63 倍.可见,只要作用时间足够短,忽略重力作用是合理的.

例 3.2 虽然单个细微粒子撞击一个巨大物体的力是局部而短暂的脉冲,但大量粒子撞击在物体上产生的平均效果是个均匀而持续的压力.为简化问题,我们设粒子流中每个粒子的速度都与物体的界面(壁)垂直,并且速率也一样,皆为 v.此外,设每个粒子的质量为 m,数密度(即单位体积内的粒子数)为 n.求下列两种情况下壁面受到的压强.

(1) 粒子陷入壁面;

(2) 粒子完全弹回.

解　在情况(1)中每一粒子传递给壁的动量为 $\Delta p=mv$,在情况(2)中每个粒子的动量由 mv 变为 $-mv$,故传递给壁的动量为

$$\Delta p = mv - (-mv) = 2mv$$

在 Δt 时间内粒子平移的距离为 $v\Delta t$. 在壁上取一面元 Δs,以 Δs 为底、$v\Delta t$ 为高,作一柱体,如图 3.2 所示,这里包含了在 Δt 时间内撞击在壁上的全部粒子. 此柱体的体积为

$$\Delta V = v\Delta t\Delta s$$

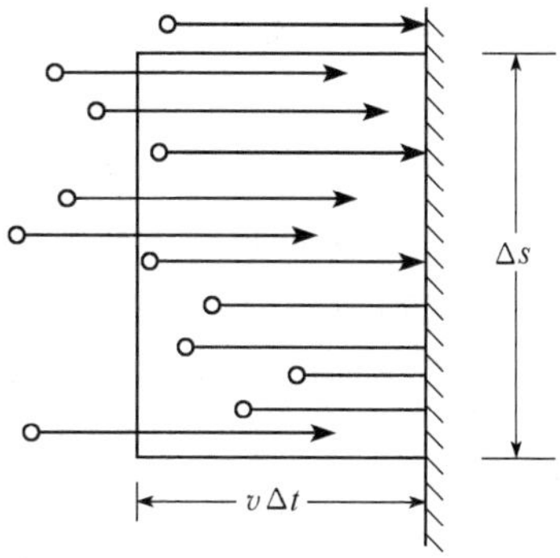

图 3.2

其中有 $n\Delta V=nv\Delta t\Delta s$ 个粒子. 因而在 Δt 时间内传递给壁的动量为

$$\Delta p = n\Delta V\Delta p = nv\Delta t\Delta s\Delta p,$$

即施加给壁的力 ΔF 和压强(单位面积上的力) p 分别为

$$\Delta F = \frac{\Delta p}{\Delta t} = nv\Delta p\Delta s$$

$$p = \frac{\Delta F}{\Delta s} = nv\Delta p = \begin{cases} nmv^2 & (\text{情况 }1) \\ 2nmv^2 & (\text{情况 }2) \end{cases}$$

3.1.3　动量守恒定律

由质点系动量定理

$$\int_{t_0}^{l} \boldsymbol{F}_{ex}\,\mathrm{d}t = \boldsymbol{p} - \boldsymbol{p}_0, \qquad (\text{积分形式})$$

$$\boldsymbol{F}_{ex} = \frac{\mathrm{d}\boldsymbol{p}}{\mathrm{d}t} \qquad (\text{微分形式}),$$

体系所受合外力的冲量等于体系动量的改变量,如果体系是孤立体系,即体系内所有质点都没有受到体系之外的物体的作用力,也可以简单地说,整个体系不与外物相互作用. 还有一种情况,体系虽然受到外力作用,但所有外力的矢量和等于零. 在这两种情况下,都有

$$\boldsymbol{F}_{ex} = 0$$

由质点系动量定理,体系的总动量

$$\boldsymbol{p} = \sum \boldsymbol{p}_i = \boldsymbol{p}_0 = \text{恒量} \tag{3.13}$$

式中 $\boldsymbol{p}_i$ 是第 i 个质点的动量.

下面我们把动量守恒定律表述如下：

在不受外力或所受外力的矢量和为零的体系中,每个质点的动量都时刻在变,

但它们的矢量和不变.

几点说明：

(1) 与牛顿定律一样，动量守恒定律只适用于惯性系.

(2) 体系动量守恒并不是要求体系不受外力，只要所受外力的矢量和为零. 但不受外力的体系其动量必然守恒，故孤立体系的动量守恒.

(3) 动量守恒是矢量式，它可以写成三个分量式

若 $F_x=0$，则 $P_x=$恒量；

若 $F_y=0$，则 $P_y=$恒量；

若 $F_z=0$，则 $P_z=$恒量.

(4) 动量守恒定律虽然由牛顿第三定律导出，即虽然体系受外力作用，但只要某个方向所受的外力等于零，则动量在该方向的分量守恒，但它比牛顿第三定律适用范围更广. 在牛顿第三定律不成立时，只要计及场的动量，动量守恒定律仍然成立. 这是因为动量守恒定律可以不用牛顿定律，而直接从空间的平移不变性(一种时空对称性)导出. 时空对称性原理是比牛顿定律更高层次的定律.

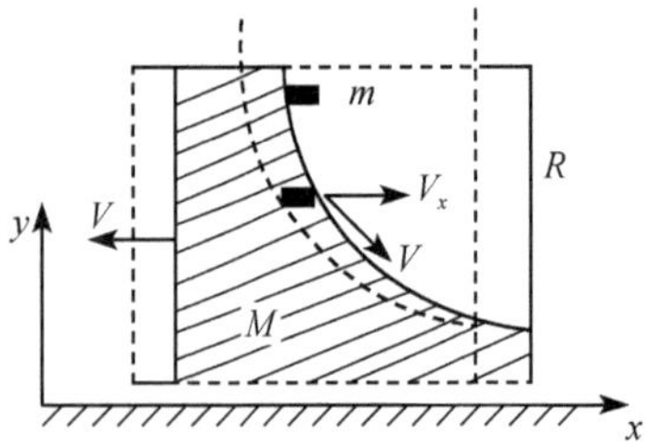

图 3.3

例 3.3 如图 3.3 所示，一个有 1/4 圆弧滑槽的大物体的质量为 M，停在光滑的水平面上，另一质量为 m 的小物体自圆弧顶点由静止下滑. 求当小物体 m 滑到底时，大物体 M 在水平面上移动的距离.

解 选如图所示的坐标系，取 m 和 M 为系统. 在 m 下滑过程中，在水平方向上，系统所受的合外力为零，因此水平方向上的动量守恒. 由于系统的初动量为零，所以，如果以 v 和 V 分别表示下滑过程中任一时刻 m 和 M 的速度，则应该有

$$0 = mv_x + M(-V)$$

因此对任一时刻都应该有

$$mv_x = MV$$

就整个下落的时间 t 对此式积分，有

$$m\int_0^t v_x \mathrm{d}t = M\int_0^t V\mathrm{d}t$$

以 s 和 S 分别表示 m 和 M 在水平方向移动的距离则有

$$s = \int_0^t v_x \mathrm{d}t, \qquad S = \int_0^t V\mathrm{d}t$$

因而有

$$ms = MS$$

又因为位移的相对性，有 $s=R-S$，将此关系代入上式，即可得

$$S=\frac{m}{m+M}R$$

值得注意的是，此距离值与弧形槽面是否光滑无关，只要 M 下面的水平面光滑就行了.

3.2　变质量物体的运动

3.2.1　变质量体系

前面所考虑的质点系，其质点个数（组元）是不变的，组元变化的体系称为变质量体系，原则上也可以用体系动量定理. 变质量体系有两个特征：一是它的质量不是常数，而随时间变化，这种变化是由于外界不断有新的质量进入体系，或是体系内部不断有质量输送到外界；二是体系中所有质点运动情况相同，因而仍可用一个质点来描写体系的运动. 即我们是研究一个质量随时间变化的质点的运动. 例如，喷射高速气流的火箭、云层中过饱和蒸汽不断凝聚成雨滴等.

这样的质点运动不能直接应用牛顿定律，也不能把体系动量定理直接搬过来用，这是因为无论牛顿定律或体系动量定理，只有当体系的组成是确定的，所谓内力和外力才有确定的意义.

变质量体系不断与外界交换质量，我们可以把体系组成变化的过程分成一系列元过程，在每个元过程的初时刻 t，原来的体系（我们称它为主体）和即将进入主体的物体（我们称它为附体）是分离的，经过 Δt 时间，在元过程的末时刻 $t+\Delta t$，附体并入主体构成一个新体系. 对于这个新体系，在元过程中，其组成是确定的，质量也是不变的，体系的动量变化服从体系动量定理. 下一个元过程中，该体系变成新主体，当 $\Delta t\rightarrow 0$ 时，就可以认为主体质量的改变是连续的，可以看成是质量连续变化的质点，从而导出主体的运动方程.

3.2.2　运动方程

参见图 3.4 所示，考虑 t 到 $t+\Delta t$ 时间间隔内主体和附体这一体系的动量变化和外力的关系.

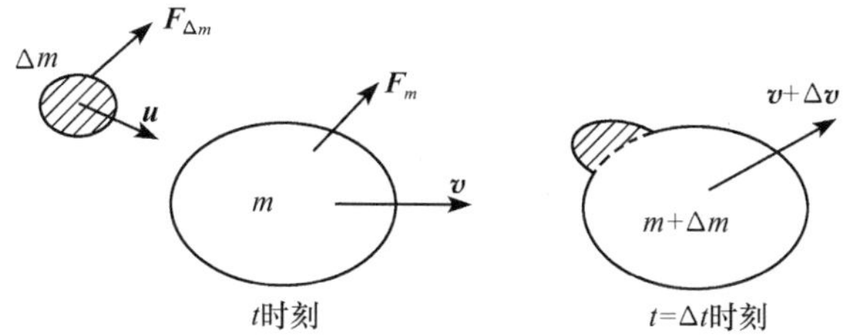

图 3.4

t 时刻

主体质量 m，　速度 $\boldsymbol{v}$，　外力 $\boldsymbol{F}_m$

附体质量 Δm，　速度 $\boldsymbol{u}$，　外力 $\boldsymbol{F}_{\Delta m}$

$t+\Delta t$ 时刻

主体质量 $m+\Delta m$，　速度 $\boldsymbol{v}+\Delta\boldsymbol{v}$，　外力 $\boldsymbol{F}=\boldsymbol{F}_m+\boldsymbol{F}_{\Delta m}$

体系的动量定理

$$(m+\Delta m)(\boldsymbol{v}+\Delta\boldsymbol{v})-(m\boldsymbol{v}+\Delta m\boldsymbol{u})=\boldsymbol{F}\Delta t \tag{3.14}$$

整理上式，并略去二级小量 $\Delta m\cdot\Delta\boldsymbol{v}$，得

$$m\frac{\Delta\boldsymbol{v}}{\Delta t}=(\boldsymbol{u}-\boldsymbol{v})\frac{\Delta m}{\Delta t}+\boldsymbol{F}$$

令 $\Delta t\to 0$，则 $\Delta\boldsymbol{v}\to 0$，上式取极限得

$$m\frac{\mathrm{d}\boldsymbol{v}}{\mathrm{d}t}=(\boldsymbol{u}-\boldsymbol{v})\frac{\mathrm{d}m}{\mathrm{d}t}+\boldsymbol{F} \tag{3.15}$$

这就是变质量质点(即主体)的运动方程.

需要注意的是，式(3.15)虽然是在$\frac{\mathrm{d}m}{\mathrm{d}t}>0$ 情况下导出的，但当$\frac{\mathrm{d}m}{\mathrm{d}t}<0$ 时，结论依然正确，火箭就是这种情况的例子.

例 3.4　雨滴开始自由下落时质量为 m_0，在下落的过程中，单位时间凝聚的水蒸气质量为 k，忽略空气阻力，求雨滴经时间 t 下落的距离.

解　设水蒸气附着于水滴前的速度 $u=0$，由(变质量质点运动)方程

$$m\frac{\mathrm{d}\boldsymbol{v}}{\mathrm{d}t}=(\boldsymbol{u}-\boldsymbol{v})\frac{\mathrm{d}m}{\mathrm{d}t}+\boldsymbol{F}$$

得

$$\frac{\mathrm{d}(m\boldsymbol{v})}{\mathrm{d}t}=\boldsymbol{F}$$

注意，试式虽然与牛顿方程形式一样，但 m 是变量. t 时刻雨滴的质量为 $m=m_0+kt$，

$$\frac{\mathrm{d}}{\mathrm{d}t}[(m_0+kt)v]=(m_0+kt)g$$

由该方程积分，并利用初始条件 $t=0$ 时，$v=0$，可解得

$$v=\frac{\left(m_0t+\frac{1}{2}kt^2\right)g}{m_0+kt}$$

即

$$\frac{\mathrm{d}x}{\mathrm{d}t}=\frac{1}{2}gt+\frac{m_0g}{2k}-\frac{m_0^2g}{2k(m_0+kt)}$$

再积分，并利用初始条件 $t=0$ 时，$x=0$，得

$$x=\frac{1}{2}\left[\frac{1}{2}t^2+\frac{m_0}{k}t-\left(\frac{m_0}{k}\right)^2\ln\left(1+\frac{k}{m_0}t\right)\right]$$

此即水滴经时间 t 下落的距离.

3.2.3　运载火箭的运动

火箭作为一个运载工具在当代军事和宇航技术中发挥着十分重要的作用，无论是人造地球卫星、宇宙飞船和空间探测器，还是各种各样的导弹都是靠火箭发动机送入太空并控制航向的. 那么什么是火箭，火箭是一种利用燃料燃烧后喷出的气体所产生的反冲推力的发动机，它自带燃料(液态氢)和助燃剂(液态氧)，因而可以在任何地方发动. 运载火箭的发射反映了当代高科技水平的综合技术，但其动力学原理，就是动量定理和动量守恒定律. 下面我们来简要介绍火箭的运行原理.

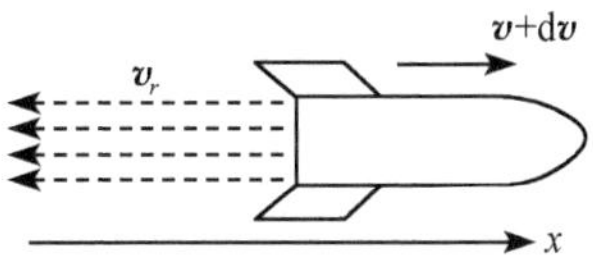

图 3.5

为简单起见，设火箭在自由空间中飞行，即忽略了引力和空气阻力的作用，如图 3.5 所示. 假设

t 时刻

火箭的质量为 M，　速度为 $\boldsymbol{v}$，　动量为 $M\boldsymbol{v}$

$t+\Delta t$ 时刻

火箭喷出气体 $|\mathrm{d}M|$，气体相对地面的速度为 $\boldsymbol{u}$，动量为 $\boldsymbol{u}|\mathrm{d}M|$，火箭主体的质量为 $M-|\mathrm{d}M|$，速度为 $(\boldsymbol{v}+\mathrm{d}\boldsymbol{v})$，动量为 $(\boldsymbol{v}+\mathrm{d}\boldsymbol{v})\cdot(M-|\mathrm{d}M|)$

根据动量守恒定律

$$(\boldsymbol{v}+\mathrm{d}\boldsymbol{v})(M-|\mathrm{d}M|)+\boldsymbol{u}|\mathrm{d}M|=M\boldsymbol{v} \tag{3.16}$$

展开上式并略去二阶小量 $|\mathrm{d}M|\cdot\mathrm{d}\boldsymbol{v}$，得

$$M\mathrm{d}\boldsymbol{v}=(\boldsymbol{v}-\boldsymbol{u})|\mathrm{d}M|=(\boldsymbol{u}-\boldsymbol{v})\mathrm{d}M, \tag{3.17}$$

等式两边除以 $\mathrm{d}t$，得

$$M\frac{\mathrm{d}\boldsymbol{v}}{\mathrm{d}t}=(\boldsymbol{u}-\boldsymbol{v})\frac{\mathrm{d}M}{\mathrm{d}t} \tag{3.18}$$

这就是火箭主体的动力学方程. 式中 $(\boldsymbol{u}-\boldsymbol{v})$ 就是喷出气体相对火箭的速度，用 $\boldsymbol{v}_r$ 表示即

$$\boldsymbol{v}_r=\boldsymbol{u}-\boldsymbol{v}$$

所以式(3.18)可写成

$$M\frac{\mathrm{d}\boldsymbol{v}}{\mathrm{d}t}=\boldsymbol{v}_r\frac{\mathrm{d}M}{\mathrm{d}t}$$

把矢量方程在 x 轴上投影，注意 $\boldsymbol{v}_r$ 和 $\boldsymbol{v}$ 反向，得

$$M\frac{\mathrm{d}v}{\mathrm{d}t}=-v_r\frac{\mathrm{d}M}{\mathrm{d}t}$$

$$dv = -v_r \frac{dM}{M}$$

对上式两边积分,设火箭最后达到的速率为 v_s. 燃料燃烧完以后的质量为 M_s

$$\int_0^{v_s} dv = -\int_{M_0}^{M_s} v_r \frac{dM}{M}$$

得

$$v_s = v_r \ln \frac{M_0}{M_s} \tag{3.19}$$

由此可见,火箭达到的最后速率 v_s 取决于

(1) 排气速率 v_r.

目前用液氢和液氧作为燃烧剂和氧化剂,v_r 可以达到 4km/s,再要提高 v_r,就要提高燃烧温度,对合金材料的耐高温性能要求较高.

(2) 火箭在排气前后的质量比 $\frac{M_0}{M_s}=N$. M_0 为起飞质量,包括火箭的负载、外壳等结构件,以及全部燃料和氧化剂的质量;M_s 为负载、外壳等结构体的质量. N 越大,v_s 越大,目前 N 已可以达到 15,再提高已很困难,即使能提高一点,取对数后也就不显著了.

若取 $N=10$,$v_r=4$km/s,可得 $v_s=9$km/s,但由于空气的阻力、重力等影响,实际的 v_s 小于第一宇宙速度 7.9km/s,所以还不足以发射地球卫星.

为了发射人造地球卫星或其他航天器,人们制造了由若干单级火箭串联而成的多级火箭. 发射时,第一级火箭先点火,火箭即开始加速上升,等这一级火箭所储存的燃料燃烧完后,整个这一级就自动脱落,以便增大此后火箭的质量比. 随后第二级点火后火箭继续加速,它的燃料用完后又自动脱落. 然后又点燃第三级火箭. 这样一级一级使火箭的有效负载加速达到所需要的速度. 设各级火箭的质量比分别为 N_1、N_2、N_3…. 并设各级火箭的喷气速度为 v_{r1}、v_{r2}、v_{r3}…,则由式(3.19)可得多级火箭的最终速度为

$$v_s = v_{s1} + v_{s2} + \cdots = v_{r1}\ln N_1 + v_{r2}\ln N_2 + v_{rs}\ln N_3 + \cdots \tag{3.20}$$

由于技术上的原因,多级火箭一般是三级的. 以美国发射"阿波罗"登月飞船的"土星五号"火箭为例,起飞时质量为 2800t,高约 85m,第一级燃料喷气速率为 2.9km/s,产生 3.5×10^4kN 的推力,质量比为 16. 第二级喷气速率为 4km/s,质量比为 14,第三级燃料与第二级相同,质量比为 12. 这种火箭的末速度的理论值为 28km/s. 但由于空气阻力和重力的影响,末速度要比此计算值小得多.

我国现在的火箭技术也已达到世界先进水平,例如长征三号火箭是三级大型运载火箭,全长 43.25m,最大直径 3.35m,起飞质量约 202t,起飞推力为 2.8×10^3kN. 它已被用来成功地发射了我国的人造地球卫星. 1986 年起我国已开始向国际提供航天发射服务. 并已成功地发射了载人宇宙飞船.

习　题

3.1　如题3.1图所示，长为 $l=30.0\text{cm}$、最大强度为 $T=10\text{N}$ 的绳子，系一质量 $m=500\text{g}$ 的小球，若 m 原来静止不动，需用多大的水平冲量作用在 m 上，才能把绳子打断？

3.2　如题3.2图所示，是一个摆长为 $l=100\text{cm}$、摆锤质量为 $m=10.0\text{g}$ 的单摆，初始时刻摆锤处于平衡位置. 突然给摆锤一向左的冲量，使摆锤达到最高位置比平衡位置高 10.0cm，设冲力的作用时间为 0.001s，求此时间内的平均作用力.

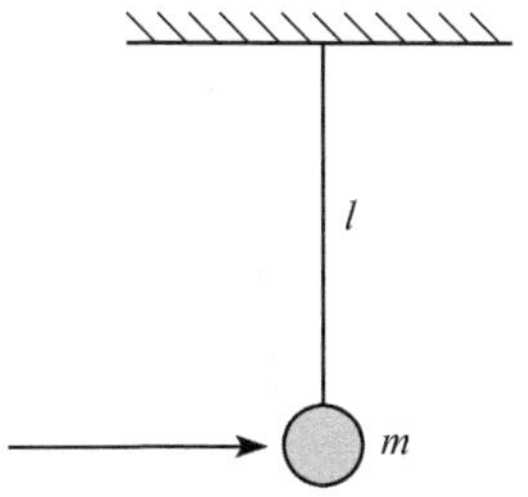

题3.1图

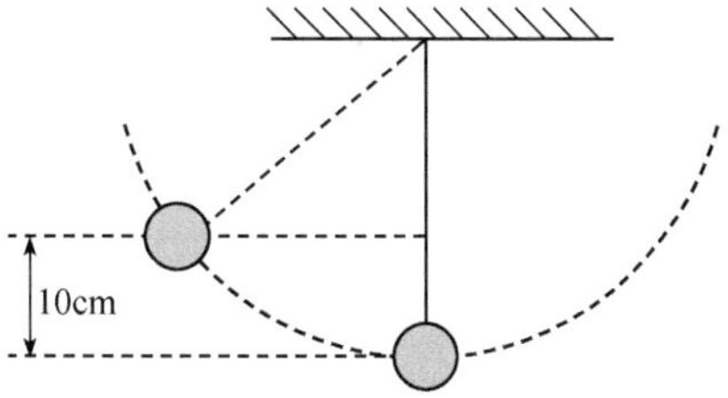

题3.2图

3.3　一质量为 10.0g 的小球，从 $h_1=25.6\text{cm}$ 高度处由静止下落到一个水平桌面上，反跳的最大高度为 $h_2=19.6\text{cm}$. 问小球与桌面碰撞时给桌面的冲量是多少？

3.4　质量为 2.00g 的子弹，以 $500\text{m}\cdot\text{s}^{-1}$ 的速度射进一冲击摆. 子弹穿出时的速率为 $100\text{m}\cdot\text{s}^{-1}$，设摆的质量为 1.00kg，摆长为 1.00m，求摆达到的高度.

3.5　湖面上有一小船静止不动，船上有一渔人，质量为 60kg. 设他在船上向船头走了 4.0m，但相对于湖底只移动了 3.0m，若水对船的阻力略去不计，问小船的质量是多少？

3.6　如题3.6图，一子弹水平地穿过两个前后并排、静止地放在光滑水平面上的木块，木块的质量分别为 m_1 和 m_2，设子弹穿过木块所用的时间分别为 Δt_1 和 Δt_2. 求子弹穿过两木块后两木块的运动速度.（设木块对子弹的阻力为恒力 F.）

3.7　如题3.7图所示，一半径为 R 的光滑球，质量为 M，静止在光滑的水平桌面上. 在球顶点上有一质量为 m 的质点. m 自 M 球自由下滑. 试求 m 离开 M 之前的轨迹.

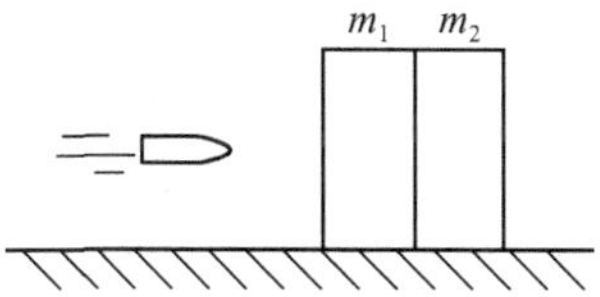

题3.6图

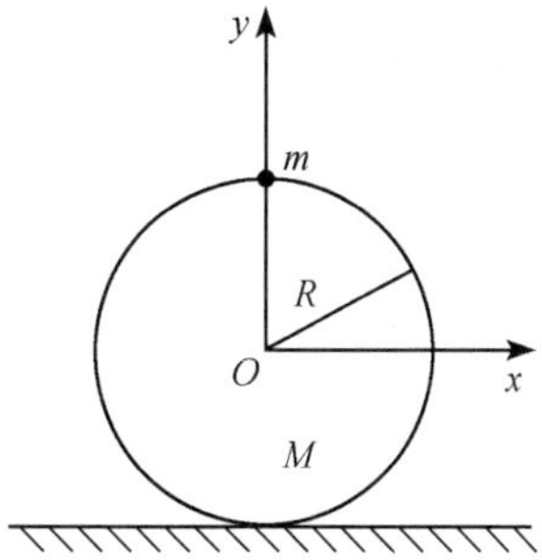

题3.7图

3.8 三个物体 A、B、C，质量都是 m，开始时，A 和 C 靠在一起，中间用一长为 $l=98\text{cm}$ 的细绳连接，放在光滑水平桌面上，A 又通过一跨过桌边的定滑轮的细绳与 B 相连，如题 3.8 图所示. 滑轮和绳子的质量以及滑轮轴上的摩擦均可不计，绳子的长度不变. 问 A 和 B 运动后多长时间 C 开始运动？C 开始运动时的速度是多少？

3.9 如题 3.9 图所示，线密度为 ρ，长度为 L 的链条，用手提一头，另一头刚好触及地面，静止不动. 突然放手，使链条自由下落，求证：当链条的上端下落的距离为 s 时，链条作用在地面上的力为 $3\rho gs$.

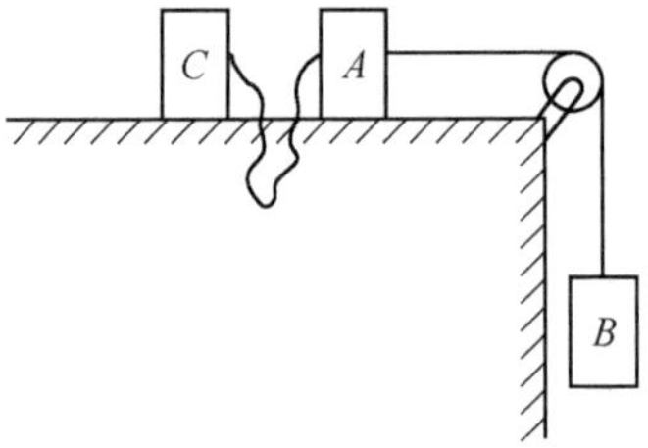

题 3.8 图

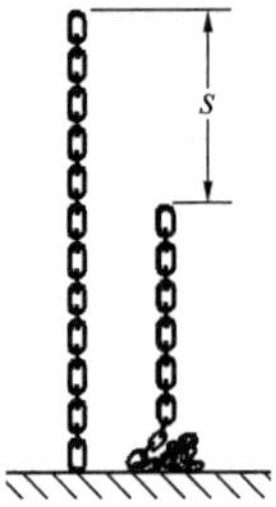

题 3.9 图

3.10 两个质量都是 M 的冰车，并排静止在光滑的水平冰面上. 一个质量为 m 的人，从第一个冰车跳到第二个冰车，再由第二个冰车跳回第一个冰车. 证明：两个冰车的末速度之比为 $(m+M):M$.

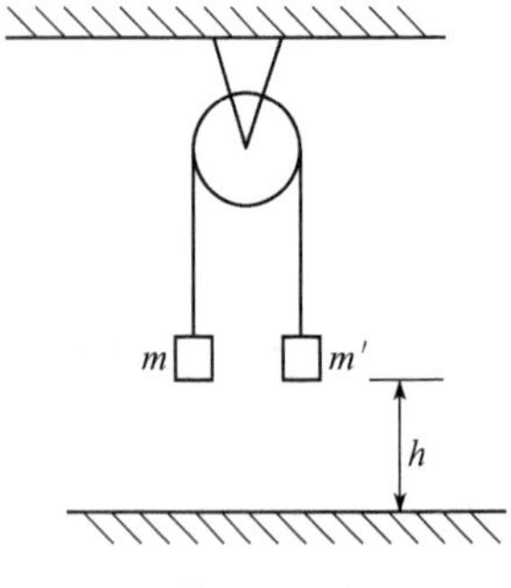

题 3.11 图

3.11 如题 3.11 图所示，一长为 L 的细绳跨过一定滑轮，两端分别挂着质量为 m 和 m'（$m>m'$）的物体，物体距地面的高度都是 h，且 $2h<L$. 让物体从静止开始运动，m 落地后，m' 将继续向上运动一段距离，而后 m' 向下运动通过绳子把 m 拉起. 设 m 与地面的碰撞是完全非弹性的，绳子和滑轮的质量以及滑轮轴承处的摩擦力均可不计，绳子长度不变. 求 m 能上升的最大高度.

3.12 一火箭均匀地向后喷气，每秒钟喷出 90.0g 的气体，喷出的气体相对于火箭的速度为 $v_0=300\text{m}\cdot\text{s}^{-1}$，设火箭开始时静止，火箭体和燃料的总质量为 $m_0=270\text{g}$. 试问：

(1) 喷气后多少时间，火箭速度达到 $40.0\text{m}\cdot\text{s}^{-1}$？

(2) 若火箭的燃料是 $m=180\text{g}$，它能达到多大的速度？（本题不计重力和空气阻力.）

3.13 n 个体重均为 m 的人，站在重为 M 的铁路平板车上. 车沿着平直路轨无摩擦地向前运动，速度为 v_0，如果每个人都以相对于车的速率 v 向车后跑并跳下车，求下列两种情况下，人都跳下车后，车的速度.

(1) 一个一个地跳（一个人跳下后，另一个人才起跑）；

(2) 全体同时跑，同时跳.

3.14 一初始质量为 M_0 的火箭，以恒定的比率 $\mathrm{d}m/\mathrm{d}t=-r_0\,\text{kg}\cdot\text{s}^{-1}$ 向后喷出燃料，喷出气体的速率相对于火箭为 v_0.

(1) 若不计重力，求火箭的初始加速度；

(2) 若 $v_0=2.0\text{km}\cdot\text{s}^{-1}$，问每秒喷出多少 kg 燃料，火箭的推力才能达到 10^6 N?

(3) 写出表示火箭速度与其剩余质量的关系式.

3.15　一质量为 $M=3.0$kg 的物体，被一根绳子拴着与绳子一起放在地上，绳子的长大于 10m，线密度 $\lambda=0.50\text{kg}\cdot\text{m}^{-1}$. 现在由地面向上抛出该物体，当物体高出地面 10m 时，速度为 $4.0\text{m}\cdot\text{s}^{-1}$，问此时它的加速度是多少？（设绳子堆在一起，被拉起时其余部分保持不动.）

3.16　一质量为 M 的宇宙飞船在星际空间飞行. 它用一面积为 A 的洞捕集静止的氢（每单位体积的质量为 ρ），再将其排出，排气的方向与飞船飞行的方向相反，排气的速率相对于飞船为 v_r，问飞船的速率 v 等于多少时，它的加速度最大？用 M,ρ,A,v_r 表示此最大加速度.

3.17　一个下雨天，5.0t 重的敞篷货车在一平直的轨道上无摩擦地靠惯性滑行，设雨滴是竖直下落的，如果货车空载时，其滑行速率为 $1.0\text{m}\cdot\text{s}^{-1}$. 问当货车经过一段距离后，车上积了 0.5t 雨水时，货车的滑行速率变为多少？

3.18　一雨滴的初始质量为 m. 在重力作用下从静止开始降落. 假定此雨滴从云中得到质量，其质量的增长率正比于它的瞬时质量和瞬时速率的乘积，即 $\mathrm{d}m/\mathrm{d}t=kmv$，其中 k 为常数. 若忽略空气阻力，试证明雨滴的速率最终成为恒量，并给出最终速率的表达式.

第 4 章　机械能守恒定律

处理力学问题有两种方法，它反映了人们的两种不同的观念. 一种主张从大到小的研究顺序，认为整体的大的方面简单些；第二种认为局部的单元过程更简单些，因此主张从小到大的研究顺序. 我们在第 2 章中所讨论的，直接用牛顿定律解题，就是第二种方法，但解题过程繁琐. 第一种方法是从宇宙的对称性入手，去探讨各种守恒定律，在上一章中我们讨论了动量守恒定律.

本章我们讨论另一个守恒定律——机械能守恒. 在下一章我们还要讲述角动量守恒定律，这就是从大到小的研究顺序的独到之处. 目前我们并没有深刻理解守恒定律，本章末将说明，能量守恒定律与时间平移对称性有关，动量守恒定律与空间的平移对称性有关. 由此可见，把握了大的总体的方面，我们会对物理有更深刻的理解.

在笛卡儿提出动量守恒原理后 42 年，德国数学家、哲学家莱布尼兹提出了“活力”概念及“活力”守恒原理. 和笛卡儿一样，莱布尼兹也相信宇宙中运动的总量必须保持不变，不过和笛卡儿不同，他认为应该用 mv^2 表示这个量，而不是 mv. 莱布尼兹与笛卡儿关于 mv^2 和 mv 之争，在历史上曾经历相当长时期的混乱，一百多年后，人们逐渐明白，这是两种不同的守恒规律，莱布尼兹的“活力” 守恒应归结为机械能守恒.

4.1　寻找运动的不变量

在自然界里，有许多机械运动具有重复性. 例如，围绕太阳运转的行星，虽然它的位置及速度时刻在变化着，但总的来看，它的运动是周而复始地重复. 一个钟摆的位置和速度也在时刻变化着，但总的来看，它的运动也是周而复始地重复. 从高 h_0 处自由落下一个乒乓球，如果球台的弹性是理想的，则乒乓球会在 h_0 处与球台之间弹跳不止，周而复始地上下运动，如图 4.1 所示. 这类实例，还可举出很多. 它们的共同特点是，在时刻变化的运动状态中，有某种不变的因素. 虽然这些运动可用前面学过的牛顿定律加以分析，但我们希望直接找出描写这种不变性质的物理量. 这些具有不变性质的物理量我们称它为守恒量，这些守恒量所服从的规律称为守恒定律.

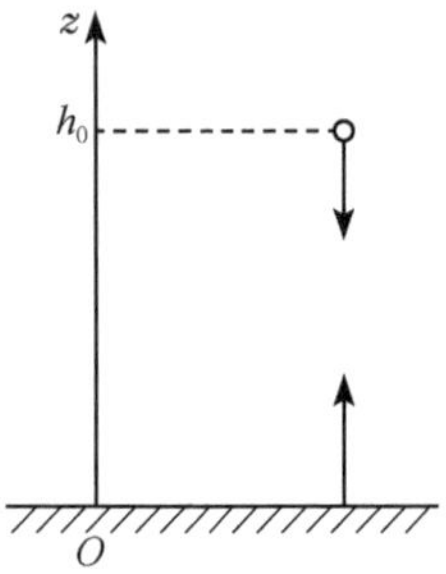

图 4.1

行星绕太阳运动可近似为匀速圆周运动. 它的速度的方向时刻变化，但是速度的大小 v 总是不变的，从而$\frac{1}{2}mv^2$ 也是不变的(其中 m 是行星的质量). 所以，行星的运动，至少有一个不变量可以用下面的方程描写：

$$\frac{1}{2}mv^2 = \text{不变量} \tag{4.1}$$

我们把量$\frac{1}{2}mv^2$ 称为行星的动能. 因此，在行星运动过程中，动能是一个不变量，或者说它的动能是守恒的.

再来分析如图 4.2 所示的乒乓球的运动过程：

当时刻 t 乒乓球从 h_0 落到 z 处时的速率可根据下述方程求得

$$v^2 - v_0^2 = 2g(h_0 - z)$$

因为 $t=0$ 时，$v_0=0$，所以

$$v^2 = 2g(h_0 - z)$$

两边同乘$\frac{1}{2}m$，整理得

$$\frac{1}{2}mv^2 + mgz = mgh_0 \tag{4.2}$$

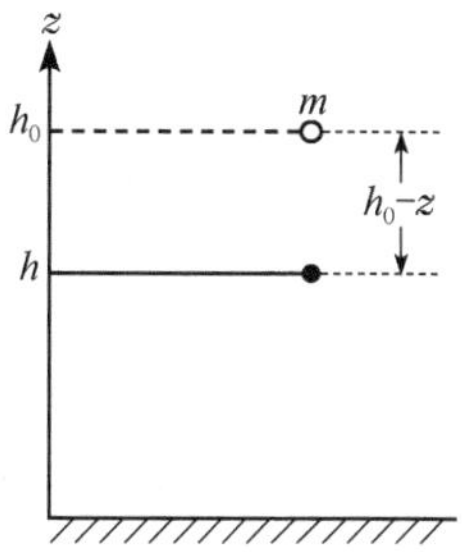

图 4.2

等式右边的 m、g、h_0 都是常数，说明$\frac{1}{2}mv^2$ 和 mgz 之和是一个守恒量. 在这种情况下，动能$\frac{1}{2}mv^2$ 不守恒了. mgz 也在变化，但它们之和为一恒量. 我们把 mgz 这个由乒乓球和桌面之间的位形决定的量定义为重力势能. 把动能和重力势能之和定义为机械能 E，即

$$E = \frac{1}{2}mv^2 + mgz = \text{不变量}. \tag{4.3}$$

所以我们得到结论，乒乓球在 h_0 和桌面之间弹跳不已的过程中，有一个不变量，这个不变量叫机械能，机械能守恒.

一般地说，对一个质量为 m 的质点，在它运动过程中，我们可以定义它的动能为

$$E_k = \frac{1}{2}mv^2$$

在重力作用下的质量为 m 的质点，可以定义它的重力势能为

$$U = mgz$$

动能和势能是描述机械运动的重要的物理量，它们之所以重要，就在于由这些量常常构成一些不变量. 在运动过程中，物体的动能和势能一般会发生变化，一物体的

动能和势能之间会发生转化(如上面乒乓球的弹跳过程),物体之间的动能和势能也会发生转化.但对有些机械运动来说在满足一定的条件下参与运动的各物体的动能 E_k 和势能 U 之和保持不变.物体系的动能和势能之和总称机械能.

这条规律称为机械能守恒定律,可表示成

$$E = E_k + U = \text{不变量}.$$

这一节的分析告诉我们,寻找运动中的不变量或守恒量是很有用的一种方法.因为,不变量往往能更清楚地描写运动,标志运动的特征.而且,守恒的物理量往往有更大的适用范围.动量、能量、角动量不仅适用于牛顿力学,而且也适用于牛顿力学所不能讨论的其他运动形态.

下面各节我们再从牛顿定律出发去讨论功、能的概念,导出机械能守恒定律.进一步加深对它的理解.

4.2 力的空间积累效应和质点动能定理

4.2.1 力的空间积累效应和质点动能定理

在上一章中,我们讨论了力的时间积累效应即力的冲量,它可以使物体(质点)的动量发生改变;现在我们来讨论力的空间积累效应,如图 4.3 所示,质点 m 在力 $\boldsymbol{F}$ 作用下产生了 $\mathrm{d}\boldsymbol{r}$ 的位移.我们仍从牛顿第二定律 $\boldsymbol{F}=m\dfrac{\mathrm{d}\boldsymbol{v}}{\mathrm{d}t}$ 出发,用位移 $\mathrm{d}\boldsymbol{r}$ 点乘等式两边

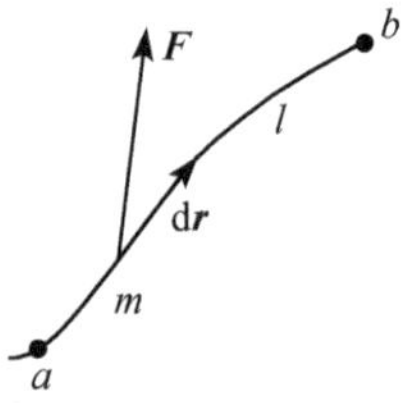

图 4.3

$$\boldsymbol{F}\cdot\mathrm{d}\boldsymbol{r}= m\frac{\mathrm{d}\boldsymbol{v}}{\mathrm{d}t}\cdot\mathrm{d}\boldsymbol{r} = m\boldsymbol{v}\cdot\mathrm{d}\boldsymbol{v}$$

考虑到

$$\boldsymbol{v}\cdot\mathrm{d}\boldsymbol{v} =\frac{1}{2}\mathrm{d}(\boldsymbol{v}\cdot\boldsymbol{v}) =\mathrm{d}\left(\frac{1}{2}v^2\right)$$

于是

$$\boldsymbol{F}\cdot\mathrm{d}\boldsymbol{r} = \mathrm{d}\left(\frac{1}{2}mv^2\right) \tag{4.4}$$

定义 $\mathrm{d}A\equiv\boldsymbol{F}\cdot\mathrm{d}\boldsymbol{r}$ 为力对质点所作的元功.

质点沿路径(l)从 a 处运动到 b 处,力所做的功为对式(4.4)两边积分,得

$$A_{ab} = \int_{\substack{a\\(l)}}^{b}\mathrm{d}A = \int_{\substack{a\\(l)}}^{b}\boldsymbol{F}\cdot\mathrm{d}\boldsymbol{r} = \int_{v_0}^{v}\mathrm{d}\left(\frac{1}{2}mv^2\right)$$

$$= \frac{1}{2}mv^2 - \frac{1}{2}mv_0^2 \tag{4.5}$$

定义$\frac{1}{2}mv^2$ 为质点的动能，记为

$$E_k = \frac{1}{2}mv^2$$

上式可以写成

$$\int_{\substack{a \\ (l)}}^{b} \boldsymbol{F} \cdot \mathrm{d}\boldsymbol{r} = \frac{1}{2}mv^2 - \frac{1}{2}mv_0^2 = E_k - E_{k0} \tag{4.6}$$

这就是质点的**动能定理**，它可以表述为**作用在质点上的合力对质点所做的功等于质点动能的改变量**.

4.2.2　功和功率

物理学上的功定义为力 $\boldsymbol{F}$ 与位移元 $\mathrm{d}\boldsymbol{r}$ 的标积的线积分，若以 A 表示功，有

$$A = \int_{r_0}^{r} \boldsymbol{F} \cdot \mathrm{d}\boldsymbol{r}$$

其意义是：如果有一个力作用于物体上，同时物体在某一方向上发生位移，则只有位移方向上的分力作了功，与位移成直角的力不做功. 需要注意的是上式对于真实力或惯性力在惯性系或非惯性系中做功的计算都是适用的. 功总是与一个过程相联系，因而功是过程量.

有时重要的问题不是能做多少功，而是做功的效率，即在单位时间内做多少功. 单位时间所做的功称为功率.

因为

$$\mathrm{d}A = \boldsymbol{F} \cdot \mathrm{d}\boldsymbol{r}$$

所以功率

$$P = \frac{\mathrm{d}A}{\mathrm{d}t} = \boldsymbol{F} \cdot \boldsymbol{V}. \tag{4.7}$$

这表示，功率等于力在运动方向的分量与速率的乘积，或者等于力的大小与速度在力的方向上的分量的乘积. 式(4.7)还表明，对于一定功率的机械，当速率小时，力就大；当速率大时，力必定小. 例如，当汽车发挥最大功率行驶时，在平坦的路上所需要的牵引力较小，可高速行驶；在上坡时所需要的牵引力较大，必须放慢速度.

在国际单位制中，功的单位是 J(焦耳，简称焦)

$$1\mathrm{J} = 1\mathrm{N} \cdot \mathrm{m}.$$

功率的单位是 $\mathrm{J} \cdot \mathrm{S}^{-1}$(焦耳/秒)，这个单位又称为 W(瓦特，简称瓦). 在工程上常用 kW(千瓦)做功率的单位，有

$$1\text{kW} = 1000\text{W}.$$

有时功也用功率与时间的乘积 kW · h(千瓦小时)为单位. 1kW · h 表示以 1 千瓦的恒定功率做功的机械,在 1 小时内所完成的功,它与焦耳的关系为

$$1\text{kW}\cdot\text{h} = 3.6\times10^{6}\text{J}$$

4.2.3 质点系动能定理

现在我们考虑由 n 个存在相互作用的质点组成的质点系,第 i 个质点的质量为 m_i,用 F_i 表示质点 m_i 受到来自体系以外的合力(外力),用 f_{ij} 表示体系内质点 m_j 对质点 m_i 的作用力(内力). 对每个质点列出动力学方程为

$$\begin{cases} m\ddot{\boldsymbol{r}}_1 = \boldsymbol{F}_1 + \boldsymbol{f}_{12} + \boldsymbol{f}_{13} + \cdots + \boldsymbol{f}_{1n} \\ m\ddot{\boldsymbol{r}}_2 = \boldsymbol{f}_{21} + \boldsymbol{F}_2 + \boldsymbol{f}_{23} + \cdots + \boldsymbol{f}_{2n} \\ m\ddot{\boldsymbol{r}}_3 = \boldsymbol{f}_{31} + \boldsymbol{f}_{32} + \boldsymbol{F}_3 + \cdots + \boldsymbol{f}_{3n} \\ \cdots\cdots\cdots\cdots \\ m\ddot{\boldsymbol{r}}_n = \boldsymbol{F}_{n1} + \boldsymbol{f}_{n2} + \boldsymbol{f}_{n3} + \cdots + \boldsymbol{F}_n \end{cases} \tag{4.8}$$

将方程组(4.8)的第 i 个方程乘以 $\boldsymbol{v}_i \mathrm{d}t$ 积分,得

$$\begin{aligned} \int_{t_0}^{t} m_i\ddot{\boldsymbol{r}}_i \cdot \boldsymbol{v}_i \mathrm{d}t = & \int_{t_0}^{t} \boldsymbol{F}_i \cdot \boldsymbol{v}_i \mathrm{d}t + \int_{t0}^{t} \boldsymbol{f}_{i1} \cdot \boldsymbol{v}_i \mathrm{d}t + \int_{t0}^{t} \boldsymbol{f}_{i2} \cdot \boldsymbol{v}_i \mathrm{d}t \\ & + \cdots + \int_{t0}^{t} \boldsymbol{f}_{i(i-1)} \cdot \boldsymbol{v}_i \mathrm{d}t + \int_{t_0}^{t} f_{i(i+1)} \cdot \boldsymbol{v}_i \mathrm{d}t \\ & + \cdots + \int_{t_0}^{t} f_{in} \cdot \boldsymbol{v}_i \mathrm{d}t \end{aligned} \tag{4.9}$$

$$\begin{aligned} E_{ki}(t) - E_{ki}(t_0) = & A_i + A_{i1} + A_{i2} + \cdots + A_{i(i+1)} \\ & + A_{i(i+1)} + \cdots + A_{in} \end{aligned} \tag{4.10}$$

其中

$$A_i = \int_{t_0}^{t} \boldsymbol{F}_i \cdot \boldsymbol{v}_i \mathrm{d}t, \quad A_{ij} = \int_{t_0}^{t} f_{ij} \cdot \boldsymbol{v}_i \mathrm{d}t$$

式中 A_i 为作用于第 i 个质点上的合外力所做的功,A_{ij} 为第 j 个质点对第 i 个质点的内力所做的功. 将式(4.10)对所有的 i 求和,得

$$E_k(t) - E_k(t_0) = A_{外} + A_{内} \tag{4.11}$$

其中

$$E_k = \sum_{i=1}^{n} E_{ki}, \quad A_{外} = \sum_{i=1}^{n} A_i, \quad A_{内} = \sum_{i=1}^{n} \sum_{\substack{j=1 \\ x\neq i}}^{n} A_{xj}$$

这里 E_k,$A_{外}$,$A_{内}$ 分别为质点系的总动能、外力和内力时质点系作的总功. 需要注意的是,内力产生的总动量虽然为零,但内力作的总功一般不等于零. 式(4.11)即为质点系动能定理,我们把它叙述如下.

质点系动能定理：**作用于质点系的所有外力所作之功与所有内力所作之功的总和，等于质点系动能的增量.**

质点系动能定理与质点系动量定理的比较：

(1) 质点系动量定理是矢量式，而质点系动能定理是标量式.

(2) 质点系动量定理与质点系动能定理是相互独立的.

(3) 内力的作用不改变体系的总动量，但一般要改变体系的总动能.

例 4.1　质量为 $m=10\text{g}$ 的子弹，以 $v_0=200\text{m/s}$ 的速度射入木块. 木块的阻力平均为 $F=5.0\times10^8\text{N}$. 求子弹射入深度.

解　子弹原来的动能为 $E_1=\frac{1}{2}mv_0^2$，射入木块一定深度而停止，动能变为零. 在这过程中，只有木块阻力对子弹做功. 如以 S 表示射入深度，则阻力所做的功为 $-FS$. 由动能定理

$$0-\frac{1}{2}mv_0^2=-FS$$

所以

$$S=\frac{mv_0^2}{2F}$$

采用国际单位制，以 $m=0.010\text{kg}$，$v_0=200\text{m/s}$，$F=5.0\times10^8\text{N}$ 代入，得

$$S=\frac{0.010\times200^2}{2\times5\times10^8}=0.04\text{m}$$

例 4.2　利用动能定理重解 2.3 节中例 2.5，求线摆下 θ 角时珠子的速率.

解　如图 4.4 所示，珠子从 A 落到 B 的过程中，合外力 $(T+mg)$ 对它做的功为

$$A_{AB}=\int_A^B(T+mg)\cdot\mathrm{d}r=\int_A^B mg\cdot\mathrm{d}r$$

$$=\int_A^B mg\,|\,\mathrm{d}r\,|\cos\alpha$$

由于 $|\mathrm{d}r|=l\mathrm{d}\alpha$，所以

$$A_{AB}=\int_0^\theta mg\cos\alpha l\,\mathrm{d}\alpha=mgl\sin\theta$$

对珠子，用动能定理，由于 $v_A=0$，$v_B=v_\theta$，得

$$mgl\sin\theta=\frac{1}{2}mv_\theta^2$$

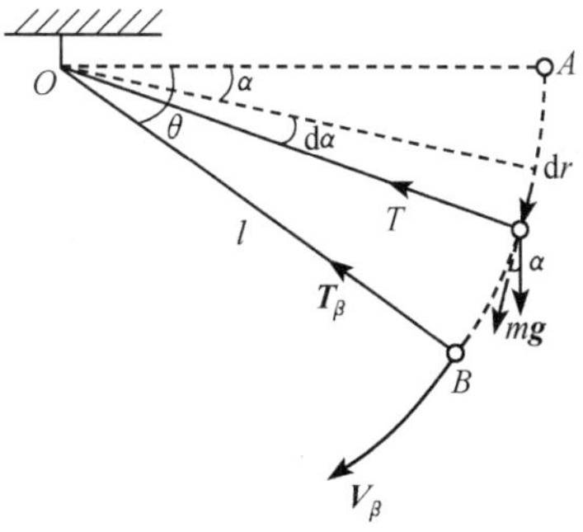

图 4.4

由此得

$$v_\theta=\sqrt{2gl\sin\theta}$$

这和 2.3 中例 2.5 所得到的结果相同. 2.3 中的解法是应用牛顿第二定律进行单纯的数学运算. 这里的解法应用了两个新概念：功和动能. 在 2.3 中，我们对牛顿第

二定律公式的两侧都进行了积分. 在这里,用动能定理,只需对力的一侧进行积分求功. 另一侧,即运动一侧就可以直接写动能之差而不需进行积分了. 这就简化了解题过程.

4.3 势　能

4.3.1 有心力及其做功特点

所谓"有心力",即在空间中存在一个中心 O,称为力心,物体(质点)P 在任何位置上所受的力 F 都与 $\boldsymbol{OP}$ 方向相同(排斥力)或相反(吸引力),其大小是距离 $r=\overline{OP}$的单值函数,一般可表示为

$$\boldsymbol{F} = F(r)\hat{\boldsymbol{r}}$$

万有引力就是一种有心力,万有引力为

$$F =- G\frac{Mm}{r^2}\hat{\boldsymbol{r}} \tag{4.12}$$

其中 $\hat{\boldsymbol{r}}$ 表示沿 $\boldsymbol{OP}$ 方向的单位矢量.

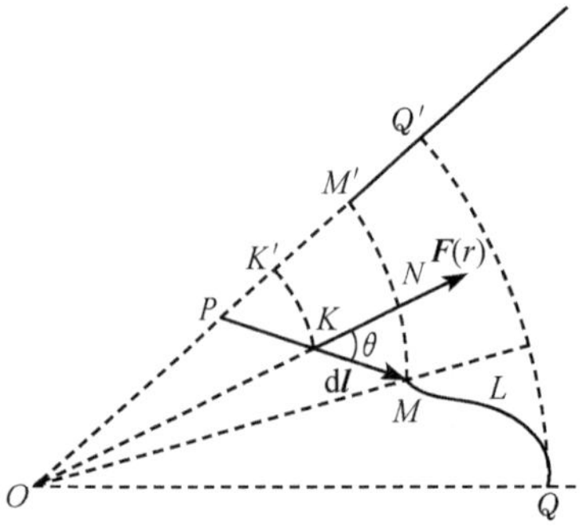

图 4.5

如图 4.5 所示,设想把质点沿任意路径 L 从点 P 搬运到点 Q,我们来计算有心力

$$\boldsymbol{F}(r) = F(r)\hat{\boldsymbol{r}} \tag{4.13}$$

所做的功. 考虑路径 L 上任一位移 $\mathrm{d}\boldsymbol{l}$,设其起点和终点分别为 K 和 M,从力心 O 点作直线过 P 和 K,以 O 点为圆心,过 K、M、Q 点各作圆弧交 OP 或延长线于 K'、M'、Q',过 M 的圆弧交 OK 或其延长线于 N. 设有心力 $\boldsymbol{F}$ 为排斥力(只需在相应的地方稍作修改,就可用于吸引力情况). 于是,把质点从点 P 搬运到点 Q 过程中,有心力 $\boldsymbol{F}(r)$所做的功为

$$A_{PQ} = \int_{P \atop (L)}^{Q} F(r)\hat{\boldsymbol{r}} \cdot \mathrm{d}\boldsymbol{l} = \int_{P \atop (L)}^{Q} F(r)\cos\theta \mathrm{d}l$$

式中 Q 为 $\boldsymbol{F}$ 与 $\mathrm{d}\boldsymbol{l}$ 之间的夹角.

从图 4.1 可看到:

$$\begin{aligned}\cos\theta\mathrm{d}l &= \overline{KM}\cos\theta = \overline{KN} \\ &= K'M' = \mathrm{d}r\end{aligned}$$

这样一来

$$A_{PQ} = \int_{P \atop (L)}^{Q} F(r)\mathrm{d}r \tag{4.14}$$

此式只与两端点到力心的距离 r_P 和 r_Q 有关，而与路径 L 无关. 式(4.14)表明，有心力做功可以化为沿任意半径的一维问题. 于是，我们得到有心力做功的重要特点是：**有心力做功与路径无关，只与始末位置有关**. 有心力做功的这一特点还可以用另一种形式表示：如图 4.6 所示，在有心力 $\boldsymbol{F}(r)$ 作用下，把质点沿路径 l_1 或路径 l_2，从 a 点移到 b 点，因有心力做功与路径无关，只与始末位置有关，所以

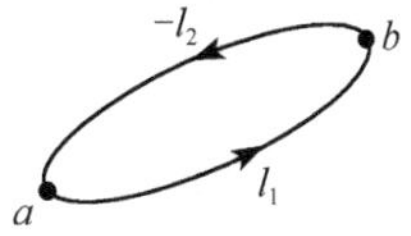

图 4.6

$$\int_{a\,(l_1)}^{b} F(r)\mathrm{d}r = \int_{a\,(l_2)}^{b} F(r)\mathrm{d}r$$

现设想在 $\boldsymbol{F}$ 的作用下，沿路径 l_1 把质点从 a 移到 b，尚若 $\boldsymbol{F}$ 做正功，再沿着 $(-l_2)$ 把质点从 b 移到 a，此时 $\boldsymbol{F}$ 做负功，而正功与负功的大小相等，$\boldsymbol{F}$ 所作的总功为零. 即

$$\int_{a\,(l_1)}^{b} F(r)\mathrm{d}r + \int_{b\,(-l_2)}^{a} F(r)\mathrm{d}r = \oint_l F(r)\mathrm{d}r = 0 \tag{4.15}$$

所以有心力做功特点的第二表述为

有心力沿闭合路径做功为零.

凡是所做功与路径无关，只与始末位置有关的力又统称为保守力. 所以有心力为保守力. 摩擦力做功与路径有关，称为非保守力.

下面我们来计算一下我们所熟悉的保守力的功

1. 重力的功

地面附近的重力场是均匀的，质点受恒力 $m\boldsymbol{g}$. 见图 4.7 所示. 考察质点从 a 点开始沿任意曲线运动到达 b 点，重力做功为

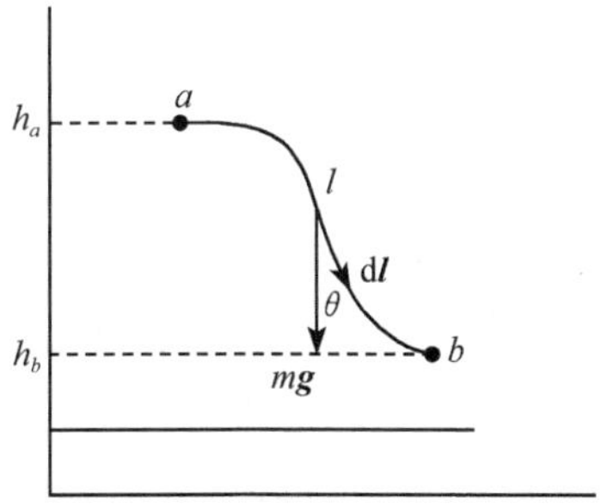

图 4.7

$$A_{ab} = \int_{a\,(L)}^{b} m\boldsymbol{g}\cdot\mathrm{d}\boldsymbol{l} = \int_{a\,(L)}^{b} mg\cos\theta\mathrm{d}l$$

式中 θ 是 $\mathrm{d}l$ 与 $\boldsymbol{g}$ 之间的夹角，注意到

$$\cos\theta\mathrm{d}l = -\mathrm{d}h$$

所以

$$A_{ab} = mg\int_{h_a}^{h_b}(-\mathrm{d}h) = mgh_a - mgh_b \tag{4.16}$$

对于下降运动，$h_a > h_b$，重力做正功，若 $h_a < h_b$，重力做负功，即外力克服重力做功.

2. 万有引力的功

如图 4.8 所示，考察质点沿任意曲线从 a 处移到到 b 处，引力做功为

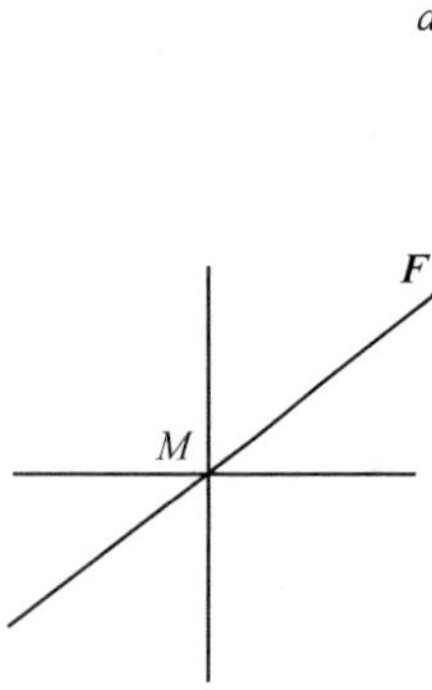

图 4.8

$$A_{ab}=\int_{\substack{a\\(l)}}^{b}\boldsymbol{F}\cdot \mathrm{d}\boldsymbol{l}=-GMm\int_{a}^{b}\frac{1}{r^2}\hat{\boldsymbol{r}}\cdot \mathrm{d}\boldsymbol{l}$$

注意到

$$\hat{\boldsymbol{r}}\cdot \mathrm{d}\boldsymbol{l}=\mathrm{d}r$$

所以

$$A_{ab}=-GMm\int_{r_a}^{r_b}\frac{1}{r^2}\mathrm{d}r$$

$$=-GMm\left(\frac{1}{r_a}-\frac{1}{r_b}\right) \qquad (4.17)$$

由此可见,引力做功与具体路径无关,仅与始末两处的位置有关,以力心为质点,若质点运动由近至远,则引力做负功;由远到近,则引力做正功.

3. 弹性力做功

弹簧是个一维弹性力场,其弹性力表示为 $f=-kx$,这里原点设定于弹簧自然端点,质点从 x_a 处运动到 x_b 处过程中,弹性力做功(见图 4.9)

$$A_{ab}=\int_{a}^{b}f\,\mathrm{d}x=\int_{a}^{b}-kx\,\mathrm{d}x$$

$$=\frac{1}{2}\cdot k(x_a^2-x_b^2) \qquad (4.18)$$

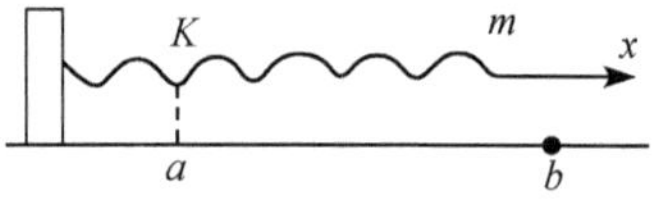

图 4.9

由此可见,弹性力做功与路径的反复往返无关,仅与始末两处位置有关,当 $|x_b|>|x_a|$时,即弹簧形变强度增强,则弹性力做负功. 反之,$|x_b|<|x_a|$,则意味着形变程度减弱,则弹性力做正功.

4.3.2 势能

上面我们讨论了保守力做功的特点,并计算了重力、万有引力和弹性力的功,它们做功的特点都与路径无关,只与始末位置有关. 现在让我们来讨论一个问题,在重力场中我们把质量为 m 的质点从高为 h_b 的 b 点移到高为 h_a 的 a 点($h_a>h_b$),此时外力必须克服重力作用,此值为 $A_{ab}=-mg(h_a-h_b)$;而功是能量变化的量度,此时质点并没有获得速度,所以没有转化为动能,那么,试问能量到哪里去了? 在这个过程中,只有质点相对地面的位置发生了变化,距离提高了(h_a-h_b),如果我们在 a 处释放质点,让它自由下落到 b 点,这时重力将做正功,根据质点动能定理,此功将转变为质点的动能为:$mg(h_a-h_b)=\frac{1}{2}mv^2$. 原来从 b 处把质点移到 a 处过程中外力所做的功,转化为质点所具有的做功的潜能,而这个潜能只与物体相对地面的位置有关,所以我们把这个只与物体相对位置有关的潜能称为势能(Potentinal Energy)或称为位能.

势能的定义为

$$U_a - U_b = \int_a^b \boldsymbol{F}(r) \cdot \mathrm{d}\boldsymbol{l} \tag{4.19}$$

即 a、b 两点的势能差等于把质点从 a 处移到 b 处过程中保守场力 $\boldsymbol{F}$ 所做的功.

下面我们从理论上加以证明.

定理　对于保守力场,可以定义一个标量函数 $U(\boldsymbol{r})$,称为势能(或势能函数、位能),使保守力做的功为

$$A(\boldsymbol{r}_a \to \boldsymbol{r}_b) = U(\boldsymbol{r}_A) - U(\boldsymbol{r}_b)$$

其中 $A(\boldsymbol{r}_a \to \boldsymbol{r}_b)$表示质点从空间 $\boldsymbol{r}_A$ 点移动到 $\boldsymbol{r}_b$ 点过程中保守力所做的功.

证明　选择一下标量函数,如图 4.10,先取一点 $\boldsymbol{r}_c$,令 $U(\boldsymbol{r}_c)=U_0$,对空间任一点 $\boldsymbol{r}$,定义

$$U(\boldsymbol{r}) = U_0 - A(\boldsymbol{r}_c \to \boldsymbol{r}) \tag{4.20}$$

由于是保守力场,把质点从 C 点移动到空间任意点 $\boldsymbol{r}$ 保守力所做的功 $A(\boldsymbol{r}_c \to \boldsymbol{r})$,唯一确定,与运动路径无关,于是对于空间中任一点 $\boldsymbol{r}$,我们定义的 $U(\boldsymbol{r})$的值确定并且唯一.

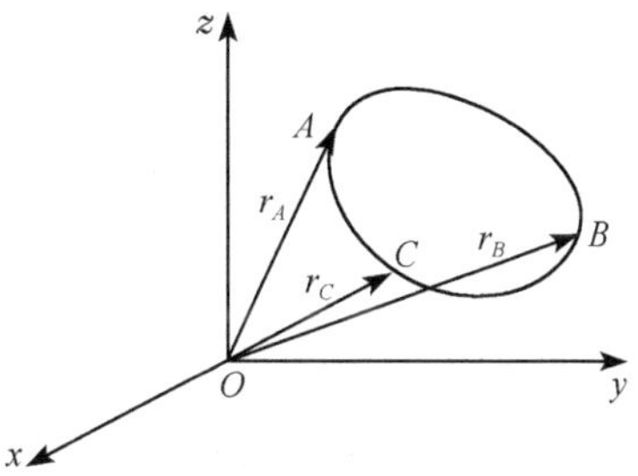

图 4.10

下面证明 $U(\boldsymbol{r})$就是势能.

对于空间中任意两点 $\boldsymbol{r}_a$ 和 $\boldsymbol{r}_b$,按我们对 $U(\boldsymbol{r})$的定义有

$$U(\boldsymbol{r}_a) = U_0 - A(\boldsymbol{r}_c \to \boldsymbol{r}_A),$$
$$U(\boldsymbol{r}_b) = U_0 - A(\boldsymbol{r}_c \to \boldsymbol{r}_B),$$

将上两式相减,注意到保守力做功与路径无关,可得

$$\begin{aligned} U(\boldsymbol{r}_A) - U(\boldsymbol{r}_B) &= A(\boldsymbol{r}_c \to \boldsymbol{r}_B) - A(\boldsymbol{r}_c \to \boldsymbol{r}_A) \\ &= A(\boldsymbol{r}_A \to \boldsymbol{r}_c) + A(\boldsymbol{r}_c \to \boldsymbol{r}_B) \\ &= A(\boldsymbol{r}_A - \boldsymbol{r}_B) \end{aligned}$$

由于

$$A(\boldsymbol{r}_A \to \boldsymbol{r}_B) = U(\boldsymbol{r}_A) - U(\boldsymbol{r}_B) \tag{4.21}$$

故 $U(\boldsymbol{r})$就是势能

[证毕]

即 a、b 两点的函数 U 的差,等于把质点从 a 点移到 b 点保守力所做的功. 所以函数 $U(\boldsymbol{r})$就是势能函数. 反之,存在势能的力一定是保守力.

另外,从上面的证明过程中可见,势能具有一任意常数 $U(\boldsymbol{r}_c)=U_0$,一般我们规定无穷远处的势能为零.

势能$U(r)$与保守力$\boldsymbol{F}$的关系

$$U(r)=\int_{r_0}^{r}\boldsymbol{F}\cdot \mathrm{d}\boldsymbol{r}+U_0 \tag{4.22}$$

$$\boldsymbol{F}=-\nabla U(r)=-\left(\boldsymbol{i}\frac{\partial U}{\partial x}+\boldsymbol{j}\frac{\partial U}{\partial y}+\boldsymbol{k}\frac{\partial U}{\partial z}\right) \tag{4.23}$$

式(4.22)的第一方程实际上可以看成是来自于式(4.20)，只要令$r_0=r_c$即可，式(4.23)可以从式(4.22)得到，这需要数学中场论的知识，本书从略.

例 4.3　位于坐标原点的质量为M的质点的引力场对位于$\boldsymbol{r}$点质量为m的质点的万有引力为

$$\boldsymbol{F}=-G\frac{Mm}{r^2}\hat{\boldsymbol{r}}$$

若规定无穷远点∞的引力势能为零，则空间中$\boldsymbol{r}$点质量为m的质点的势能为

$$U(r)=-\int_{v}^{r}\boldsymbol{F}\cdot \mathrm{d}\boldsymbol{r}=-\int_{r}^{\infty}G\frac{Mm}{r^2}\mathrm{d}r=-\frac{GmM}{r}=-\frac{GmM}{\sqrt{x^2+y^2+z^2}}$$

用式(4.23)可反推得万有引力的表达式，

$$F=-\nabla U(r)=-\frac{GmM(x\boldsymbol{i}+y\boldsymbol{j}+z\boldsymbol{k})}{\sqrt{x^2+y^2+z^2}}=-G\frac{mM}{r^2}\frac{\boldsymbol{r}}{r}=-G\frac{mM}{r^2}\hat{\boldsymbol{r}}$$

注意：

(1) 引力势能实际上属于m,M两者组成的体系，地球与月球间的相互引力势能应属地、月系统所共有. 物体在地球表面的重力势能原则上是物体与地球整个系统所共有，鉴于在重力势能转化为动能时(物体下落重力做功)，物体所获得的动能几乎等于下落前后的引力势能差，在这种情况下人们也常说物体具有重力势能，这里已经把地球质量看成无穷大了.

(2) 自然界中的大部分能量，以引力势能形成存在.

(3) 由式(4.21)知

$$A(\boldsymbol{r}_0-\boldsymbol{r})=\int_{r_0}^{r}F\cdot \mathrm{d}\boldsymbol{r}=U(r_0)-U(r)=-[U(r)-U(r_0)] \tag{4.24}$$

即保守力做功使其势能减少.

(4) 如果质点系内任意两点之间的作用力都是保守力，则称该质点系为保守体系. 对于保守体系，我们可以这样定义势能，规定所有的质点都在无穷远处时体系的势能为零，即让$U(\infty)=0$，然后将n个质点一个一个从无穷远点沿任意路径移至它们所在的点，算出保守力所作的总功A，利用式(5.24)可知该保守体系的势能为

$$U(\boldsymbol{r}_1,\boldsymbol{r}_2,\cdots,\boldsymbol{r}_n)=-A \tag{4.25}$$

4.3.3　势能曲线

一旦知道了势能的表达式，利用式(4.23)即可求得力的表达式. 力是矢量，

而势能是标量，一般情况下，确定标量函数比确定矢量函数要容易. 如果保守力仅是两质点距离的函数，则势能是一维函数. 在许多实际问题中，特别是在微观领域内，确定势能往往比确定力更方便，故用势能函数来了解力的性质是有实际意义的.

表示势能与两质点相对关系的图形叫势能图. 若势能为一维函数，这时，势能图成为势能曲线.

上面引出势能曲线进行讨论的原因还在于，力的概念对量子力学的微观理论来说不太合适，而能量是对系统的恰当描述. 当考察原子核中各核子之间，分子中各原子之间的相互作用时，力和速度等概念不用了，而能量概念继续存在，因此在有关量子理论的书中我们可以看到势能曲线，而很少看到微观粒子间的作用力曲线，因为那里人们采用能量，而不是采用力来分析问题.

1. 几种势能曲线

图 4.11(a)、(b)、(c)分别为重力、万有引力和弹性力的势能曲线，图 4.11(d)是双原子分子的势能与两原子之间距离的关系曲线.

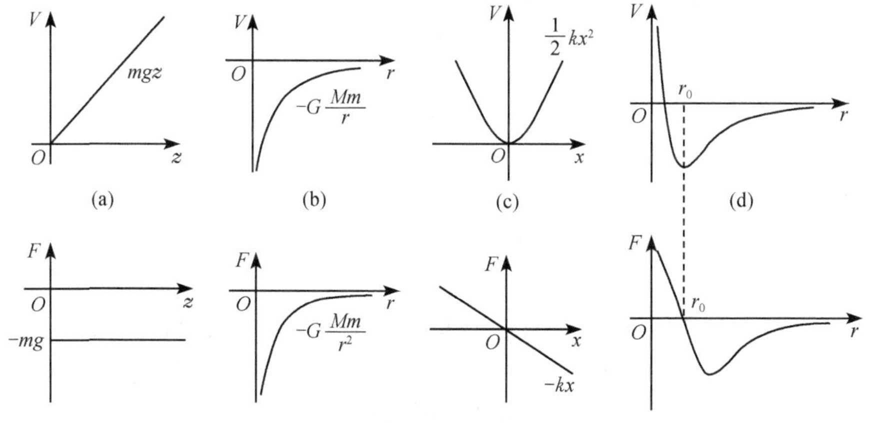

图 4.11

2. 势能曲线的用途

(1) 由势能曲线求保守力.

利用式(4.25)即可由势能曲线求保守力，现在是一维情况，故式(4.25)的第二式变为

$$F(x) = -\frac{\partial U}{\partial x} \tag{4.26}$$

(2) 求平衡位置及判断平衡的稳定性问题，将在第 9 章中再详细讨论.

4.4 功能原理和机械能守恒定律

由质点系的动能定理得

$$E_k(t) - E_k(t_0) = A_{外} + A_{内} \tag{4.27}$$

在一般情况下，可以将内力所做的功 $A_{内}$ 分为保守力做的功 $A_{保内}$ 和非保守力做的功 $A_{非保内}$ 两部分，即 $A_{内} = A_{保内} + A_{非保内}$，由式(4.24)知 $A_{保内} = V(t_0) - V(t)$，于是式(4.27)可以写成

$$[E_k(t) + V(t)] - [E_k(t_0) + V(t_0)] = A_{外} + A_{非保内} \tag{4.28}$$

用 E 表示体系动能与势能之和，称为体系的机械能，则有

$$E(t) = E_k(t) + V(t)$$

则

$$E(t) - E(t_0) = A_{外} + A_{非保内} \tag{4.29}$$

式(4.29)表示，**外力的功和非保守内力的功之和等于体系机械能的增量**，这就是质点系的功能定理或功能原理. 能量(动能、势能、机械能等)总是与物体或物体系的状态，即相对位置和速度相联系，我们称能量是状态量.

若 $A_{外} + A_{非保内} > 0$，体系机械能增加；

若 $A_{外} + A_{非保内} < 0$，体系机械能减少；

若 $A_{外} + A_{非保内} = 0$，体系机械能保持不变.

重要特例：$A_{外} = 0$.

这有如下几种情况：

(1) 孤立体系，体系不受外力作用.

(2) 外力的作用点没有位移. 如弹簧振子的固定端对弹簧所施的外力.

(3) 各外力与其相应作用点的位移互相垂直. 如固定支撑物的支撑力.

当 $A_{外} = 0$ 时，体系的机械能的变化仅由非保守内力做的功确定，因而有

(1) 若 $A_{非保内} > 0$，体系机械能增加(如炸弹爆炸)；

(2) 若 $A_{非保内} < 0$，体系机械能减少(如摩擦力，称为耗散力)；

(3) 若 $A_{非保内} = 0$，体系机械能守恒.

根据上面的分析，我们得到了机械能守恒定律：**如果一个系统内只有保守内力做功，非保守内力和一切外力都不做功，或者它们的总功为零，则系统内各物体的动能和势能可以互相转换，但机械能的总值不变.** 即

$$\Delta E = E(t) - E(t_0) = 0 \tag{4.30}$$

由于功与能的定理都是在牛顿定律基础上导出的，因而只在惯性系中成立. 在非惯性系中，如果应用牛顿定律和功能定理，必须引入惯性力.

关于功与能的定理都是在牛顿定律的基础上导出来的，因而只在惯性系中成

立. 在非惯性系中,如要应用牛顿定律和功能原理,必须引入惯性力. 当然,还可以形式上引入保守性惯性力和非保守性惯性力. 如在地面附近,可将重力和平移惯性力的合力处理成一个保守性的常力,对应的势能形式上与重力势能相同;在匀速转动非惯性系中,对惯性离心力可以引入离心势能.

尽管在任何惯性系内动能定理、功能原理和机械能的数值在不同参考系中并不相同;而且,一个体系在一个参考系内机械能守恒,在另一个参考系内机械能未必守恒.

例 4.4　质量相同的三质点,以等距系于轻绳上,然后将绳伸直地放在光滑的水平桌面上. 设中间质点在垂直于绳的方向以速度 v_0 开始运动,求两边质点相遇时的速率 v.

解　建立如图 4.12 所示的平面直角坐标系,在两边质点相遇时,由 y 方向动量守恒得

$$mv_0 = 3mv_y \tag{4.31}$$

由机械能量守恒得

$$\frac{1}{2}mv_0^2 = \frac{1}{2}mv_y^2 + \frac{1}{2}\cdot 2mv^2 \tag{4.32}$$

比较式(4.31)和式(4.32)得

$$v = \frac{2}{3}v_0$$

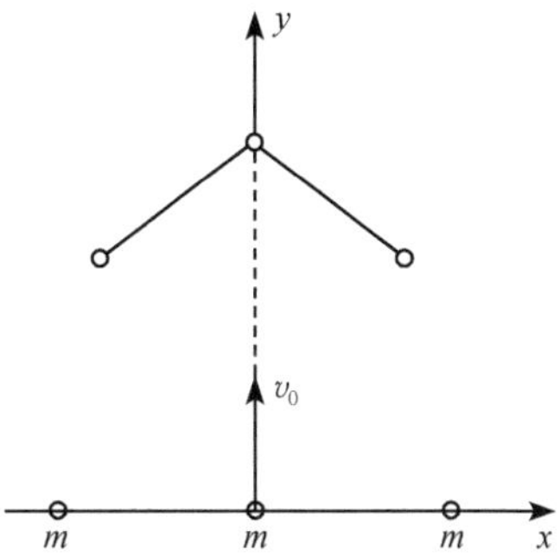

图 4.12

例 4.5　利用机械能守恒定律再解 2.5 中例 2.2 求线摆下 θ 角时珠子的速度.

解　如图 4.13 所示,取珠子和地球作为被研究的系统. 以线的悬点 O 所在高度为重力势能零点并相对于地面参考线(或实验室参考系)来描述珠子的运动. 在珠子下落过程中,绳拉珠子的外力 T 总垂直于珠子的速度 V,所以此外力不做功. 因此,对所讨论的系统来说,只有重力做功,而重力是保守力,所以系统的机械能守恒. 此系统初态的机械能为

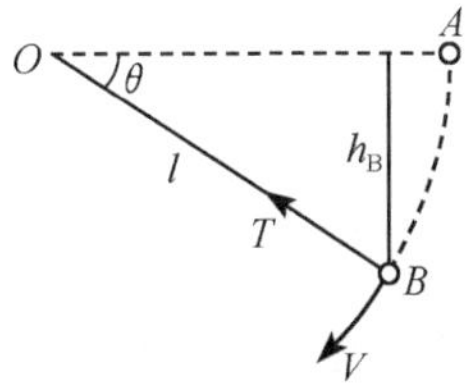

图 4.13

$$E_A = mgh_A + \frac{1}{2}mv_A^2 = 0$$

线摆下 θ 角时系统的机械能为

$$E_B = mgh_B + \frac{1}{2}mv_B^2$$

由于 $h_B = -l\sin\theta, v_B = v_\theta$,所以

$$E_B = -mgl\sin\theta + \frac{1}{2}mv_\theta^2$$

机械能守恒给出

$$E_B = E_A$$

或

$$-mgl\sin\theta + \frac{1}{2}mv_\theta^2 = 0$$

由此得

$$v_\theta = \sqrt{2gl\sin\theta}$$

与以前得出的结果相同.

例 4.6 试求物体的第二宇宙速度,即物体逃脱地球引力所需要的从地面发射的最小速度. 地球半径取 $R=6.4\times10^6$ m.

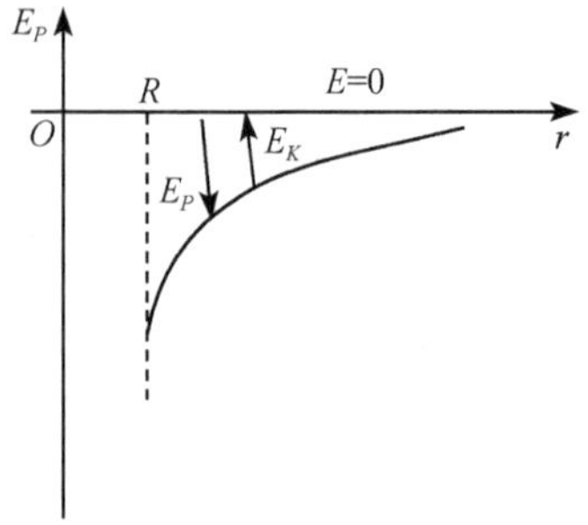

图 4.14

解 选地球和物体作为被研究的系统. 当物体离开地球飞去时,只有保守内力做功,所以这一系统的机械能守恒. 以 v 表示物体离开地面时的速度,以 v_∞ 表示物体远离地球时的速度(相对于地面参考系). 选取物体和地球分离无穷远时作为引力势能的零点,由机械能守恒定律给出

$$\frac{1}{2}mv^2 + \left(-\frac{GMm}{R}\right) = \frac{1}{2}mv_\infty^2 + 0$$

逃逸速度应为 v 的最小值,这和在无穷远时物体的速度 $v_\infty=0$ 相对应,由上式可得逃逸速度

$$v_e = \sqrt{\frac{2GM}{R}}$$

由于在地面上$\frac{GM}{R^2}=g$,所以

$$v_e = \sqrt{2Rg}$$

代入已知数据可得

$$v_e = \sqrt{2\times6.4\times10^6\times9.8} = 1.12\times10^4\,(\text{m/s})$$

当物体以 v_e 的速度离开地球表面到无穷远处的过程中,它的动能逐渐减小到零,它的势能(负值)大小逐渐增大到零,在任意时刻机械能总等于零. 这些都显示在图 5.14 中.

4.5 碰 撞

4.5.1 碰撞的一般概念 两体碰撞

两体碰撞是物理学研究的重要现象. 所谓碰撞,就是指物体相互接近,运动状态发生急剧变化的现象. 在宏观领域内,大多数物体间的相互作用力表现为接触力，故碰撞往往发生在两物体直接接触的时候. 在微观领域内，粒子间的相互作用发生在一定的范围内，故碰撞发生在两粒子比较靠近，彼此有明显相互作用的时候. 微观粒子的碰撞也称散射. 日常生活中属于碰撞的物理现象是很多的. 如锻压、打桩、球的撞击、人跳上车或跳下车，以及子弹射入物体内等. 再如，热现象中，作无规热运动的大量分子间的频繁碰撞，是热平衡态的建立和维持的基本机制. 在光散射现象中，以光子与自由电子或其他粒子的碰撞作为散射的基本模型，在电现象中，以自由电子与金属原子实的频繁碰撞作为金属导电的经典微观机制. 再如宇宙天体的频繁碰撞等等，无论这些现象如何复杂奥妙，从这里学习的有关两体碰撞的内容，为理解它们提供了基本图像和概念.

1. 碰撞的特点

(1) 两物体相互作用的时间极短，在这短暂的时间内，两物体间相互冲击力很强.

(2) 如果我们把两个相互碰撞的物体看成一个体系. 正由于第 1 个特点，在碰撞瞬间体系的内力的冲量很强，以至于可以忽略外力(如摩擦力，重力等)的冲量，所以碰撞前后体系遵循动量守恒定律.

2. 碰撞的分类

根据碰前和碰后物体的性质，可把碰撞分成弹性碰撞和非弹性碰撞. 所谓弹性碰撞，是指碰前碰后物体没有形状大小的变化. 也没有内部状态的变化. 由于碰前和碰后的状态相同，无处消耗能量，所以弹性碰撞在碰前碰后两物体动能之和不变，即动能守恒. 所谓非弹性碰撞是指碰后物体有剩余形变或状态变化，在这种情况下，发生了动能的损失所以动能不再守恒.

4.5.2　一维弹性碰撞

设质量分别为 m_1 和 m_2 的两个小球，如小钢球，碰前的速度分别为 $\boldsymbol{u}_1$ 和 $\boldsymbol{u}_2$，两速度的方向和两球心连线在同一直线上，如图 4.15. 这种碰撞称为对心碰撞或正碰. 设碰后两球的速度分别为 $\boldsymbol{v}_1$ 和 $\boldsymbol{v}_2$，这是典型的弹性碰撞.

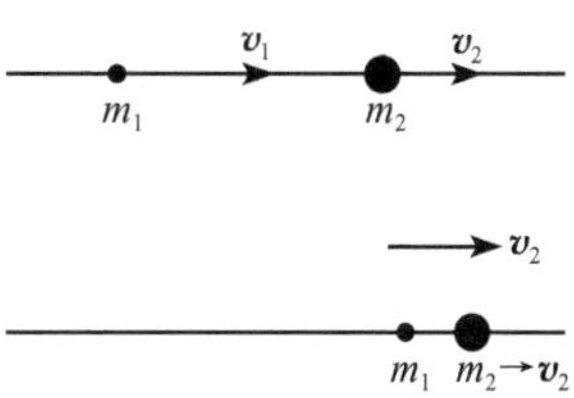

图 4.15

由于碰撞过程动量守恒，并考虑到是一维的，所以有

$$m_1u_1 + m_2u_2 = m_1v_1 + m_2v_2 \tag{4.33}$$

由动能守恒得

$$\frac{1}{2}m_1u_1^2 + \frac{1}{2}m_2u_2^2 = \frac{1}{2}m_1v_1^2 + \frac{1}{2}m_2v_2^2 \tag{4.34}$$

由式(4.33)得

$$\frac{v_1 - u_1}{u_2 - v_2} = \frac{m_2}{m_1} \tag{4.35}$$

由式(4.34)得

$$m_1 \frac{v_1 - u_1}{u_2 - v_2}(v_1 + u_1) = m_2(v_2 + u_2) \tag{4.36}$$

将式(4.35)代入(4.36)得

$$v_2 - v_1 = u_1 - u_2 \tag{4.37}$$

左端表示碰后两物体相对速度,称为分离速度. 右端表示碰前两体的相对速度,称为靠近速度. 此式的物理意义为碰后两体相对分离速度等于碰前两体靠近速度,一维弹性碰撞才如此.

碰后两球的速度为

$$\begin{cases} v_1 = u_1 - \dfrac{2m_2}{m_1 + m_2}(u_1 - u_2), & (4.38) \\ v_2 = u_2 - \dfrac{2m_1}{m_1 + m_2}(u_2 - u_1), & (4.39) \end{cases}$$

下面我们讨论两种典型情况:

(1) 两球质量相等,即 $m_1 = m_2$,则 $v_1 = u_2$,$v_2 = u_1$. 表明碰后物体 1 的动量与动能正是物体 2 碰前具有的动量和动能. 这种情况下,两体的动量与动能的交换是最充分的. 尤其当 $u_2 = 0$ 时,即碰前 m_2 静止,有 $v_1 = 0$,$v_2 = u_1$,即 m_1 将自己的全部动量与动能奉献给了 m_2,而自己却静止了. 这种情况在玩弹子球或康乐球台上时有出现.

(2) 两个球质量相差悬殊,设 $\dfrac{m_1}{m_2} = \dfrac{m}{M} \ll 1$

则

$$\begin{cases} v_1 \approx 2u_2 - u_1 \\ v_2 \approx u_2 \end{cases} \tag{4.40}$$

尤其当 $u_2 = 0$,有 $v_1 \approx -u_1$,$v_2 \approx 0$. 这表明大物岿然不动,而小物体动能不变、动量等值反向,被大物弹回去了,这种情况下,两体的动能交换是最不充分的. 乒乓球自由落到弹性好的地板上就是这种情况.

总之,碰撞过程是一个动量和动能在两体之间的交换和转移过程,其充分程度取决于质量比.

4.5.3　一维非弹性碰撞及其能量损失

1. 牛顿碰撞定律

牛顿从实验结果总结出一个碰撞定律.

碰撞后两球的分离速度(v_2-v_1),与碰前两球的接近速度(u_1-u_2)成正比,比值由两球的材料决定,即

$$e=\frac{v_2-v_1}{u_1-u_2} \tag{4.41}$$

通常把 e 叫做恢复系数.(在斜碰的情况下,式中的分离速度与接近速度是指沿碰撞接触处,法线方向上的相对速度).根据恢复系数的定义,对于上面讨论的弹性碰撞,$e=1$.

2. 一维非弹性碰撞中的能量损失

此时,动量守恒定律依然成立,

$$m_1u_1+m_2u_2=m_1v_1+m_2v_2$$

而动能守恒定律不成立了,这里我们应用牛顿碰撞定律

$$e=\frac{v_2-v_1}{u_1-u_2}$$

联立上面两式解得

$$\begin{cases} v_1=\dfrac{m_1-em_2}{m_1+m_2}u_1+\dfrac{(1+e)m_2}{m_1+m_2}u_2 \\ v_2=\dfrac{(1+e)m_1}{m_1+m_2}u_1+\dfrac{m_2-em_1}{m_1+m_2}u_2 \end{cases} \tag{4.42}$$

我们利用上式求非弹性碰撞中的动能损失为

$$\begin{aligned}\Delta E_k&=\left(\frac{1}{2}m_1u_1^2+\frac{1}{2}m_2u_2^2\right)-\left(\frac{1}{2}m_1v_1^2+\frac{1}{2}m_2v_2^2\right)\\&=\frac{1}{2}(1-e^2)\frac{m_1m_2}{m_1+m_2}(u_1-u_2)^2\end{aligned} \tag{4.43}$$

令

$$\mu=\frac{m_1m_2}{m_1+m_2},\text{或}\frac{1}{\mu}=\frac{1}{m_1}+\frac{1}{m_2}$$

式中 μ 称为折合质量.所以

$$\Delta E_k=\frac{1}{2}(1-e^2)\mu(u_1-u_2)^2 \tag{4.44}$$

讨论:

(1) 当 $e=1$ 时,$\Delta E_k=0$,这就是完全弹性碰撞的情况.动量守恒,动能守恒.

(2) 当 $e=0$ 时,称为完全非弹性碰撞.两球碰后粘在一起以共同速度 v 运动

$$v=v_1=v_2=\frac{m_1u_1+m_2u_2}{m_1+m_2}$$

动能损失最大为

$$\Delta E_k = -\frac{1}{2}\mu(u_1 - u_2)^2$$

(3) 当 $0<e<1$ 时，称为非弹性碰撞. 此时体系动量守恒，动能不守恒. 部分动能转变为声能、振动能及形变能. 这种情况下，若 $u_2=0$，即碰前第二个小球静止，此时动能的损失为：

$$\Delta E_k = \frac{1}{2}(1-e^2)\mu u_1^2$$

而$\frac{1}{2}m_1u_1^2$ 为碰前体系的动能，记为 E_{K0}，于是

$$\begin{aligned}\Delta E_k &= (1-e^2)\mu E_{k0}\\ &= (1-e^2)\frac{1}{1+\dfrac{m_1}{m_2}}E_{k0}\end{aligned}$$

即损失的动能为碰前动能的一部分，而这部分能量的大小完全取决于两给定碰撞物体的恢复系数和质量比，$\frac{m_1}{m_2}$越小，ΔE 越大；$\frac{m_1}{m_2}$越大，ΔE 越小. 在实际问题中，往往根据不同的球，来选择不同的条件. 例如，在打铁时，使铁锤和锻件(连同铁砧)碰撞，要锻件在碰撞过程中变形，这时尽量使碰撞中的机械能用于锻件变形，这就要求铁砧的质量比铁锤的质量大得多，即 $m_2 \gg m_1$. 打桩的情况就恰好相反，锤与桩碰撞时，锤把机械能传给桩，使桩尽可能具有较大的动能，克服地面阻力前进较大的距离. 因此，希望机械能损失得越小越好，这就要求用质量较大的锤撞击质量较小的桩，即 $m_2 \ll m_1$.

下面我们设计一个测量材料恢复系数 e 的实验. 设 $m_2 \gg m_1$，$u_2=0$，即小球 2 碰前静止，(如地面). 此时 $v_1=-eu_1$，$v_2=0$. 这样我们获得一个测定物体与地面相碰的恢复系数的简便的方法. 让物体从高度 H 落下，它落到地面的速度为 $u_1=\sqrt{2gH}$，即以此速度与地面碰撞，碰撞后的反跳速度 v_1 难以直接测量，但可以观测其上升的最大高度 h，而 $h=\frac{v_1^2}{2g}$，于是恢复系数为

$$e = \frac{|u_1|}{|u_1|} = \sqrt{\frac{h}{H}}$$

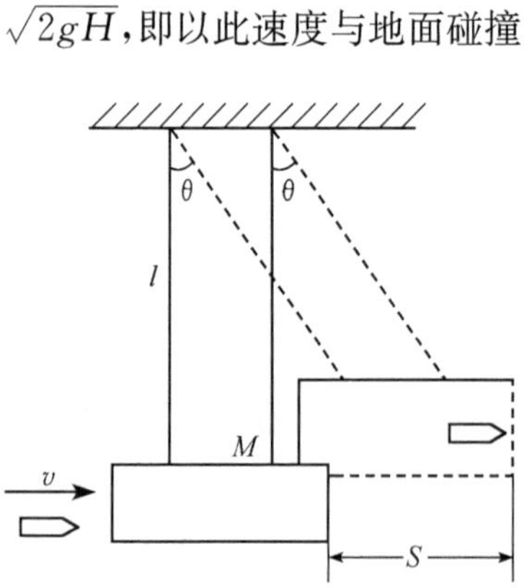

图 4.16

例 4.7　如图 4.16 所示的装置称为冲击摆，可用它来测定子弹速度. 质量为 M 的木块被悬挂在长度为 l 的细绳下端，一质量为 m 的子弹沿水平方向以速度 v 射中木块，并停留在其中. 木块受到冲击而向斜上方摆动，当到达最

高位置时，木块的水平位移为 S. 试确定子弹的速度.

解　这类问题通常分两类来讨论. 第一步是以子弹射中木块直到在木块中停止，这一步是完全非弹性碰撞过程，遵从动量守恒定律；第二步是从子弹和木块一起运动，直至摆动到最大水平位移，这一步是机械能转换的过程，木块在子弹的冲击下获得的动能，全部转变为摆动到最高点时与地球所组成的系统的势能，遵从机械能守恒定律.

从上面分析，可以得到两个方程式

$$mv = (m+M)u, \tag{1}$$

$$\frac{1}{2}(m+M)u^2 = (m+M)gh \tag{2}$$

式中 u 是第一步结束时子弹和木块一起摆动的速率，h 是木块摆动的最大高度，显然它是由下式求得

$$h = l - \sqrt{l^2 - s^2}$$

如果木块摆动到最大高度时悬线的偏角是 θ，则 $s = l\sin\theta$，h 也可以表示为

$$h = l(1-\cos\theta)$$

由式(1)解出 u 并代入式(2)得

$$\frac{m^2v^2}{2(m+M)} = (m+M)gh$$

所以子弹的速度 v 可由下式确定

$$v = \frac{m+M}{m}\sqrt{2g(l-\sqrt{l^2-s^2})}$$

4.5.4　二维弹性碰撞的守恒方程与共面性质

速度方向不同的两个弹性小球的非对心碰撞，将显示出散射图像，被统称为二维碰撞. 设碰前小球 2 静止，小球 1 的动量为 $\boldsymbol{p}_{10}$，碰后两球的散射动量分别为 $\boldsymbol{p}_1$ 和 $\boldsymbol{p}_2$，相应的散射角为 α、θ，如图 4.17.

根据动量守恒和动能守恒方程

$$\begin{cases} \boldsymbol{p}_1 + \boldsymbol{p}_2 = \boldsymbol{p}_{10} & (4.45) \\ \dfrac{p_1^2}{2m_1} + \dfrac{p_2^2}{2m_2} = \dfrac{p_{10}^2}{2m_1} & (4.46) \end{cases}$$

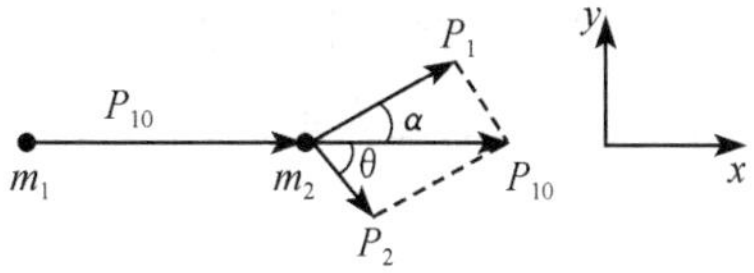

图 4.17

矢量方程(4.45)表明 $\boldsymbol{p}_1$、$\boldsymbol{p}_2$ 和 $\boldsymbol{p}_{10}$ 必共面. 故使求解成为一个二维问题，一般可将矢量方程改写为两个标量方程

x 向　　$p_1\cos\alpha + p_2\cos\theta = p_{10}$

y 向　　$p_1\sin\alpha + p_2\sin\theta = 0$

注意到散射角 θ 或 α 有各种可能的取值，这取决于碰撞机械的进一步细节. 但是 $(\theta、\alpha)$ 是成对出现的，假设其中之一 θ 已知，于是本问题的提法是，已知 p_{10}、θ 求

(p_1, p_2, α)或(p_{1x}, p_{1y}, p_2)，三个未知数服从 3 个方程，解得

$$p_2 = \frac{2\cos\theta}{1 + \frac{m_1}{m_2}} p_{10}$$

$$p_{1x} = p_{10} - p_2\cos\theta$$

$$p_{1y} = p_2\sin\theta$$

例 4.8 用一个轻弹簧把一个金属盘悬挂起来(图 4.18)，这时弹簧伸长了 $l_1 = 10\text{cm}$. 一个质量和盘相同的泥球，从高于盘 $h = 30\text{cm}$ 处由静止下落到盘上. 求此盘向下运动的最大距离 l_2.

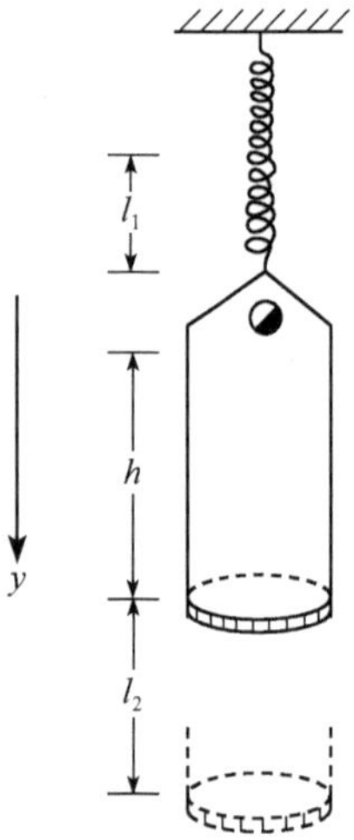

图 4.18

解 本题可分三个过程进行分析.

首先是泥球自由下落过程. 它落到盘上时的速度为

$$v = \sqrt{2gh}$$

接着是泥球和盘的碰撞过程. 把盘和泥球看做一个系统，因二者之间的冲力远大于它们所受的外力(包括弹簧的拉力和重力)，而且作用时间很短，所以可以认为系统的动量守恒. 设泥球与盘的质量都是 m，它们碰撞后刚黏合在一起时的共同速度为 u，按图写出沿 y 方向的动量守恒的分量式，可得

$$mv = (m + m)u$$

由此得

$$u = \frac{v}{2} = \sqrt{gh/2}$$

最后是泥球和盘共同下降的过程. 选弹簧、泥球和盘以及地球为系统. 以泥球和盘开始共同运动时为系统的初态，二者到达最低点时为末态. 在此过程中只有保守内力做功，所以系统的机械能守恒. 以弹簧的自然伸长为它的弹性势能的零点，以盘的最低位置为重力势能零点，则系统的机械能守恒表示为

$$\frac{1}{2}(2m)u^2 + (2m)gl_2 + \frac{1}{2}kl_1^2 = \frac{1}{2}k(l_1 + l_2)^2$$

此式中弹簧的劲度系数可以通过最初盘的平衡状态求出，结果是

$$k = mg/l_1$$

将此值以及 $u^2 = gh/2$ 和 $l_1 = 10\text{cm}$ 代入上式，化简后可得

$$l_2^2 - 20l_2 - 300 = 0$$

解此方程得

$$l_2 = 30, \quad -10$$

取前一正数解，解得盘向下运动的最大距离为 $l_2=30\text{cm}$.

习　　题

4.1　一物体受到 $F=-6x^3$ 的力的作用，x 以 m 为单位，F 以 kg 为单位. 问物体从 $x=1.0\text{m}$ 移到 $x=2.0\text{m}$ 时，力 F 做了多少功?

4.2　一列火车以 $72\text{km}\cdot\text{h}^{-1}$ 的速度匀速前进，阻力等于列车自重的 0.0030 倍. 若列车重 1800t，求机车的牵引功率.

4.3　一重为 2.0kg 的物体静止在一光滑的水平面上，因受到一固定的水平力的作用开始运动，力的大小为 4.0N，分别求：

(1) 第 1 秒末和第 5 秒末该力的瞬时功率；

(2) 在开始运动后 1s 内和 5s 内该力作用于物体的平均功率.

4.4　总重量为 5000t 的火车在水平轨道上行驶，车轮和轨道间的摩擦系数为 0.01，设车头的牵引功率为 $p=400\text{kw}$，并保持不变. 试问：

(1) 当火车的速度等于 $1.0\text{m}\cdot\text{s}^{-1}$ 和 $10\text{m}\cdot\text{s}^{-1}$ 时，火车的加速度各等于多少?

(2) 火车最终能达到的速度为多大?

4.5　如题 4.5 图所示，物体从高为 h 的斜面顶端自静止开始滑下，最后停在与起点的水平距离为 s 的水平面上. 若物体与斜面和与地面间的摩擦系数均为 μ，证明：$\mu=h/s$.

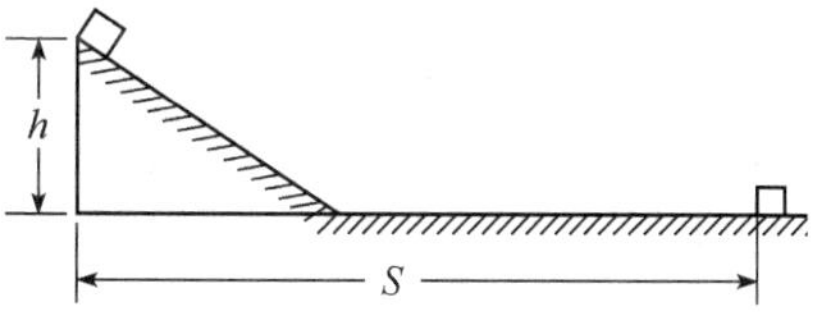

题 4.5 图

4.6　若上题中物体与斜面间摩擦系数和物体与地面之间的摩擦系数并不相同. 当物体自斜面顶端静止滑下时，停在地面上 A 点，而当物体以 v_0 为初速(方向沿斜面向下)自同一点滑下时，则停在地面上 B 点. 已知 A、B 点与斜面底端 C 点的距离之间满足 $\overline{BC}=2\,\overline{AC}$. 试求物体在斜面上运动的过程中摩擦力所做的功.

4.7　一块长为 l，质量为 M 的木板静置于光滑的水平桌面上，在板的左端有一质量为 m 的小物体(大小可忽略)以 v_0 的初速相对板向右滑动，当它滑至板的右端时相对板静止. 试求：

(1) 物体与板之间的摩擦系数；

(2) 在此过程中板的位移.

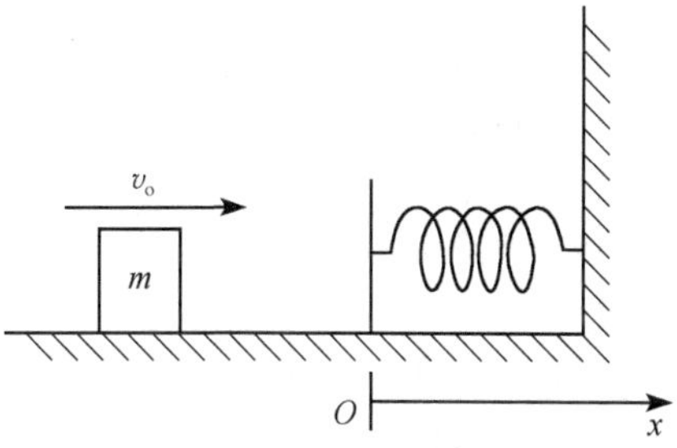

题 4.8 图

4.8　如题 4.8 图所示，质量为 m 的物体以 v_0 的速度在光滑的水平面上沿 x 正方向运动，当它到达原点 O 点时，撞击一倔强系数为 k 的轻弹簧，并开始受到摩擦力的作用，摩擦系数是位置的函数，可表示为 $\mu=ax$(a 为一较小的常数). 求物体第一次返回 O 点时的速度.

4.9　一颗质量为 m 的人造地球卫星以圆形轨道环绕地球飞行. 由于受到空气阻力的作用，使其轨道半径从 r_1 变小到 r_2，求在此过程中空气阻力所做的功.

4.10　一质点在保守力场中沿 x 轴(在 $x>0$ 范围内)运动,其势能为 $V(x)=kx/(x^2+a^2)$ 式中 k、a 均为大于零的常数. 试求:

(1) 质点所受到的力的表示式;

(2) 质点的平衡位置.

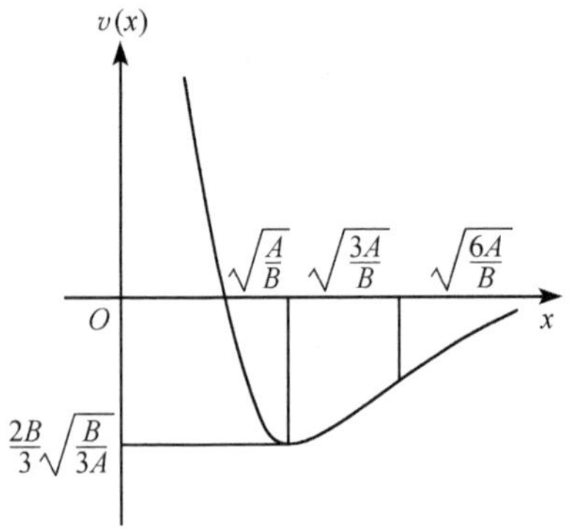

题 4.11 图

4.11　如题 4.11 图所示,一质量为 m 的质点在保守力的作用下沿 x 轴(在 $x>0$ 范围内)运动,其势能为 $v(x)=A/x^3-B/x$,其中 A、B 均为大于零的常数.

(1) 找出质点运动受到的沿 x 负方向最大力的位置;

(2) 若质点的总能量 $E=0$,试确定质点的运动范围.

4.12　如题 4.12 图所示,质量为 m 的小球通过一根长为 $2l$ 的细绳悬挂于 O 点. 在 O 点的正下方 l 远处有一个固定的钉子 p. 开始时,把绳拉至水平位置,然后释放小球. 试求:当细绳碰到钉子后小球所能上升的最大高度.

4.13　在光滑的水平面上有两个质量分别为 m_1 和 m_2($m_1<m_2$)的物块,m_2 上连有一轻弹簧,如题 4.13 图所示. 第一次,具有动能 E_0 的 m_1 与静止的 m_2 相碰;第二次,m_2 具有动能 E_0 去和静止的 m_1 相碰,两次碰撞均压缩轻弹簧. 试问:

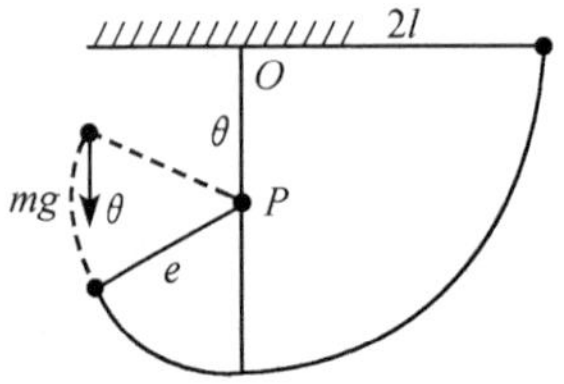

题 4.12 图

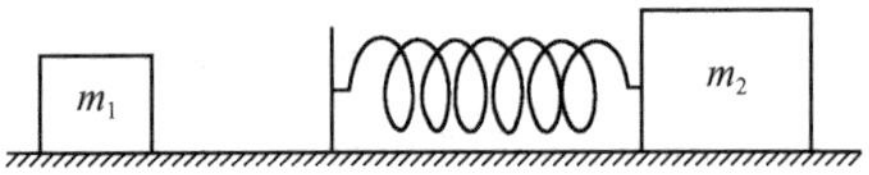

题 4.13 图

(1) 两次碰撞中哪一次弹簧的最大压缩量较大?

(2) 若碰前两物块的总动能为 E_0,则 E_0 如何分配,才能使在两物块碰撞过程中弹簧的最大压缩量最大?

4.14　质量分别为 M_1 和 M_2 的两个物块由一倔强系数为 k 的轻弹簧相连,竖直地放在水平桌面上,如题 4.14 图所示. 另有一质量为 m 的物体从高于 M_1 为 h 的地方由静止开始自由落下,当与 M_1 发生碰撞后,即与 M_1 黏合在一起向下运动. 试问 h 至少应多大,才能当弹簧反弹起后 M_2 与桌面互相脱离?

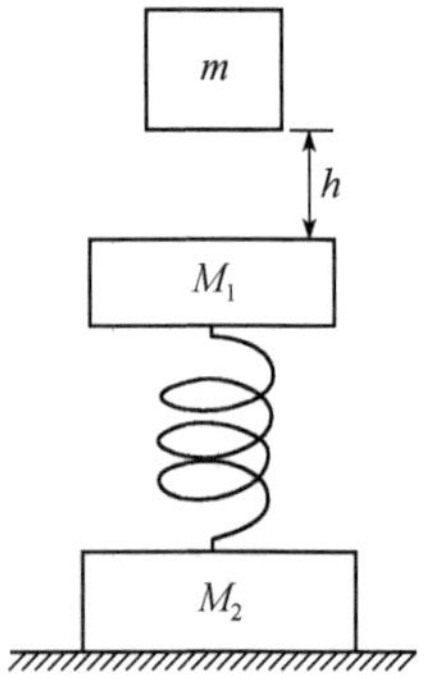

题 4.14 图

4.15　在光滑的水平面上,一质量为 M 的架子内连有一倔强系数为 k 的弹簧,如题 4.15 图所示. 一质量为 m 的小球以 u 的速度射入静止的架子内,并开始压缩弹簧. 设小球与架子内壁间无摩擦力. 试求:

(1) 弹簧的最大压缩量；

(2) 从弹簧被压缩到弹簧达最大压缩所需的时间；

(3) 在此过程中架子的位移.

4.16　如题 4.16 图所示，在水平桌面上，质量分别为 M 和 m 的两物块由一倔强系数为 k 的弹簧相连. 物块和桌面间的摩擦系数均为 μ. 开始时，弹簧处于原长，m 静止，而 M 以 $v_0=\sqrt{\dfrac{6Mmg^2\mu^2}{k(M+m)}}$ 的速度拉伸弹簧. 试求：当弹簧达最大拉伸时的伸长量.（设 $M>m$）.

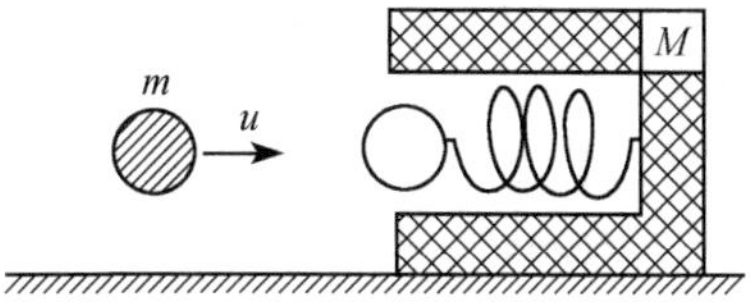

题 4.15 图

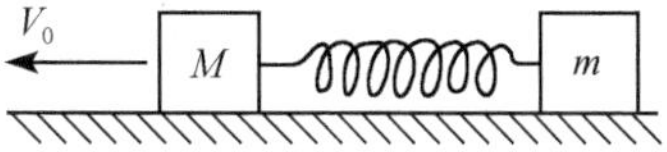

题 4.16 图

4.17　如题 4.17 图所示，两个相同的弹性球发生碰撞，如果碰撞前它们的运动方向相互垂直. 证明：碰撞后的运动方向也相互垂直.

4.18　两个弹性小球 A 和 B，A 的质量为 50g，B 的质量为 100g，B 球静止在光滑的水平面上，A 球以 $50\text{cm}\cdot\text{s}^{-1}$ 的速率与 B 球作对心碰撞. 在碰撞过程中，A 球的速率逐渐减小，B 球的速率逐渐增大. 当两球的速率相等时，它们的动量之和是多少？动能之和是多少？弹性位能是多少？

4.19　一个速率为 v_0、质量为 m 的运动粒子，与一质量为 am 的静止靶粒子作完全弹性对心碰撞. 问 a 的值多大时，靶粒子所获得的动能最大？

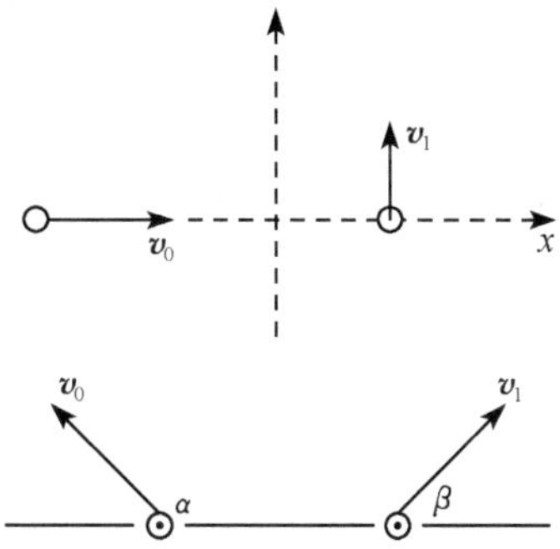

题 4.17 图

4.20　如题 4.20 图所示，质量为 m_1 的运动粒子与质量为 m_2 的静止粒子发生完全弹性碰撞. 证明：

(1) 当 $m_1<m_2$ 时，m_1 的偏转角可能取 0 到 π 之间所有值；

(2) 当 $m_1>m_2$ 时，$\theta_{\max}$ 满足如下公式 $\cos^2\theta_{\max}=1-m_2^2/m_1^2$，$0\leqslant\theta_{\max}<\pi/2$.

4.21　如题 4.21 图所示，一运动粒子与一质量相等的静止粒子发生完全碰撞. 如果碰撞不是对心的，证明：碰撞后两粒子的运动方向彼此垂直.

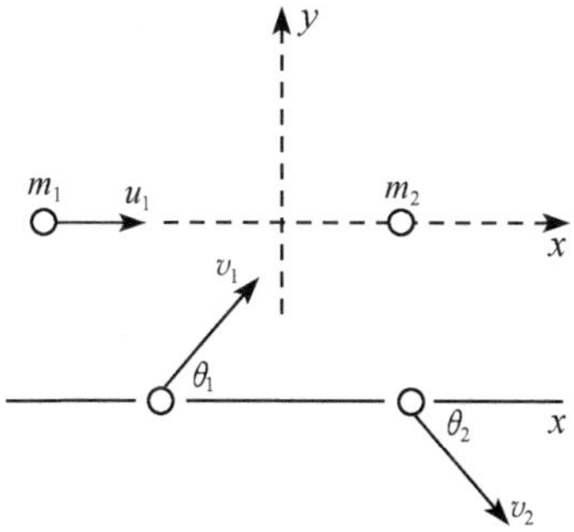

题 4.20 图

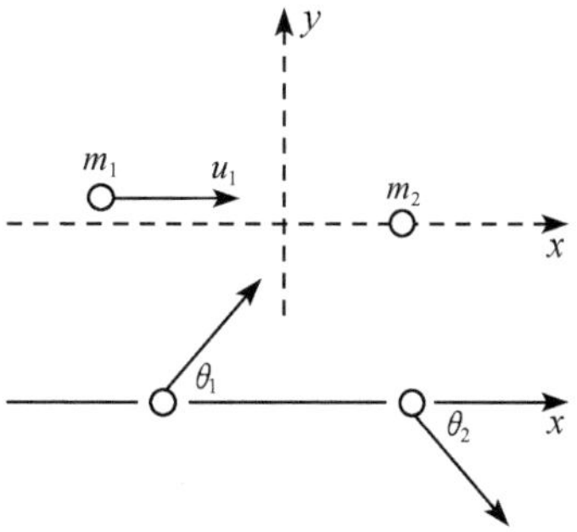

题 4.21 图

4.22　两个可以在平直轨道上自由运动的滑块，质量分别为 m_1 和 m_2，若 m_2 向 m_1 运动，且与 m_1 作完全弹性碰撞，碰后分开时它们的速度大小相等而方向相反，问这两滑块的质量之比是多少?

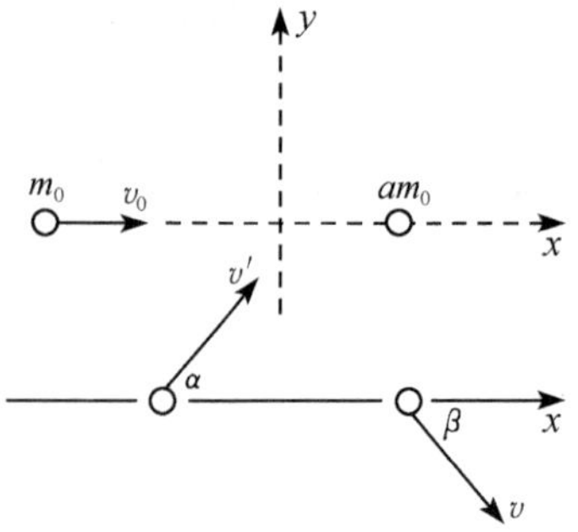

题 4.23 图

4.23　如题 4.23 图所示，一质量为 m_0、速度为 v_0 的粒子与一质量为 am_0 的靶粒子发生弹性碰撞.

(1) 碰撞后，靶粒子的速度 v 与 v_0 间的夹角 β 最大能等于多少?

(2) 写出碰撞后靶粒子在实验室坐标系中的动能 E_k (以 α,β 和 $E_0=m_0v_0^2/2$ 表示)

4.24　某建筑工地上，一送料吊车以 $1.0\mathrm{m\cdot s^{-1}}$ 的速度匀速上升，一物体由距吊车底板 22m 的地方由静止落下，落在吊车底板上. 设物体和吊车底板间的恢复系数为 0.20，问物体第一次回跳的最高点在物体开始落下的那点以下(或以上)多少距离处?

4.25　(1) 一质量为 m 的运动粒子与一质量为 $M(>m)$ 的静止粒子发生完全弹性碰撞，碰撞后 m 的运动方向偏转了 $90°$，问 M 的运动方向如何?

(2) 如果碰撞不是完全弹性的，碰撞中损失的动能与原来动能之比为 $1-\alpha^2$，问 M 的运动方向如何?

第 5 章　角动量守恒定律

到目前为止，我们还从未涉及物体的另一种运动形式——转动. 实际上大到星系团、星系、太阳系、小至微观粒子，无不参与这种运动形式. 角动量则是反映转动规律的重要而又基本的物理量. 我们在第 3 章中研究了一个质点或质点系若受到外力作用，可以把其动量的时间变化率与外力联系起来，如果质点或质点系是孤立的，则其动量是守恒的. 与此类似，一个质点或质点系若受到外力矩的作用，我们可以把其角动量的时间变化率与外力矩联系起来，如果质点或质点系是孤立的，则其角动量是守恒的. 角动量守恒定律是力学中三个守恒定律之一，它与其他两个守恒一起，是构筑经典力学的基石，而且其应用范围也超出了经典力学，对于研究宇宙中天体的运动和微观粒子的运动都具有重要意义.

5.1　力矩与角动量

5.1.1　力矩

如图 5.1 所示，如果受力质点 P 相对参考点 O 的位置矢量为 $\boldsymbol{r}$，作用于质点的力为 $\boldsymbol{F}$，$\boldsymbol{F}$ 与 $\boldsymbol{r}$ 的夹角为 θ，则力 $\boldsymbol{F}$ 相对参考点 O 的力矩定义为

$$\boldsymbol{M} = \boldsymbol{r} \times \boldsymbol{F} \tag{5.1}$$

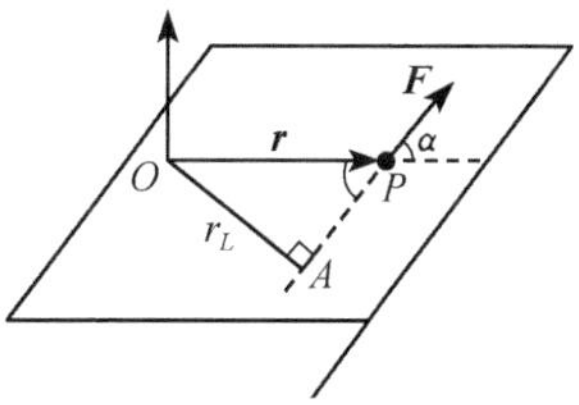

图 5.1

根据矢量代数中两个矢量的矢量积的运算法则，$\boldsymbol{M}$ 必定垂直于由矢量 $\boldsymbol{r}$ 和 $\boldsymbol{F}$ 所组成的平面. $\boldsymbol{M}$ 的指向由右手定则确定，$\boldsymbol{M}$ 的大小为：

$$M = rF\sin\theta$$

式中 θ 为 $\boldsymbol{r}$ 与 $\boldsymbol{F}$ 的夹角. 在国际单位制中，力矩的单位是 N · m(牛顿 · 米)

由力矩的定义可以看到，力矩 $\boldsymbol{M}$ 与质点的位置矢量 $\boldsymbol{r}$ 有关，也就是与参考点 O 的选取有关，对于同样的力 $\boldsymbol{F}$，选择不同的参考点，力矩 $\boldsymbol{M}$ 的大小和方向都会不同，这一点要务必注意.

如果作用在质点上的力 $\boldsymbol{F}$ 是多个力的合力，即

$$\boldsymbol{F} = \boldsymbol{F}_1 + \boldsymbol{F}_2 + \cdots + \boldsymbol{F}_n$$

则力矩

$$M = r \times F = r \times (F_1 + F_2 + \cdots + F_n)$$
$$= r \times F_1 + r \times F_2 + \cdots + r \times F_n = \sum_{i=1}^{n} M_i \qquad (5.2)$$

这就是说:合力对某参考点 O 的力矩等于各分力对同一参考点的力矩的矢量和.

力矩在直角坐标系中的分量表示.在以参考点 O 为原点的直角坐标系中,$\boldsymbol{r}$、$\boldsymbol{F}$ 可分别表示为

$$\boldsymbol{r} = x\boldsymbol{i} + y\boldsymbol{j} + z\boldsymbol{k}$$
$$\boldsymbol{F} = F_x\boldsymbol{i} + F_y\boldsymbol{j} + F_z\boldsymbol{k}$$

则

$$\boldsymbol{M} = \boldsymbol{r} \times \boldsymbol{F} = \begin{vmatrix} \boldsymbol{i} & \boldsymbol{j} & \boldsymbol{k} \\ x & y & z \\ F_x & F_y & F_z \end{vmatrix}$$
$$= (yF_z - zF_y)\boldsymbol{i} + (zF_x - xF_z)\boldsymbol{j} + (xF_y - yF_x)\boldsymbol{k}$$
$$= M_x\boldsymbol{i} + M_y\boldsymbol{j} + M_z\boldsymbol{k} \qquad (5.3)$$

所以 $\boldsymbol{M}$ 的分量形式为

$$\begin{cases} Mx = yFz - zFy \\ My = zFx - xFz \\ Mz = xFy - yFx \end{cases} \qquad (5.4)$$

5.1.2 角动量

在物体的转动中,角动量是一个很重要的物理量,正如动量在描述质点运动中的重要性一样.为阐明角动量这个概念,我们首先讨论一个质量为 m 的质点的情况,设质点位于 P 点,相对于参考点 O 的位置矢量为 $\boldsymbol{r}$,如果质点的速度为 $\boldsymbol{v}$,见图 5.2.

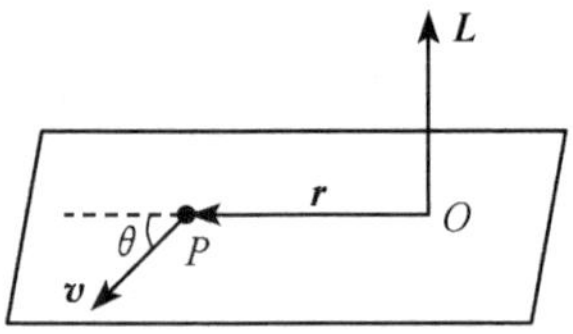

图 5.2

则这个质点相对于参考点 O 的角动量 $\boldsymbol{L}$ 被定义为

$$\boldsymbol{L} = \boldsymbol{r} \times (m\boldsymbol{v}) = \boldsymbol{r} \times \boldsymbol{p} \qquad (5.5)$$

这表示:**一个质点相对于参考点 O 的角动量等于质点的位矢与其动量的矢积**.可见角动量是矢量,它的方向垂直位矢 $\boldsymbol{r}$、动量 $\boldsymbol{p}$ 以及由 $\boldsymbol{r}$ 和 $\boldsymbol{p}$ 所组成的平面,其指向由右手螺旋定则确定,其大小为

$$L = rp\sin\theta$$

式中 θ 为 $\boldsymbol{r}$ 与 $\boldsymbol{p}$ 的夹角.

5.2 质点角动量定理与角动量守恒

5.2.1 质点角动量定理

力矩与角动量的物理意义体现于所遵从的物理规律.

设质点 m 受力 $\boldsymbol{F}$ 的作用,根据牛顿第二定律

$$\boldsymbol{F} = m\frac{\mathrm{d}\boldsymbol{v}}{\mathrm{d}t} = \frac{\mathrm{d}}{\mathrm{d}t}(m\boldsymbol{v})$$

用位置矢量 $\boldsymbol{r}$ 同时叉乘等式两边

$$\boldsymbol{r}\times\boldsymbol{F} = \boldsymbol{r}\times\frac{\mathrm{d}}{\mathrm{d}t}(m\boldsymbol{v}) = \boldsymbol{r}\times\frac{\mathrm{d}p}{\mathrm{d}t} \tag{5.6}$$

因为

$$\frac{\mathrm{d}}{\mathrm{d}t}(\boldsymbol{r}\times\boldsymbol{p}) = \frac{\mathrm{d}\boldsymbol{r}}{\mathrm{d}t}\times\boldsymbol{p}+\boldsymbol{r}\times\frac{\mathrm{d}\boldsymbol{P}}{\mathrm{d}t}$$

而

$$\frac{\mathrm{d}\boldsymbol{r}}{\mathrm{d}t}\times\boldsymbol{p} = \boldsymbol{v}\times m\boldsymbol{v} = 0$$

所以

$$\frac{\mathrm{d}}{\mathrm{d}t}(\boldsymbol{r}\times\boldsymbol{p}) = \boldsymbol{r}\times\frac{\mathrm{d}\boldsymbol{p}}{\mathrm{d}t}$$

代入式(5.6)得

$$\boldsymbol{r}\times\boldsymbol{F} = \frac{\mathrm{d}}{\mathrm{d}t}(\boldsymbol{r}\times\boldsymbol{p})$$

根据力矩和角动量的定义,得

$$\boldsymbol{M} = \frac{\mathrm{d}\boldsymbol{L}}{\mathrm{d}t} \tag{5.7}$$

上式表示,**作用于质点的合力对某参考点的力矩,等于质点对同一参考点的角动量的时间变化率**,这个结论称为**质点角动量定理**.

5.2.2 质点角动量守恒定律

根据式(5.7),如果作用于质点的合力对参考点的力矩等于零,即 $\boldsymbol{M}=0$,那么

$$\frac{\mathrm{d}\boldsymbol{L}}{\mathrm{d}t} = 0 \tag{5.8}$$

所以 $\boldsymbol{L}$=恒矢量

这表示:**若作用于质点的合力对某参考点的力矩始终为零,则质点对同一参考点的角动量将保持恒定**. 这就是质点的**角动量守恒定律**.

下面我们讨论一个圆锥摆的例子，来分析力矩、角动量、质点角动量定理，以及质点角动量守恒的概念.

如图 5.3 所示的圆锥摆，质量为 m 的摆球以恒定的角速度 w 作圆周运动，圆周的半径为 r，圆心为 O；摆的悬线长为 l，悬挂点为 A. 下面我们分别以圆心 O 和悬挂点 A 为参考点，分析作用于质点的力矩和角动量.

分析摆球的受力，小球受到悬线的拉力 $\boldsymbol{T}$ 和重力 $m\boldsymbol{g}$ 的作用，这两个力的合力提供摆球作匀速圆周运动的向心力，所以 $\boldsymbol{T}$ 和 $m\boldsymbol{g}$ 和合力 $\boldsymbol{F}$ 沿径向指向圆心，即

$$\boldsymbol{T} + m\boldsymbol{g} = \boldsymbol{F}$$

① 先讨论以 O 为参考点，质点的位置矢量为 $\boldsymbol{r}$，所以合力矩为 $\boldsymbol{M}_0 = \boldsymbol{r} \times (\boldsymbol{T} + m\boldsymbol{g}) = 0$. 质点对 0 点的角动量为

$$\boldsymbol{L}_0 = \boldsymbol{r} \times m\boldsymbol{v} = rmv\boldsymbol{k} = m\omega r^2 \boldsymbol{k} = \text{恒量} \tag{5.9}$$

所以质点相对参考点 O 角动量守恒.

② 再讨论以 A 点为参考点. 此时合力 $\boldsymbol{F}$ 相对参考点 A 的力矩不为零

$$\boldsymbol{M}_A = \boldsymbol{r}' \times (\boldsymbol{T} + m\boldsymbol{g}) = \boldsymbol{r}' = m\boldsymbol{g}$$

式中 $\boldsymbol{M}_A$ 的方向与质点所在处的运动轨道相切，大小为

$$M_A = mgr'\sin\theta$$

质点的角动量为

$$\boldsymbol{L}_A = \boldsymbol{r}' \times m\boldsymbol{v} \quad \text{注意 } \boldsymbol{r}' \perp \boldsymbol{v}$$

所以 $\boldsymbol{L}_A$ 的大小为 $L_A = mrwl =$ 恒量. $\boldsymbol{L}_A$ 的方向沿右上方，请注意与 $\boldsymbol{L}_0$ 的方向不同，虽然 $\boldsymbol{L}_A$ 的大小恒定，但 $\boldsymbol{L}_A$ 的方向不恒定，当摆球旋转时 $\boldsymbol{L}_A$ 随之旋转而描绘出一个角锥面，如图 5.4 所示.

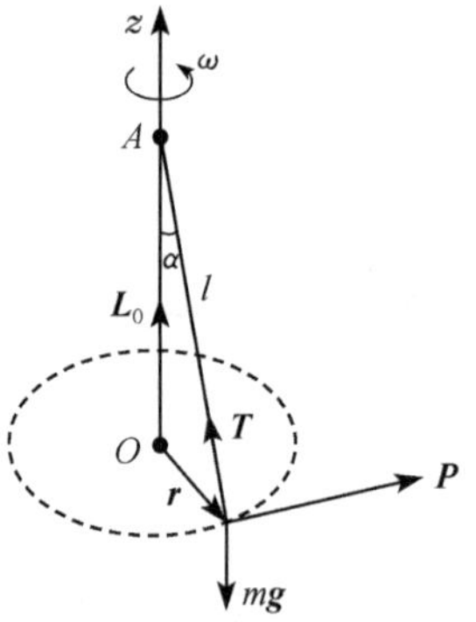

图 5.3

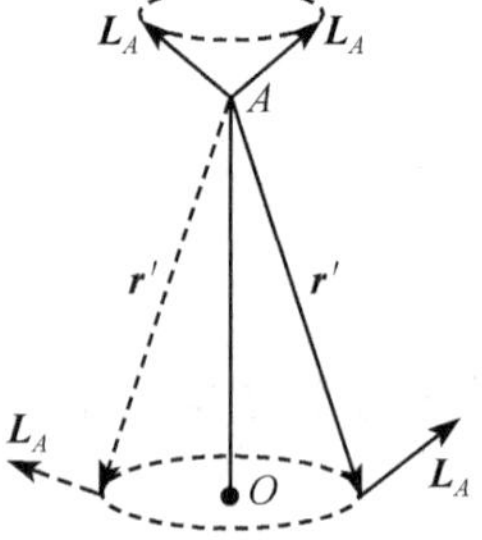

图 5.4

$\boldsymbol{L}_A$ 的铅直分量 $L_z = mrlw\sin\alpha$

$\boldsymbol{L}_A$ 的水平分量 $L_r = mlrw\cos\alpha$

写成矢量表示 $\boldsymbol{L}_A = \boldsymbol{L}_r + \boldsymbol{L}_z$. 如图 5.5 所示，正如所预料的那样 $\boldsymbol{L}_z$ 是恒定的，

因力矩 $\boldsymbol{M}_A$ 没有铅直分量，但 $\boldsymbol{L}_r$ 不是恒定的，它的方向随摆球旋转而变化，但 $\boldsymbol{L}_r$ 的大小也是恒定的. 我们知道，一个大小恒定的矢量 $\boldsymbol{A}$ 随时间变化的唯一方式是转动，如果它的瞬时转动速率为$\frac{\mathrm{d}\theta}{\mathrm{d}t}$，则

$$\left|\frac{\mathrm{d}\boldsymbol{A}}{\mathrm{d}t}\right| = A\,\frac{\mathrm{d}\theta}{\mathrm{d}t}$$

利用这个关系，令 $\boldsymbol{A}=\boldsymbol{L}_r$，则得$\frac{\mathrm{d}\boldsymbol{L}_r}{\mathrm{d}t}=L_r w$

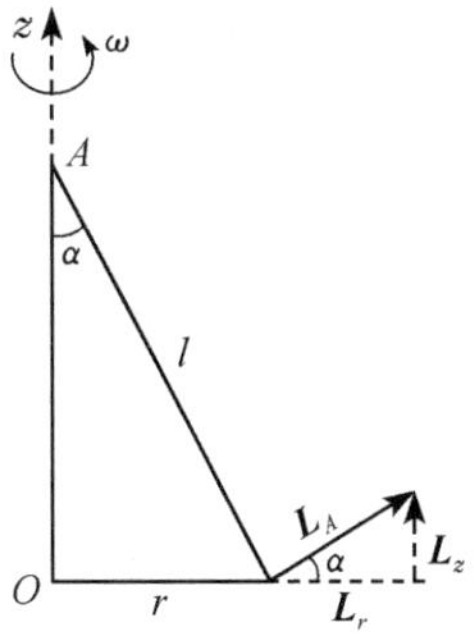

图 5.5

由于我们以后经常用到这个关系，下面我们再从几何上给以证明

如图 5.6 所示，t 时刻的角动量 $\boldsymbol{L}_A$ 的水平分量为 $\boldsymbol{L}_r(t)$，$t+\Delta t$ 时刻的角动量 $\boldsymbol{L}_A$ 的水平分量为

$$\boldsymbol{L}_r(t+\Delta t)$$

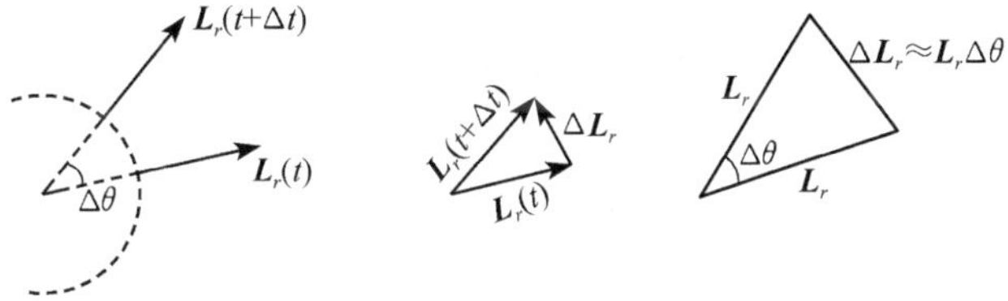

图 5.6

在 Δt 时间内，摆球旋转一个角度 $\Delta\theta=w\Delta t$，同时 $\boldsymbol{L}_r$ 旋转了同样的角度，矢量差为

$$\Delta\boldsymbol{L}_r=\boldsymbol{L}_r(t+\Delta t)-\boldsymbol{L}_r(t)$$

$\Delta\boldsymbol{L}_r$ 的大小可近似地表示为

$$\Delta L_r \approx L_r\Delta\theta$$

在 $\Delta t\to 0$ 的极限下，我们有$\frac{\mathrm{d}L_r}{\mathrm{d}t}=L_r\frac{\mathrm{d}\theta}{\mathrm{d}t}=L_r w$.　(5.10)

因为

$$L_r = mlrw\cos\alpha$$

我们有

$$\frac{\mathrm{d}L_r}{\mathrm{d}t} = mlrw^2\cos\alpha$$

又因为 mrw^2 为径向力，即 $T\sin\alpha$，而 $T\cos\alpha=mg$，所以

$$\frac{\mathrm{d}L_r}{\mathrm{d}t} = mgl\sin\alpha$$

式中 $mgl\sin\alpha$ 正是质点所受到的相对参考点 A 的力矩. 所以

$$\frac{\mathrm{d}L_r}{\mathrm{d}t}=M_A$$

此外,正如矢量图所指出的,$\frac{\mathrm{d}L_r}{\mathrm{d}t}$沿着切线方向,平行 $\boldsymbol{M}_A$,最后得

$$\frac{\mathrm{d}\boldsymbol{L}_r}{\mathrm{d}t}=\boldsymbol{M}_A$$

上面处理方法的关节点是把角动量想象成一个可以在空间旋转的矢量. 以上分析将在刚体一章分析陀螺运动时用到.

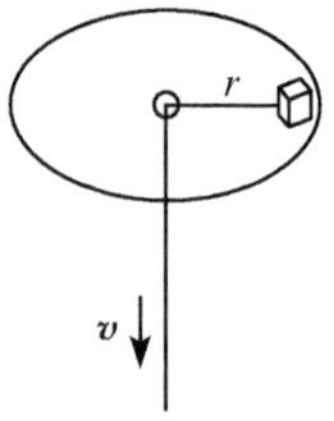

图 5.7

例 5.1　一质量为 m 的物块拴在穿过小孔的轻绳的一端,在光滑水平台面上以角速度 ω_0 作半径为 r_0 的圆周运动,自 $t=0$ 时刻起,手拉着绳的另一端以匀速率 v 缓慢向下运动,使半径逐渐减小,试求:(1)角速度与时间的关系 $\omega(t)$;(2)绳子的拉力和时间的关系(图 5.7).

解　(1) 质点 m 在水平方向仅受通过小孔的绳子张力作用,它相对于小孔的角动量守恒. 当质点与小孔的距离为 r 时,设其角速度的大小为 ω,则有

$$m\omega rr=m\omega_0 r_0 r_0$$

由此得

$$\omega=\frac{r_0^2}{r^2}\omega_0$$

由题意, $r=r_0-vt$,代入上式得

$$\omega(t)=\frac{r_0^2}{(r_0-vt)^2}\omega_0$$

(2) 由于手拉的一端向下缓慢运动,任何时刻物块仍可以看成做圆周运动,只是半径随时间缓慢减小,于是绳子拉力为

$$F\approx m\omega^2 r=\frac{mr_0^4\omega_0^2}{(r_0-vt)^3}$$

作为比较,我们也可以由动能定理来解本题. 因物块任何时刻均可以看成做圆周运动,只是半径随时间缓慢减小. 因而拉力也随半径而变,设半径为 r 时物块速度为 v,由动能定理,有

$$F\cdot\mathrm{d}r=\mathrm{d}E_k$$

即

$$-\frac{mv^2}{r}\mathrm{d}r=\mathrm{d}\left(\frac{1}{2}mv^2\right)=mv\mathrm{d}v$$

或

$$-\frac{\mathrm{d}r}{r}=\frac{\mathrm{d}v}{v}$$

两边积分,得

$$\int_{r_0}^{r}\frac{\mathrm{d}r}{r}=\int_{v_0}^{v}\frac{\mathrm{d}v}{v}$$

得

$$\ln\frac{r_0}{r}=\ln\frac{v}{v_0}$$

即

$$vr=v_0r_0$$

或

$$m\omega r^2=m\omega_0r_0^2$$

与上面用角动量守恒定律所得结果相同. 可见,用角动量守恒定律解本题方便得多,而且也并不要求拉速缓慢.

5.3　质点系角动量守恒定律

5.3.1　质点系角动量定理

一个有 n 个质点组成的体系,体系内的每个质点既受到外力的作用,又受到体系内其他质点的作用,考虑第 i 个质点,它的位置矢量为 $\boldsymbol{r}_i$,它受到的外力为 $\boldsymbol{F}_i$,其他质点对它的作用力 $\boldsymbol{f}_{ij}$, $i=1,2,\cdots,i,\cdots,n$.

该质点受到外力矩

$$\boldsymbol{M}_i=\boldsymbol{r}_i\times\boldsymbol{F}_i$$

第 j 个质点对第 i 的质点的内力矩为

$$\boldsymbol{M}_{ij}=\boldsymbol{r}_i\times\boldsymbol{f}_{ij}$$

若质点的速度为 $\boldsymbol{v}_i$,则它具有角动量

$$\boldsymbol{L}_i=\boldsymbol{r}_i\times m_i\boldsymbol{v}_i$$

根据质点角动量定理

$$\frac{\mathrm{d}\boldsymbol{L}_i}{\mathrm{d}t}=\boldsymbol{M}_i+\boldsymbol{M}_{i1}+\boldsymbol{M}_{i2}+\cdots+\boldsymbol{M}_{i-1}+\boldsymbol{M}_{i+1}+\cdots+\boldsymbol{M}_{in}\tag{5.11}$$

根据牛顿第三定律 $\boldsymbol{f}_{ij}=-\boldsymbol{f}_{ji}$,且有 $\boldsymbol{f}_{ij}/\!/(\boldsymbol{r}_i-\boldsymbol{r}_j)$,所以

$$\boldsymbol{M}_{ij}+\boldsymbol{M}_{ji}=\boldsymbol{r}_i\times\boldsymbol{f}_{ij}+\boldsymbol{r}_j\times\boldsymbol{f}_{ji}=(\boldsymbol{r}_i-\boldsymbol{r}_j)\times\boldsymbol{f}_{ij}=0$$

将式(5.11)对 i 求和,并利用上式可得

$$\frac{\mathrm{d}}{\mathrm{d}t}(\boldsymbol{L}_1+\boldsymbol{L}_2+\cdots+\boldsymbol{L}_n)=\boldsymbol{M}_1+\boldsymbol{M}_2+\cdots+\boldsymbol{M}_n\tag{5.12}$$

令 $\boldsymbol{L}=\boldsymbol{L}_1+\boldsymbol{L}_2+\cdots+\boldsymbol{L}_n$ 为体系的总动量;$\boldsymbol{M}=\boldsymbol{M}_1+\boldsymbol{M}_2+\cdots+\boldsymbol{M}_n$ 为体系所受的合

外力矩.于是式(5.12)为

$$\frac{\mathrm{d}\boldsymbol{L}}{\mathrm{d}t}=\boldsymbol{M} \tag{5.13}$$

即质点系受到的对给定参考点的总力矩等于体系对给定参考点的角动量的时间变化率.对式(5.13)两边对时间积分得

$$\int_0^t \boldsymbol{M}\mathrm{d}t=\boldsymbol{L}-\boldsymbol{L}_0 \tag{5.14}$$

等式左边定义为冲量矩.

上式的物理意义为**体系所受的合外力矩的冲量矩等于体系角动量的改变量**,这就是**质点系的角动量定量**.

体系的角动量定理指出:只有外力矩才对体系的角动量变化有贡献;内力矩对体系的角动量变化无贡献,但对角动量在体系内的分配是有作用的.

5.3.2 质点系角动量守恒定律

当体系所受的总外力矩 $\boldsymbol{M}=0$ 时

$$\frac{\mathrm{d}\boldsymbol{L}}{\mathrm{d}t}=0,\quad \text{则 } \boldsymbol{L}=\text{恒矢量} \tag{5.15}$$

即当体系所受的合外力矩为零时,体系角动量守恒,这就是**质点系角动量守恒定律**.

几点说明:

(1) 关于总外力矩 $\boldsymbol{M}=0$ 的三种不同情况.

① 对孤立体系,体系不受外力作用($\boldsymbol{F}_i=0$),当然有总外力矩 $\boldsymbol{M}=\sum\boldsymbol{M}_i=0$.但一般讲来,当体系受外力作用时,即使外力的矢量和为零,外力矩的矢量和未必为零,力偶就是这种情况.

② 所有的外力通过定点,关于该点每个外力的力矩皆为零,因而总外力矩 $\boldsymbol{M}=0$,但体系所受外力的矢量和未必为零.每个外力的力矩不为零,但总外力矩 $\boldsymbol{M}=0$.如重力场中重力对质心的力矩.

(2) 角动量守恒定律是一个独立的规律,并不包含在动量守恒定律或能量守恒定律中.

(3) 角动量守恒定律是矢量式,它有三个分量式,各分量式可以分别守恒.

① 当 $M_x=0$,则 $L_x=$常量;

② 当 $M_y=0$,则 $L_y=$常量;　　(5.16)

③ 当 $M_z=0$,则 $L_z=$常量.

下面应用角动量守恒定律解释星系的圆盘形结构.

我们知道,银河系呈扁平的圆盘形结构.观察表明,还有许多星系也呈圆盘形.

这可能与角动量守恒有关. 银河系最初可能是球形的，由于某种原因(如与其他星系的相互作用)而具有一定的角动量. 正是这个角动量的存在，使球形的银河系不会在引力作用下凝聚(坍缩)成一团，而只能形成具有一定半径的圆盘形结构. 这是因为在凝聚过程中，角动量守恒($r^2\omega$= 常量)要求转速随 r 的减小而增大，($\omega \propto r^{-2}$)，因而使离心力增大(离心力$\propto v^2/r = r\omega^2 \propto r^{-3}$)，它往往比引力增大(引力 r^2)得更快，最终引力会和离心力相互平衡，即角动量守恒限制了星系在垂直于转轴方向的进一步坍缩. 但角动量守恒并不妨碍星系沿转轴方向的坍缩，因为对这种坍缩，角动量守恒不要求增加转速. 故星系最终坍缩成圆盘状，在沿轴向坍缩过程中减少的引力势能将以辐射的形式释放掉.

例 5.2 如图 5.8 所示，质量分别为 m_1, m_2 的两个小钢球固定在一个长为 a 的轻质硬杆的两端，杆的中点有一轴使杆可在水平面内无摩擦自由转动，杆原来静止. 另一泥球质量为 m_3，以水平速度 $\boldsymbol{u}_0$ 垂直于杆的方向与 M_2 发生碰撞，求碰撞后杆转动的角速度.

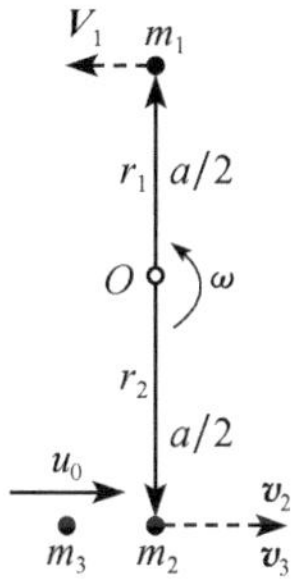

图 5.8

解 考虑这三个质点组成的质点系，相对于杆的中点，在碰撞过程中合外力矩为零，因此对此点的角动量守恒. 设碰撞后杆的角速度为 ω，则碰撞后三质点的速率 $v_1 = v_2 = v_3 = \omega a/2$. 考虑到角动量的方向都垂直于纸面向外，故角动量守恒可以表示成下列标量形式：

$$m_3 r_3 u_0 = m_1 r_1 v_1 + m_2 r_2 v_2 + m_3 r_3 v_3$$

由于 $m_1 = m_2 = m_3$，$r_1 = r_2 = r_3 = a/2$，$v_1 = v_2 = v_3 = \omega a/2$，由上式可得：

$$\omega = \frac{2u_0}{3a}$$

值得注意的是，在此碰撞过程中，质点系的总动量并不守恒. 这是因为在 m_3 和 m_2 的碰撞过程中，质点系还受到轴 O 的冲量.

5.4 质点在有心力场中的运动

5.4.1 有心力

我们知道，当行星绕太阳运转时，太阳对行星的万有引力为

$$\boldsymbol{F} = -G\frac{Mm}{r^2}\hat{\boldsymbol{r}} \tag{5.17}$$

式中 M、m 分别为太阳和行星的质量，$\boldsymbol{r}$ 为太阳至行星的位置矢量. 这个力的特点是它的作用线总是指向固定的中心(太阳)，我们把这个固定中心称为力心；而且 $\boldsymbol{F}$ 的大小只与行星至太阳的距离有关. 再如两个静止点电荷之间的相互作用力

$$\boldsymbol{F}=k\frac{q_1q_2}{r^2}\hat{\boldsymbol{r}} \tag{5.18}$$

式中 q_1 和 q_2 分别为两个点电荷所带的电量，r 为两个点电荷之间的距离. 库仑力的特点和万有引力相似. 我们把这种方向始终指向力心，大小仅与离力心的距离有关的力，称为有心力，所以万有引力和库仑力都是有心力. 有心力总是可以表示为

$$\boldsymbol{F}=f(r)\hat{\boldsymbol{r}}$$

当 $f(r)>0$ 时，$\boldsymbol{F}$ 为斥力，当 $f(r)<0$ 时，$\boldsymbol{F}$ 为引力. 有心力是保守力，有心力存在的空间称为有心力场.

5.4.2 有心力场中质点运动的一般特征

设物体(视为质点)的质量为 m，在有心力作用下，其运动方程为

$$m\ddot{\boldsymbol{r}}=f(r)\hat{\boldsymbol{r}} \tag{5.19}$$

1. 运动必定在一个平面上

由于质点所受的力始终指向力心，当质点在初始时刻的速度给定后，质点以后的运动就只能在初速度 $\boldsymbol{v}_0$ 和初始矢径$\frac{r_0}{m}$所构成的平面内，因为在该平面垂直的方向上，质点既无速度也不受力.

讨论质点在有心力场中的运动，用平面极坐标比较方便，取力心为原点，运动方程的分量式为

$\hat{\boldsymbol{r}}$ 方向

$$m(\ddot{r}-r\dot{\theta}^2)=f(r) \tag{5.20}$$

$\hat{\boldsymbol{\theta}}$ 方向

$$m(2\dot{r}\theta+r\ddot{\theta})=0 \tag{5.21}$$

2. 质点对力心的角动量守恒

因为有心力对原点(力心)的力矩

$$\boldsymbol{M}=\boldsymbol{r}\times\boldsymbol{F}=\boldsymbol{r}\times f(r)\boldsymbol{r}=0$$

故质点对原点的角动量守恒，即

$$\boldsymbol{L}=\boldsymbol{r}\times m\boldsymbol{v}=\text{常矢量} \tag{5.22}$$

在平面极坐标中

$$v=\dot{r}\hat{\boldsymbol{r}}+r\dot{\theta}\hat{\boldsymbol{\theta}}$$

所以

$$\boldsymbol{L}=r\hat{r}\times m(\dot{r}\hat{\boldsymbol{r}}+r\dot{\theta}\hat{\boldsymbol{\theta}})$$

$$= mr^2\dot{\theta}(\hat{\boldsymbol{r}} \times \hat{\boldsymbol{\theta}})$$

式中 $\hat{\boldsymbol{r}}\times\hat{\boldsymbol{\theta}}$ 是一个不变的单位矢量，方向垂直于运动平面. 故角动量守恒可写为

$$mr^2\dot{\theta} = l = \text{常量} \tag{5.23}$$

因为质点的角动量守恒，我们可以用它来证明开普勒第二定律，即质点矢径的面积速度保持不变.

因为

$$\mathrm{d}A = \frac{1}{2}r(r\mathrm{d}\theta) = \frac{1}{2}r^2\dot{\theta}\mathrm{d}t$$

所以

$$\frac{\mathrm{d}A}{\mathrm{d}t} = \frac{1}{2}r^2\dot{\theta} = \frac{l}{2m} = \text{常量} \tag{5.24}$$

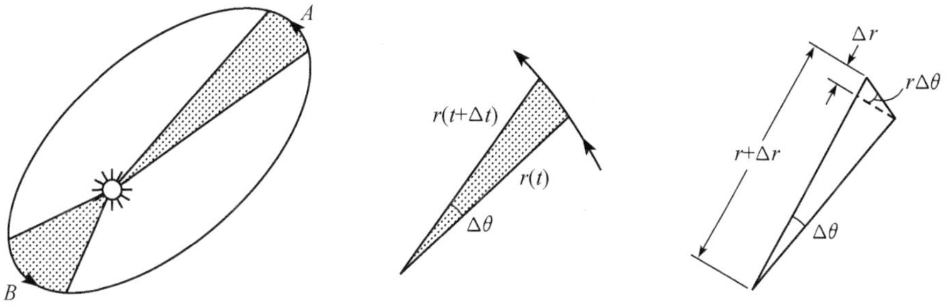

图 5.9

3. 质点的机械能守恒

由于有心力是保守力，所以质点的机械能是守恒的，即

$$E = E_k + E_p = \frac{1}{2}mv_r^2 + \frac{1}{2}mv_\theta^2 + U(r) = \text{常量}$$

或

$$E = \frac{1}{2}m(\dot{r}^2 + r^2\dot{\theta}^2) + U(r) = \text{常量} \tag{5.25}$$

式中 $U(r)$ 为质点在有心力场中的势能.

式(5.23)和式(5.25)中的 l 和 E 这两个常量由初始条件决定，即初始时刻的 $\boldsymbol{r}_0$，$\boldsymbol{v}_0$ 或 $\boldsymbol{v}_0$，$\dot{r}_0$，$\dot{\theta}_0$ 决定.

5.4.3　有效势能和轨道特征

设在有心力作用下质点的角动量为 l，总能量为 E，由式(5.23)得

$$\dot{\theta} = \frac{l}{mr^2}$$

所以，总能量

$$
\begin{aligned}
E &= \frac{1}{2}m\dot{r}^2 + \frac{1}{2}r^2\dot{\theta}^2 + U(r) \\
&= \frac{1}{2}m\dot{r}^2 + \frac{1}{2}mr^2\frac{l^2}{(mr^2)^2} + U(r) \\
&= \frac{1}{2}m\dot{r}^2 + \frac{l^2}{2mr^2} + U(r)
\end{aligned} \tag{5.26}
$$

这就是矢径的大小所满足的方程. 它与一个动能为$\frac{1}{2}m\left(\frac{\mathrm{d}r}{\mathrm{d}t}\right)^2$，势能为 $l^2/2mr^2+U(r)$ 的一维运动的质点的能量守恒方程相同. 我们用

$$
U_{\mathrm{equ}}(r) = \frac{l^2}{2mr^2} + U(r) \tag{5.27}
$$

表示这等效的一维运动质点的势能，称为等效势能. 等效势能有两部分组成，$l^2/2mr^2$ 是一等效的斥力势能，相当于一斥力$\frac{l}{mr^3}$作用在质点上；$U(r)$则视有心力的具体形式而定，对于在力源 M 的万有引力作用下的质点，其势能为

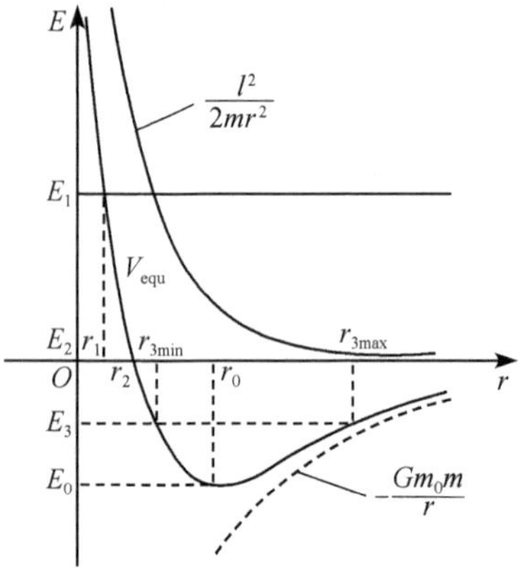

图 5.10

$$
U(r) = -G\frac{Mm}{r}
$$

于是有效势能为

$$
U_{\mathrm{egu}} = \frac{l^2}{2mr^2} - G\frac{Mm}{r} \tag{5.28}
$$

图 5.11 画出了与式(5.28)对应的势能曲线，其中细实线为等效的斥力势能曲线，虚线为引力势能曲线，粗实线为有效势能曲线，它由斥力势能、引力势能两曲线叠加而成.

利用有效势能曲线可以讨论质点运动矢径大小 r 的变化范围，此范围取决于质点的总能量 E.

1. 若 $E=E_1>0$

由有效势能曲线图可知 r 有最小值 r_1，但最大值无限制，即 $r_1\leqslant r<\infty$. 由于实际质点 m 在运动过程中除 r 随时间变化外，θ 也随时间变化，若初始时刻质点位于 $\theta=\theta_0$，$r=\infty$处，则随着 m 接近 M，θ 从 θ_0 逐渐增大，其轨道如图 5.12 中的曲线 C_1 所示. 质点在轨道上的不同位置对应不同的 r_1、θ 值，可用以 M 所在处为原点的矢径 r 表示. 当 $\theta=\pi$ 时，m 离 M 最近. 可以证明，此轨道为一双曲线.

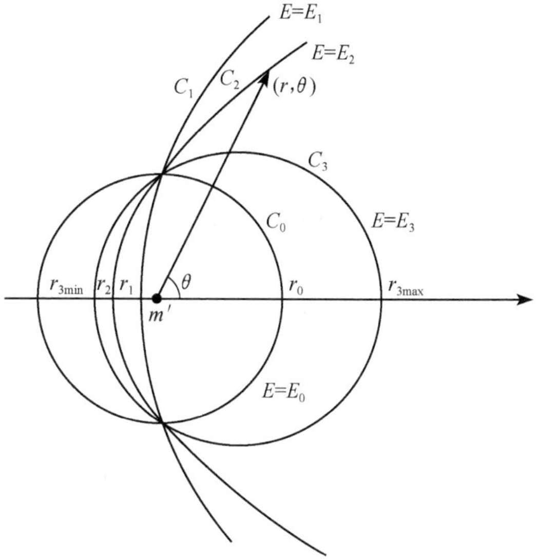

图 5.11

2. 若 $E=0$

由有效势能曲线图可知 r 也有最小值 r_2，比 r_1 略大. r 的变化范围为 $r_2 \leqslant r < \infty$. 可以证明，对应的轨道是一抛物线. 如图 5.12 中的 C_2 所示.

3. 若 $E=E_3<0$

由有效势能曲线可知 r 是有界的，即

$$r_{3\min} \leqslant r \leqslant r_{3\max}$$

对应的轨道为椭圆，力心为椭圆的一个焦点.

4. 若 $E=E_0=v_{\text{eff极小}}$

则 $r=r_0$，即质点 m 到力心 M 的距离恒定不变，对应的轨道为圆.

例 5.3　某人造卫星在近地点的速度大小为 $v_1=8\text{km/s}$(速度方向垂直于矢径)，近地点离地面高为 $h_1=320\text{km}$，远地点离地面高 $h_2=1397\text{km}$. 已知地球半径为 $R_E=6378\text{km}$. 求：在远地点时卫星的速度，如图 5.12.

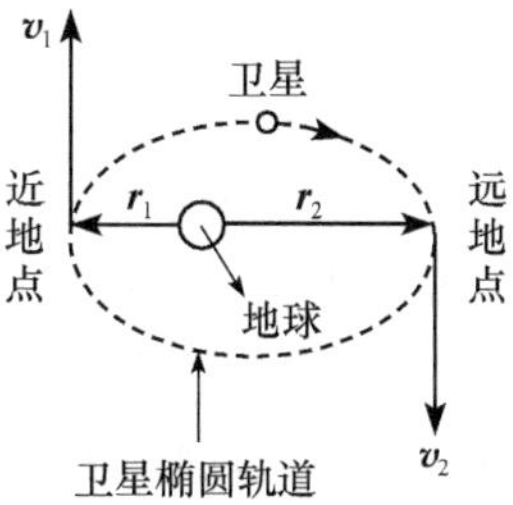

图 5.12

解　卫星受地球作用的万有引力是有心力，故对力心力矩为零，卫星运动时对地球中心的角动量定恒. 即

$$\boldsymbol{L}=\boldsymbol{r}\times\boldsymbol{p}=\boldsymbol{r}\times m\boldsymbol{v}=\text{常量}$$

在近地点及远地点时，$\boldsymbol{r}\perp\boldsymbol{v}$，故有角动量守恒得

$$l = mr_1 v_1 = mr_2 v_2$$

所以

$$v_2 = \frac{r_1}{r_2} v_1$$

代入已知条件,得

$$r_1 = h_1 + R_E, \quad r_2 = h_2 + R_E$$

得

$$v_2 = \left(\frac{h_1 + R_E}{h_2 + R_E}\right) v_1 = 6.89\mathrm{km/s}$$

由开普勒第一定律知行星轨道是椭圆,如图 5.13 所示.这样,为了保持面积速度不变,行星在离太阳近时必定比离太阳远时运动得快一些.按照地球的轨道,在北半球,冬季地球处于近日点附近,夏季北半球处在远日点附近.所以地球绕太阳的公转,在冬季较快而夏季较慢.

在牛顿提出万有引力时,有人就提出一个问题:既然宇宙间只有引力,为什么宇宙中的物体竟不会塌缩到一块,而物体却还能处在相当分散状态?历史上有许多人从不同角度回答过这个问题.例如,有的人断言:有引力,必定有斥力,所以不会塌缩,康德就是这种观点.其实这种说法是没有根据的.有引力,必定有斥力,这不是一条物理上的原理.有引力而不一定会塌缩,原因之一即在于角动量守恒.譬如我们以太阳而言,它对行星有引力,为什么行星不会掉到太阳上去呢?原因就是角动量守恒.因为,当物体掉到太阳上时,不管速度如何,其角动量相对于太阳来说都是零.所以,只要太阳系形成时,具有一定角动量,则整个太阳系就不可能塌缩到一块去.在距太阳极远的许许多多运动着的物体中,只有运动方向正对着太阳的那些物体的角动量才为零,而其他物体的角动量都不是零,这些物体在太阳的万有引力作用下永远不会掉到太阳上去.可见,正是因为太阳与物体之间的作用是万有引力,它是有心力,才使绝大多数物体不可能掉到太阳上去,而不需什么其他斥力.明确指出这一点的是法国的物理学家拉普拉斯.

对于地球,也有类似的情况.我们知道,地球有时要通过流星带,但绝不会有很多物体轰击到地球上来,因为地球对它们的作用是引力,角动量守恒成立,只有极少数开始相对于地球的角动量为零的那些流星才有可能掉到地球上来.

人造地球卫星运行一段时间后,会掉回地球上来.这不是由于地球引力作用,主要是由于大气的摩擦.大气摩擦力总是与卫星运动方向相反,对地心的力矩不为零,在此力矩作用下,卫星的角动量逐渐减小,最后掉回地球.我们经常看到陨石掉到地球上来,原因也是摩擦,由于它在宇宙空间中运行时受到微弱摩擦作用,使角动量从原来的不为零变到零,从而能落到地球上来.

例 5.4　α 粒子散射实验和原子的有核模型,如图 5.13 所示,一带电为 e,质

量为 m 的 α 粒子以速度 $\boldsymbol{v}_0$ 射向带电为 ze、质量为 M 的重原子核，瞄准距离为 b. 求 α 粒子接近重核的最近距离 r_0.

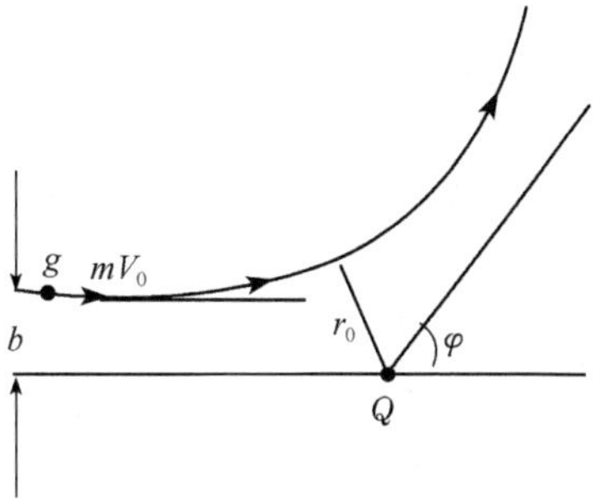

图 5.13

解　α 粒子在重原子核的库仑斥力场中沿双曲线轨道运动，先是逐渐靠近正电核心，至最近距离 r_0，尔后又逐渐远离而去. 库仑力与万有引力一样，为有心力场，故在散射过程中满足角动量守恒和机械能守恒. 由于重原子核的质量远大于 α 粒子的质量，故可认为重原子核静止. 设 α 粒子最接近重核时的速度为 $\boldsymbol{v}$，此时速度方向与 α 粒子和重核连线垂直.

由角动量守恒定律，初始角动量

$$L_0 = \boldsymbol{r} \times \boldsymbol{p} = rmv_0 \sin\beta = mv_0 b \tag{1}$$

最接近时的角动量

$$L = \boldsymbol{r}_0 \times \boldsymbol{p} = r_0 mv \sin 90° = mvr_0$$

所以

$$mv_0 b = mvr_0$$

$$v = \frac{v_0 b}{r_0} \tag{2}$$

再由能量守恒，初始时，具有动能 $\frac{1}{2}mv_0^2$，设此时离 α 粒子离重核足够远，忽略静电势能，α 粒子最接近重核时，α 粒子具有动能 $\frac{1}{2}mv^2$ 和静电势能

$$\frac{kze^2}{r_0}$$

式中 $k=\frac{1}{4\pi\varepsilon_0}$ 为常数，由能量守恒

$$\frac{1}{2}mv_0^2 = \frac{1}{2}mv^2 + \frac{kze^2}{r_0} \tag{3}$$

将式(2)代入式(3)得

$$\frac{mv_0^2 b^2}{2r_0^2} + \frac{kze^2}{r_0} = \frac{1}{2}mv_0^2 \tag{4}$$

$$r_0^2 - \frac{2kze^2}{mv_0^2} r_0 - b^2 = 0$$

最后得

$$r_0 = \frac{kze^2}{mv_0^2} \pm \sqrt{\left(\frac{kze^2}{mv_0^2}\right)^2 + b^2} \tag{5}$$

因 r_0 只能为正,故解中负号无物理意义可舍去.

应用式(5),代入相关的实验数据,可推算出 α 粒子到达核最近的距离,其数值范围是 10^{-13}cm～10^{-12}cm,它反映了原子核的大小,该结果与后来对原子核半径的测量数据在数量级上大体相等.这就是著名的卢瑟福 α 粒子散射实验.根据实验结果,他于 1911 年提出了原子的行星式结构模型——原子中的全部正电荷和绝大部分质量集中于一小球,其直径要比原子直径小得多,这被后人称之为卢瑟福的有核模型.原子的有核模型的证认,一举将原子的结构的研究引上了一条正确轨道,卢瑟福也因此被誉为原子物理学之父,由于在放射性研究方面的杰出贡献,卢瑟福获得 1908 年诺贝尔化学奖.

5.5　开普勒定律

5.5.1　行星运动的开普勒定律

人类探求星体运动规律的强烈欲望,促使丹麦天文学家第谷(Tycho Brahe,1546～1601)在哥本哈根附近的希恩岛上的天文台里,花了整整 20 多年的时间,对水、金、火、木、土五颗行星的运动进行了观测,编制了篇幅庞大、高度精确的星表,积累了大量珍贵资料,被称为天文观测大师.第谷去世后,他的助手开普勒(J·Kepler 1571～1630)又花了 20 年的时间,对第谷的观测数据进行分析,经过多种拟合,反复核算,总结出三条行星运动的规律.

1. 轨道定律

所有行星都沿着椭圆轨道运行,太阳则位于这些椭圆的一个焦点上.

2. 面积定律

任何行星到太阳的连线在相同的时间内扫过相同的面积.

3. 任何行星绕太阳运动的周期的平方与该行星的椭圆轨道的长半轴的立方成正比,即

$$T \propto r^{\frac{3}{2}}$$

式中 T 是外星运动的周期,r 是椭圆轨道的半长轴.

太阳和行星之间的相互作用力为万有引力,由于行星的质量远远小于太阳的质量,如质量最大的木星为例,它的质量也不到太阳质量的千分之一,所以这些行星的运动可近似看作在以太阳为力心的有心力场中的运动.我们现在就应用上面讨论的物体在有心力场中运动的规律来证明开普勒三定律.

先讨论开普勒第一定律,即太阳在行星椭圆轨道的焦点位置上.根据前面的讨

论，在平方反比律力场中的有心运动，其轨道形态取决于总能量 E，当 $E<0$ 时，为椭圆轨道；当 $E=0$ 时为抛物线轨道；当 $E>0$ 时，为双曲线轨道. 地球绕太阳运动，$E<0$，所以轨道为椭圆，而且太阳在焦点上. 对此证明如下，如图 5.14 所示，由解析几何学知，椭圆方程为

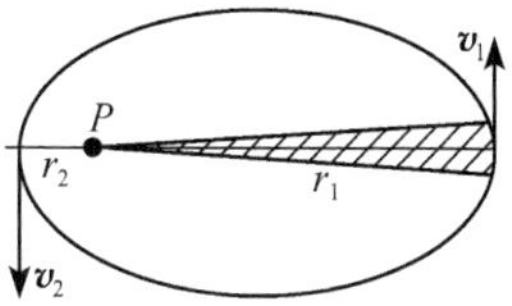

图 5.14

$$\left(\frac{x}{a}\right)^2+\left(\frac{y}{b}\right)^2=1$$

两个焦点在长轴上的位置坐标为 $\pm C$，$C=\sqrt{a^2-b^2}$，长轴端点的孤元的曲率半径为 $\rho_0=\dfrac{b^2}{a}$. 设行星远日点和近日点的距离分别为 r_1 和 r_2，对应的速度为 $\boldsymbol{v}_1$ 和 $\boldsymbol{v}_2$. 由机械能守恒，有

$$\frac{1}{2}mv^2-G\frac{Mm}{r}=\frac{1}{2}mv_2^2-G\frac{Mm}{r_1}$$

得

$$v_2^2-v_1^2=2GM\left(\frac{1}{r_2}-\frac{1}{r_1}\right)$$

由角动量守恒，有

$$mv_1r_1=mv_2r_2$$

得

$$\frac{v_2}{v_1}=\frac{r^1}{r_2}$$

再根据向心力公式和曲率半径公式

$$m\frac{v_2^2}{\rho_0}=G\frac{Mm}{r_2^2},\quad \rho_0=\frac{b^2}{a}$$

解出

$$r_1r_2=a\rho_0=b^2$$

考虑到

$$r_1+r_2=2a$$

最后求得

$$r_2=a-\sqrt{a^2-b^2}=a-C$$

这表明太阳的位置坐标为 $(-C)$，这正是几何上的椭圆焦点位置. 这一结果与天文观测资料一致，它证明了开普勒轨道定律的正确，同时也证明了引力二次方反比律和牛顿运动定律的正确性.

开普勒第二定律即面积定律的证明

开普勒第三定律即周期定律的证明：

如果行星质量和太阳质量相比可以忽略，太阳就静止在惯性系中，设行星质量

为 m，太阳质量为 M_s，行星的轨道半径为 r，速率为 v，则由牛顿第二定律和万有引力定律，有

$$G\frac{Mm}{r^2}=m\frac{v^2}{r}$$

设行星的周期为 T，由 $T=\frac{2\pi r}{v}$ 和上面两个方程解得

$$T^2=\frac{4\pi^2 r^2}{GM/r}=\frac{4\pi^2}{GM}r^3 \tag{5.29}$$

因为 $A=2r$，所以

$$T^2=KA^3$$

式中 $k=\frac{\pi^2}{2GM}$，常数 k 仅与太阳质量 M 有关.

当行星的质量不能忽略时，讨论上述计算得

$$k=\frac{\pi^2}{2(M+m)G} \tag{5.30}$$

即 k 多少有点依赖于行星质量，不过即使对木星这最大的行星，$\frac{m}{M}$ 也只是千分之一，所以在太阳系中，开普勒第三定律有足够的准确度.

5.5.2　由开普勒定律导出万有引力定律

以上我们说明可用万有引力定律和牛顿定律证明开普勒定律的正确性. 但是在历史上，是先有开普勒定律(开普勒第一、第二定律发表于 1609 年，第三定律发表于 1618 年)，后有万有引力定律，牛顿正是在开普勒定律的基础上再加上他已经发现的牛顿运动定律导出万有引力定律的.

下面我们简要地介绍一下，如何从开普勒定律导出万有引力定律.

根据开普勒第一定律，行星的轨道是个椭圆，为了简便，我们近似把行星轨道看作圆，这样根据开普勒面积定律，行星应作匀速圆周运动，只有向心加速度

$$a=\frac{v^2}{r}$$

式中 v 为速率，r 为圆轨道的半径. 根据开普勒第三定律，有

$$T\propto r^{\frac{3}{2}}$$

而

$$v=\frac{2\pi r}{T}\propto\frac{2\pi r}{r^{\frac{3}{2}}}=\frac{2\pi}{r^{\frac{1}{2}}}$$

所以

$$a=\frac{v^2}{r}\propto\frac{1}{r^2}$$

或

$$F = ma \propto \frac{m}{r^2}$$

式中 m 为行星质量，取比例系数为 k，则有

$$F = k\frac{m}{r^2}$$

显然 k 取决于太阳的性质. 由此牛顿得出了第一个重要结果，**如果太阳引力是行量运动的原因，则这种力应与行星到太阳的距离的平方成反比.**

如果考虑到引力作用的倒易特性，必有关系

$$F = k'\frac{M}{r^2}$$

式中 M 为太阳的质量，k' 取决于行星的性质.

把上面两式归结为一个式子

$$F = G\frac{Mm}{r^2} \tag{5.31}$$

式中 G 称为万有引力常数.

牛顿的伟大之处还在于，他认为**这种引力是万有的、普适的、统一的、即所有物体之间都存在这种引力作用**，称之为**万有引力**. 如何检验这一猜测呢？既然引力是普适的，那么地球和月亮之间也应当存在这类力，月亮之所以绕地球转动，应当是地球施于月亮的吸引力，就像太阳吸引行星的力那样，即地球对月亮的吸引力应为

$$F_{地\to月} = k_{地}\frac{m_{月}}{r^2}$$

式中 r 为月亮绕地球公转半径，$m_{月}$ 为月球的质量，$k_{地}$ 应取决于地球的性质. 地球对月亮的吸引力提供了月亮绕地球公转所需的向心力，即

$$F_{地\to月} = m_{月}\frac{v_{月}^2}{r} = \frac{m_{月}}{r}\left(\frac{2\pi r}{T}\right)^2$$

式中 $v_{月}$ 为月球的公转速度，T 为月亮绕地球的公转周期.

而对于地面上的物体，所受地球的引力应为

$$F = k_{地}\frac{m}{R^2} = mg$$

式中 m 是物体的质量，R 是地球的半径，g 为重力加速度，于是得

$$k_{地} = gR^2$$

由上面三式可得

$$gR^2\frac{m_{月}}{r^2} = \frac{m_{月}}{r}\left(\frac{2\pi r}{T}\right)^2$$

即

$$r^3 = \frac{R^2 g T^2}{4\pi^2} \tag{5.32}$$

这就是从引力的普适性得出的预言，在这个关系中，所有量都是可测量的，因此可以用实验加以检验. 其中有关量的数值为

$$R = 6400\text{km} = 6.4 \times 10^6 \text{m}$$
$$g = 9.8 \times \text{m/s}^2$$
$$T = 27.3215 \text{天} \times 24 \times 3600$$
$$= 2.3606 \times 10^6 \text{s}$$
$$r = 3.84 \times 10^5 \text{km} = 3.84 \times 10^8 \text{m}$$

这些测量结果很好地满足该式，这就验证了万有引力假设的正确性. 牛顿在他的小传中总结过自己这段工作，他说："在 1665 年开……. 我从开普勒关于行星的周期是和行星到轨道中心的距离$\frac{3}{2}$次方成比例的定律，推出了使行星保持在它们的轨道上的力必定和它们绕行中心之间的距离平方成反比；尔后，把使月亮保持在它轨道上所需要的力和地球表面上的重力作了比较，并发现它们近似相等. ……"从牛顿的这个总结中，我们可以看到，从运动现象研究力，再用力去说明其他现象的完整过程.

5.6 对称性与守恒定律

5.6.1 什么是对称性

对称性的概念最初来源于生活. 在艺术、建筑等领域中，所谓"对称"，通常是指左右对称，人体本身就有近似左和右的对称性. 各类建筑，特别是古代建筑都有较高的左右对称性. 除了左右对称之外，还有轴对称、球对称，等等.

在现代物理中对称性是个很深刻的问题. 原子物理、粒子物理、固体物理等许多领域里，对称性的概念都很重要.

为了介绍对称性的普遍意义，先引进一些概念. 首先是"系统"，它是我们讨论的对象；其次是"状态"，同一个系统可以处在不同的状态，不同的状态可以是"等价的"，也可以是"不等价的". 我们把系统从一个状态变成另一个状态的过程叫做"变换"，或者说给它一个"操作". 如果一个操作使系统从一个状态变到另一个与之等价的状态，或者说，状态在此操作下不变，我们就说该系统对于这一操作是"对称的"，而这个操作叫做该系统的一个"对称操作".

例如，一个圆对于围绕中心旋转任意角度的操作来说是对称的；或者说，旋转任意角度的操作都是该圆的对称操作. 如果我们在圆内加一对相互垂直的直径，这个系统的对称操作就少多了，转角必须是 90°的整数倍，操作才是对称的.

德国数学家魏尔在 1951 年提出了关于对称性的普遍的严格的定义:“如果一个操作使系统从一个状态变到另一个与之等价的状态,或者说,状态在此操作下不变,我们就说系统对于这一操作是对称的,而这个操作叫做这系统的一个对称操作.”常见的对称性时空操作有空间的平移和转动以及时间的平移.

一个物体发生一平移后,若仍和原来相同,这形体就具有空间平移对称性. 平移对称性有高低之分. 一条无穷长直线对沿自身方向任意大小的平移都是对称的. 一个无穷大平面对沿面内的任何方向平移都是对称的. 但晶体(如食盐 Na^+ 与 Cl^- 构成立方体)晶格点阵只对沿确定方向(如沿一列离子的方向),而且一次平移的“步长”具有确定值(2 倍晶格间距)的平移才是对称的,显见晶体的平移对称性就低.

如果使一物体绕某一固定轴转动一个角度,若仍和原来相同,那么这种对称叫做转动对称或轴对称. 轴对称也有级次之别. 如树叶图形绕中心线旋转 180°后可恢复原状,而六角形的雪花绕通过中心的垂直轴转动 60°后就可以恢复原状. 后者比前者的对称性级次高. 于坛祈年殿的外形绕其中心竖直轴几乎转过任意角度时都和原状一样,所以它具有更高级次的转动对称性.

一个静止不变的系统对任何间隔 Δt 的时间平移表现出不变性,而一个周期性变化的系统(如单摆)只对周期 T 数倍的时间平移不变. 它们都具有一定的时间平移对称性.

5.6.2　物理定律的对称性

以上对称性都是指某个系统或具体事物的对称性,另一类对称性是物理定律的对称性,它是指经过一定的操作后,物理定律的形式保持不变,因此物理定律的对称性又叫不变性,这类对称性在物理学中具有更深刻的意义.

(1) 物理定律的空间平移对称性,设想我们在空间某处做一个物理实验,然后将该套实验(连同影响该实验的一切外部因素)平移到另一处. 如果给以同样的起始条件,实验将会以完全相同的方式进行. 这说明物理定律没有因平移而发生变化. 这就是物理定律的空间平移对称性. 它表明空间各处对物理定律是一样的,所以又叫做空间的均匀性.

(2) 物理定律的转动对称性. 如果在空间某处做实验后,把整套仪器(连同影响实验的一切外部因素)转一个角度,则在相同的起始条件下,实验也会以完全相同的方式进行. 这说明物理定律并没有因转动而发生变化. 这就是物理定律的转动对称性. 它表明空间的各个方向对物理定律是一样的,所以又叫空间的各向同性.

(3) 物理定律的时间平移对称性. 如果我们用一套仪器做实验,该实验进行的方式或秩序是和此实验开始的时刻无关的. 无论在什么时候开始做实验,我们得到完全一样的结果. 这个事实表示了物理定律的时间平移的对称性.

5.6.3 对称性与守恒定律

1918 年德国数学家诺特(E. Noether，1882～1935)创建了一条定理，将守恒律和自然界的对称性联系起来，她认为每一条守恒定律都与某一种自然界的对称性相联系，每一种对称性都对应着一条守恒定律. 例如，对应于空间的均匀性有动量守恒定律，对应于空间的各向同性有角动量守恒定律，对应于时间平移对称性有能量守恒定律，对应于空间反演对称的有宇称守恒定律等.

下面就此作些说明.

首先看能量守恒定律. 从宏观的角度看，物体系有保守系和非保守系之分，前者机械能守恒，后者则不然. 从微观的角度看无所谓耗散力，在一切系统中，粒子与粒子之间的相互作用可通过相互作用势(分子力势能)来表达. 时间均匀性，或者说时间平移不变性意味着，这种相互作用势只与两粒子的相对位置有关，亦即对于同样的相对位置，粒子间的相互作用势不应随时间而变化. 在这种情况下系统的总能量(动能＋势能)自然是守恒的. 如果不然，两粒子体系的相互作用势能与时间有关，那么体系的总能量就与时间有关，不再守恒. 我们可以利用这种现象制造出一种永动机. 例如在重力较弱时，把水提升到高处的蓄水池中，在重力变强时把水从蓄水池中放出来，提升水时所需能量少，泄放水时释放的能量较多，这就成为一架能制造能量的永动机. 而这是与能量守恒定律相连背的. 时间平移对称性不允许这种情况发生.

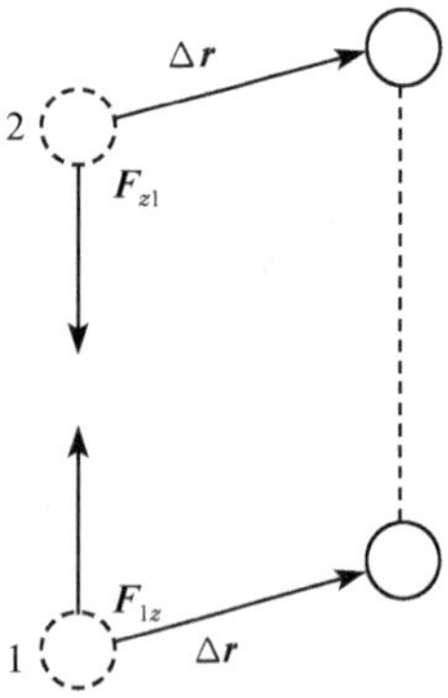

图 5.15

其次看动量守恒定律力空间平移对称性(即空间均匀性)的联系. 考虑一对粒子所组成的体系，如图 5.15 所示. 设它们的相互作用势能为 U，将这对粒子一起平移-小位移 $\Delta \boldsymbol{r}$，由于空间平移对称性，它们的相互作用势能应保持不变(即相互作用势能仅与两粒子的相对位置有关). 设在此过程中粒子 1 和粒子 2 所受的力分别为 $\boldsymbol{F}_{12}$和 $\boldsymbol{F}_{21}$，如图 5.15 所示，则应有

$$\Delta U = \Delta U_1 + \Delta U_2 = 0$$

即

$$-\boldsymbol{F}_{12}\cdot\Delta\boldsymbol{r}-\boldsymbol{F}_{21}\cdot\Delta\boldsymbol{r}=-(F_{12}+F_{21})\cdot\Delta\boldsymbol{F} = 0$$

但 $\Delta \boldsymbol{r}$ 是任意的，故有

$$\boldsymbol{F}_{12}+\boldsymbol{F}_{21}=0$$

力可用动量的时间变化率量度的，于是

$$\frac{\mathrm{d}(\boldsymbol{P}_{12}+\boldsymbol{P}_{21})}{\mathrm{d}t}=0$$

即

$$\boldsymbol{P}_{12}+\boldsymbol{P}_{21}=\text{恒量}$$

这正是动量守恒定律. 我们从空间的平移不变性导出了动量守恒定律.

最后，看角动量守律与空间转动对称性(即空间各向同性)的联系. 仍考虑两粒子体系. 如图5.16所示，粒子2固定在B点，粒子1从A点沿着以B为中心的圆弧移动到邻近和A'点，体系相应作用势能的增量为

$$\Delta U = (F_{12})_{切}\ \Delta S$$

空间转动对称性要求两粒子体系的相互作用势能仅与它们的相对位置有关，而与两粒子连线在空间的取向无关. 因而应有

$$\Delta U = 0,$$

即

$$(F_{12})_{切} = 0$$

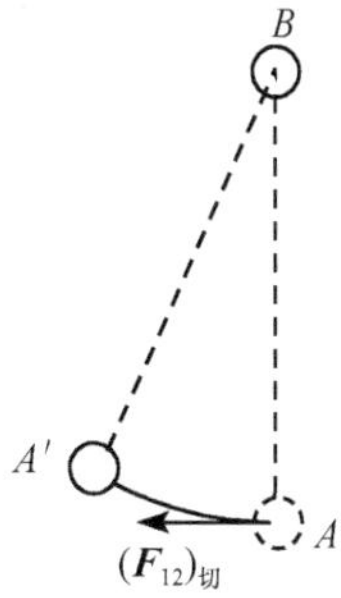

图5.16

这就是说两粒子的作用力沿两者的连线，即为有心力，而有心力对力心的力矩等于零，于是体系角动量守恒. 这样就从空间的转动不变性导出了角动量守恒定律.

习　题

5.1　已知地球的质量为5.98×10^{27}g，地球到太阳的距离为1.49×10^{8}km，地球绕太阳公转的周期为365.25d，求地球绕太阳公转的角动量.

5.2　一质量为m的地球人造卫星在半径为r的圆轨道上运行，用r、G、m、M表示它相对于轨道中心的角动量. 其中G是万有引力常数，M是地球质量. 若$m=100$kg，r等于地球半径的两倍，此人造卫星的角动量的数值是多少？

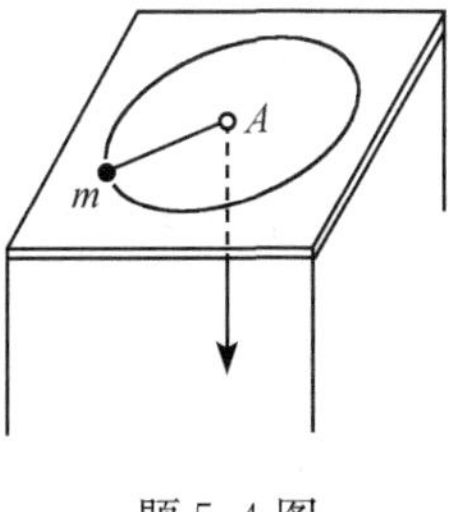

题5.4图

5.3　一人造卫星的质量为M，在一半径为r的圆轨道上运行，其角动量为L，求它的动能、位能和总能量.

5.4　绳的一端系一质量为$m=50$g的物体，绳的另一端穿过一光滑桌面上的小孔A用手拉着. 如题5.4图所示，物体原以角速度$\omega_0=3.0\text{rad}\cdot\text{s}^{-1}$在桌面上的半径为$r_0=20$cm的圆周上运动. 现将绳往下拉10cm，将物体作质点看待，求其角速度的变化和能量的变化(绳子质量以及物体和绳子与桌面之间的摩擦力均可不计.)

5.5　在一长度为a的棒的两端固定两个质点A和B，形成一个"哑呤". 整个体系的质心在没有引力的空间静止不动. 两质点绕其质心以ω角速度旋转. 在旋转中其中一个质点与一静止的第三个质点C相碰，并粘在一起，已知质点A、B、C的质量都是M，棒的质量可略去不计.

(1) 确定碰撞前那一瞬间三个质点共同的质心位置以及此时质心的速度；

(2) 碰撞前那一瞬间三个质点的体系绕其质心旋转的角动量是多少？碰撞后三质点体系绕其质心旋转的角动量是多少？

(3) 碰撞后系统绕质心的角速度是多少？

(4) 碰撞前后的动能各是多少？

5.6　两个滑冰运动员，体重都是 60kg，在两条相距 10m 的平直跑道上以 6.5m/s 的速率相向地匀速滑行. 当他们之间的距离恰好等于 10m 时，他们分别抓住一根 10m 长的绳子的两端. 若将两个运动员看成一个质点，绳子质量略去不计.

(1) 求他们抓住绳子前后相对于绳子中点的角动量；

(2) 他们每个人都用力往自己一边拉绳子，当他们之间的距离为 5.0m 时，各自的速率是多少？

(3) 计算每个运动员在减小他们之间的距离时所做的功. 证明：这个功恰好等于他们动能的变化；

(4) 如果在两个运动员之间相距刚好等于 5.0m 时绳子断了，问此刻绳子中的张力多大？

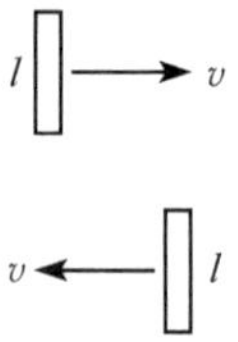

题 5.7 图

5.7　两根均匀细杆，质量都是 m，长度是 l，都以速率 v 在垂直于长度方向平动，速度方向相反，如题 5.7 图所示. 当它们相遇时，相邻两端恰好相碰，而且粘接在一起形成一根长为 $2l$ 的直杆.

(1) 问碰撞后它们怎样运动？

(2) 求碰撞后的角速度.

5.8　由火箭将一颗人造卫星送入离地面很近的轨道，进入轨道时，卫星的速度方向平行于地面，其大小为在地面附近作圆运动的速度的 $\sqrt{1.5}$倍. 试求该卫星在运行中与地球中心最远距离.

5.9　发射一宇宙飞船去考察一质量为 M、半径为 R 的行星. 当飞船静止于空间离行星中心 $5R$ 处时，以速度 v_0 发射一包仪器，仪器包的质量 m 远小于飞船的质量，要使这仪器包恰好掠擦行星表面着陆，θ 角应是多少？

5.10　在一半径为 R_0 的无空气的小行星表面上，以 v_0 的速度水平抛一物体，使该物体正好在行星表面绕它做圆周运动.

(1) 用 v_0、R_0 表示该行星上的逃逸速度；

(2) 如在该小行星表面上把一物体竖直上抛，达到的最大高度恰好等于该小行星的半径 R_0. 问上抛速度应为多少？当这物体的高度为 $R_0/2$ 时它的速度为多少？

(3) 质量为 m 的物体距离该小行星表面为 y 时，其位能为多少？设 $y<R_0$，将答案展成 y 的级数(保留到 y^2 项)；

(4) 如 $y \ll R_0$，要使物体从星体表面升到高度 y，上抛速度应为多少？

5.11　两个质量均为 1.0g 的质点，相距 10m. 开始时相对静止，如果它们之间只有万有引力作用，问它们何时相碰？

5.12　在地面上重量为 16kg 的物体，在以 $a=g/2$(g 为地面处的重力加速度)上升的人造地球卫星，视重(即该物体与支持物的作用力)为 9.0kg. 问这时该人造地球卫星离地面多远？

5.13　一密度均匀的球形天体，半径为 R，问它的质量至少为多大时，才能使它的第一宇宙速度大于光在真空中的速度？

5.14　一密度均匀的球形天体，它的质量等于太阳质量，$M=1.98\times10^{30}$ kg，它的第一宇宙速度大于光在真空中的速度 $C=3\times10^8\,\mathrm{m\cdot s^{-1}}$，引力常数 $G=6.67\times10^{-11}\,\mathrm{N\cdot m^2\cdot kg^{-1}}$，问它的半径最大是多少？

5.15　在一半径为 $R=2.0\times10^8$ m 的无空气的星球表面，若以 $v_0=10\,\mathrm{m\cdot s^{-1}}$的速度竖直上

抛一物体，则该物体上升的最大高度为 $h=8\text{m}$. 试问：

(1) 该星球的逃逸速度为多大？

(2) 若要该星球成为黑洞，则其半径应比现有的半径小多少？

5.16　在目前的天文观测范围内，物质的平均密度为 $10^{-30}\,\text{g}\cdot\text{cm}^{-3}$. 如果认为我们的宇宙是这样一个均匀大球体，其密度使得它的逃逸速度大于光在真空中的速度 c，因此任何物质都不能脱离宇宙，问宇宙的半径至少有多大？

5.17　设某行星绕中心天体在圆轨道上运行，公转周期为 T. 用开普勒第三定律证明：一个物体从此轨道由静止落至中心天体所需的时间为 $t=\sqrt{2}T/8$.

5.18　设一彗星在一抛物线轨道上运行，这抛物线与地球轨道相交，两个交点在地球轨道(设为圆形)直径的两端.

(1) 设地球半径为 R_0，地球公转速率为 v_0，写出此彗星轨道方程，并证明这彗星的最大速率为 $2v_0$；

(2) 用开普勒第二定律证明彗星在地球轨道内的时间为 $\dfrac{2}{3}\pi$ 年.

5.19　一宇宙飞船环绕一行星做匀速圆周运动，轨道半径为 R_0，飞船速率为 v_0. 飞船的火箭发动机突然点火，使飞船的速率 v_0 变到 βv_0，加速度方向与速度方向相同.

(1) 求用 R_0 和 β 表示的新轨道方程. 证明：当 $\beta<\sqrt{2}$ 时，轨道为椭圆，总能量为负；当 $\beta>\sqrt{2}$ 时，轨道为双曲线，总能量为正；

(2) 在双曲线情形下，设 α 为火箭发动机点火时飞船速度方向与飞船逃逸时速度方向(逃逸时速度方向为飞船离行星无穷远时的速度方向)之间的夹角，求 α 与 β 的关系. 画出 $\beta=\sqrt{3}$ 时的草图.

5.20　质量为 m 的质点在质量为 M 的质点(视为固定)的引力场中以 M 为中心作半径为 r_0 的圆周运动. 若给 m 以沿径向的冲量 J，并设 J 与质点的原动量之比为一小量，求 m 在以后运动过程中矢径的最大值 r_2 与最小值 r_1，并证明在忽略二级以上小量的情况下，$r_2-r_0\approx r_0-r_1$，即质点 m 的运动轨道近似为一偏心的圆.

5.21　质量为 m 的两珠子可在光滑轻杆上自由滑动；杆可在水平面内绕过 O 点的光滑竖直轴自由旋转. 原先两珠对称地位于 O 点的两边，与 O 相距 a，在 $t=0$ 时刻，对杆施以冲量矩，使杆在极短时间内即以角速度 ω_0 绕竖直轴旋转，求 t 时刻水平的角速度 ω、角加速度 β 及两珠与 O 点的距离 r.

5.22　质量均匀为 m 的小球 1,2 用长为 $4a$ 的细线相连，以速度 v 沿着与线垂直的方向在光滑水平台面上运动，线处于伸直状态. 在运动过程中，线上距离小球 1 为 Q 的一点与固定在台面上的一竖直光滑细钉相碰，设在以后的运动过程中两球不相碰，如题 5.22 图所示. 求：

(1) 小球 1 与钉的最大距离.

(2) 线中的最小张力.

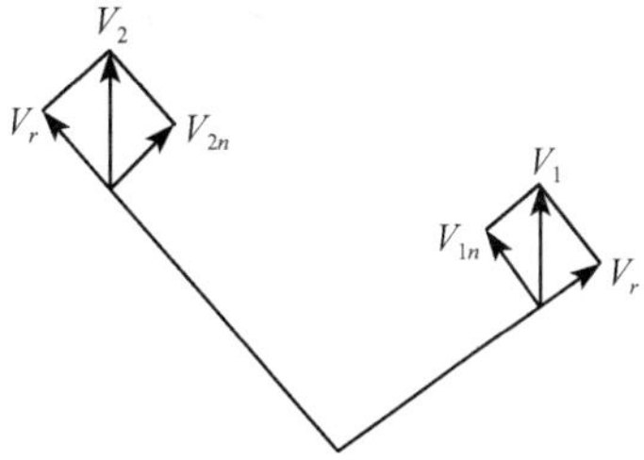

题 5.22 图

第 6 章　质心力学定理

6.1　概　　述

由前几章的讨论，我们看到质点系的运动是比较复杂的. 因为牛顿运动定律的适用对象是质点，我们在前几章中讨论质点系的动力学规律时，着眼体系中的一个质点，平等地看待每个质点，而将相互作用区分为内部的和外部的，在分析了内部作用的若干特点后，确定了质点系的动量、机械能和角动量变化定理和守垣定律，成功地解决了一批典型力学问题，如两体碰撞，火箭的推进速度，变质量运动，三种宇宙速度，地球同步卫星和有心运动，这标志着牛顿力学理论发展到了一个新阶段.

在这一章中，我们要根据质点组运动的宏观特点，着眼于把握质点组的总体运动，再分析各质点间的相对运动，即：将质点组的运动分解为两种运动的迭加.

本章论述表明，质点组的"质心"运动可以作为质点组整体运动的代表，这是因为质心运动具有若干独特的规律，包括质心动量定理，质心动能定理和质心角动量定理，本书将它们集于一章给予讨论，以保持质心运动理论的完整性，增强我们分析解决质点组问题的能力和灵活性.

6.2　质心运动定理

6.2.1　质心概念的引入

在第三章中我们讨论过质点系动量定理，其微分形式为

$$\boldsymbol{F}_{ex}=\frac{\mathrm{d}\boldsymbol{P}}{\mathrm{d}t}$$

式中

$$\boldsymbol{P}=\sum_i m\boldsymbol{v}_i$$

它与一个质点的动量定理 $\boldsymbol{F}=\frac{\mathrm{d}\boldsymbol{P}}{\mathrm{d}t}=m\boldsymbol{a}$ 形式上相同，但两者的含义并不相同. 因为质点系内质点的运动情况各不相同，加速度也各不相同，所以质点系动量定理不能简单地等效于

$$\boldsymbol{F}_{ex}=m_c\boldsymbol{a}$$

式中 $m_c=\sum m_i$ 为体系的总质量.

但对质点系而言,的确存在一个特殊的点 C,对这个特殊点,下式成立

$$\boldsymbol{F}_{ex}=M_c\boldsymbol{a}_c$$

这一点从图 6.1 可以看得很清楚,尽管物体在上抛运动的同时还在旋转,物体(可以看作质点系)上各点的运动比较复杂,但物体上的某个点(中间的小孔处)的运动就像一个质点的上抛一样简单,它沿着抛物线的轨迹运动. 于是我们把这个特殊点称为质心.

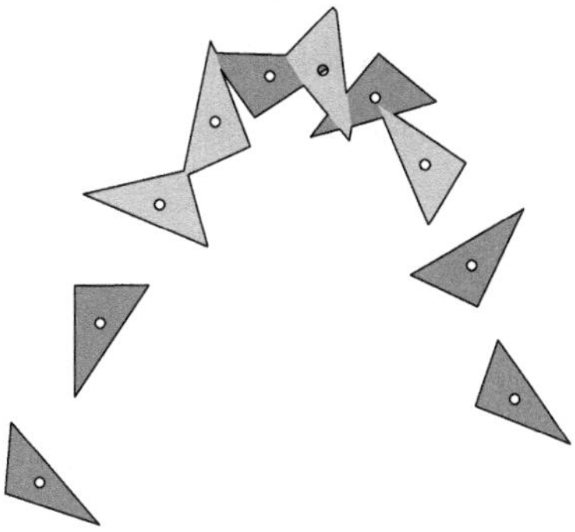

图 6.1

下面我们来研究一下这个特殊点的位置矢量.

还从质点系的动量定理入手

$$\boldsymbol{F}_{ex}=\frac{\mathrm{d}}{\mathrm{d}t}\left(\sum m_i\boldsymbol{v}_i\right)=\frac{\mathrm{d}\boldsymbol{p}}{\mathrm{d}t}$$

$$\begin{aligned}\boldsymbol{p}&=\sum(m_i\boldsymbol{v}_i)=m_1\boldsymbol{v}_1+m_2\boldsymbol{v}_2+\cdots+m_n\boldsymbol{v}_n\\&=m_1\frac{\mathrm{d}\boldsymbol{r}_1}{\mathrm{d}t}+m_2\frac{\mathrm{d}\boldsymbol{r}_2}{\mathrm{d}t}+\cdots+m_n\frac{\mathrm{d}\boldsymbol{r}_n}{\mathrm{d}t}\\&=(m_1+m_2+\cdots+m_n)\frac{\mathrm{d}}{\mathrm{d}t}\frac{m_1\boldsymbol{r}_1+m_2\boldsymbol{r}_2+\cdots+m_n\boldsymbol{r}_n}{m_1+m_2+\cdots+m_n}\\&=\sum m_i\frac{\mathrm{d}}{\mathrm{d}t}\left(\frac{\sum m_i\boldsymbol{r}_i}{\sum m_i}\right)\end{aligned}\tag{6.1}$$

令

$$M_c=\sum m_i\quad\text{为体系的总质量.}$$

定义

$$\boldsymbol{r}_c=\frac{m_1\boldsymbol{r}_1+m_2\boldsymbol{r}_2+\cdots+m_n\boldsymbol{r}_n}{m_1+m_2+\cdots+m_n}=\frac{\sum m_i\boldsymbol{r}_i}{\sum m_i}\tag{6.2}$$

为质心的位置矢量. 从质心位置矢量的定义可知,质心位矢不是所有质点的位矢的算术平均,而是以质量为权重的带权平均值,也就是说质心位矢决定于质点组的质量分布.

对于一个质量连续分布的物体,其质心位矢的表达式为

$$\boldsymbol{r}_c=\frac{\iiint\limits_{v}\rho(\boldsymbol{r})\boldsymbol{r}\mathrm{d}\tau}{\iiint\limits_{v}\rho(\boldsymbol{r})\mathrm{d}\tau}\tag{6.3}$$

式中 $\rho(\boldsymbol{r})$ 为 $\boldsymbol{r}$ 处的物体的质量密度，$d\tau$ 为体积元.

体系质心的位矢与坐标原点的选取有关，但质心与体系各质点的相对位置则与坐标原点的选取无关. 例如质量为 m_1 和 m_2 的两个质点所组成的体系，当它们相距为 l 时，其质心总是在它们的连线上. 下面我们分两种情况讨论. 如图 6.2(a)所示，坐标轴选在两质点的连线上，m_1 的坐标为 x_0，m_2 的坐标为 (x_0+l)，则质心坐标为

$$x_c = \frac{m_1 x_0 + m_2(x_0+l)}{m_1+m_2} = x_0 + \frac{m_2 l}{m_1+m_2}$$

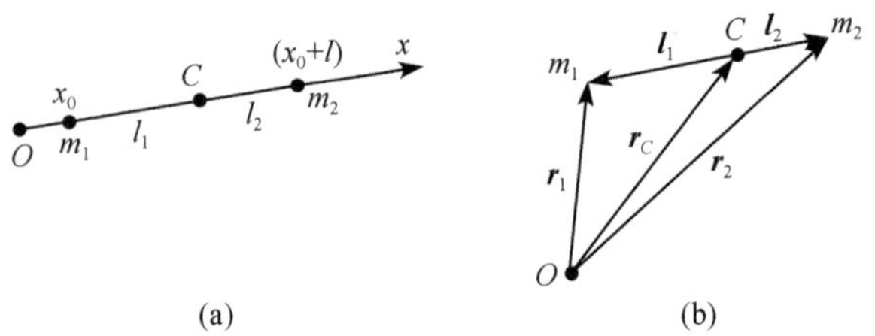

图 6.2

可见，质心位于两质点连线之间某一处，与 m_1 和 m_2 的距离分别为

$$l_1 = \frac{m_2}{m_1+m_2} l; \quad l_2 = \frac{m_1}{m_1+m_2} l \tag{6.4}$$

进而有

$$m_1 l_1 = m_2 l_2 \tag{6.5}$$

这关系式常称为杠杆关系.

若坐标原点 O 选在两质点连线外，如图 6.2(b)所示，设 m_1 相对质心 c 的位矢为 $\boldsymbol{l}_1$，m_2 相对 c 的位矢为 $\boldsymbol{l}_2$，则

$$\boldsymbol{r}_1 = \boldsymbol{r}_c + \boldsymbol{l}_1$$
$$\boldsymbol{r}_2 = \boldsymbol{r}_c + \boldsymbol{l}_2$$

于是质心位矢为

$$\begin{aligned}\boldsymbol{r}_c &= \frac{m_1 \boldsymbol{r}_1 + m_2 \boldsymbol{r}_2}{m_1+m_2} \\ &= \frac{m_1(\boldsymbol{r}_c+\boldsymbol{l}_1) + m_2(\boldsymbol{r}_c+\boldsymbol{l}_2)}{m_1+m_2} \\ &= \boldsymbol{r}_c + \frac{m_1 \boldsymbol{l}_1 + m_2 \boldsymbol{l}_2}{m_1+m_2}\end{aligned}$$

该方程表明

$$m_1 \boldsymbol{l}_1 + m_2 \boldsymbol{l}_2 = 0 \tag{6.6}$$

即

$$\frac{\boldsymbol{l}_1}{\boldsymbol{l}_2} = \frac{-m_2}{m_1}$$

说明 $\boldsymbol{l}_1$ 与 $\boldsymbol{l}_2$ 沿同一直线且方向相反，即质点处于连线之间某一处，与两质点距离满足

$$m_1 l_1 = m_2 l_2$$

上面的讨论证明参考点的两种选择并不会改变质心的实际位置，仅是数学形式不同而已.

上面的结果说明质心在两质点连线上. 靠近质量大的质点一头. 以地球和月亮为例，地球的质量约为月亮的 81 倍，地月系统的质心 c 在地月连线上靠近地球一头 1/82 处. 由于地月距离是地球半径的 60 倍，所以质心 c 实际在地球体内距地心约 3/4 个地球半径处.

例 6.1　一段质量线密度为 ρ_l 的均匀铁丝弯成半径为 R 的半圆形，试求质心位置.

解　建立如图 6.3 所示的直角坐标系 Oxy，坐标原点为圆心. 由于半圆对 y 轴对称，所以质心应该在 y 轴上. 任取一小段铁丝，其长度为 $\mathrm{d}l$，质量为 $\mathrm{d}m$. 以 ρ_l 表示铁丝的线密度(即单位长度铁丝的质量)，则有

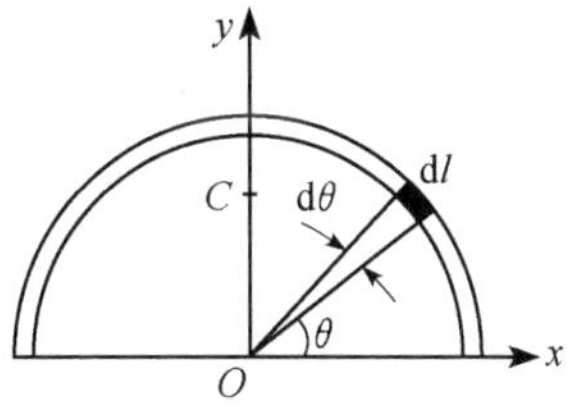

图 6.3

$$\mathrm{d}m = \rho_l \mathrm{d}l$$

根据式(6.3)直角坐标分量式得

$$y_c = \frac{\int y\rho_l \mathrm{d}l}{m}$$

由于 $y=R\sin\theta$，$\mathrm{d}l=R\mathrm{d}\theta$，所以

$$y_c = \frac{\int_0^\pi R\sin\theta \cdot \rho_l \cdot R\mathrm{d}\theta}{m} = \frac{2\rho_l R^2}{m}$$

铁线总质量

$$m = \pi R\rho_l$$

代入上一式就可得

$$y_c = \frac{2}{\pi}R$$

即质心在 y 轴上离圆心$\dfrac{2R}{\pi}$处. 注意，这一弯曲铁丝的质心并不在铁丝上，但它相对于铁丝的位置是确定的.

例 6.2　一枚炮弹发射的初始速度为 V_0，发射角为 θ，它在飞行的最高点炸裂

成质量均为 m 的两部分,一部分炸裂后竖直下落,另一部分则继续向前飞行.求这两部分的着地点以及质心的着地点(忽略空气阻力).

解　选如图 6.4 所示的坐标系.如果炮弹没有炸裂,则它的着地点的横坐标就应该等于它的射程,即

$$x=\frac{V_0^2\sin2\theta}{2g}$$

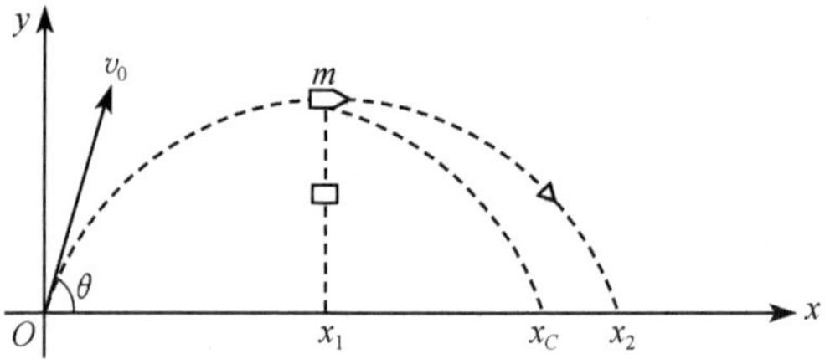

图 6.4

炮弹炸裂时,内力使两部分分开,但因外力是重力,始终保持不变,所以质心的运动仍将和未炸裂的炮弹一样,它的着地点的横坐标仍为 x,即

$$x_c=\frac{V_0^2\sin2\theta}{g}$$

第二部分的着地点 x_2 又可根据质心的定义由同一时刻第一部分和质心的坐标求出.由于第二部分与第一部分同时着地,所以着地时有

$$x_c=\frac{mx_1+mx_2}{2m}=\frac{x_1+x_2}{2}$$

由此得

$$x_2=2x_c-x_1=\frac{3}{2}\cdot\frac{V_0^2\sin2\theta}{g}$$

6.2.2　质心动量变化定理

考虑到每个质点在运动,其位矢都在随时间变化,即:$\boldsymbol{r}_1(t),\boldsymbol{r}_2(t),\cdots,\boldsymbol{r}_n(t)$,因而质心也在运动,$\boldsymbol{r}_c=\boldsymbol{r}_e(t)$,质心具有速度

$$\boldsymbol{v}_c=\frac{\mathrm{d}\boldsymbol{r}_c}{\mathrm{d}t}=\frac{\mathrm{d}}{\mathrm{d}t}\left(\frac{\sum m_i\boldsymbol{r}_i}{\sum m_i}\right)$$

$$=\frac{1}{\sum m_i}\sum\left(m_i\frac{\mathrm{d}\boldsymbol{r}_i}{\mathrm{d}t}\right)$$

即

$$\left(\sum m_i\right)\boldsymbol{v}_c=\sum(m_i\boldsymbol{v}_i)$$

$$M_c \boldsymbol{v}_c = \sum (m_i \boldsymbol{v}_i) \tag{6.7}$$

方程左端被定义为质心动量，即赋予质心位置有一质量等于质点组全部质量的质点，即 $\left(\sum m_i, \boldsymbol{r}_c\right)$，尽管质心所在处不一定真的有质量存在. 上式表明，质心动量等于质点组的总动量. 这也许就是质心能够作为质点组运动的总体代表的原因.

引入质心概念后，让我们再回到质点系动量变化定理

$$\boldsymbol{F}_{ex} = \frac{\mathrm{d}\boldsymbol{p}}{\mathrm{d}t}$$

即

$$\sum \boldsymbol{F}_i = \frac{\mathrm{d}}{\mathrm{d}t}\left(\sum m_i \boldsymbol{v}_i\right) = \frac{\mathrm{d}}{\mathrm{d}t}(M_c \boldsymbol{v}_c) = M_c \frac{\mathrm{d}\boldsymbol{v}_c}{\mathrm{d}t}$$

即

$$\left(\sum F_i\right)\mathrm{d}t = \mathrm{d}(M_c \boldsymbol{v}_c)$$

或

$$\sum \boldsymbol{F}_i = M_c \frac{\mathrm{d}\boldsymbol{v}_c}{\mathrm{d}t} = M_c \boldsymbol{a}_c \tag{6.8}$$

这就是**质心动量变化定理：质心动量的改变量等于质点组所受合外力的冲量**.

这定理表示如同将质点系所受到的全部合外力，作用于一质量等于 $M_c = \sum m_i$ 且位矢为 $\boldsymbol{r}_c$ 的质点上. 质心动量变化定理与单质点的牛顿第二定律在形式上完全相同. 质点系内部的各质点相对于质心的运动可能很复杂，但质心的运动是容易被掌握的，至少其运动规律的形式表示是简明的. 这也许是质心能作为质点系运动的代表的又一缘由.

当质点系是一个孤立体系，或所受的合外力为零时，即 $\sum \boldsymbol{F}_i = 0$，则 $M_c \boldsymbol{v}_c =$ 恒量，即**孤立质点系或所受合外力为零的质点系的质心静止或做匀速直线运动，这是质点系动量守恒定律的另一种表达式.**

6.2.3　质心参考系

以质心为参考点，且随质心一起平动的参考系，称为**质心参考系**，简称**质心系**. 选择质心系，在讨论质点系的力学问题时，十分有用. 对于不受外力作用的体系（孤立体系）或所受合外力为零的体系，其质心参考系为惯性系. 对于受外力作用的体系，质心系为非惯性系. 在质心系中，质心速度当然为零. 由于 $M_c \boldsymbol{v}_c = \sum (m_i \boldsymbol{v}_i) = 0$，这表明质点组的任意运动在质心系看来总动量恒为零. 似乎出现这样一幅图像，或各质点离质心四面散开，或向质心八方汇聚，质心成为一个运动中心，在它看来"运动"时时刻刻是各向同性的.

对于质心系，还有一个结果经常用到，即对质心系质心位矢当然等于零

$$\frac{\sum m_i \boldsymbol{r}_{ic}}{\sum m_i} = 0$$

式中 $\boldsymbol{r}_{ic}$ 为第 i 一个质点相对质心的位矢.

例 6.3　质量为 $M=500\text{kg}$、长 $L=4\text{m}$ 的木船浮在静止水面上，一质量 $m=50\text{kg}$ 的人站在船尾. 令人以时快时慢的不规则速率从船尾走到船头. 问船相对岸移动了多少距离？设船与水之间的摩擦力可以忽略.

解　此题如果直接用动量守恒定律来解，似有困难，因为人的速度不规则. 但若用质心概念很容易求解. 人和船的体系在水平方向不受外力作用，其质心加速度为零，体系原来静止，所以质心在水平方向的位置保持不变.

取 x 轴沿水平方向，设人和船的中心坐标分别为 x_1, x_2，取原来船的中心为坐标原点(即 $x_2=0$)，以人的行走方向为 x 正方向. 人在船尾时，体系质心的 x 坐标 x_c 为

$$x_c = \frac{mx_1 + Mx_2}{m+M} = \frac{m\left(-\frac{L}{2}\right) + M \cdot 0}{m+M} = -\frac{mL}{2(m+M)}$$

当人走到船头，设船的中心的坐标为 x，则体系质心坐标

$$x_c' = \frac{m\left(x+\frac{L}{2}\right) + Mx}{m+M} = x + \frac{mL}{2(m+M)}$$

质心水平位置不变，即 $x_c' = x_c$，故

$$x = -\frac{mL}{m+M}$$

即船相对岸移动的距离 $|x| = mL/(m+M)$

例 6.4　质量为 m、长度 l 的完全柔软绳子竖直地悬挂着，其下端刚刚与地面接触.（如图 6.5 所示）. 此时放开它，使之从静止状态下落. 求下落到所剩长度为 z 时地面对这段绳子的作用力. 设绳子的质量均匀分布.

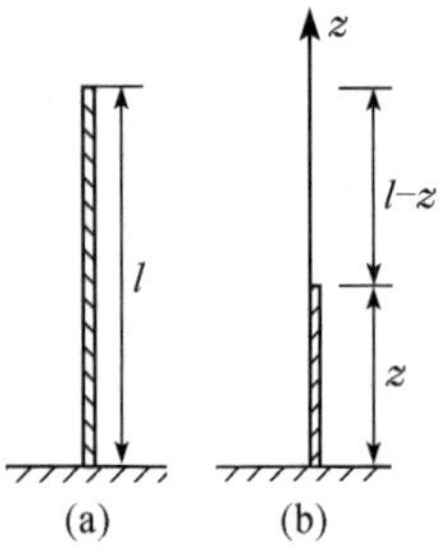

图 6.5

解　自始至终把绳子当作质点系，计算它的质心位置(高度)

$$z_c = \frac{1}{m}\int_0^2 \frac{m}{l} z \, \mathrm{d}z = \frac{z^2}{2l}$$

$$V_c = \frac{\mathrm{d}z_c}{\mathrm{d}t} = \frac{z}{l}\frac{\mathrm{d}z}{\mathrm{d}t}$$

式中 $\frac{\mathrm{d}z}{\mathrm{d}t} = v$ 是绳子上端的下落速度. 对于完全柔软的绳子，

它与一个自由质点的下落速度相同，即

$$v = -\sqrt{2g(l-z)}$$

质心的加速度为

$$a_c = \frac{\mathrm{d}v_c}{\mathrm{d}t} = \frac{\mathrm{d}}{\mathrm{d}t}\left(\frac{z}{l}v\right) = \frac{v^2}{l} + \frac{z}{l}\frac{\mathrm{d}v}{\mathrm{d}t}$$

式中

$$\frac{\mathrm{d}v}{\mathrm{d}t} = -g$$

为绳子下落的加速度，故有

$$a_c = 2g\left(1-\frac{z}{l}\right) - \frac{z}{l}g = 2g - 3\frac{z}{l}g$$

对整根绳子应用质心运动定理

$$f - mg = ma_c$$

代入 a_c 的表达式，得地板对上段绳子的作用力为

$$f = mg\left(1-\frac{z}{l}\right)$$

6.3　质心动能定理

6.3.1　质心动能定理

如图 6.6 所示，考虑由 n 个质点所成的质点系，设其质心 c 的位置矢量为 $\boldsymbol{r}_c$，第 i 个质点 m_i 的位置矢量为 $\boldsymbol{r}_i$，m_i 相对于质心的位矢为 $\boldsymbol{r}_{ic}$，根据矢量加法法则，有

$$\boldsymbol{r}_i = \boldsymbol{r}_c + \boldsymbol{r}_{ic}$$
$$\boldsymbol{v}_i = \boldsymbol{v}_c + \boldsymbol{v}_{ic}$$

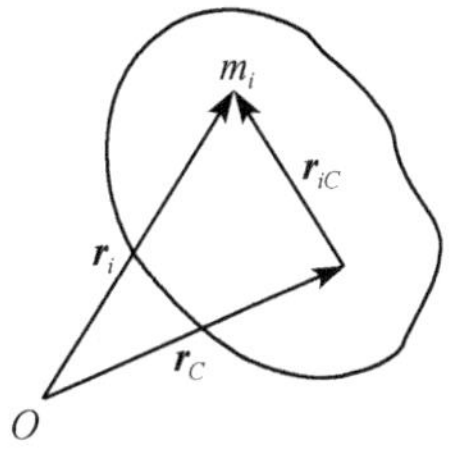

图 6.6

其中 $\boldsymbol{v}_i$ 为质点 m_i 的速度，$\boldsymbol{v}_c$ 为质心的速度，$\boldsymbol{v}_{ic}$ 为质点 m_i 相对质心的速度. 质点组的总动能

$$E_K = \sum \frac{1}{2}m_i v_i^2$$

而

$$\begin{aligned} v_i^2 &= \boldsymbol{v}_i \cdot \boldsymbol{v}_i \\ &= (\boldsymbol{v}_c + \boldsymbol{v}_{ic}) \cdot (\boldsymbol{v}_c + \boldsymbol{v}_{ic}) \\ &= v_c^2 + v_{ic}^2 = 2\boldsymbol{v}_c \cdot \boldsymbol{v}_{ic} \end{aligned}$$

注意式中右边第三项为交叉项，代入对总动能求和公式后变为

$$\sum \frac{1}{2}m_i \cdot 2\boldsymbol{v}_c \cdot \boldsymbol{v}_{ic} = \boldsymbol{v}_c \cdot \sum (m_i \boldsymbol{v}_{ic}) = \boldsymbol{v}_c \cdot 0 = 0$$

这里 $\sum m_i \boldsymbol{v}_{io}$ 表示相对质心的体系的总动量，当然为零. 所以

$$E_K = \sum \frac{1}{2} m_i v_c^2 + \sum \frac{1}{2} m_i v_{ic}^2$$

$$= \frac{1}{2} M v_c^2 + E_{rc} = E_c + E_{rc} \tag{6.9}$$

右边第一项 E_c 是将体系总质量集中于质心的动能，称为质心动能，第二项 E_{rc} 为质点体系相对质心的动能. 式(6.9)表示：**体系的总动能等于质心动能与体系相对质心的动能之和**. 此结论称为**柯尼希(könig)定理**. 证明过程中清楚显示质心的特殊性，对质心外的点，展开式中的交叉项就不等于零了.

显然在质心系中，质心速度为零，所以 $E_c=0$，则质点组总动能 $E_K=E_{rc}$

6.3.2 两体相对质心的动能公式

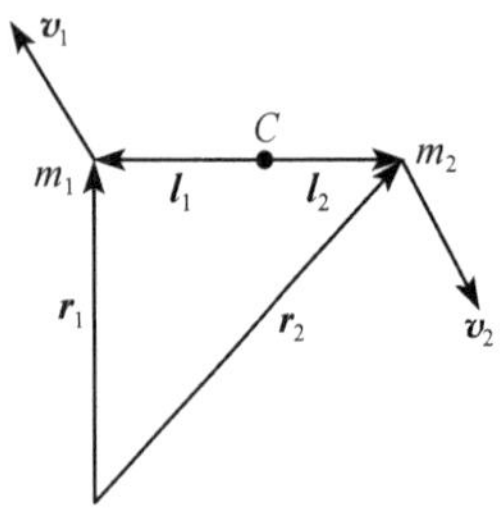

图 6.7

对于两体运动，其相对质心的动能项将演化为更为简明的形式，如图 6.7 所示两质点相对质心的位矢为 $\boldsymbol{l}_1$ 和 $\boldsymbol{l}_2$，m_1 相对 m_2 的位矢为 $\boldsymbol{l}=\boldsymbol{l}_1-\boldsymbol{l}_2$ 各自相对质心的速度为

$$\boldsymbol{v}_{1c} = \frac{\mathrm{d}\boldsymbol{l}_1}{\mathrm{d}t}, \qquad \boldsymbol{v}_{2c} = \frac{\mathrm{d}\boldsymbol{l}_2}{\mathrm{d}t}$$

于是相对质心的动能为

$$E_{rc} = \frac{1}{2} m_1 \left| \frac{\mathrm{d}\boldsymbol{l}_1}{\mathrm{d}t} \right|^2 + \frac{1}{2} m_2 \left| \frac{\mathrm{d}\boldsymbol{l}_2}{\mathrm{d}t} \right|^2$$

因为

$$\boldsymbol{l}_1 = \frac{m_2}{m_1+m_2}\boldsymbol{l}, \quad \boldsymbol{l}_2 = \frac{-m_1}{m_1+m_2}\boldsymbol{l}$$

则相对动能公式被简化为

$$E_{rc} = \frac{1}{2} \frac{m_1 m_2}{m_1+m_2} \left| \frac{\mathrm{d}\boldsymbol{l}}{\mathrm{d}t} \right|^2$$

又注意到 $\frac{\mathrm{d}\boldsymbol{l}}{\mathrm{d}t}=\boldsymbol{v}_1-\boldsymbol{v}_2=\boldsymbol{v}_r$，定义两体的约化质量为 $\mu_r=\frac{m_1 m_2}{m_1+m_2}$，最终得两体相对质心的动能为

$$E_{rc} = \frac{1}{2} \mu_r v_r^2 \tag{6.10}$$

值得强调的是，出现于公式中的 v_r 是相对速率，它与参考系无关，所以 E_{rc} 也与参考系无关. 上面的结果说明，在质心系中动能只与相对速度 v_r 有关，故也可称为相对动能，记作 E_{rc}. 克尼希定理表明，对于由两质点组成的体系，在非质心系中的总动能，等于随质心作整体运动的动能 $E_c=\frac{1}{2}mv_c^2$ 和两质点相对动能之和.

近代高能物理学为了研究微观粒子的结构、相互作用和反应机制，需要用高能加速器把带电粒子加速到很高的能量去碰撞静止靶子中的粒子，以观测反应的结果，与理论互相印证. 能量愈高，愈能反映出更深层次的信息. 然而，在实验室参考系内，质心动能 E_c 是不参与粒子之间反应的，真正有用的能量，即资用能，只是高能粒子与靶子之间的相对动能 E_{rc}. 若 $m_1=m_2=m_0$，按上面的公式计算 $m=\sum m_i=2m_0$ 折合质量 $\mu_r=\frac{m_1m_2}{m_1+m_2}=\frac{m_0}{2}$，质心速度 $v_c=\frac{u}{2}$

所以质心动能

$$E_c=\frac{1}{2}m\cdot v_c^2=\frac{1}{2}\times 2m_0\frac{u^2}{4}=\frac{1}{4}m_0u^2$$

相对动能

$$E_{rc}=\frac{1}{2}\mu\cdot u^2=\frac{1}{2}\cdot\frac{m_0}{2}u^2=\frac{1}{4}m_0u^2$$

总能量

$$E=E_c+E_{rc}=\frac{1}{2}m_0u^2$$

也就是说只能有一半能量可供高能反应. 这是按牛顿力学计算出来的. 若按相对论力学计算，资用能的比例远较 50%小得多，加速器的能量越高，能量的利用率越低，这是非常不合算的. 所以现代的大加速器多采用对撞机的形式，让相同的高能粒子沿相反方向运动，进行碰撞，这样一来，实验室系和质心系便统一起来了，质心动能 $E_c=0$，全部能量都是资用能 E_{rc}. 以我国 1987 年建成的北京正负电子对撞机为例，每个粒子可加速到 2.2GeV 的能量，两束对撞粒子的 $E_{rc}=2\times2.2$GeV. 而如果使用静止靶要得到相同的资用能，单束能量需高达1.9×10^4GeV. 要比对撞机大 4 个数量级！要建造这样大能量的加速器工程浩大，耗资巨大.

6.3.3　导出碰撞动能亏损公式

设两体碰撞前的动能为

$$E_k=E_c+E_{rc}$$

碰撞后的动能为

$$E'_k=E'_c+E'_{rc}$$

选择质心系考察其变化，则

$$E_c=E'_c=0$$

故动能改变量为

$$\Delta E_k=E'_{rc}-E_{rc}=\frac{1}{2}\mu v_r'^2-\frac{1}{2}\mu v_r^2 \tag{6.11}$$

其中碰撞前两体的相对速率为

$$v_r = v_{10} - v_{20}$$

碰撞后两体的相对速率为：

$$v_r' = v_2 - v_1 \tag{6.12}$$

引入恢复系数 $e=\frac{v_r'}{v_r}$，式(6.11)可写成

$$\Delta E_{\mathrm{k}} = -\frac{1}{2}(1-e^2)\mu_r v_r^2 \tag{6.13}$$

这就是两体碰撞的动能亏损公式. 我们已在第四章中得到过，现在用质心系导出，物理概念清晰，数学推导简明.

6.3.4 重力势能和质心势能

应用质点系机械能定理时，必定涉及势能，在保守力场中，质点系各质点都有势能，这里我们不仿引入势能中心概念. 一般说来，势能中心与质心并不重合，此时质心重力势能代表质点组的总势能，这是因为

$$\sum(m_i g h_i) = g\sum(m_i h_i) = g\frac{\sum m_i h_i}{\sum m_i}\sum m_i$$

$$= Mghc$$

式中 $M=\sum m_i$ 为体系总质量，即质心重力势能等于质点系总势能.

6.3.5 一般质心系中的功能原理与机械能守恒定律

我们知道，如果选择了非惯性系统，就应计入惯性力. 在动能定理中必须计及惯性力所做的功. 本节将证明：只要我们选择质心系，即使它不是惯性系，也不需考虑惯性力所做的功.

如果质心的绝对加速度 $a_c=0$，则质心系是惯性系；如果 $a_c\neq 0$，则质心系为非惯性系，它是具有加速度 a_c 的平动参考系，所有质点都受到惯性力. 现在我们来计算惯性力所做的功.

设作用于第 i 个质点的惯性力为 $-m_i\boldsymbol{a}_c$，这个力对质点 i 所做的功为

$$\int_{t_0}^{t} -m_i\boldsymbol{a}_c \cdot \mathrm{d}\boldsymbol{r}_{ic}$$

惯性力所做的总功为

$$A_{惯} = \sum_i \int_{t_0}^{t} -m_i\boldsymbol{a}_c \cdot \mathrm{d}\boldsymbol{r}_{ic} = -\int_{t_0}^{t} \boldsymbol{a}_c \cdot \sum^{i} m_i \mathrm{d}\boldsymbol{r}_{ic}$$

$$= -\int \boldsymbol{a}_c \cdot \mathrm{d}\Big(\sum_i m_i \boldsymbol{r}_{ic}\Big)$$

因为

$$\sum_i m_i \boldsymbol{r}_{ic} = m_c \cdot \sum \frac{m_i \boldsymbol{r}_{ic}}{\sum m_i} = M_c \boldsymbol{r}_{cc}$$

式中 $\boldsymbol{r}_{cc}$ 为在质心系中质心的位矢，显然为零. 所以

$$A_{惯} = 0$$

这样，我们可以得到结论，只要选取质心系为参考系，即使质心系是非惯性系，也无需考虑惯性力的影响.

例 6.5　计算第三宇宙速度. 从地面发射的火箭如具有第三宇宙速度，那就不仅能够脱离地球，而且可以逸出太阳系.

解　首先，我们规定无穷远处的引力势能为零，由于火箭的机械能守恒，火箭要逸出太阳系，其机械能 E 至少应等于零. 这里的 E 指的是火箭的动能 $mv^2/2$ 以及太阳-火箭的势能 $-GMm/\rho$. 在地球这样的距离上这个判据成为

$$\frac{1}{2}mv^2 - G\frac{Mm}{R_1} = 0$$

这里 R_1 为地球与太阳的距离. 由上式解得

$$\boldsymbol{v} = \sqrt{2GM/R_1} \approx 42.2\text{km} \cdot \text{s}^{-1}$$

这就是说，在地球这样的距离上，一个物体必须具有 $42.2\text{km} \cdot \text{s}^{-1}$ 的速率才可以逸出太阳系而飞往其他恒星. 但这里还没有计及地球的引力，上面的 $42.2\text{km} \cdot \text{s}^{-1}$ 应当是已脱离了地球引力范围时的速率. 那么火箭以地面出发时相对于地球的速率 v 应当多大呢?

先选用相对太阳静止的参考系，火箭已脱离了地球引力范围时的动能应为 $mv^2/2$，这时火箭-地球势能为 0. 为了用最小的速度达到目的，应当沿地球公转方向发射火箭，以最大限度地利用地球的公转动能. 考虑到地球公转速率为 $29.8\text{km} \cdot \text{s}^{-1}$，火箭以相对速率 v' 从地面出发时的动能为 $m(v'+29.8)^2/2$，其时火箭-地球势能为 $(-mgR^2/\rho)\big|_{\rho=R}$，$R$ 为地球半径. 因为万有引力是保守力，我们可以运用机械能守恒.

$$\frac{1}{2}m(V'+29.8)^2 - \frac{mgR^2}{\rho}\bigg|_{\rho=R} = \frac{1}{2}m(42.2)^2$$

考虑到

$$\frac{mgR^2}{\rho}\bigg|_{\rho=R} = \frac{1}{2}mv_2^2$$

式中

$$v_2 = 11.2\text{km} \cdot \text{s}^{-1}$$

为第二宇宙速度，即火箭脱离地球引力的速度. 所以得到

$$v' = \sqrt{42.2^2 + 11.2^2} - 29.8 = 13.9(\text{km} \cdot \text{s}^{-1})$$

但这个结果是错误的.

那么为什么这个结果是错的呢？因为在火箭逸出地球引力范围的过程中，地球相对于"静止"参考系（太阳）的速率也随之而变. 由于地球质量很大，这个速率变化很小，但另一方面，正因为地球质量很大，尽管速率变化很小，动能的改变却颇为可观. 必须考虑地球动能的改变才可以得出正确的结果. 为了计算火箭的速率，需要考虑地球运动情况的改变，这是太不方便了.

选取"地球——火箭"系统的质心坐标系则比较方便，因为地球的质量远远超过火箭的质量，"地球——火箭"系统的质心实际上也就是地球的质心. 地球相对于它自己的质心，当然始终是静止的. 在质心坐标系中，地球的动能始终为 0，无需特别计及地球的动能. 在质心系中，火箭已脱离了地球引力范围的动能应为 $m(42.2-29.8)^2/2$，其时"地球——火箭"势能为零；火箭以相对地面的速率 v' 从地面出发时的动能为 $mv'^2/2$，此时地球——火箭势能为

$$(-mgR^2/\rho)\big|_{\rho=R}$$

因为万有引力是保守力，我们可以运用机械能守恒原理

$$\frac{1}{2}mv'^2-\frac{mgR^2}{\rho}\bigg|_{\rho=R}=\frac{1}{2}m(42.2-29.8)^2$$

由此求得第三宇宙速度

$$v'=\sqrt{(42.2-29.8)^2+11.2^2}=16.7(\mathrm{km\cdot s^{-1}})$$

这样，无需计算地球运动情况的变化，就求得了正确的第三宇宙速度. 由此可见质心系的威力.

6.4　质心角动量定理

6.4.1　质点系总角动量等于质心角动量与相对质心角动量之和

如图 6.8 所示，质点 m_i 相对参考点 O 的位置矢量为 $\boldsymbol{r}_i$，相对，质心 c 的位矢为 $\boldsymbol{r}_{ic}$，相对质心的速度为 $\boldsymbol{v}_{ic}$，质心位矢为 $\boldsymbol{r}_c$. 显然有

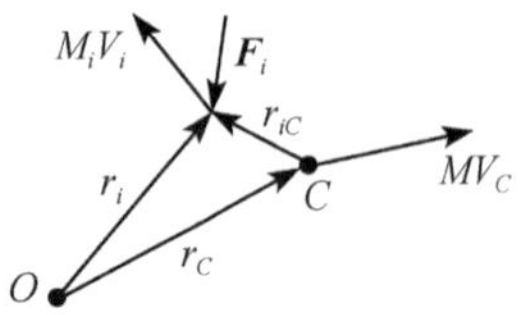

图 6.8

$$\begin{cases}\boldsymbol{r}_i=\boldsymbol{r}_c+\boldsymbol{r}_{ic}\\ \boldsymbol{v}_i=\boldsymbol{v}_c+\boldsymbol{v}_{ic}\end{cases}$$

观察质点系的角动量

$$\boldsymbol{L}=\sum(\boldsymbol{r}_i\times m_i\boldsymbol{v}_i)$$

展开为

$$\begin{aligned}\boldsymbol{r}_i\times\boldsymbol{v}_i&=(\boldsymbol{r}_c+\boldsymbol{r}_{ic})\times(\boldsymbol{v}_c+\boldsymbol{v}_{ic})\\&=\boldsymbol{r}_c\times\boldsymbol{v}_c+\boldsymbol{r}_{ic}\times\boldsymbol{v}_{ic}+\boldsymbol{r}_c\times\boldsymbol{v}_{ic}+\boldsymbol{r}_{ic}\times\boldsymbol{v}_c\end{aligned}$$

注意等式右边第三、第四项，对其进行求和时

$$\sum(\boldsymbol{r}_c\times m_i\boldsymbol{v}_{ic})=\boldsymbol{r}_c\times\sum m_i\boldsymbol{v}_{ic}=\boldsymbol{r}_c\times 0=0$$

$$\sum(m_i\boldsymbol{r}_{ic}\times\boldsymbol{v}_c)=\left(\sum m_i\boldsymbol{r}_{ic}\right)\times\boldsymbol{v}_c=0\times v_c=0$$

这是因为 $\sum m_i\boldsymbol{v}_{ic}$ 为相对质心系求体系的动量，当然为零. $\sum m_i\boldsymbol{r}_{ic}$ 是相对质心系的质心的位置矢量为零，于是质点系的总角动量为

$$\boldsymbol{L}=\boldsymbol{r}_c\times\left(\sum m_i\right)\boldsymbol{v}_c+\sum(\boldsymbol{r}_{ic}\times m_i\boldsymbol{v}_{ic})\tag{6.14}$$

等式右边第一项为质心相对参考点 O 的角动量，记作 $\boldsymbol{l}_c$，第二项为各质点相对质心的角动量之和，简单说为质点系相对质心的角动量，记作 $\boldsymbol{L}_{rc}$，故质点系的总角动量为

$$\boldsymbol{L}=\boldsymbol{L}_c+\boldsymbol{L}_{rc}\tag{6.15}$$

6.4.2 质心角动量变化定理

由于质心动量变化定理与单质点的完全相同，即

$$\sum\boldsymbol{F}_i\mathrm{d}t=\mathrm{d}\left(\sum m_i\boldsymbol{v}_i\right)$$

等式两边用 $\boldsymbol{r}_c$ 叉乘得

$$\sum(\boldsymbol{r}_c\times\boldsymbol{F}_i)\mathrm{d}t=\mathrm{d}\sum(\boldsymbol{r}_c\times m_i\boldsymbol{v}_i)=\mathrm{d}L_c$$

$$\boldsymbol{M}_c=\boldsymbol{r}_c\times\sum\boldsymbol{F}_i$$

为合外力作用于质心所产生的力矩，参考点为 O 点. 所以

$$\frac{\mathrm{d}\boldsymbol{L}_c}{\mathrm{d}t}=\boldsymbol{M}_c\tag{6.16}$$

作用于质心的合外力矩，等于质心角动量的时间变化率. 这就是质心角动量变化定理.

6.4.3 质心系的角动量变化定理

由于角动量定理的推导过程中应用了牛顿定律，所以角动量定理在惯性系中才成立. 当在质心系中考虑体系相对质心的角动量随时间的变化时，质心是固定点. 如果质心系是惯性系，角动量定理当然适用. 如果质心系是非惯性系，只要加上惯性力，牛顿定律仍然成立. 因此只要加上惯性力的力矩，角动量守恒定理也仍然成立. 设 L_c 为质心系中体系对质心的角动量，M_c 为外力对质心的力矩，M_{ic} 为惯性力对质心的力矩. 则有

$$\boldsymbol{M}_c+\boldsymbol{M}_{ic}=\frac{\mathrm{d}\boldsymbol{L}_c}{\mathrm{d}t}\tag{6.17}$$

由于质心系是平动系，作用在各质点上的惯性力与质量成正比，方向与质心加速度

相反，对质心的力矩为

$$\boldsymbol{M}_{ic} = \sum \boldsymbol{r}_{ic} \times (-m_i\boldsymbol{a}) = -\left(\sum m_i\boldsymbol{r}_{ic}\right)\times \boldsymbol{a} = 0 \tag{6.18}$$

式中 $\boldsymbol{r}_{ic}$ 表示第 i 个质点 m_i 在质心系中的位矢，该式的推导中利用了

$$\sum m_i\boldsymbol{r}_{ic} = 0$$

这是因为 $\left(\sum m_i\boldsymbol{r}_{ic}\right)/m_c$ 表示在质心系中求质心的位矢，它当然是 0. 故方程(6.17)可写为

$$\boldsymbol{M}_c = \frac{\mathrm{d}\boldsymbol{L}_c}{\mathrm{d}t} \tag{6.19}$$

即不论质心系是惯性系还是非惯性系，在质心系中，角动量定理仍然适用.

在这里我们再一次看到质心系的独特优越性. 行星绕太阳运动时，把太阳看成静止是一种近似. 利用约化质量虽然精确，但是只能处理两体问题. 对于多体问题，当行星的质量与太阳质量相比不能忽略，或者我们求解问题要求高精度时，都应该考虑太阳的运动，在这种情况下用质心系就能显示其优点了.

6.4.4　体系的角动量与质心的角动量

虽然在质心系中角动量定理仍然适用，但体系在质心系中相对质心的角动量与体系在惯性系中相对原点的角动量并不相同. 这一点应该是肯定的，因为即使在惯性系中相对不同的点的角动量都不相同，何况质心往往还是一个运动的点.

设在惯性系 K 中，体系相对原点的角动量为 $\boldsymbol{L}$. 在质心系 K_c 中，体系相对于质心的角动量为 $\boldsymbol{L}_c$，则有

$$\begin{aligned}\boldsymbol{L} &= \sum_i (\boldsymbol{r}_i \times m_i\boldsymbol{v}_i) = \sum_i [(\boldsymbol{r}_c + \boldsymbol{r}_{ic}) \times m_i(\boldsymbol{v}_c + \boldsymbol{v}_{ic})] \\ &= \sum_i (\boldsymbol{r}_c \times m_i\boldsymbol{v}_c + \boldsymbol{r}_c \times m_i\boldsymbol{v}_{ic} + \boldsymbol{r}_{ic} \times m_i\boldsymbol{v}_c + r_{ic} \times m_i\boldsymbol{v}_{ic}) \\ &= \boldsymbol{r}_c \times m_c\boldsymbol{v}_c + \boldsymbol{r}_c \times \left(\sum_i m_i\boldsymbol{v}_{ic}\right) + \left(\sum_i m_i\boldsymbol{r}_{ic}\right) \times \boldsymbol{v}_c + \sum_i (\boldsymbol{r}_{ic} \times m_i\boldsymbol{v}_{ic})\end{aligned} \tag{6.20}$$

式中 $\sum\limits_i m_i r_{ic} = 0$，且 $\sum\limits_i m_i\boldsymbol{v}_{ic}$ 为在质心系中求体系的动量，这当然也是零，我们令

$$\boldsymbol{L}_c = \boldsymbol{r}_c \times m_c\boldsymbol{v}_c$$

称为质心角动量

$$\boldsymbol{L}_{rc} = \sum_i (\boldsymbol{r}_{ic} \times m_i\boldsymbol{V}_{ic})$$

称为体系相对于质心的角动量. 则有

$$\boldsymbol{L} = \boldsymbol{L}_c + \boldsymbol{L}_{rc} \qquad (6.21)$$

即体系的角动量等于质心的角动量与体系相对于质心的角动量之和.

作为例子,我们来讨论如图 6.9 中所示的跳水运动员. 若忽略空气阻力,运动员所受唯一的外力是重力,在质心系中重力的力矩恒等于 0,故 $\boldsymbol{M}_{c外}=0$,也就是说,运动员绕质心的角动量守恒. 当他将两臂和两腿伸直离开跳板时,已具有一定的初始角动量,当他要翻筋斗时,就在空中把身体卷缩起来以减小转动惯量,增加角速度. 临入水前再将四肢伸开,角速度就减小到原来的值入水.

图 6.9

习　题

6.1　三个质量分别为 100g、200g 和 300g 的物体,分别放在(0,30cm)、(40cm,0)和(0,0)处,试求质心位置.

6.2　一均匀材料做成正方形,每边长 4.0m,在其一角上切去一个边长为 1.0m 的小正方形后,放置如题 6.2 图形状,求余下物体的质心位置.

6.3　在半径为 50cm 的均匀圆盘上,有一半径为 30cm 的圆孔,孔的中心距圆盘中心为 10cm. 求圆盘剩下部分的质心位置.

6.4　试求一个半径为 a 的半圆形均匀平板的质心. 它的安放如题 6.4 图所示.

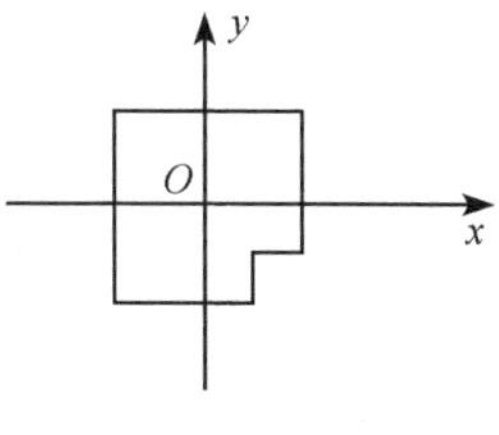

题 6.2 图

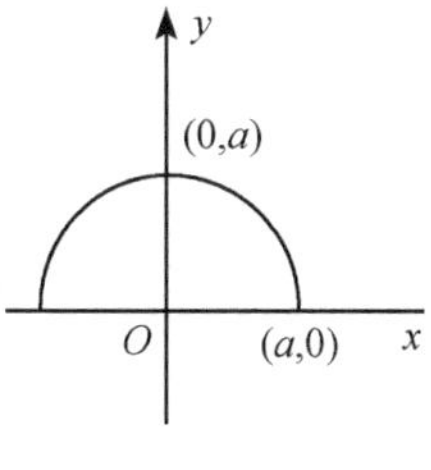

题 6.4 图

6.5　有一个 90kg 重的人,从 2.0m 高处往地面跳,若他每只脚踝骨的接触面积是 5.0cm^2,已知人的骨头抗压强度约为 $1.5\times10^4\,\text{N/cm}^2$. 试问:

(1) 若他与地面碰撞期间,他的质心向下运动了 1.0cm,他的踝骨会发性骨折吗?

(2) 若他与地面碰撞期间,他的质心降低了 50cm,他的踝骨上单位面积平均接受多大冲力? 会骨折吗?

6.6　四质点的质量 $m_1=1\text{kg}$,$m_2=2\text{kg}$,$m_3=3\text{kg}$,$m_4=4\text{kg}$;m_1 m_2 和 m_4 的坐标顺次为

$(x,y)=(-1,1)$，$(-2,0)$和$(3,-2)$，质心位于$(x,y)=(1,-1)$，求m_3的位置.

6.7　一长为l的细杆，其密度ρ依关系式$\rho=\rho_0 x/l$随x而变化，x是杆的一端算起的距离，ρ_0为常量，求其质心的位置.

6.8　气球质量为M，下悬质量可忽略软梯. 软梯上站一质量为m的人，共同在气球所受浮力F作用下加速上升，设人以相对于软梯的加速度a_m上攀，求气球的加速度和系统质心的加速度.

6.9　如题6.9图，在光滑水平面上，用劲度系数为k的弹簧连接物体m_1和m_2. m_1紧靠墙，在m_2上施力将弹簧压缩x_0，以m_1，m_2和弹簧为系统，当外力撤去后，求系统质心加速度的最大值和系统质心速度的最大值.

6.10　如题6.10图所示，用一质量可忽略的弹簧把质量各为m_1和m_2的木板连起来. 设在上面板上施加向下的压力$(m_1+m_2)g$，求该外力撤去后，系统质心速度和质心加速度的最大值.

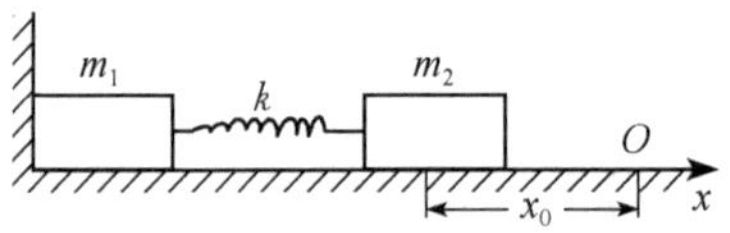

题6.9图

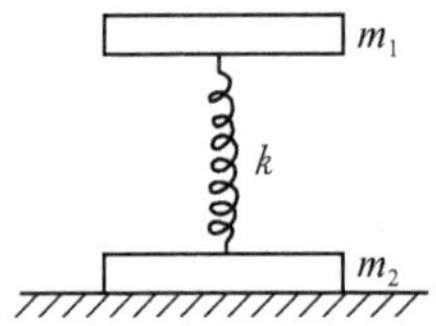

题6.10图

6.11　证明两质点组成的系统的总角动量等于$r_c\times Mv_c+r_{21}\times\mu v_{21}$，其中$r_c$和$v_c$是质心位矢和速度，$r_{21}$和$v_{21}$是质量2相对质点1的位矢和速度，$M$是总质量，$\mu$是两质点的约化质量.

6.12　两质点质量分别为m_1和m_2，它们由长为l的轻绳相连并放在光滑水平面上，设原来绳伸直，两质点静止，突然打击m_1，使具有垂直于绳子方向的初速v_0，(1)求系统质心的速度. (2)设质心原来处于c_0点，求打击结束后系统对c_0的角动量(3)说明系统以后的运动.

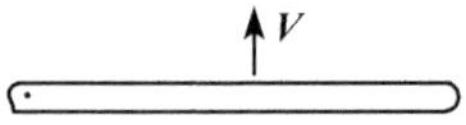

题6.13图

6.13　如题6.13图所示，根据质点系总角动量等于质心角动量和相对质心角动量之和的原理，求解一质量为m、长为l的均匀细棒，在光滑水平面上以v匀速运动时，某时该棒对端点O的角动量.

第 7 章　刚体力学

7.1　刚体的一般概念

7.1.1　刚体

到目前为止，我们讨论了质点和质点系的运动规律. 所谓质点就是忽略了物体的形状和太小，把它抽象为一个具有质量的点. 实际上质点的运动只代表物体的平动. 实际的物体总是有形状大小的. 它可以作平动、转动甚至更复杂的运动. 但如果将物体的形状大小，以及它们受力时的形变都要考虑，情况就变得十分复杂，以致无法加以研究.

一般固体在外力作用下，形状大小都要发生变化，但值得庆幸的是，很多情况下物体的形变并不显著. 为把问题简化，对在外力作用下，物体形变很小，以致可以忽略不计的物体，引入刚体的概念. 所谓刚体就是在运动过程中或受力作用的过程中，不会发生任何形变，其上任意两点间的距离保持不变的物体.

刚体模型考虑了物体的形状和大小，但不考虑其形变，它依然是一个理想化模型.

7.1.2　对刚体的研究方法

为了研究刚体的运动规律，我们可以把物体分割成无限多的质元，每一个质元都可以看作一个质点，这样刚体就可以看作一个特殊的质点系，在这个质点系里，任意两个质点之间的距离 l 是保持不变的，即 $|l(t)|=$ 恒量. 这样我们就可以应用前面研究过的质点系的运动规律来研究刚体的运动规律.

7.1.3　刚体的自由度

所谓刚体的自由度，就是确定一个刚体位置的独立坐标数. 如描述一个自由质点的位置，需要三个独立坐标，在直角坐标中 (x,y,z) 或球坐标系中 (r,θ,φ). 所以一个自由质点具有 3 个自由度；一个质点被约束在一曲线上运动，只有一个自由度，N 个自由质点组成的质点组，有 $3N$ 个自由度.

如图 7.1 所示，虽然刚体由无穷多的质量元凝聚而成，自由刚体的自由度却只有 6 个，因为这无穷多质元，彼此固连，相互约束并不独立. 一个刚体的位置可以由

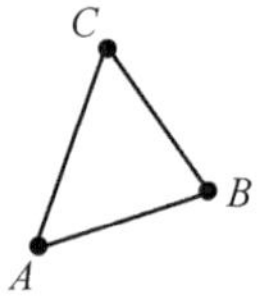

图 7.1

不在一条直线上的三个点 A、B、C(质元)来决定,先确定 A 点的位置需 3 个自由度,直线$\overline{AB}$取向占了 2 个自由度,C 点绕$\overline{AB}$轴转动需 1 个自由度,所以共 6 个自由度,在 6 个自由度中 3 个为平动自由度,3 个为转动自由度,若刚体运动被约束为定点转动,只有 3 个自由度,若进一步约束为定轴转动,只有 1 个自由度.

7.1.4　刚体运动的分类

1. 平动

刚体上的任意一条直线,在刚体运动过程中始终保持平行,刚体的这种运动就称为平动. 在平动过程中,刚体上所有点的运动是完全相同的,它们具有相同的位移、速度和加速度,因此,我们可以刚体上任何一点的运动来代表整个刚体的平动,前面关于质点的运动规律可以用来描述刚体的平动. 如图 7.2 所示.

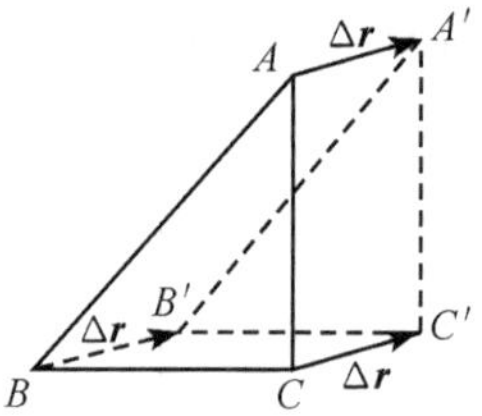

图 7.2

一般选择质心为代表,因为质心运动规律 $M\boldsymbol{a}_C = \sum \boldsymbol{F}_i$ 最为简明.

2. 定轴转动

如图 7.3 所示,在刚体的运动过程中,如果刚体上所有的点都绕同一条固定的直线做圆周运动. 那么这种运动就称为定轴转动,这条直线称为转轴. 为描述刚体的转动,在刚体上截出一个与转轴垂直的 Oxy 平面,此平面与转轴的交点为 O,除 O 点以外在平面上任选一点 A,A 点相对 O 点的位矢为 $\boldsymbol{r}$,在刚体绕轴转动过程中,A 点作以 O 为心,以 r 为半径的圆周运动,A 的位置由 x 轴转至 OA 的角 θ 决定,在不同时刻 θ 角的值是不同的,称为绕固定轴转动刚体的角坐标. 所以刚体定轴转动可用函数 $\theta=\theta(t)$来描述,此即刚体定轴转动的运动学方程,由此可知定轴转动刚体的自由度为 1.

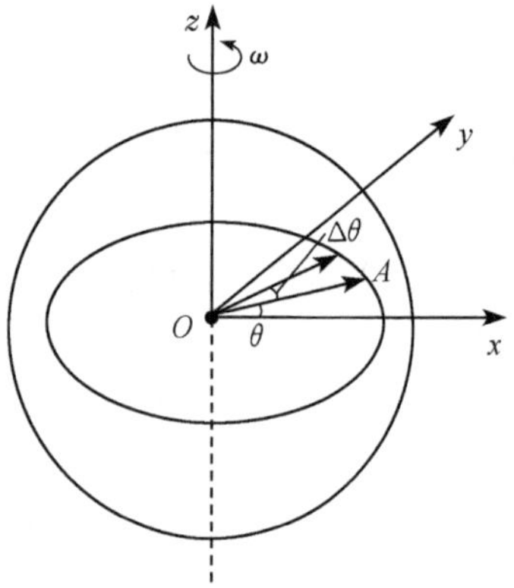

图 7.3

3. 刚体的平面平行运动

刚体在运动过程中,刚体上每一点均在一平面内运动,且这些平面均与一固定平面平行. 刚体的这种运动称为平面平行运动,如车轮在地面上的滚动,圆柱体在斜面上的滚动等,都属此类运动.

这种运动的特点是刚体内垂直于固定平面的直线上的各点其运动情况都相同.

可以证明,刚体的一般运动不管多么复杂,都是平动与转动的叠加,如车轮在地面上的滚动,可分解为车轴的平动加上车轮绕车轴的转动.所以我们说刚体平动最简单,定轴转动最重要.

4. 刚体绕固定点的运动

如图 7.4 所示,刚体在运动时,始终绕一固定点转动.这种运动称为刚体的定点转动,如玩具陀螺,这个点可以在刚体上,也可以在刚体的延拓部分.可以证明,作定点转动的刚体在任一瞬时的运动,总可以看作绕通过该定点的某一瞬时轴的转动,下一瞬时绕另一瞬时轴转动,不难看出,定点运动的自由度为 3.

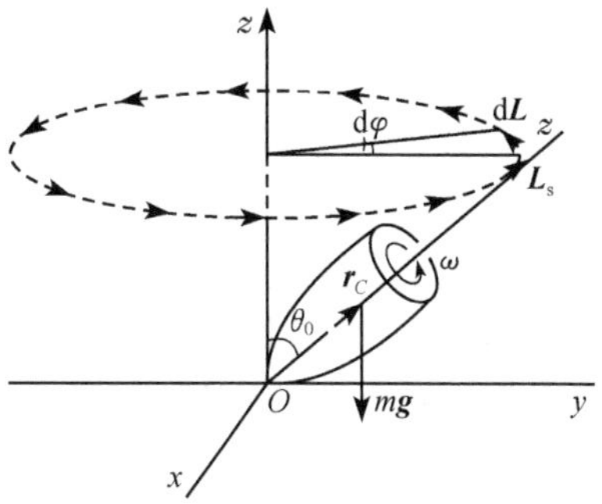

图 7.4

7.2 刚体的定轴转动

7.2.1 定轴转动的描述

当刚体绕固定轴转动时,刚体上的各点到转轴的垂直线在同样时间内所转过的角度 $\Delta\theta$ 都相同.适当选择 θ 角的零点,就可以用转角 $\theta(t)$ 描写刚体的定轴转动.在 Δt 时间内刚体所转过的角度 $\Delta\theta$ 叫角位移如图 7.5,在 $t \to t+\Delta t$ 时间内的角位移 $\Delta\theta$ 与 Δt 之比,称为刚体的平均角速度,用 $\bar{\omega}$ 表示

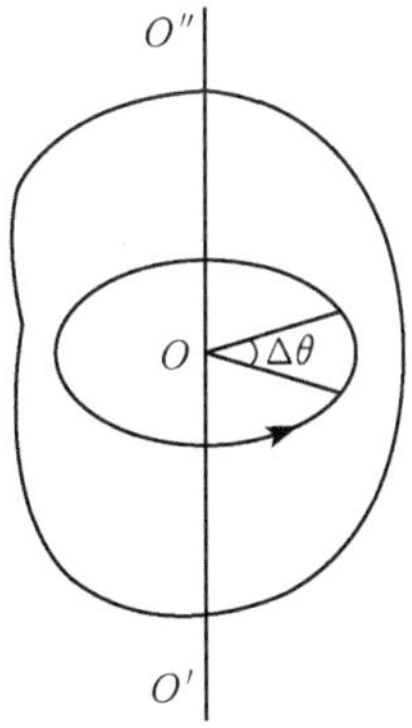

图 7.5

$$\bar{\omega} = \frac{\Delta\theta}{\Delta t}$$

当 $\Delta t \to 0$ 时,平均角速度的极限称为瞬时角速度,简称角速度,用 ω 表示

$$\omega = \lim_{\Delta t \to 0} \frac{\Delta\theta}{\Delta t} = \frac{d\theta}{dt} \tag{7.1}$$

刚体的定轴转动有两个不同的转动方向,刚体可按顺时针方向转动,也可以按逆时针方向转动.如果把一种转向的角速度取为正,另一种转向的角速度取为负,则角速度的大小反映了绕轴转动的快慢,角速度的正负描写了定轴转动的方向,角速度的单位是弧度每秒(rad/s)

在 Δt 时间内,角速度的改变量 $\Delta\omega$ 与 Δt 之比称为这段时间内的平均角加速

度，用$\bar{\beta}$表示为

$$\bar{\beta}=\frac{\Delta\omega}{\Delta t}$$

当$\Delta t\to 0$时，平均角加速度的极限称为瞬时加速度，简称为角加速度，用β表示为

$$\beta=\lim_{\Delta t\to 0}\frac{\Delta\omega}{\Delta t}=\frac{\mathrm{d}\omega}{\mathrm{d}t}$$

当ω与β同号时表示转动逐渐加快，ω与β异号时，表示转动逐渐减慢，角速度的单位是$\mathrm{rad/s^2}$.

由以上的讨论可知，刚体的定轴转动与质点的直线运动相似，都属一个自由度的运动，只要在描写质点直线运动各物理量前加一个“角”字，就成了描写刚体定轴转动的各相应物理量（角位移、角速度、角加速度），两者的运动学关系也完全相似.

定轴转动	直线运动
$\omega=\frac{\mathrm{d}\theta}{\mathrm{d}t}$	$V=\frac{\mathrm{d}x}{\mathrm{d}t}$
$\beta=\frac{\mathrm{d}\omega}{\mathrm{d}t}$	$a=\frac{\mathrm{d}V}{\mathrm{d}t}$
$\omega-\omega_0=\int_0^t\beta\mathrm{d}t$	$V-V_0=\int_0^t a\mathrm{d}t$
$\theta-\theta_0=\int_0^t\omega\mathrm{d}t$	$x-x_0=\int_0^t V\mathrm{d}t$

7.2.2 角量与线量的关系

刚体定轴转动的角位移、角速度和角加速度确定以后，刚体内任一点的位移，速度和加速度也就完全确定. 若某点至转轴的距离为r，则该点的线速度为

$$v=\omega r$$

切向加速度和法向加速度为

$$a_{\mathrm{t}}=\beta r$$
$$a_{\mathrm{n}}=\omega^2 r$$

由此可见，尽管刚体是一个复杂的质点系，但引入角量以后，刚体定轴转动的描述就显得十分简单.

在质点的圆周运动中，我们把圆周运动的角速度看作矢量，其方向沿垂直圆周平面的轴线，指向满足右手螺旋法则. 在刚体的定轴转动中，我们也可以把角速度看成矢量，角速度矢量的方向沿转轴，指向仍满足右手定则，而且可以证明，它是一个真矢量，它满足平行四边形求和法则. 引入角速度矢量后，定轴转动刚体上各点的速度，加速度与角速度的关系可以成为更简洁、明了的形式，而且可以把这些线

量的大小和方向表示出来. 在转轴上任取一点作为坐标原点,则刚体上任一点的位置可用位矢 $\boldsymbol{r}$ 表示. 由图 7.6 不难看出. 位矢为 $\boldsymbol{r}$ 的点 P 的速度为

$$\boldsymbol{v} = \boldsymbol{\omega} \times \boldsymbol{r}$$

切向速度

$$\boldsymbol{a}_\tau = \frac{\mathrm{d}\boldsymbol{\omega}}{\mathrm{d}t} \times \boldsymbol{r}$$

法向加速度

$$\boldsymbol{a}_n = \omega^2 r\sin\alpha \boldsymbol{e}_n = \boldsymbol{\omega} \times (\boldsymbol{\omega} \times \boldsymbol{r})$$

所以

$$\boldsymbol{a} = \boldsymbol{a}_\tau + \boldsymbol{a}_n = \frac{\mathrm{d}\boldsymbol{\omega}}{\mathrm{d}t} \times \boldsymbol{r} + \boldsymbol{\omega} \times (\boldsymbol{\omega} \times \boldsymbol{r})$$

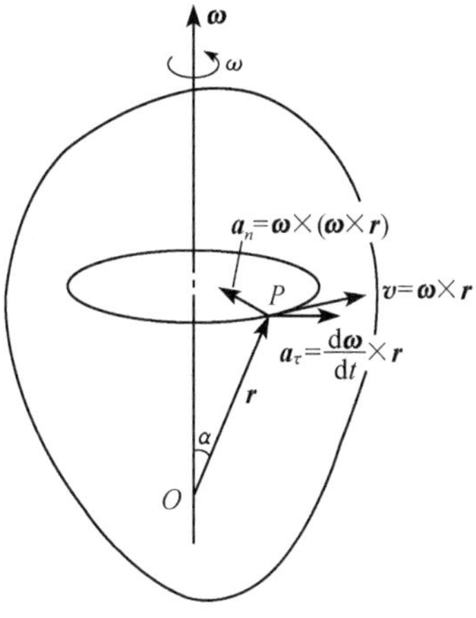

图 7.6

7.2.3　刚体定轴转动定律

绕定轴转动的刚体的动力学规律是用它的角动量变化来说明的,刚体作为一个特殊的质点系,它应服从质点系的角动量定理的一般形式,即体系所受到的力矩的矢量和等于体系总角动量的时间变化率

$$\boldsymbol{M} = \frac{\mathrm{d}\boldsymbol{L}}{\mathrm{d}t} \tag{7.2}$$

这是一个矢量式,它沿某一选定的 z 方向的分量式为

$$M_z = \frac{\mathrm{d}L_z}{\mathrm{d}t} \tag{7.3}$$

式中 M_z 和 L_z 分别为质点所受的合外力矩和它总角动量沿 z 轴的分量.

对于绕定轴转动的刚体,它的轴固定在惯性系中,我们就取这个转轴为 z 轴,这样就可以用式(7.3)来表示定轴转动刚体的动力学规律. 下面我们来推导对于定轴转动刚体的 M_z 和 L_z 的具体形式.

先考虑 M_z,如图 7.7 所示,设质点 Δm_i 受的外力为 $\boldsymbol{F}_i$,注意式(7.2)、(7.3)都是对某个参考点说的,为不失一般性,取 z 轴上一点 O 作为参考点,相对它来计算 $\boldsymbol{M}_i$ 和 $\boldsymbol{M}_{iz}$,将 $\boldsymbol{F}_i$ 分解为垂直和平行于转轴 z 的两个分量 $\boldsymbol{F}_{i\perp}$ 和 $\boldsymbol{F}_{iz}$,则 $\boldsymbol{F}_i$ 对 O 点的力矩为

$$\boldsymbol{M}_i = \boldsymbol{r}_{O_i} \times \boldsymbol{F}_i = \boldsymbol{r}_{O_i} \times \boldsymbol{F}_{i\perp} + \boldsymbol{r}_{O_i} \times \boldsymbol{F}_{iz}$$

每个质点也受内力 $\boldsymbol{F}_{i内}$ 作用,内力也形成内力矩,但所有质点所受的内力矩的矢量和等于 0.

由矢量积定义可知,此式右边第二项的方向和 z 轴垂直,它在 z 轴方向的分量自然为零. 下面看式中右边第一项在 z 轴方向的分量.

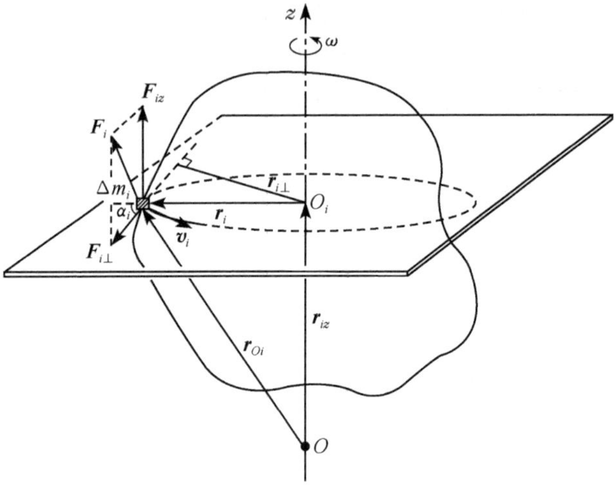

图 7.7

因为

$$\boldsymbol{r}_{O_i} = \boldsymbol{r}_i + \boldsymbol{r}_{iz}$$

所以

$$\boldsymbol{r}_{O_i} \times F_{iz} = \boldsymbol{r}_i \times \boldsymbol{F}_{i\perp} + \boldsymbol{r}_{iz} \times \boldsymbol{F}_{i\perp}$$

此式右边第二项也与 z 轴垂直,它在 z 轴方向的分量也是零.

这样 $\boldsymbol{M}_i$ 的 z 轴分量就是 $\boldsymbol{r}_i \times \boldsymbol{F}_{i\perp}$ 的 z 轴分量. 由于 $\boldsymbol{r}_i$ 和 $\boldsymbol{F}_{i\perp}$ 都与 z 轴垂直,所以这一矢积本身就沿 z 轴,其数值就是 M_{iz},即 $\boldsymbol{M}_{iz} = \boldsymbol{r}_i \times \boldsymbol{F}_{i\perp}$.

这个结果是很重要的,它告诉我们当 Δm_i 受到一个不在 Δm_i 所在垂直于 z 轴的平面内的外力,我们可以先把它投影到平面上,即求出 $\boldsymbol{F}_{i\perp}$;此外,虽然我们选的参考点为 O,但对于计算力矩 M_{iz} 而言有贡献的只是位矢 $\boldsymbol{r}_{Oi}$ 在平面上的分量,即质点 Δm_i 对其在 z 轴上的垂足 O_i 的矢径 $\boldsymbol{r}_i$.

设 $\boldsymbol{r}_i$ 与 $\boldsymbol{F}_{i\perp}$ 之间的夹角为 α_i,则力矩 $\boldsymbol{M}_{iz}$ 的大小为

$$M_{iz} = r_i F_{i\perp} \sin\alpha_i = r_{i\perp} F_{i\perp}$$

由图 7.7 可见,$r_{i\perp}$ 为 O_i 到 $F_{i\perp}$ 的垂直距离即为力臂,由于这一力矩分量的结果是用转轴到质点 Δm_i 的距离 r_i 计算的,所以称为对于转轴的力矩,以区别于对于定点 O 的力矩,它是对于定点 O 的力矩的 z 分量.

考虑所有外力,可得作用在绕定轴转动的刚体上的合外力矩的 z 分量,即对于转轴 z 的合外力矩

$$M_z = \sum_i M_{iz} = \sum r_i F_{i\perp} \sin\alpha_i \tag{7.4}$$

现在考虑 L_z,如图 7.8 所示. 设质元 Δm_i 的速度为 $\boldsymbol{v}_i$,则质元 Δm_i 对于点 O 的角动量为

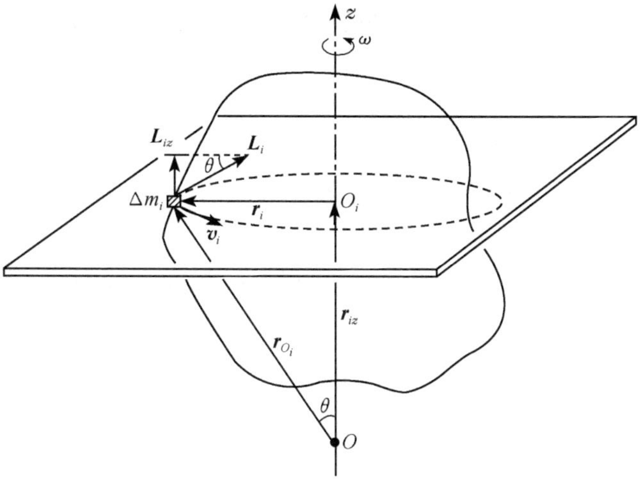

图 7.8

$$\boldsymbol{L}_i = \Delta m_i \boldsymbol{r}_{O_i} \times \boldsymbol{v}_i$$

方向如图所示,注意到 $\boldsymbol{v}_i \perp \boldsymbol{r}_{O_i}$,所以角动量 $\boldsymbol{L}_i$ 的大小为

$$\boldsymbol{L}_i = \Delta m_i r_{O_i} v_i$$

此角动量沿 z 轴的分量为

$$L_{iz} = L_i \sin\theta = \Delta m_i r_{O_i} v_i \sin\theta$$

由于 $r_{O_i}\sin\theta = r_i$,为从 Δm_i 到转轴的垂直距离

而

$$v_i = \omega r_i$$

所以

$$L_{iz} = \Delta m_i r_i^2 \omega$$

整个刚体的总角动量沿 z 轴的分量,亦即刚体沿 z 轴的角动量为

$$L_z = \sum_i L_{iz} = \left(\sum \Delta m_i r_i^2\right)\omega \tag{7.5}$$

此式的括号中出现了一个新的物理量,$\sum\limits_i \Delta m_i r_i^2$,它是由刚体的各质元相对于固定转轴的分布决定的,与刚体运动以及所受外力无关,这个表示刚体本身相对于转轴特征的物理量叫做刚体对于转轴的**转动惯量**,常以 I 表示

$$I = \sum_i \Delta m_i r_i^2$$

这样,式(7.4)又可写成

$$L_z = I\omega \tag{7.6}$$

上面我们得到了绕固定轴 z 转动的刚体的总力矩的 z 分量 $\boldsymbol{M}_z$ 和总角动量的 z 分量 $\boldsymbol{L}_z$，代入式(7.2)得

$$M_z = \frac{\mathrm{d}L_z}{\mathrm{d}t} = I\frac{\mathrm{d}\omega}{\mathrm{d}t} = I\beta \tag{7.7}$$

在约定固定轴为 z 轴的情况下，常略去式中的下标 z，而写成

$$M = I\beta \tag{7.8}$$

这就是刚体定轴转动的动力学规律，称为**刚体的定轴转动定律**. 它的物理定义是，**刚体所受的对于某一固定轴的合外力矩等于刚体对此轴的转动惯量与刚体在此合外力矩作用下所获得的角加速度的乘积.**

将式(7.7)与牛顿第二定律 $\boldsymbol{F}=m\boldsymbol{a}$ 加以比较是很有启发性的，前式中的合外力矩与后式中的合外力相对应，前面式中的角加速度与后面式中的加速度相对应，而刚体的转动惯量 I 与质点的惯性质量相对应，所以说转动惯量表示刚体在转动过程中表现出来的惯性，转动惯量这一词正是这样命名的.

7.3　转动惯量的计算

7.3.1　转动惯量的计算

在应用定轴转动定律时，我们首先要求出刚体对固定轴的转动惯量，转动惯量由下式定义

$$I = \sum_i \Delta m_i r_i^2$$

对于质量连续分布的刚体，上述求和应以积分代替，即

$$I = \int r^2\,\mathrm{d}m$$

式中 r 为刚体上质元 $\mathrm{d}m$ 到转轴的垂直距离，由上面两公式可知，刚体对某转轴的转动惯量等于刚体中各质元的质量和各质元离开该转轴的垂直距离的平方的乘积的总和，它的大小不仅与刚体的总质量有关，而且和质量相对于轴的分布有关，其关系可以概括为以下三点：

(1) 形状、大小相同的均匀刚体总质量越大，转动惯量越大；

(2) 总质量相同的刚体，质量分布离轴越远转动惯量越大；

(3) 同一刚体，转轴不同，质点对轴的分布就不同，因而转动惯量就不同.

在国际单位制中，转动惯量的单位为 $\mathrm{kg\cdot m^2}$. 下面举几个求刚体转动惯量的例子.

例 7.1　求质量为 m，半径为 R 的均匀薄圆环绕通过圆心且垂直圆环平面的

转轴的转动惯量.

解 如图 7.9 所示,环上各质元到轴的垂直距离都相等,而且等于 R,所以

$$I = \int R^2 \mathrm{d}m = R^2 \int \mathrm{d}m = mR^2$$

由于转动惯量是可加的,所以一个质量为 m,半径为 R 的薄壁圆筒对其轴的转动惯量也为 mR^2.

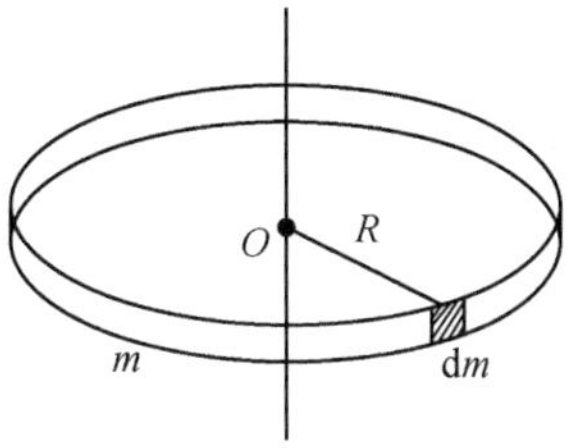

图 7.9

例 7.2 求质量为 m,半径为 R,厚为 h 的均匀圆盘的转动惯量,轴与盘面垂直且过盘心.

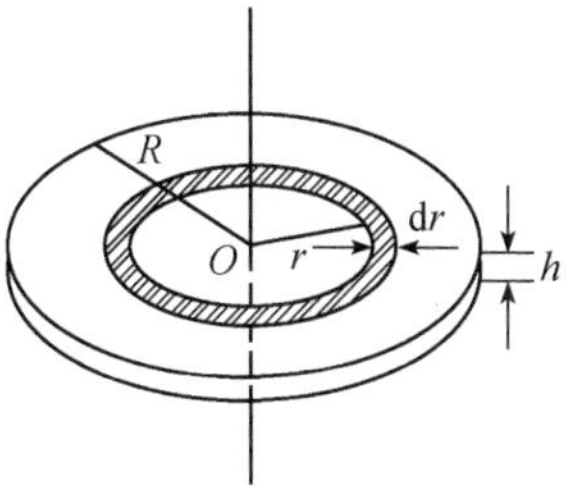

图 7.10

解 如图 7.10 所示,把圆盘看成是由许多薄圆环组成,取一半径为 r,宽度为 $\mathrm{d}r$ 的薄圆环,设圆盘的体密度为 ρ,则圆环的质量为

$$\mathrm{d}m = \rho \cdot 2\pi r h \mathrm{d}r$$

根据上题的计算结果,薄圆环对转轴的转动惯量为

$$\mathrm{d}I = r^2 \mathrm{d}m = \rho h 2\pi r^3 \mathrm{d}r$$

因此整个圆盘的转动惯量为

$$I = \int \mathrm{d}I = \int_0^R \rho h 2\pi r^3 \mathrm{d}r = \frac{1}{2}\pi R^4 \rho h$$

由于

$$\rho = \frac{m}{\pi R^2 h}$$

所以

$$I = \frac{1}{2} m R^2$$

此例中对高 h 并没有限制,所以一个质量为 m,半径为 R 的均匀实心圆柱对其轴的转动惯量也为 $\frac{1}{2}mR^2$.

例 7.3 求下面两种情况下,长为 L,质量为 m 的均匀细棒 AB 的转动惯量.

(1) 对于通过棒的一端且与棒垂直的转轴;

(2) 对于通过棒的中点且与棒垂直的轴.

解 (1) 如图 7.11 所示,沿棒长方向取 x 轴,坐标原点 O 选在 A 处,取任一长度元 $\mathrm{d}x$,以 ρ_L 表示单元长度上棒的质量,则这一长度元 $\mathrm{d}x$ 的质量为

$$\mathrm{d}m = \rho_L \mathrm{d}x$$

对于在棒的一端的轴来说

$$I = \int x^2 \mathrm{d}m = \int_0^L x^2 \rho_L \mathrm{d}x = \frac{1}{3}\rho_L L^3$$

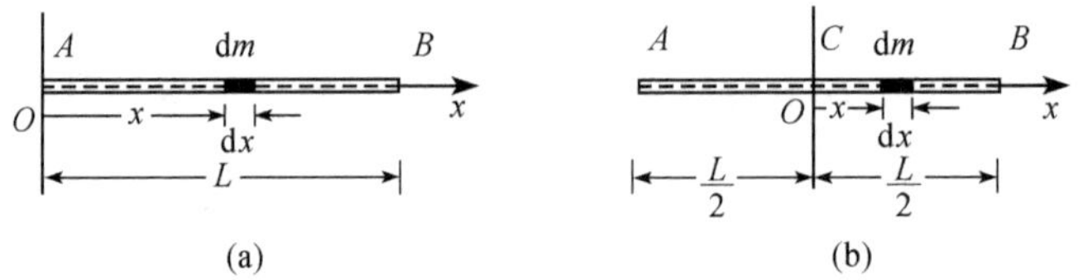

图 7.11

因为

$$\rho_L = \frac{m}{L}$$

所以

$$I = \frac{1}{3}mL^2$$

(2) 对于通过棒的中点的转轴，如图 7.11 所示棒的转动惯量为

$$I = \int_{-\frac{L}{2}}^{\frac{L}{2}} x^2 \rho_L \mathrm{d}x = \frac{1}{12}\rho_1 L^3$$

把 $\rho_L = m/L$ 代入得

$$I = \frac{1}{12}mL^2$$

7.3.2　转动惯量的平行轴定理

上面例 7.3 的结果表明，对于不同的转轴同一刚体的转动惯量不同，下面我们来导出一个对不同轴的转动惯量之间的一般关系.

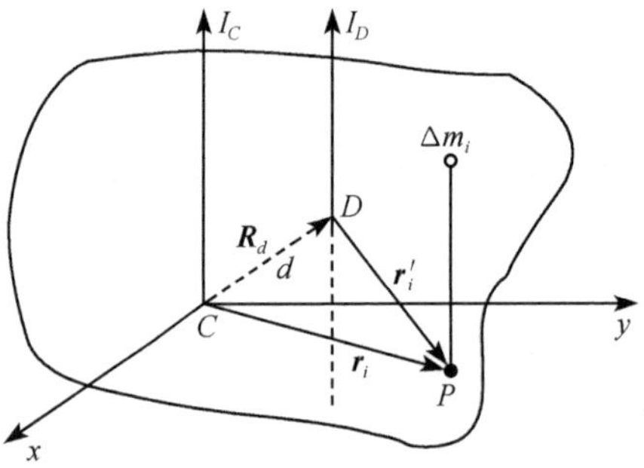

图 7.12

以 m 表示刚体的质量，以 I_C 表示它对于通过其质心 C 的轴的转动惯量，若另一根转轴与过质心的轴平行且相距为 d，如图 7.12 所示，则刚体对后一轴的转动惯量为

$$I = I_C + md^2$$

这一关系叫**平行轴定理**.

下面我们来加以证明.

如图 7.12 所示，过质心 C 点作与转轴垂直的平面 xCy，交 D 轴于 D 点，任取质元 Δm_i，假设 Δm_i 不在 xCy 平面内，设它在 xCy 平面上的垂足为 P，P 点对 C 点的位矢为 $\boldsymbol{r}_i$，对 D 点的位矢为 $\boldsymbol{r}_i'$，D 点对 C 点的位矢为 $\boldsymbol{R}_d$，则有

$$\boldsymbol{r}_i' = \boldsymbol{r}_i - \boldsymbol{R}_d$$

根据转动惯量的定义，刚体相对于 D 轴的转动惯量为

$$
\begin{aligned}
I_D &= \sum \Delta m_i r'^2_i = \sum m_i \boldsymbol{r}'_i \cdot \boldsymbol{r}'_i \\
&= \sum \Delta m_i (\boldsymbol{r}_i - \boldsymbol{R}_d) \cdot (\boldsymbol{r}_i - \boldsymbol{R}_d) \\
&= \sum \Delta m_i r_i^2 + \left(\sum \Delta m_i\right) R_d^2 - \sum (\Delta m_i \boldsymbol{r}_i) \cdot \boldsymbol{R}_d
\end{aligned}
$$

式中右边第一项为刚体对过质心转轴的转动惯量，第二项为 MR_d^2，第三项 $\sum(\Delta m_i \boldsymbol{r}_i)$ 与质心位矢直接对应，即相对质心的质心位矢，当然等于 0，因此

$$I_D = I_C + mR_d^2 = I_C + md^2$$

这就是平行轴定理.

根据平行轴定理例 7.3 中细棒通过其一端且垂直于棒的转轴的转动惯量为

$$I_A = I_C + m\left(\frac{L}{2}\right)^2 = \frac{1}{12}mL^2 + \frac{1}{4}mL^2 = \frac{1}{3}mL^2$$

7.3.3 转动惯量的垂直轴定理

如果已知一块薄板绕位于板上两相互垂直的轴(设为 x 轴和 y 轴)的转动惯量分别为 I_x 和 I_y 则薄板绕 z 轴的转动惯量为

$$I_z = I_x + I_y$$

此即垂直轴定理，此定理证明很简单，给读者作为练习，参照图 7.13.

圆盘绕通过中心且垂直盘面的转轴的转动惯量为$\frac{1}{2}mR^2$，由垂直轴定理知，圆盘绕其直径的转动惯量为$\frac{1}{4}mR^2$.

一些常见的均匀刚体的转动惯量在表 7.1 中给出

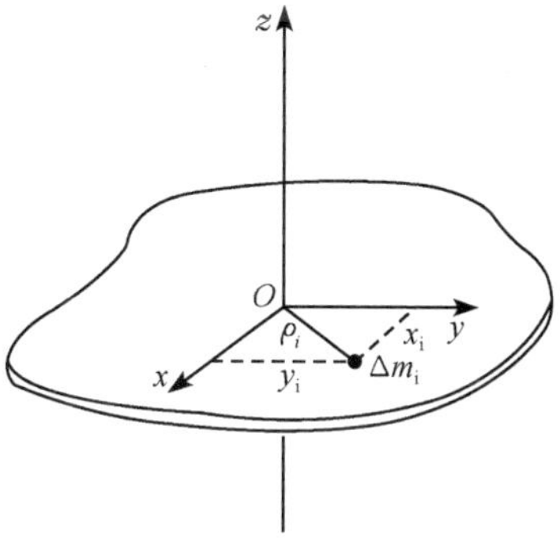

图 7.13

表 7.1　一些均匀刚体的转动惯量

刚体形状		轴的位置	转动惯量
细杆	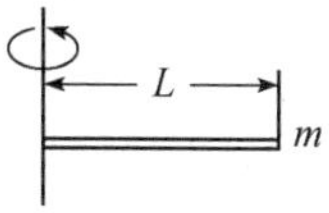	通过一端垂直于杆	$\frac{1}{3}mL^2$
细杆	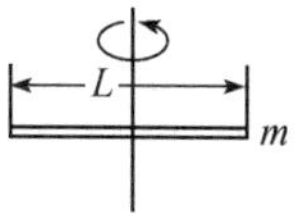	通过中点垂直于杆	$\frac{1}{12}mL^2$

续表

刚体形状	轴的位置	转动惯量
薄圆环 （或薄圆筒） 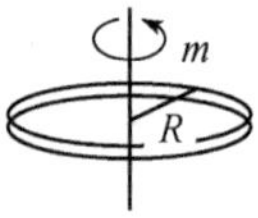	通过环心垂直于环面 （或中心轴）	mR^2
圆盘 （或圆柱体） 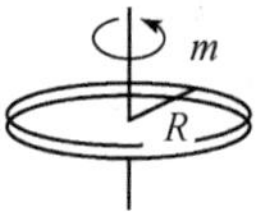	通过盘心垂直于盘面 （或中心轴）	$\frac{1}{2}mR^2$
薄球壳 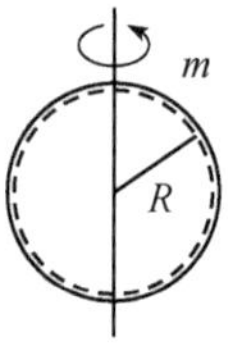	直径	$\frac{2}{3}mR^2$
球体 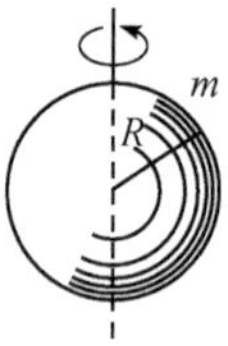	直径	$\frac{2}{5}mR^2$

7.4 定轴转动刚体的动能定理

7.4.1 力矩的功

如图 7.14 所示，在刚体转动时，作用在刚体上某点的外力 $\boldsymbol{F}$ 所做的功仍用此力和受力作用的质元的位移 $\mathrm{d}\boldsymbol{r}$ 的点积来定义，即

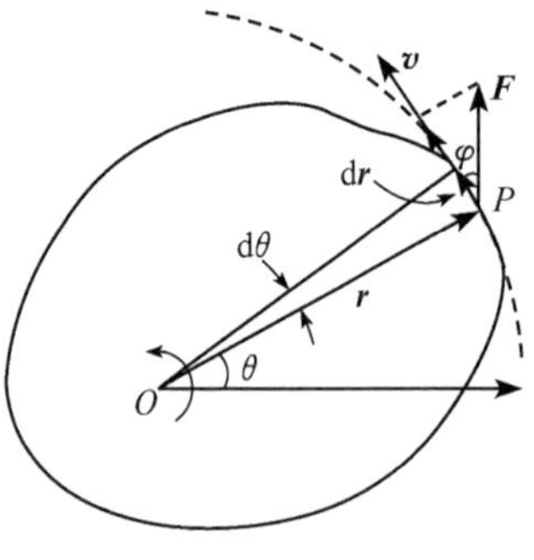

图 7.14

$$\mathrm{d}A = \boldsymbol{F}\cdot\mathrm{d}\boldsymbol{r} = F\cos\varphi\,|\,\mathrm{d}\boldsymbol{r}\,| = F\cos\varphi r\,\mathrm{d}\theta$$

由于 $F\cos\varphi$ 是力 $\boldsymbol{F}$ 沿 $\mathrm{d}\boldsymbol{r}$ 方向的分量，因而垂直于 $\boldsymbol{r}$ 的方向，所以 $F\cos\varphi r$ 就是力对转轴的力矩 M，因为力矩 $\boldsymbol{M}=\boldsymbol{r}\times\boldsymbol{F}$.

$\boldsymbol{M}$ 的大小为

$$M = rF\sin\left(\frac{\pi}{2}-\varphi\right) = rF\cos\varphi$$

所以

$$\mathrm{d}A = rF\cos\varphi\mathrm{d}\theta = M\mathrm{d}\theta$$

外力对转动刚体所做的元功等于相应力对 O 点的力矩和角位移的乘积，对于有限的角位移，力所做的功为

$$A=\int_{\theta_1}^{\theta_2}M\mathrm{d}\theta$$

此功常称为力矩的功，它是力所做的功在刚体转动时的特殊表示形式.

7.4.2 刚体的转动动能

设第 i 个质元的质量为 Δm_i，速度为 $\boldsymbol{v}_i$，则它的动能为 $E_{ki}=\frac{1}{2}\Delta m_i v_i^2$，整个刚体的转动动能

$$E_k=\sum E_{ki}=\sum\left(\frac{1}{2}\Delta m_i v_i^2\right)=\frac{1}{2}\left(\sum\Delta m_i r_i^2\right)\omega^2=\frac{1}{2}I\omega^2$$

7.4.3 动能定理

上一节我们已讨论了刚体的定轴转动定律

$$M=I\frac{\mathrm{d}\omega}{\mathrm{d}t}$$

所以

$$\begin{aligned}A&=\int M\mathrm{d}\theta=\int I\frac{\mathrm{d}\omega}{\mathrm{d}t}\mathrm{d}\theta\\&=\int I\omega\mathrm{d}\omega=\int_{\omega_1}^{\omega_2}d\left(\frac{1}{2}I\omega^2\right)\\&=\frac{1}{2}I\omega_2^2-\frac{1}{2}I\omega_1^2=E_{k2}-E_{k1}\end{aligned}$$

即

$$\int M\mathrm{d}\theta=\frac{1}{2}I\omega_2^2-\frac{1}{2}I\omega_1^2$$

$$A=E_{k2}-E_{k1}$$

这就是**定轴转动的动能定理**.

它的物理意义是，**刚体所受的对定轴的合外力矩对转动刚体所做的功，等于刚体转动动能的增量.**

7.4.4 刚体的重力势能

由于刚体上各质元之间的距离保持不变，不必考虑刚体各质元间的相互作用势能，因而刚体只有与其他物体间的相互作用势能. 作为质点系，刚体的重力势能

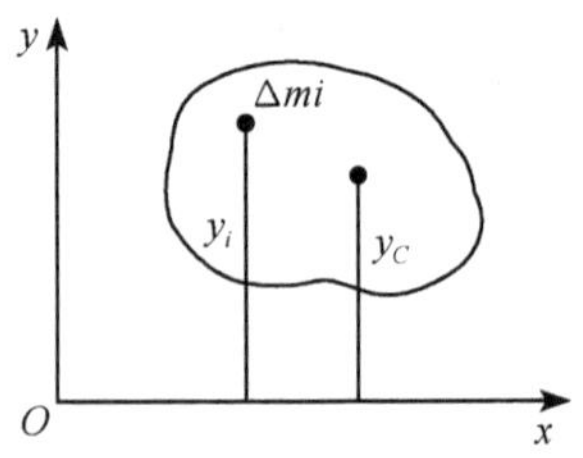

图 7.15

应为各质元重力势能之和

$$E_p = \sum \Delta m_i g y_i = \left(\sum \Delta m_i y_i\right) g = mgy_C$$

可见一个不太大刚体的重力势能，与它的全部质量集中在质心上的一个质点的重力势能相同，仅有质心的位置决定，见图 7.15.

对于包括有刚体的系统，如果在运动过程中，只有保守内力做功，则这系统的机械能守恒.

7.4.5 定轴转动刚体的角动量守恒

适用于质点系的角动量定理对定轴 z 方向的分量式，我们重写如下：

$$M_z = \frac{\mathrm{d}L_z}{\mathrm{d}t}$$

它也适用于作定轴转动的刚体.

对于刚体有

$$L_z = I\omega$$

即

$$M_z = \frac{\mathrm{d}}{\mathrm{d}t}(I\omega)$$

当刚体所受的对 z 轴的合外力矩 $M_z=0$ 时，则有

$$\frac{\mathrm{d}L_z}{\mathrm{d}t} = \frac{\mathrm{d}}{\mathrm{d}t}(I\omega) = 0$$

即

$$L_z = 恒量$$

或

$$I\omega = 恒量$$

这就是说，**当定轴转动的刚体所受的对某一固定轴的合外力矩等于零时，则刚体对于这一固定轴的角动量守恒**. 这个结论叫**定轴的角动量守恒定律**.

若转动体内部具备伸缩机制以改变质量分布，从而改变了转动惯量，则由以上守恒式可知，当 I 增加时，角速度 ω 随之减小，当 I 减小时，角速度随之增加，以保持二者的乘积为常数. 这在花样滑冰和高台跳水这类竞技运动中，表现得十分明显. 观众可注意到，当滑冰运动员放慢滑动速度，边回环边伸展手臂和单腿时，预示着他要作腾空多周转了，刹那间收缩手臂并紧双腿以减少 I，同时起跳腾空，快速旋转三周，落地瞬间，即刻伸展双臂单腿，以增加 I 从而降低转速，保持平衡而完成了高难动作.

7.5 刚体的平面平行运动

刚体的平面平行运动也是常见的运动，诸如直道上行驶的车轮，斜面上滚动的圆柱，空竹旋转起落，高台跳水向前翻滚等. 它们的共同特点是，刚体上任意点的运动轨道限定于一个平面内，所有这些轨道平面或者重合或彼此平行，这类运动常称平面平行运动，其实其平行性是平面性的一个推论，若轨道平面间不平行，则必然违背刚性.

7.5.1 平面平行运动的若干重要性质

1. 基面、基点和基轴

选定一轨道平面为参考平面，简称为**基面**，其他轨道平面均平行于基面，与基面垂直的任意直线上的各点，运动状态相同，有相同的速度和加速度. 于是三维刚体的平面运动被简化为基面上各点的二维运动. 选定基面上一点作为参考的**基点**，于是基面上各点的运动被分解为，基点的运动和绕基点的转动，基点在平面上运动有 2 个自由度，绕基点的转动有一个自由度，故刚体的平面运动有 3 个自由度. 通过基点且垂直基面的直线被称为**基轴**，回归到三维空间看，刚体的平面运动被分解为基轴的平动加上绕基轴的转动，一般选基轴通过质心，这在动力学的分析中带来很大的方便，就可以应用质心力学定理考察质心轴的运动，再应用前面学过的定轴转动定理考察绕质心轴的转动.

2. 速度表示式

设基点为质心 C，线速度为 $\boldsymbol{v}_C$，则基面上各点的线速度可表示为

$$\boldsymbol{v} = \boldsymbol{v}_C + \boldsymbol{\omega} \times \boldsymbol{R}$$

比如，如图 7.16 所示，图中 A 点和 B 点的线速度分别为

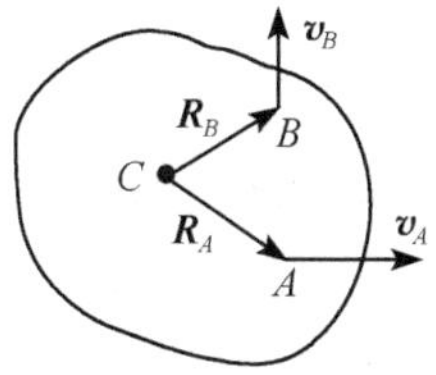

图 7.16

$$\boldsymbol{v}_A = \boldsymbol{v}_C + \boldsymbol{\omega} \times \boldsymbol{R}_A$$

$$\boldsymbol{v}_B = \boldsymbol{v}_C + \boldsymbol{\omega} \times \boldsymbol{R}_B$$

3. 角速度与基点选择无关

对于一个旋转的车轮，人们习惯地看成轮轴的平动与轮圈绕轮轴的转动，这是正确的. 然而，若有人说，轮轴相对轮圈上某一点也以同样角速度在旋转，不免难以相信. 其实，这也是正确的，试看以下证明：

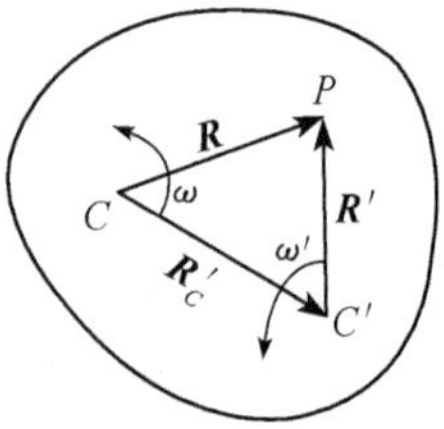

图 7.17

如图 7.17 所示，选 C 为基点，考察 P 点的速度

$$\boldsymbol{v}_P = \boldsymbol{v}_C + \boldsymbol{\omega} \times \boldsymbol{R}$$

若选 C' 为基点，设 P 点绕 C' 有一角速度，以 ω' 表示，则

$$\boldsymbol{v}_P = \boldsymbol{v}_{C'} + \boldsymbol{\omega}' \times \boldsymbol{R}'$$

证明 ω 与基点无关

请注意 C' 点相对 C 的速度为

$$\boldsymbol{v}_{C'} = \boldsymbol{v}_C + \boldsymbol{\omega} \times \boldsymbol{R}_{C'}$$

另有

$$\boldsymbol{R} = \boldsymbol{R}_{C'} + \boldsymbol{R}'$$

代入前式有

$$\boldsymbol{v}_C + \boldsymbol{\omega} \times \boldsymbol{R} = \boldsymbol{v}_C + \boldsymbol{\omega} \times (\boldsymbol{R} - \boldsymbol{R}') + \boldsymbol{\omega}' \times \boldsymbol{R}'$$

显然得

$$\boldsymbol{\omega}' \times \boldsymbol{R}' - \boldsymbol{\omega} \times \boldsymbol{R}' = 0$$

即

$$\omega' = \omega$$

这表明，角速度与基点的选择无关，换句话说，对任意基点而言，基面上各点均以同一角速度在旋转.

4. 瞬心

基面上必定存在一个特殊点，其瞬时速度为零，该点称为**瞬心**，瞬心位矢 $\boldsymbol{R}_O$ 决定于方程

$$\boldsymbol{v}_C + \boldsymbol{\omega} \times \boldsymbol{R}_O = 0 \tag{7.9}$$

这一方程总是有解的，可有几种方法寻求瞬心的位置，值得注意的是，瞬心位置可以落在实体之外，如同质心位置能在实体之外一样. 须知，基面无边界，是实体截面的无限的刚性延伸，式(7.3)表明，当存在加速度，即 $\boldsymbol{v}_C$ 和 $\boldsymbol{\omega}$ 是时间 t 的函数 $\boldsymbol{v}_C(t)$ 或 $\boldsymbol{\omega}(t)$ 时，自然有 $\boldsymbol{R}_O(t)$，瞬心位置一般也在变化，选瞬心为基点，在分析运动学问题时有好处.

综上所述，刚体的平面平行运动可看作刚体质心的平动，与相对于通过质心并垂直基面的轴的转动的叠加.

7.5.2 平面运动的运动方程

设质心在 Oxy 平面内运动，则可写出两个平动方程

$$\sum F_x = ma_{Cx}$$

$$\sum F_y = ma_{Cy}$$

式中 $\sum F_x$ 和 $\sum F_y$ 是刚体在 x 轴和 y 轴方向所受的合外力，m 是刚体的质量，a_{Cx} 和 a_{Cy} 是质心沿 x 轴和 y 轴方向的加速度.

第三个方程是刚体绕通过质心并垂直于平面的轴的转动，下面我们证明，定轴转动的转动定律对此也是适用的.

要使定轴转动定律适用于具有加速度 a_C 的转轴，应在作用于刚体的力矩中添加惯性力力矩 M_I，即

$$M_C + M_I = I_C\beta$$

但惯性力力矩

$$M_I = -\sum \boldsymbol{r}_{iC} \times \Delta m_i \boldsymbol{a}_C = \boldsymbol{a}_C \times \left(\sum \Delta m_i \boldsymbol{r}_{iC}\right)$$

式中 $\boldsymbol{r}_{iC}$ 为质元 Δm_i 对质心的位矢，显然

$$\sum \Delta m_i \boldsymbol{r}_{iC} = 0$$

所以最后得

$$\boldsymbol{M}_C = I_C \boldsymbol{\beta}$$

式中 $\boldsymbol{M}_C$、I_C 和 $\boldsymbol{\beta}$ 分别是刚体所受到的总力矩、转动惯量和角加速度，它们都是对通过质心并垂直平面的转轴而言的. 这样刚体平面平行运动有 3 个自由度，通过联合上述三个方程就可以求解了.

7.5.3　纯滚动的运动学判据

接触面之间有相对滑动的滚动称为有滑滚动. 接触面之间无相对滑动的滚动称为无滑滚动，或称纯滚动.

对于纯滚动，除满足上面三个方程外，还应满足约束条件

$$v_C = R\omega, \qquad a_C = R\beta \tag{7.10}$$

式(7.10)称为纯滚动的运动学判据. 其中 v_C，a_C 分别是圆心(即质心)的速度和切向加速度的大小，ω 和 β 分别为滚动物体的角速度和角加速度(即物体在质心参考系中的角速度和角加速度)，R 为滚动物体的圆半径. 上式不论对于平面上的滚动或曲面上的滚动都成立.

7.5.4　平面平行运动刚体的功能原理

按第四章中讲的柯尼希定理，质点组的总动能 E_k 等于质心的平动动能加上刚体绕质心轴的转动动能.

因为刚体上任一质元 Δm_i 的速度为

$$\boldsymbol{v}_i = \boldsymbol{v}_C + \boldsymbol{\omega} \times \boldsymbol{r}_i$$

所以刚体的动能为

$$E_k = \sum E_{ki} = \frac{1}{2}\sum \Delta m_i v_i^2 = \frac{1}{2}\sum \Delta m_i (\boldsymbol{v}_i \cdot \boldsymbol{v}_i)$$

$$= \frac{1}{2}\sum \Delta m_i (\boldsymbol{v}_C + \boldsymbol{\omega} \times \boldsymbol{r}_i) \cdot (\boldsymbol{v}_C + \boldsymbol{\omega} \times \boldsymbol{r}_i)$$

$$= \frac{1}{2}\sum \Delta m_i [v_C^2 + 2\boldsymbol{v}_C \cdot (\boldsymbol{\omega} \times \boldsymbol{r}_i) + (\boldsymbol{\omega} \times \boldsymbol{r}_i)^2]$$

$$= \frac{1}{2}\sum \Delta m_i v_C^2 + \boldsymbol{v}_C \cdot (\boldsymbol{\omega} \times \sum \Delta m_i \boldsymbol{r}_i) + \frac{1}{2}\sum_i \Delta m_i (\boldsymbol{\omega} \times \boldsymbol{r}_i)^2$$

考虑到 $\sum \Delta m_i = m$ 为刚体的质量，又因基点是质心，所以 $\sum \Delta m_i \boldsymbol{r}_i = 0$，这样上式就变成

$$E_k = \frac{1}{2}mv_C^2 + \frac{1}{2}\sum \Delta m_i (\boldsymbol{r}_i \times \boldsymbol{\omega})^2$$

$$= \frac{1}{2}mv_C^2 + \frac{1}{2}I\omega^2$$

这就是说，刚体的动能等于质心的平动动能与刚体对质心轴的转动动能的和.

由质心运动定理

$$\int_{r_0}^{r} \boldsymbol{F} \cdot \mathrm{d}\boldsymbol{r} = \frac{1}{2}mv_C^2(t) - \frac{1}{2}mv_C^2(t_0)$$

由绕质心转轴的角动量定理

$$\int_{\varphi_0}^{\varphi} \boldsymbol{M}_C \mathrm{d}\varphi = \frac{1}{2}I\omega^2(t) - \frac{1}{2}I\omega^2(t_0)$$

外力所做的功

$$A_{外} = \int_{r_0}^{r} \boldsymbol{F} \cdot \mathrm{d}\boldsymbol{r} + \int_{\varphi_0}^{\varphi} M_C \mathrm{d}\varphi$$

故做平面平行运动刚体的功能原理为

$$E_k(t) - E_k(t_0) = \int_{r_0}^{r} \boldsymbol{F} \cdot \mathrm{d}\boldsymbol{r} + \int_{\varphi_0}^{\varphi} M_C \mathrm{d}\varphi$$

即刚体动能的改变等于外力对质心所做的功加上质心的外力矩所做的功. 注意，若不取质心作基点就不能如此分解. 可见选质心作基点的优越性.

7.5.5 一组刚体力学的例题

例 7.4 如图 7.18 所示，一根长为 l，质量为 m 的均匀细直棒，其一端有一固定的光滑水平轴，因而可以在竖直平面内转动. 最初棒静止在水平位置，试求：

(1) 棒由水平位置下摆角 θ 时的角加速度和角速度；

(2) 这时轴的受力大小和方向如何？

解 这是一个刚体绕固定轴转动的问题，整个棒受重力矩作用.

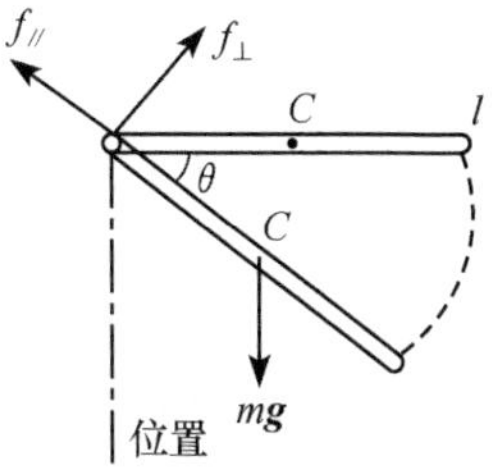

图 7.18

(1) $$\boldsymbol{M}=\frac{1}{2}\boldsymbol{l}\times m\boldsymbol{g}$$

$$M=\frac{1}{2}lmg\sin\left(\frac{\pi}{2}-\theta\right)=\frac{1}{2}mgl\cos\theta$$

根据定轴转动的转动定律可得棒的角加速度

$$\beta=\frac{M}{I}=\frac{\frac{1}{2}mgl\cos\theta}{\frac{1}{3}ml^2}=\frac{3g\cos\theta}{2l}$$

又因为

$$\beta=\frac{\mathrm{d}\omega}{\mathrm{d}t}=\frac{\mathrm{d}\omega}{\mathrm{d}\theta}\frac{\mathrm{d}\theta}{\mathrm{d}t}=\omega\frac{\mathrm{d}\omega}{\mathrm{d}\theta}$$

所以

$$\omega\frac{\mathrm{d}\omega}{\mathrm{d}\theta}=\frac{3g\cos\theta}{2l}$$

两边同乘 $\mathrm{d}\theta$ 再积分

$$\int_0^\omega\omega\mathrm{d}\omega=\int_0^\theta\frac{3g}{2l}\cos\theta\mathrm{d}\theta$$

可得

$$\omega^2=\frac{3g\sin\theta}{l},\qquad \omega=\sqrt{\frac{3g\sin\theta}{l}}$$

(2) 为了求出棒受轴的力,需考虑棒的质心 C 的运动而用质心运动定理. 当棒下摆到 θ 角时,其质心的法向加速度为

$$a_{\mathrm{n}}=\omega^2\cdot\frac{l}{2}=\frac{3g\sin\theta}{2}$$

切向加速度

$$a_\tau=\beta\cdot\frac{l}{2}=\frac{3g\cos\theta}{4}$$

以 $\boldsymbol{F}_{/\!/}$ 和 $\boldsymbol{F}_\perp$ 分别表示固定轴沿棒的方向和垂直于棒的方向所作用的分力,则由质心运动定理得

法向

$$F_{/\!/}-mg\sin\theta=ma_{\mathrm{n}}=\frac{3}{2}mg\sin\theta$$

切向

$$mg\cos\theta-F_\perp=ma_\tau=\frac{3}{4}mg\cos\theta$$

由此解得

$$F_{/\!/} = \frac{5}{2}mg\sin\theta, \qquad F_{\perp} = \frac{1}{4}mg\cos\theta$$

棒受轴的力的大小为

$$F = \sqrt{F_{/\!/}^2 + F_{\perp}^2} = \frac{1}{4}mg\sqrt{99\sin^2\theta + 1}$$

此力与棒的夹角为

$$\alpha = \arctan\frac{F_{\perp}}{F_{/\!/}} = \arctan\frac{\cos\theta}{10\sin\theta}$$

本题也可用机械能守恒定律求解棒下摆 O 角时的角速度，请大家自己练习.

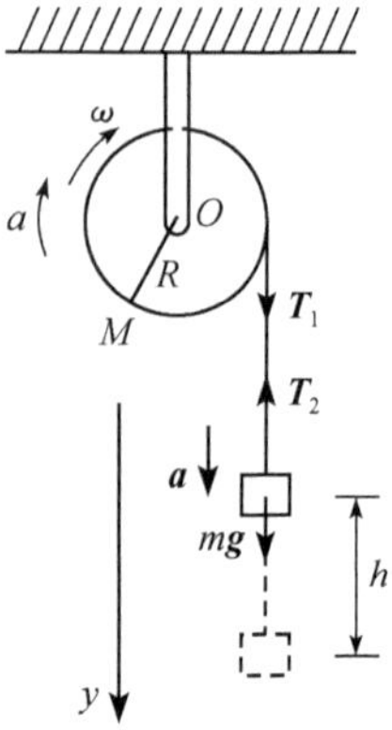

图 7.19

例 7.5　如图 7.19 所示，一个质量为 M，半径为 R 的定滑轮(当作均匀圆盘)上面绕有细绳，绳的一端固定在滑轮边上，另一端挂一质量为 m 的物体而下垂. 忽略轮轴处摩擦，求物体如由静止下落 h 高度时的速度和此时滑轮的角速度.

解(法一)　图中拉力 T_1、T_2 以 T 表示，对定滑轮 M，由转动定律，有

$$RT = I\beta = \frac{1}{2}mR^2\beta$$

对物体 m 由牛顿第二定律，有

$$mg - T = ma$$

滑轮和物体的运动学关系

$$a = R\beta$$

联立解上面三式得物体下落的加速度

$$a = \frac{m}{m + \frac{M}{2}}g$$

物体下落 h 时速度为

$$v = \sqrt{2ah} = \sqrt{\frac{4mgh}{2m + M}}$$

这时滑轮转动的角速度为

$$\omega = \frac{v}{R} = \sqrt{\frac{4mgh}{2m + M}}\bigg/R$$

(法二)　本题可利用机械能守恒求解，把滑轮、物体和地球作为一个研究系统，滑轮轴对滑轮的支持力(外力)不做功(因无位移)，T_1 拉动物体做负功，T_2 拉动轮缘做正功，由于物体下落距离与轮缘转过的距离相等，所以这一对外力所做功之和等于零. 因此，对于所考虑的系统只有重力这一保守力做功，因此机械能守恒.

滑轮的重力势能不变，可以不考虑，取物体的初始位置为重力势能零点，则系

统的初态的机械能为零,末态的机械能为

$$\frac{1}{2}I\omega^2+\frac{1}{2}mv^2+mg(-h)$$

机械能守恒给出

$$\frac{1}{2}I\omega^2+\frac{1}{2}mv^2=mgh$$

而

$$I=\frac{1}{2}MR^2,\qquad \omega=\frac{v}{R}$$

代入上式解得

$$v=\sqrt{\frac{4mgh}{2m+M}}$$

例 7.6 质量为 m,半径为 R 的匀质圆柱,在水平外力 $\boldsymbol{F}$ 作用下,在粗糙的水平面上作纯滚动,力的作用线与圆柱中心轴线的垂直距离为 l,如图 7.20 所示,求质心的加速度和圆柱所受的静摩擦力.

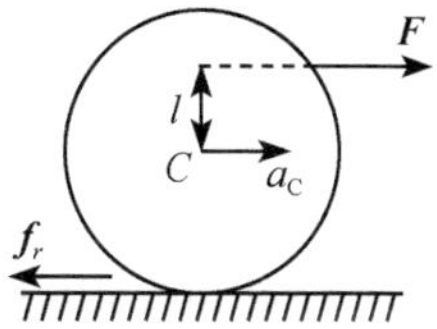

图 7.20

解 设静摩擦力 f_r 的方向如图所示,则由质心运动方程

$$F-f_r=ma_C$$

圆柱对质心轴的转动定律

$$Fl+f_rR=I\beta$$

纯滚动条件 $a_C=R\beta$,及 $I=\frac{1}{2}mR^2$

由上面三个方程解得

$$\begin{cases}a_C=\dfrac{2F(R+l)}{3mR}\\[2ex] f_r=\dfrac{R-2l}{3R}F\end{cases}$$

讨论:

若 $l<\frac{R}{2}$ $f_r>0$,即静摩擦力向后

若 $l>\frac{R}{2}$ $f_r<0$,即静摩擦力向前

若 $l=\frac{R}{2}$ $f_r=0$,即无摩擦力

例 7.7 如图 7.21 所示,置于光滑水平桌面上的两小球 m_1、m_2,用长为 l 的轻杆刚性连接,杆的质量可忽略,小球 m_3 以速度 v_0 水平射向连杆中点 O,发生弹性

碰撞,试求碰撞后两体质心的速度 v_C,m_1、m_2 的角速度,m_3 的速度 v_3.

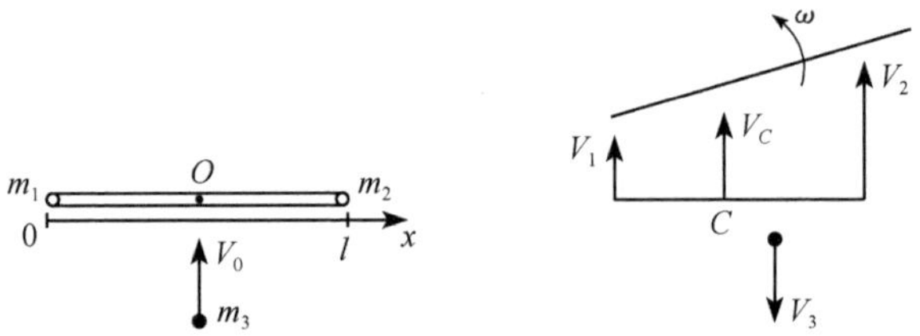

图 7.21

解 这是一个平面运动,碰撞瞬间无外力,故三体系统动量守恒、角动量守恒、且动能守恒.选质心为参考点计算角动量,可列出下列方程

由动能守恒得

$$\frac{1}{2}(m_1+m_2)v_C^2+\frac{1}{2}I_C\omega^2+\frac{1}{2}m_3v_3^2=\frac{1}{2}m_3v_0^2$$

由动量守恒得

$$(m_1+m_2)v_C-m_3v_3=m_3v_0$$

由角动量守恒得

$$I_C\omega-m_3v_3r_0=m_3v_0r_0$$

式中 r_0 为两体质心到杆中点的距离,I_C 为两体对质心的转动惯量.

因为两体的质心为 $x_C=\dfrac{m_2l}{m_1+m_2}$,所以两体质心离杆中心的距离为

$$r_0=\frac{l}{2}-x_C=\frac{(m_1-m_2)}{2(m_1+m_2)}l$$

$$I_C=\frac{m_1m_2}{m_1+m_2}l^2$$

3 个未知数 3 个方程,可联立求解,具体计算过程从略.其结果如下:

$$v_C=\frac{8m_1m_2m_3}{(m_1+m_2)[4m_1m_2+(m_1+m_2)m_3]}v_0$$

$$\omega=\frac{4(m_1-m_2)m_3}{4m_1m_2+(m_1+m_2)m_3}\cdot\frac{v_0}{l}$$

$$v_3=\frac{4m_1m_2-(m_1+m_2)m_3}{4m_1m_2+(m_1+m_2)m_3}\cdot v_0$$

讨论:

1. 当 $m_1=m_2$ 时,角速度为零,碰撞点正是两体质心位置,碰后两体连杆仅作平动.

2. 当 $m_1 \neq m_2$ 时，有角速度，碰后两体连杆既平动又转动. 这个角速度，既可以看作两体绕质心轴的转动角速度，也可以看作 m_2 绕 m_1 或 m_1 绕 m_2 的转动角速度.

例 7.8　如图 7.22 所示，设碗面半径 R，半径为 r 的小球在碗面上作纯滚动，在小角度 θ 范围内，小球以铅直底端 A 为中心作简谐振动，并且有自转. 试求小球的公转角频率和周期.

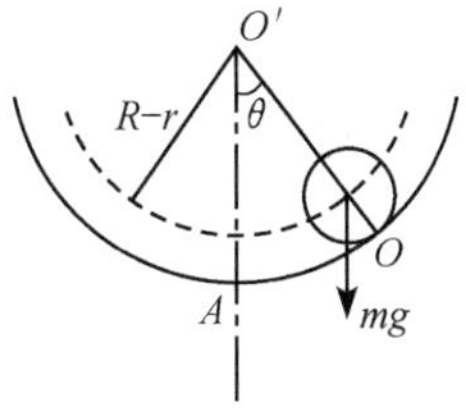

图 7.22

解　因小球在碗底作纯滚动，所以接触点 O 瞬时速度为 O，即瞬心，选 O 为参考点，即选择瞬时轴为基轴，将小球的运动分解为随瞬时轴的平动和绕瞬时轴的转动. 这样支持力矩和静摩擦力矩均为零，只有重力矩

$$M = mgr\sin\theta$$

应用转动定律

$$M = I\frac{d\omega}{dt}$$

即

$$mgr\sin\theta = I\frac{d\omega}{dt} \tag{a}$$

注意纯滚动条件为

$$v_C = \omega r \quad 即 \quad \frac{dv_C}{dt} = r\frac{d\omega}{dt} \tag{b}$$

质心运动于半径为$(R-r)$的圆弧上，其线速度和公转角速度$\frac{d\theta}{dt}$的关系为

$$v_C = (R-r)\frac{d\theta}{dt} \quad 即 \quad \frac{dv_C}{dt} = (R-r)\frac{d^2\theta}{dt^2} \tag{c}$$

联立上面三个方程，注意自转角速度 ω 与公转角速度$\frac{d\theta}{dt}$方向相反，于是得微分方程

$$\frac{d^2\theta}{dt^2} = -\frac{mgr^2}{(R-r)I}\sin\theta \approx -\frac{mgr^2}{(R-r)I}\theta$$

这是简谐振动的标准形式(简谐振动在下一章讨论)

$$\frac{d^2\theta}{dt^2} + \frac{mgr^2}{(R-r)I}\theta = 0$$

$$\frac{d^2\theta}{dt^2} + \omega_0^2\theta = 0$$

式中 $\omega_0=\sqrt{\dfrac{mgr^2}{(R-r)I}}$ 即为简谐振动的角速率周期为

$$T=\frac{2\pi}{\omega_0}=2\pi\sqrt{\frac{(R-r)I}{mgr^2}}$$

对于球面槽中的小球振动，相对瞬时轴转动惯量为

$$I=\frac{7}{5}mr^2$$

所以简谐振动周期为

$$T=2\pi\sqrt{\frac{7(R-r)}{5g}}$$

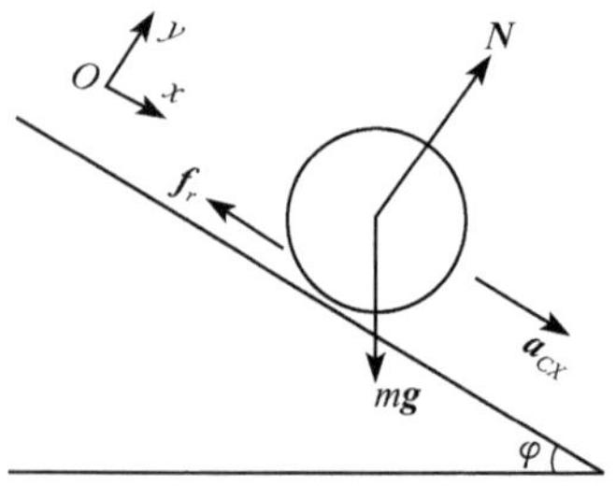

图 7.23

例 7.9　讨论一匀质实心的圆柱体在斜面上的运动.

解　圆柱体所受的力共三个，重力 $m\boldsymbol{g}$，斜面的支持力 $\boldsymbol{N}$ 和摩擦力 $\boldsymbol{f}_r$，如图 7.23 所示，设圆柱体的质量为 m，半径为 R，那么它对于几何轴的转动惯量 $I=\frac{1}{2}mR^2$

我们取和斜面平行而向下的方向为 x 轴的方向，和斜面垂直而向上的方向为 y 轴的正方向，于是得

$$\begin{cases} ma_{Cx}=mg\sin\varphi-f_r \\ ma_{Cy}=N-mg\cos\varphi \\ f_r\cdot r=I\beta \end{cases}$$

以上三式中，a_{Cx} 和 a_{Cy} 是分别为圆柱体质心在 x、y 轴方向的加速度，β 为圆柱体对质心轴的角加速度，因斜面粗糙，圆柱体向下运动时没有滑动，只能在斜面上作纯粹滚动，因此满足约束条件

$$a_{Cx}=R\beta,\qquad a_{Cy}=0$$

联立上面五个方程解得

$$a_{Cx}=\frac{g\sin\varphi}{1+\dfrac{I}{mR^2}},\quad \beta=\frac{g\sin\varphi}{\left(1+\dfrac{I}{mR^2}\right)r}$$

$$f_r=\frac{I}{mR^2+I}mg\sin\varphi,\quad N=mg\cos\varphi$$

因为 $I=\frac{1}{2}mR^2$ 代入上面的解得

$$\begin{cases} a_{Cx} = \dfrac{2}{5} g\sin\varphi \\ f_r = \dfrac{1}{3} mg\sin\varphi \\ \beta = \dfrac{2}{3}\dfrac{g\sin\varphi}{r} \end{cases}$$

如果这圆柱体从静止开始沿斜面滚下一段距离 x，与之相应，下降的垂直距离是 $h=x\sin\varphi$，这时质心的速度由

$$v^2 = 2a_{Cx}x = \frac{4}{3}gx\sin\varphi = \frac{4}{3}gh$$

即

$$v = \sqrt{\frac{4}{3}gh}$$

如果斜面是光滑的，对圆柱体没有摩擦力，即 $f_r=0$，则圆柱体的质心沿斜面滑下的加速度是

$$a_{Cx} = g\sin\varphi$$

而圆柱体对质心的角加速度和角速度为

$$\beta = 0,\quad \omega = 0$$

如果圆柱体从静止沿斜面下滑的距离也是 x，则质心所获得的速度由

$$v^2 = 2a_{Cx}x = 2gx\sin\varphi = 2gh$$

即

$$v = \sqrt{2gh}$$

比较上面纯滚动和纯滑动两种情况中，两者加速度之比是 $\frac{2}{3}$，两者速度之比是 $\sqrt{\frac{2}{3}}$.

本题也可以用机械能守恒定律讨论.

圆柱体在斜面上作纯滚动下落时，所受到的斜面的摩擦力和正压力都不做功，满足机械能守恒的条件.

在未滚下时，圆柱体静止在斜面上且有重力势能 mgh.

当滚下高度 h 时，设其质心速度为 v_C，角速度为 ω，则只有动能，而圆柱体的动能为

$$E_k = \frac{1}{2}mv_C^2 + \frac{1}{2}I\omega^2,\quad 而\ v_C = \omega R$$

所以

$$E_k = \frac{1}{2}m\left(1 + \frac{I}{mR^2}\right)v_C^2$$

由机械能守恒得

$$mgh = \frac{1}{2}m\left(1+\frac{I}{mR^2}\right)v_C^2$$

所以

$$v_C = \sqrt{\frac{2gh}{1+\frac{I}{mR^2}}}$$

把 $I=\frac{1}{2}mR^2$ 代入，得

$$v_C = \sqrt{\frac{4}{3}gh}$$

和上面得到的结果相同.

7.6 陀螺的进动

首先我们讨论一下什么叫刚体的定点运动.

刚体在运动过程中，刚体上某一点始终保持静止，刚体的这种运动称为**定点运动**. 自由刚体有 6 个自由度，现在既然已固定了一个点，因此刚体的定点运动就剩下 3 个自由度.

绕对称轴作高速旋转的刚体称为陀螺，或称**回转仪**，陀螺在运动过程中通常有一点保持固定，所以属刚体的定点运动. 陀螺有许多奇妙的性质和广泛的用途，我们利用刚体的角动量和加速度的矢量性来给以解释.

7.6.1 不受外力矩作用的陀螺

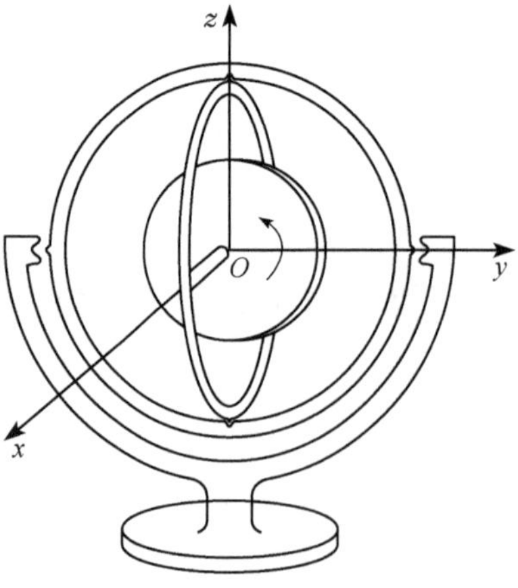

图 7.24

当高速旋转着的陀螺不受外力矩作用时，其角动量守恒，陀螺将保持其自转轴的方位和自转角速度不变. 将陀螺架设在如图 7.24 所示的装置(称为常平架)上即可演示这一效应. 这时陀螺绕 x(自转轴)、y、z 三个光滑轴均可以自由转动，外力无法对陀螺施加力矩，由于其质心位于原点 O，陀螺也不受重力矩作用，因而即使整个装置的方位发生些许变动，陀螺的自转轴方位也将保持不变. 陀螺的这一特性被广泛应用于导弹、飞机、鱼雷等飞行体的航向控制中.

7.6.2　陀螺的进动

1. 杠杆陀螺的进动

图 7.25(a)为杠杆陀螺的示意图,A 为陀螺主体旋转圆盘,P 为重物,O 为支点. 陀螺以一定的角速度 ω 快速旋转,自转轴沿水平方向. 若陀螺自身重量和重物 P 的共同重心偏离 z 轴一距离 l,则有一重力矩 $M=mgl$ 作用于陀螺,方向水平向后,与自转轴垂直,如图所示.

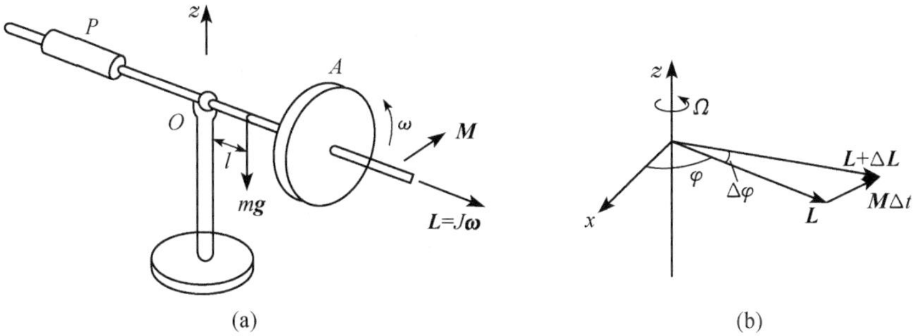

图 7.25

设陀螺绕对称轴的转动惯量为 I,则陀螺的自转角动量为 $\boldsymbol{L}=I\boldsymbol{\omega}$,在力矩 $\boldsymbol{M}$ 的作用下,经 Δt 时间后,角动量将有一增量 $\Delta\boldsymbol{L}=\boldsymbol{M}\Delta t$,$\Delta\boldsymbol{L}$ 的方向与 $\boldsymbol{M}$ 相同,由图 7.25(b)可见,Δt 时间后,陀螺的角动量应绕 z 轴转过 $\Delta\varphi$ 角,因而陀螺的自转轴也转过 $\Delta\varphi$,当 Δt 很小时,$\boldsymbol{L}'=\boldsymbol{L}+\Delta\boldsymbol{L}$ 与 $\boldsymbol{L}$ 的大小相等,仅方向不同. 在新的位置,由于力矩仍与自转轴垂直,再经 Δt 时间,角动量又转过 $\Delta\varphi$ 角,此过程将持续进行下去,结果,陀螺绕 z 轴以角速度 Ω 旋转,这种现象叫**进动**. 进动角速度可由角动量定理,得

$$\Delta L = L\Delta\varphi = M\Delta t$$

而 $\Omega=\lim\limits_{\Delta t\to 0}\dfrac{\Delta\varphi}{\Delta t}$

$$\Omega = \frac{M}{L}$$

为表示出进动角速度的方向,可将上式写成矢量形式

$$\boldsymbol{M} = \boldsymbol{\Omega}\times\boldsymbol{L}$$

因为

$$M = mgl, \qquad L = I\omega$$

所以上式又可写成

$$\Omega = \frac{mgl}{I\omega}$$

式中 m 为陀螺杠杆的总质量.

2. 玩具陀螺的进动

图 7.26 为玩具陀螺示意图,它的进动原理与杠杆陀螺相同,设其自转轴与竖直方向成 θ 角.

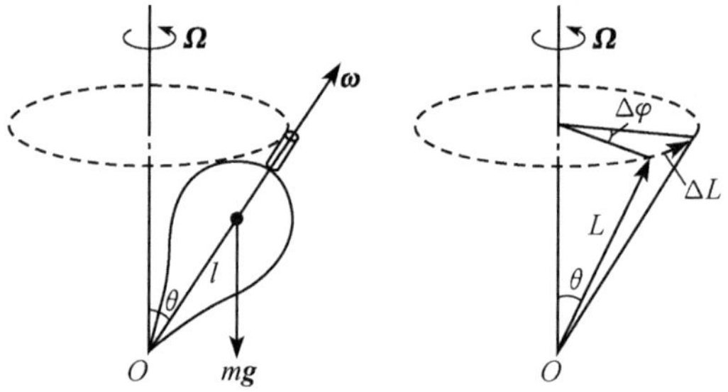

图 7.26

质心相对支点 O 的位矢为 $\boldsymbol{r}_C$,由角动量定理

$$\Delta \boldsymbol{L} = \boldsymbol{M}\Delta t$$

$$\Delta L = L\sin\theta\Delta\varphi = I\omega\sin\theta\Delta\varphi$$

$$\boldsymbol{M} = \boldsymbol{r}_C \times m\boldsymbol{g}$$

$$M = mgr_C\sin\theta$$

所以

$$mgr_C\sin\theta\Delta t = I\omega\sin\theta\Delta\varphi$$

所以

$$\Omega = \lim_{\Delta t \to 0}\frac{\Delta\varphi}{\Delta t} = \frac{mgr_C}{I\omega}$$

写成矢量形式

$$\boldsymbol{M} = \boldsymbol{\Omega} \times \boldsymbol{L}$$

由此可知,进动角速度 Ω 与外力矩成正比,与陀螺的自转角动量成反比,因此当陀螺自转角速度很大时,进动角速度却较小;而在陀螺自转角速度很小时,进动角速度却较大.

从以上对进动的讨论可以看出,陀螺有两种行为是相当奇特的.

(1) 当对旋转着的有一点固定的陀螺施加外力时,它不顺着外力方向偏斜,而向着与外力垂直的方向即力矩的方向偏斜. 陀螺在重力作用下并不往下掉而沿水平方向运动. 这与不旋转的陀螺(一点固定)在外力作用下,将顺着外力方向偏斜不同;

(2) 在外力矩作用下,陀螺并不产生与力矩成正比的角加速度,使其角速度随时间增大,而产生与力矩成正比的进动角速度. 这也与不旋转物体的性质大不相同.

陀螺在外力矩作用下,其角动量矢量(从而其自转轴)有向外力矩方向偏斜的趋势,当外力矩方向也随之不断改变时,这种偏斜方向也不断改变,这就是进动的原理.

7.6.3 章动

上面我们在讨论杠杆陀螺时,做了一个简化,即认为飞轮的总角动量就是它绕自身的对称轴自旋的角动量,而实际上,它的总角动量 $\boldsymbol{L}$ 应是自旋角动量和它的进动的角动量的矢量和,当飞轮高速旋转时,总角动量近似地等于飞轮的自旋角动量. 但如果飞轮的自旋角动量不是很大,则飞轮的自旋轴线在进动时,还会上上下下周期性地摆动,这种摆动称为章动,见图 7.27.

图 7.27

7.6.4 回转效应的应用

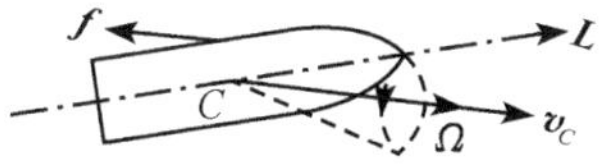

图 7.28

回转效应在实践中有广泛的应用. 例如飞行中的子弹或炮弹,将受到空气阻力的作用,阻力 f 的方向总与炮弹质心的速度 $\boldsymbol{v}_C$ 方向相反,但其合力不一定通过质心. 阻力对质心的力矩就会使炮弹在空中翻转,如图 7.28 所示. 这样当炮弹射中目标时,就有可能是弹尾先触目标而不引爆,从而丧失威力. 为了避免这种情况,就在炮筒壁上刻出螺旋线,这种螺旋线称为来复线. 由于来复线的作用,当炮弹由于发射药的爆炸被强力推出炮筒时,还同时绕自己的对称轴高速旋转,由于这种旋转,它在飞行中受到的空气阻力的力矩将不能使它翻转,而只是使它绕着质心前进的方向进动,这样它的轴线将会始终只与前进的方向有不大的偏离,而弹头总是大致指向前方.

习　　题

7.1 力 $\boldsymbol{F}=30\boldsymbol{i}+40\boldsymbol{j}$,作用在 $\boldsymbol{r}=8\boldsymbol{i}+6\boldsymbol{j}$ 米处的一点上. 试求:

(1) 力 $\boldsymbol{F}$ 绕原点的力矩 $\boldsymbol{L}$；

(2) 力臂 d；

(3) 力 $\boldsymbol{F}$ 垂直于 $\boldsymbol{r}$ 的分量 $F_{\perp}$.

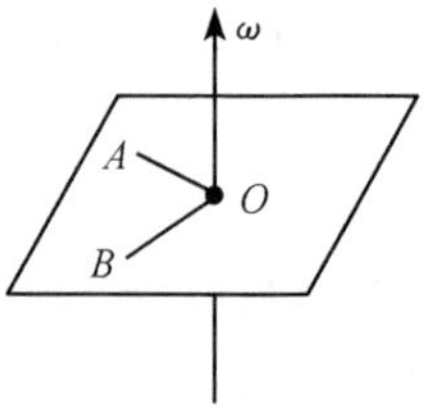

题 7.2 图

7.2　证明：如题 7.2 图所示，刚体绕定轴转动时，在垂直于轴的平面上任意两点 A 和 B，它们的速度 v_A 和 v_B 在 AB 连线上的分量相等. 并说明这结果的物理意义.

7.3　证明：刚体绕定轴转动时，在垂直于轴的平面上，任意两点 A 和 B 的速度 v_A、v_B 与加速度 a_A、a_B 之间有下列关系：v_A 与 a_A 之间的夹角等于 V_B 与 a_B 之间的夹角.

7.4　下列均匀刚体的质量都是 m，分别求它们对给定轴的转动惯量：

(1) 横截面为矩形的圆环，外径为 R_1、内径为 R_2，对几何轴；

(2) 球壳，内外半径分别为 R_1 和 R_2，对过中心的轴；

(3) 矩形薄板，长为 a、宽为 b，对垂直于板面且过中心的轴；

(4) 矩形薄板，长为 a、宽为 b，对过中心且平行于一边 a 的轴；

(5) 长方体，长为 a、宽为 b、高为 c，对过中心且平行于 c 边的轴；

(6) 细棒，对过中心且垂直于棒的轴，棒长 l；

(7) 细棒，对过一端且垂直于棒的轴，棒长 l；

(8) 细棒，对过一端且与棒成 α 角的轴，棒长 l.

7.5　三根均匀的细杆长都是 l，质量是 m，组成一个等边三角框. 分别求它对下列几个轴的转动惯量：

(1) 过顶点 A 且与框面垂直的轴；

(2) 过一边中点 D 且与框面垂直的轴；

(3) 以一边为轴；

(4) 以三角形的中垂线 AD 为轴.

7.6　一块边长为 a 和 b 的均匀矩形薄板，质量为 m.

(1) 中间挖去半径为 r 的圆形；

(2) 一角上挖去边长为 c 的正方形.

分别求它们对于过中心且垂直于板的轴的转动惯量.

7.7　两个小球看成是质点，质量分别为 $m_1=40\text{g}$ 和 $m_2=120\text{g}$，固定在质量可以忽略的一根通直棒两端. 已知棒长 $l=20\text{cm}$. 试问：对通过棒上一点并且垂直于棒的轴来说，轴在什么地方时这系统的转动惯量最小？

7.8　证明：正方形均匀薄板对下述两轴的转动惯量相等：

(1) 对角线；

(2) 通过中心且与一边平行.

7.9　一根长为 $2l$、质量为 $2M$ 的均匀细杆，可以绕过中点的固定轴在水平面内自由转动，在离中心 $l/3$ 处各套有两个质量均为 m 的小珠子. 开始时杆的转动角速度为 ω_0，而两小珠相对于杆静止. 当释放小珠后，小珠将沿杆无摩擦地向两端滑动，试问：

(1) 当小珠滑到杆端时，杆的角速度为多大？

(2) 当小珠滑到杆端时，小珠相对杆的速度为多大？

(3) 当小珠滑离杆时，小珠的速度为多大？

7.10 一质量分布均匀的盘状飞轮重 50kg，半径为 1.0m，转速为每分钟 300 转，在一恒定的阻力矩 L 作用下，50s 后停止. 问 L 等于多少？

7.11 一门宽 80cm、重 5.0kg，在距门轴 70cm 处以 1.0kg 的力推门，力的方向与门垂直，求门的角加速度(不计阻力).

7.12 如题 7.12 图所示，一条细绳的两端分别拴有质量为 m_1 和 m_2 的两物体，$m_1 \neq m_2$，绳子长度不变，绳子的质量以及滑轮与轴间的摩擦力均可不计. 求 m_1 和 m_2 的加速度 a 以及绳子的张力 T_1 和 T_2.

7.13 如题 7.13 图所示，两个物体 m_1 和 m_2 用细绳相连，绳子套在质量为 m_0、半径为 r_0 的圆滑轮上，滑轮质量集中在边上，m_2 放在水平的光滑桌面上，m_1 吊着，已知 $m_1=100\text{g}$，$m_2=200\text{g}$，$m_3=50\text{g}$，$r_0=5.0\text{cm}$，设绳子长度不变，绳子的质量及滑轮轴上的摩擦力均可不计，绳子与滑轮之间无滑动. 求 m_1 的加速度 a 以及绳子的张力 T_1 和 T_2.

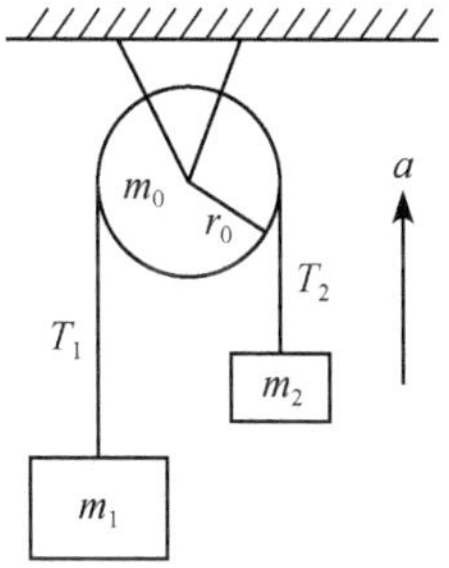

题 7.12 图

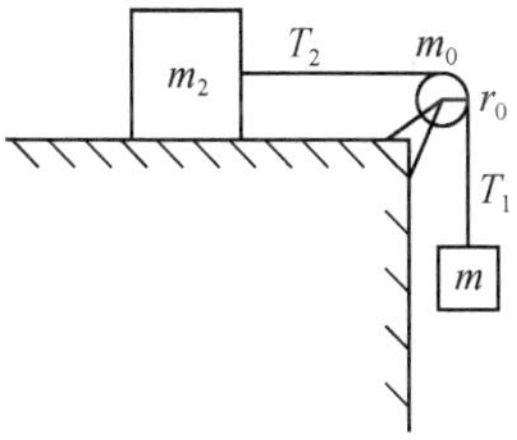

题 7.13 图

7.14 一个如题 7.14 图所示的装置，其中 m_1、m_2、M_1、M_2、R_1 和 R_2 都已知，且 $m_1 > m_2$，滑轮都是圆盘形的. 设绳子长度不变，绳子的质量以及滑轮轴上的摩擦力均可不计，绳子与滑轮间不打滑，滑轮质量均匀分布. 求 m_2 的加速度 a 及绳子的张力 T_2、T_3.

7.15 一圆盘半径为 R，装在桌子边上，可绕一水平的中心轴转动. 圆盘上绕着细线，细线的一端系一个质量为 m 的重物，m 距离地面为 h，从静止开始下落到地面，需时间为 t，如题 7.15 图

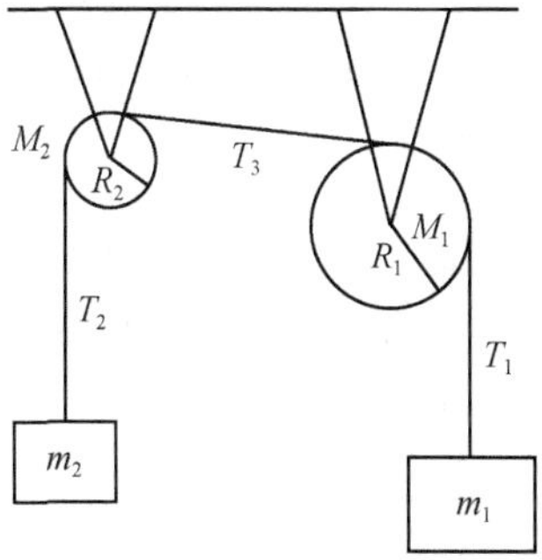

题 7.14 图

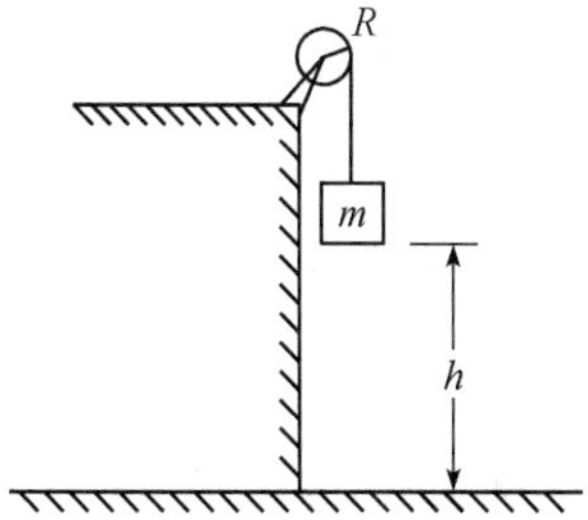

题 7.15 图

所示. 用这样一个实验装置测定圆盘的转动惯量 I,测得当 $m=m_1$ 时,$t=t_1$;$m=m_2$ 时,$t=t_2$. 证明:

$$I=\frac{(m_1-m_2)-2h\left(\frac{m_1}{t_1^2}-\frac{m_2}{t_2^2}\right)}{2h\left(\frac{1}{t_1^2}-\frac{1}{t_2^2}\right)}R^2$$

在实验过程中,假定摩擦力维持不变,绳子质量可忽略,绳子长度不变.

7.16　一个如题 7.16 图所示的装置. 已知 m_1、m_2、m_3 以及均匀圆盘状滑轮的 M_1、R_1 和 M_2、R_2. 略去绳的质量及轴上的摩擦力,绳子在滑轮上不打滑. 求 m_1、m_2、m_3 的加速度 a_1、a_2、a_3.

7.17　题 7.17 图有一个均匀细棒,质量为 m,长为 l,平放在滑动摩擦系数为 μ 的水平桌面上,一端固定,在外力推动下,绕此固定端在桌面上以角速度 ω_0 转动. 今撤去外力,问从撤去外力开始到停止转动时需经过多长时间?(不考虑轴上的摩擦)

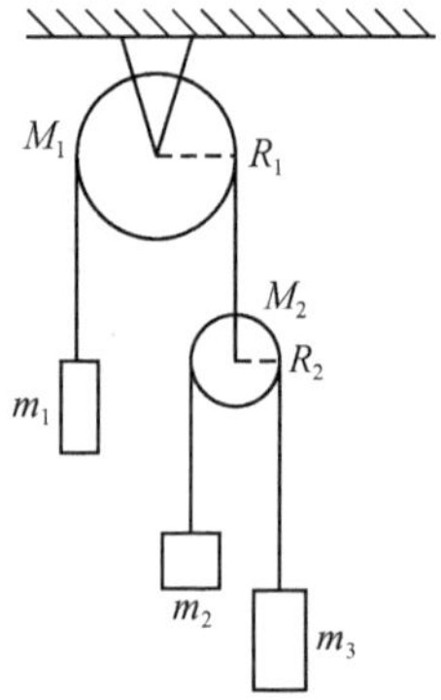

题 7.16 图

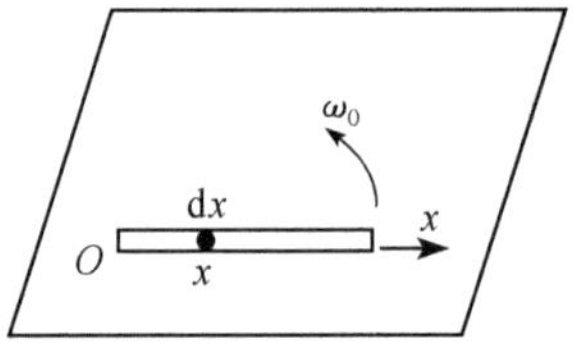

题 7.17 图

7.18　一螺旋桨对转轴的转动惯量为 I,在不变的转动力矩 L 的作用下由静止开始转动,阻力矩 L'与角速度的平方,即 ω^2 成正比. 比例系数 k 是常数. 试问:

(1) 经过多少时间后角速度达到一规定值 ω_1?

(2) 这段时间里转过了多少圈?

7.19　一飞轮的转动惯量为 I,开始制动时的角速度为 ω_0.

(1) 设阻力矩与角速度的平方成正比,比例系数为 k,求开始制动到角速度为 ω_1 的时间内平均角速度 $\bar{\omega}$;

(2) 经过多少时间角速度减少为起始的三分之一?

7.20　如题 7.20 图,一重量均匀分布的 10kg 梯子,等分为 20 级,以 60°的倾斜度架在一面光滑的竖直墙上. 当一个体重为 60kg 的人沿梯子向上很慢地爬到第 15 级时,梯子开始滑动,求此时地面给予梯子的摩擦力 f 为多大.

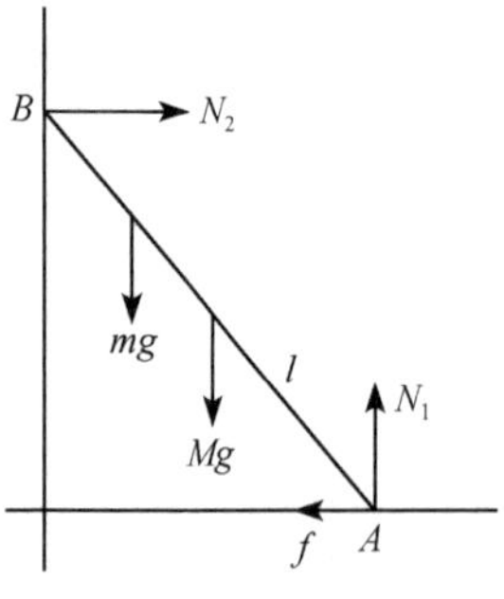

题 7.20 图

7.21　一质量为 M 的均匀正立方体 A 斜靠在光滑的竖直墙上,A 与地面之间的摩擦力刚好足以阻止它滑动. 求 μ 与 θ 的关系,μ 是 A 与地面之间的静摩擦系数,θ 是 A 的一边与水平的夹角,如题 7.21 图所示.

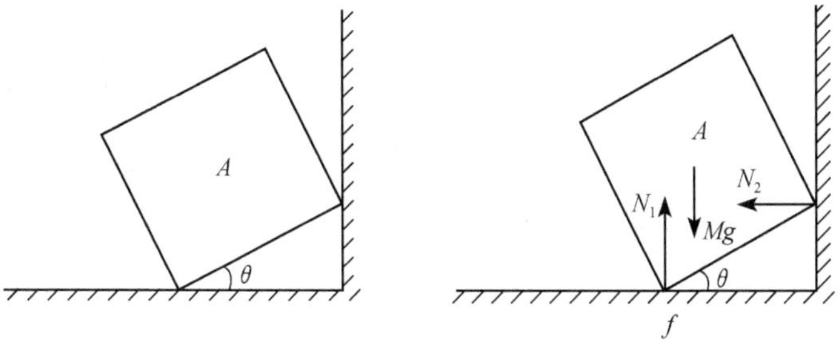

题 7.21 图

7.22 如题 7.22 图所示:四个均匀的球:(1)实心钢球,半径 10cm;(2)实心塑料球,半径 10cm;(3)钢球壳,半径 5.0cm;(4)轻塑料球壳,半径 10cm,从同一斜面上的同一高度由静止开始滚下,设空气的影响不计,设球没有滑动,试比较它们的快慢.

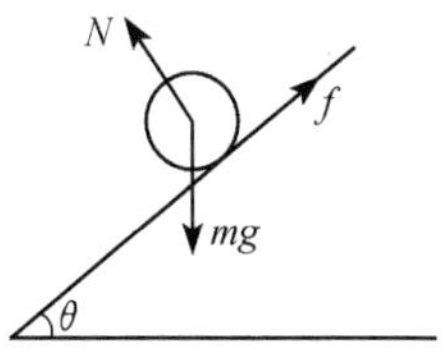

题 7.22 图

7.23 一个直径为 10cm 的木质均匀实心柱体,可装在外径为 12cm 的均匀空心铜柱中,恰好贴紧无隙,两者等长. 已知铜柱的质量等于木柱的 3.5 倍,问从同一斜面的同一高度由静止开始滚下(设没有滑动)时,(1)木柱;(2)空心铜柱;(3) 两者紧套在一起;哪一个滚到底所需时间最短?

7.24 在倾角为 θ 的固定斜面上,有四个均匀物体:(1)圆柱体(轴线水平);(2)薄壁圆筒(轴线水平);(3)实心球体;(4)空心球壳. 它们分别在斜面上的不同位置;都从静止开始下滚,设下滚时没有滑动,出发时间相同,且同时滚到底边. 求它们出发时离斜面底边的距离之比.

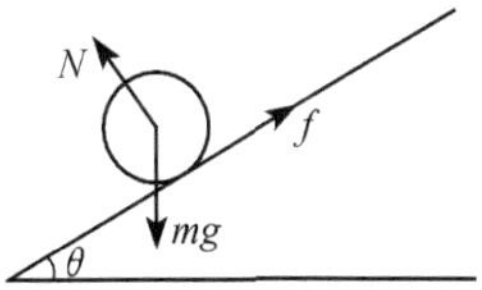

题 7.25 图

7.25 如题 7.25 图所示,一质量为 3.0kg 的均匀实心圆球,沿着倾角为 30°的固定斜面无滑动地滚下,求球与斜面间的摩擦力.

7.26 证明:要使一物体在斜面上滚动时不打滑,滑动摩擦系数 μ 必须满足

$$\mu \geqslant \frac{\tan\alpha}{\dfrac{MR^2}{I_c}+1}$$

其中 α 是斜面倾角,I_c 是该物体绕质心的转动惯量,R 是滚动半径,M 是物体的质量.

7.27 已知半径为 R 的车轮上附有一凸台,半径为 r,这个轮子的质量为 m,转动惯量为 I,在凸台上缠有轻绳,轻绳另一端系有一个质量为 m_1 的物体 B,如题 7.27 图所示. 轮子放在质量为 M 的三棱柱的斜面上,而质量为 m_1 的物体 B 绕过棱柱上的定滑轮下垂,为了保证站在斜面上的观察者看来质量为 m_1 的物体 B 在运动过程中是垂直上升的,即物体 B 与地面的垂直距离的变化量等于从滑轮到物体 B 上方的绳子缩短量. 在斜面右侧焊上一个质量为 M_1 的凸台,以保证物体 B 垂直上升,凸台与物体 B 间无摩擦,三棱柱与地面光滑接触,而斜面上车轮则沿其滚动而下. 斜面的仰角为 α,求三棱柱的加速度 a 和绳子的张力 T.

7.28 如题 7.28 图,镜框贴着墙立在有摩擦的钉子上,稍受扰动其即向下倾倒,当到达一定角度 θ,此镜框将跳离钉子,求 θ.(提示:跳离钉子时,镜框对钉子的压力为零).

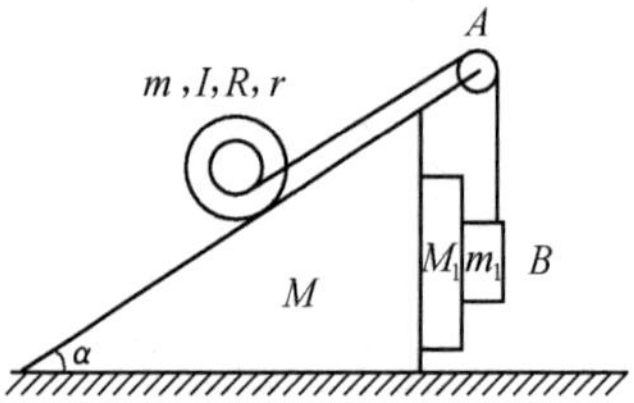

题 7.27 图

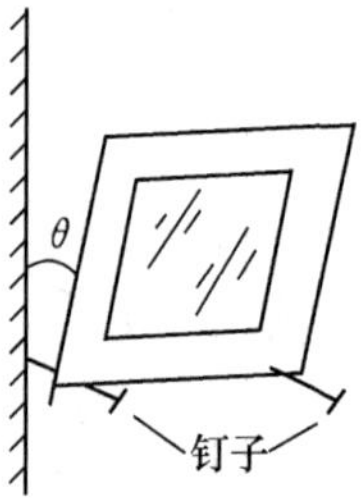

题 7.28 图

第 8 章　流 体 力 学

流体是对处于液态和气态的物体的统称. 流体力学研究流体的宏观运动规律. 它以流体宏观模型作为基本假说.

虽然,流体的运动取决于每个粒子的运动,但若求解每个粒子的运动既不可能也无必要. 为了解决宏观问题,我们必须在微观和宏观之间建立一座桥梁.

流体宏观模型认为流体是由无数流体元(或称流体微团)连续地组成的(即连续介质). 所谓流体元指的是这样的小块流体:它的大小与放置在流体中的实物比较是微不足道的,但比分子的平均自由程却要大得多,它包含足够多的分子,能施行统计平均求出宏观参量,少数分子出入于流体元不会影响稳定的平均值. 另一方面,对于进行统计平均的时间也应选得足够大,使得在这段时间内,微观的性质,例如分子间的碰撞等已进行了许多次,在这段时间内进行统计平均能够得到稳定的数值. 上述微观上充分大,宏观上充分小的流体元称为**流体质点**,将流体运动的空间看作是由流体质点连续地无空隙地充满着的假设称为**连续介质假设**. 应该指出,有了此假设才能把一个微观问题化成宏观问题,且数学上容易处理. 实验和经验也表明在一般情况下这个假设总是成立的.

8.1　流体的宏观物理性质

流体具有三个基本性质:1. 易流动性;2. 可压缩性;3. 黏滞性. 现分别说明之.

8.1.1　易流动性

流体在静止时不能承受切向应力,不管多小的切向应力,都会引起其中各流体元彼此间的相对位移,而且取消力的作用后,流体元之间并不恢复其原有位置. 正是流体的这一基本特性使它能同刚体和弹性体区别开来. 刚体和弹性体也是连续介质,只是刚体中质点之间的相互距离不论其上作用的外力如何将保持不变;而在弹性体中,当作用力在数值上不超过某一界限时,系统中各点间的相互距离可以改变,但消除了力的作用之后,各点又趋于恢复到平衡位置. 相反地,流体能够有任意大的变形. 因此流体在静止时只有法应力而没有切应力. 流体的这个宏观性质称为易流动性.

8.1.2　黏性

流体在静止时虽不能承受切应力,但在运动时,对相邻两层流体间的相对运动即相对滑动是有抵抗的，这种抵抗力称为黏性应力，流体所具有的这种抵抗两层流体相对滑动的性质称为**黏性**，黏性大小依赖于流体的性质，并显著地随温度而变化. 实验表明，黏性应力的大小与黏性及相对速度成正比，当流体的黏性较小，运动的相对速度也不大时，所产生的黏性应力比其他类型的力(如惯性力)小得多，可忽略不计. 此时，我们可以近似地把流体看成是无黏性的，这样的流体称为**理想流体**. 十分明显，理想流体对于切向变形没有任何抗拒能力，于是我们将流体分成理想流体和黏性流体两大类. 应该强调指出，真正的理想流体在客观实际中是不存在的. 它只是真实流体在其种条件下的一种近似模型.

除了黏性外，流体还有热传导及扩散等性质.

流体的宏观性质，扩散、黏性、热传导等是分子输运性质的统计平均. 由于分子的无规热运动，分子间存在着频繁的碰撞，在各层流体间将交换着质量，动量和能量，使不同流体层内的平均物理量均匀化，这种性质称为分子运动的输运性质. 质量输运在宏观上表现为扩散现象，动量输运表现为黏性现象，能量输运则表现为热传导现象.

8.1.3　压缩性

流体的体积或密度会随压力或温度的改变而改变，这个性质称为压缩性. 真实流体都是可以压缩的. 它的压缩程度依赖于流体的性质及外界的条件. 液体在通常的压力或温度下，压缩性很小. 例如在 500 个大气压下，每增加一个大气压，水的体积减少量不到原体积的两万分之一；同样的条件下，水银的体积减少量不到原体积的百万分之四. 液体在通常的压力和温度下，压缩量很小，可以不计液体的压缩性，在压强、温度变化很大的特殊情况下，例如研究水中爆炸问题，必须考虑液体是可压缩的. 气体的可压缩性表现的十分明显，例如用不大的力推动活塞就可使气缸内的气体明显压缩. 但在可流动的情况下，有时也把气体视为不可压缩的，这是因为气体密度小，在受压时体积还未来得及改变就因快速地流动并迅速达到密度均匀. 物理上常用马赫数 M 来判定可流动气体的压缩性，其定义为 $M=$流速/声速，若 $M\ll 1$，可视气体为不可压缩的. 由此看出，当气流速度比声速小许多时可将空气视为不可压缩的，一般将流速 $v<100\mathrm{m/s}$ 的气体称为不可压缩气体. 而当气流速度接近或超过声速时气体应视为可压缩的. 在实际问题中若不考虑流体的可压缩性时，可将流体抽象成不可压缩流体这一理想模型. 严格说来，不可压缩流体并不存在.

8.2　流体静力学

8.2.1　静止流体的压强

在讨论流体的运动之前，先简单地讨论流体静力学，着重讨论静止流体内部的压强分布. 我们都有这样的经验，容器的器壁总要受到盛在其中的流体施加的作用力. 例如,打足气的皮球显得很坚硬,这是由于球内气体对球壳有作用;不甚坚固的堤坝当水位上升时会倒塌,是由于水对堤坝的作用力随水位上升而增大. 流体不仅对容器壁有作用力,而且流体内各部分之间也存在作用力.

1. 在静止流体中,各部分之间的作用力表现为正压力

我们想象在静止的流体内部划出一块流体,包围这块流体的闭合曲面 S 把这块流体与流体的其他部分分隔开. S 以内的流体对闭合面外的流体存在作用力,同时 S 面外的流体对 S 面内的流体也施以反作用力,如图 8.1 所示. 由于流体是静止的,所以作用于这块流体闭合面上的作用力的矢量和必定等于零. 另外,在闭合面上的任何一点上,来自闭合面以外的流体的作用力和来自闭合面以内的流体的作用力,都必定与该点处的闭合面的面元相垂直,否则沿面元切向的分力必将引起该面元以内和以外小块流体的流动. 由此我们可以得到结论:

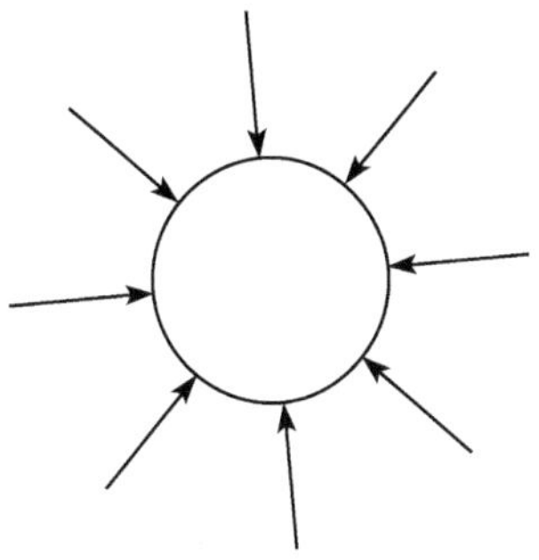

图 8.1

在静止流体中,各部分之间的作用力必定表现为正压力.

2. 压强的定义

根据流体内各部分之间相互作用的上述性质,我们引入压强的概念,在包围流体块的闭合曲面上任意一点 A 附近取面元矢量 $\mathrm{d}\boldsymbol{S}$,$\mathrm{d}\boldsymbol{S}$ 的方向与闭合曲面在点 A 的法线 $\boldsymbol{n}$ 的方向一致,所以 $\mathrm{d}\boldsymbol{S}=\mathrm{d}S\boldsymbol{n}$ 称为面元矢量,如图 8.2 所示,如果闭合曲面内的流体对面元 $\mathrm{d}\boldsymbol{S}$ 的压力为 $\mathrm{d}\boldsymbol{F}$,那么 A 点的压强 P 的定义为

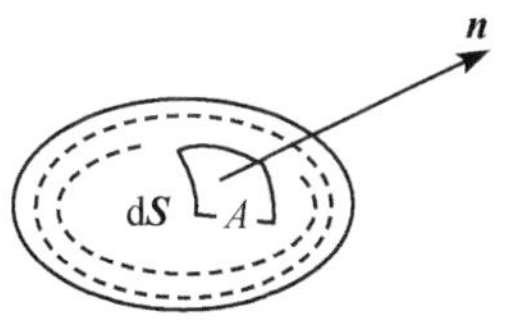

图 8.2

$$\mathrm{d}\boldsymbol{F} = P\mathrm{d}\boldsymbol{S} \tag{8.1}$$

因为 $\mathrm{d}\boldsymbol{F}$ 是正压力,所以 $\mathrm{d}\boldsymbol{F}$ 的方向与面元法线 $\boldsymbol{n}$ 方向一致,所以

$$P = \frac{\mathrm{d}F}{\mathrm{d}S} \tag{8.2}$$

上式表示,**压强就是单位面积上所承受的沿法线方向的压力的大小**. 由压强的定义式(8.1)可以看到,压强是流体上点上的性质,是标量,而由压强在一个面上所造成的压力是流体面上的性质,是矢量. 压力矢量的方向决定于面元的取向,压力矢量的大小决定于所在处的压强和面积的大小.

3. 流体中某一点的压强对于一切方向都相等

既然压强是流体内点上的性质,那么在静止流体中的任意给定点上无论通过

这一点的截面如何取,这一点的压强是相同的,也就是说,压强 P 的值与面元 $\mathrm{d}\boldsymbol{S}$ 的选取无关. 图 8.3 表示,截面 $\mathrm{d}\boldsymbol{S}_1$ 和 $\mathrm{d}\boldsymbol{S}_2$ 都通过流体中的给定点 A,$\mathrm{d}\boldsymbol{S}_1$ 的法线为 $\boldsymbol{n}_1$,$\mathrm{d}\boldsymbol{S}_2$ 的法线为 $\boldsymbol{n}_2$,$\mathrm{d}\boldsymbol{S}_1$ 所受的压力的方向沿 $\boldsymbol{n}_1$,$\mathrm{d}\boldsymbol{S}_2$ 所受的压力的方向沿 $\boldsymbol{n}_2$. 这两个压力的大小和方向都不相同,而引起这两个压力的压强却是相同的,都是流体中 A 点的压强. 下面来证明这一点:

在所观察点处取一小面积元,并以此面积元作为小三棱柱的一个侧面 $ABCD$,设其压强为 P,如图 8.4 所示建立坐标. 上、下底面为直角三角形,各边长分别为 $\Delta x,\Delta y,\Delta n$. 侧面 $ABFE$ 和 $CDEF$ 上的强分别为 Py 和 Px,高 $EF=\Delta z$,依正压力平衡的条件得

$$\begin{cases} Py\cdot\Delta x\Delta z-P\Delta n\Delta z\sin\alpha=0\\ Px\cdot\Delta y\Delta z-P\Delta n\Delta z\cos\alpha=0\end{cases}$$

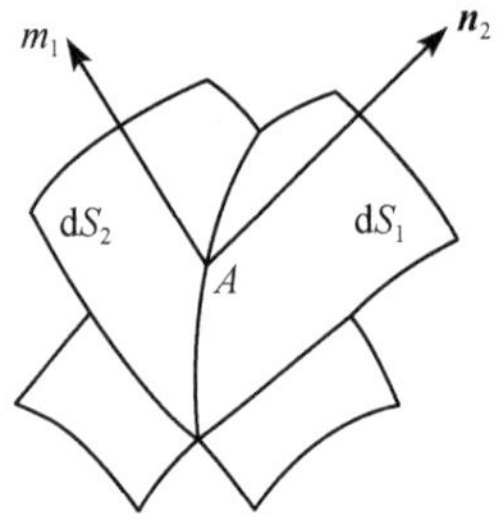

图 8.3

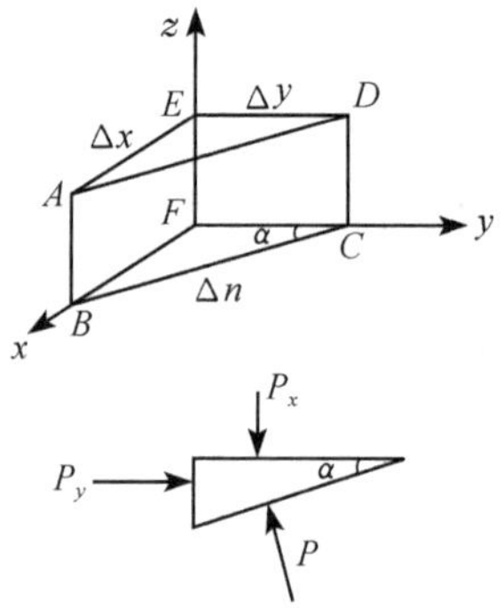

图 8.4

而

$$\Delta x=\Delta n\sin\alpha,\qquad \Delta y=\Delta n\cos\alpha$$

解得

$$Px=Py=P$$

同样可以证明(请读者自己证明)

$$P_z=P$$

如果重力沿三个轴中任一个轴,在写平衡方程时,还需考察重力,但重力是一个三阶小量,即 $\Delta mg=\dfrac{1}{2}\rho\Delta x\Delta y\Delta z\cdot g$,可以忽略. 因此对于静止流体中任一点处的压强可以统一由压强 P 代表,用下式表示

$$P=\lim_{\Delta S\to 0}\frac{\Delta F}{\Delta S}$$

8.2.2 重力场中静止流体内各点的压强

在静止流体中,若流体密度 ρ 是一个常量,称为不可压缩流体. 设流体中在 $z=$

h 高度处的压强为 $P=P_0-\rho gh$(式中 P_0 为 $z=0$ 的水平面上的压强),则

$$P+\rho gh = P_0 \tag{8.3}$$

是一个恒量.

我们现在来说明,表达式(8.3)为恒量只是普通情况下的一个特例.

如果在压强逐点变化的静止流体中,考察一个小立方体,为保持静止,此小立方体所受合力必为零.把力分为两部分:①所有方向对小立方体的压力之和,②除此以外的别种力(如重力等).

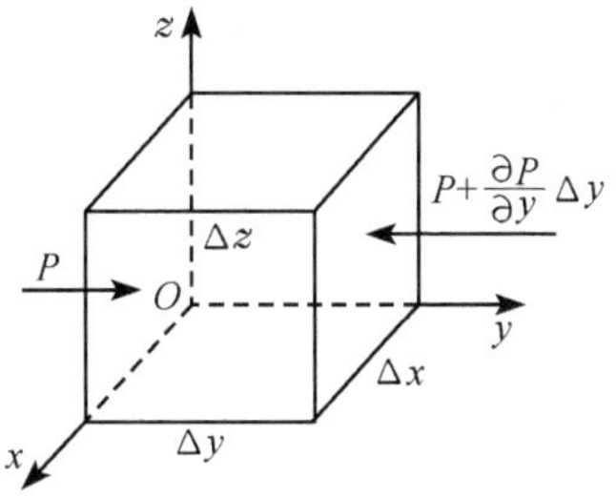

图 8.5

先计算第一部分,如图 8.5 所示,y 方向合力为

$$Fy = P\Delta x\Delta z-\left(P+\frac{\partial P}{\partial y}\Delta y\right)\Delta x\Delta z =-\frac{\partial P}{\partial y}\Delta x\Delta y\Delta z$$

同理得 Fx 和 Fz

$$Fx =-\frac{\partial P}{\partial x}\Delta x\Delta y\Delta z$$

$$Fz =-\frac{\partial P}{\partial z}\Delta x\Delta y\Delta z$$

所以合力为

$$\begin{aligned}\boldsymbol{F} &= Fx\boldsymbol{i}+Fy\boldsymbol{j}+Fz\boldsymbol{k}\\ &=-\left(\frac{\partial P}{\partial x}\boldsymbol{i}+\frac{\partial P}{\partial y}\boldsymbol{j}+\frac{\partial P}{\partial z}\boldsymbol{k}\right)\Delta x\Delta y\Delta z\\ &=-\nabla P\Delta x\Delta y\Delta z\end{aligned} \tag{8.4}$$

式中

$$\nabla P = \frac{\partial P}{\partial x}\boldsymbol{i}+\frac{\partial P}{\partial y}\boldsymbol{j}+\frac{\partial P}{\partial z}\boldsymbol{k} \tag{8.5}$$

称为压强 P 的梯度.

假设如此之外的附加力为保守力,如重力,则可以用势能来描述,令 U 代表每单位质量的势能(对于重力 $U=gh$),则每单位质量受力为 $-\nabla U$,每单位体积的流体所受的力为 $-\rho\nabla U$.

因流体静止,这两部分力之和必为零,即

$$-\nabla P-\rho\nabla U = 0 \tag{8.6}$$

式(8.6)称为**流体静力学方程**.

讨论:

(1) 若密度 ρ 随空间位置任意变化,则无法使方程(8.6)得到满足,因为可变

的 ρ,一般不能使 $\rho\Delta U$ 变为某一函数的梯度,此时流体将会流动.

(2) 若密度 ρ 是一个常数,则

$$-\nabla P-\rho\nabla U=-\Delta P-\nabla(\rho U)=-\nabla(P+\rho U)=0 \tag{8.7}$$

所以

$$P+\rho U=\text{恒量} \tag{8.8}$$

在附加力为重力的情况下,

$$U=gh$$

所以得

$$P+\rho gh=\text{恒量} \tag{8.9}$$

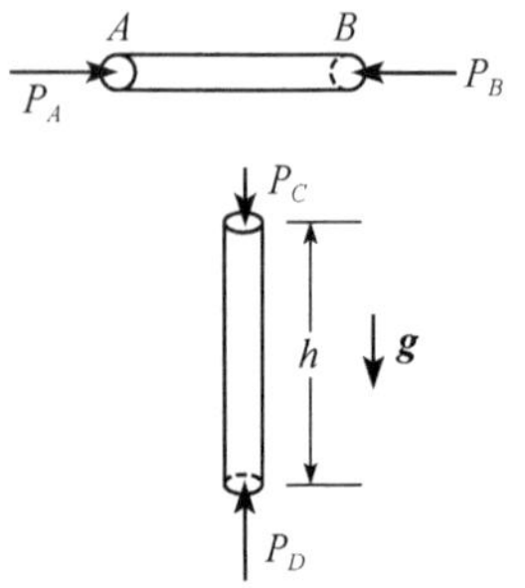

图 8.6

看一个特例. 在静止流体内取一水平细圆柱体 AB,横截面积为 ΔS,如图 8.6,应用式(8.9),因为 AB 两点等高,所以

$$P_a+\rho gh=P_B+\rho gh$$

所以

$$P_A=P_B \tag{8.10}$$

同理在静止流体中取一竖直细圆柱体 CD,由竖直方向受力平衡,得

$$P_C+\rho gh=P_D \tag{8.11}$$

由此可得到几点结论:

(1) 等高点的压强相等. 这也解释了在重力场中液体的自由面必为与 $\boldsymbol{g}$ 垂直的水平面,因为自由面处的压强与大气压相等.

(2) 高度差为 h 的两点,压强差为 ρgh,且离液面越高处压强越大.

(3) 当液体表面压强增加 ΔP_0 时,液体内任一点的压强也增大了 ΔP_0,也就是说,不可压缩液体可将作用在其表面的压强传递到液体内的各个部分,包括存放液体的器壁,这一结论称之为**帕斯卡原理**.

8.2.3 压强的单位

SI 单位制中,压强的单位称为帕(Pa),是为了纪念法国科学家帕斯卡.

$$1\ \text{帕}=1\ \text{牛顿}/\text{米}^2$$

在非 SI 单位制中,压强还有一些其他的单位,它们与 SI 单位的关系为

$$1\ \text{达因}/\text{厘米}^2=10^{-5}\ \text{牛顿}/10^{-4}\ \text{米}^2=0.1\ \text{帕}$$

$$1\ \text{巴(bar)}=10^6\ \text{达因}/\text{厘米}^2=10^5\ \text{帕}$$

$$1\ \text{毫巴}=10^{-3}\ \text{巴}=100\ \text{帕}$$

$$\begin{aligned}1\ \text{毫米汞高}&=13.595\times980.665\times0.1\ \text{达因}/\text{厘米}^2\\&=1333.2\ \text{达因}/\text{厘米}^2=133.32\ \text{帕}\end{aligned}$$

1 托(torr) = 1 毫米汞高

1 物理大气压 = 760 毫米汞高 = 1.013 巴 = 1.013×10^5 帕

1 工程大气压 = 1 千克力 / 厘米^2 = 0.980665×10^5 帕 = 0.980665 巴

8.3　浮力、浮心和定倾中心

8.3.1　浮力

阿基米德定律：**任何形状的物体置于密度 为 $\boldsymbol{\rho}$ 的液体中都会受到液体的浮力，浮力的大小等于物体排开液体的重量**. 这是一个实验规律，称为**阿基米德定律**(或阿基米德原理). 从现代观点看，它也是流体静力学方程的推论.

浮力的来源是流体对物体(浮体)的压力的合力. 由于压强随深度增加，故此合力向上，我们不难用流体中压强分布及平衡条件证明阿基米德原理，设想浸在液体中的物体被体积和形状完全相同的流体所取代. 取代物体的流体与周围流体浑然一体，它必处于平衡状态. 因而周围流体作用在它上面的压力的总效应与作用在它上面的重力相平衡. 这说明周围流体的压力可以等效为一个合力，此合力的大小等于该部分流体的重量，方向向上，作用点在该部分流体的重心上. 当该部分流体为物体所取代时，周围流体作用在物体上的压力分布保持不变，于是我们就证明了阿基米德原理.

浮体平衡时必须满足两个条件：(1) $F_H = W$，(2) F_H 的作用线和 W 的作用线重合.

8.3.2　浮心和定倾中心

浮力的作用点称为浮心. 浮心位于与浸入流体那部分物体同体积、同形状的流体的重心上，浮在液面上的浮体(例如船舶)的稳定度与浮体的重心及浮心的位置有关. 图 8.7 为浮在水面上的船舶的截面图. 当船舶平正时，重心 G 和浮心 H 位于同一铅垂线上；当船舶倾侧时，G 的位置不变，H 的位置则向一侧偏离，重力 W 和

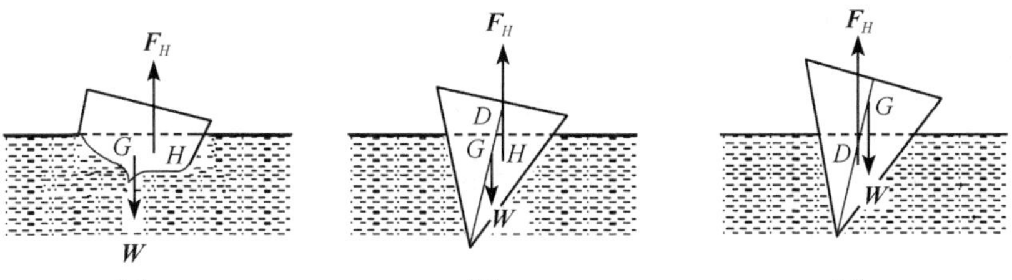

图 8.7

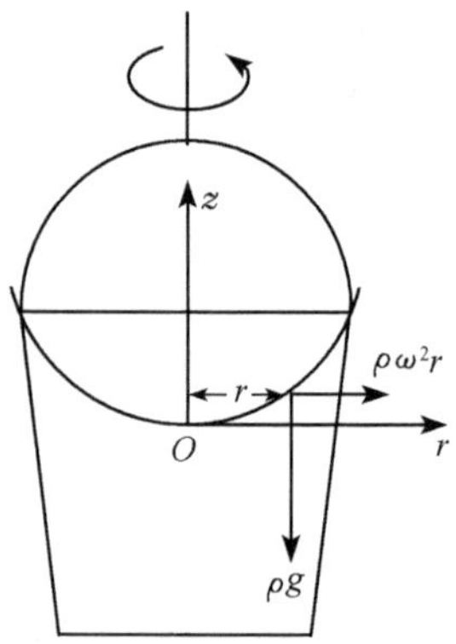

图 8.8

浮力 F_H 构成一个力偶，使船舶回复到原来的平正位置上. 倾侧时，浮力作用线与船舶截面对称线的交点 D 称为定倾中心，DG 称为定倾中心高度. 定倾中心高度越高，使船舶回复的力矩也越大，因而船舶的隐度也越大. 若定倾中心在重心以下，则重力和浮力的力矩将使船舶倾覆. 需要注意的是，当重心在浮心下方时，浮体的平衡是稳定的，而当重心在浮心上方时可能有两种情况，如图 8.7 所示，其中(b)的 D 在 G 上，浮体的平衡是稳定的，(c)的 D 在 G 下，浮体的平衡是不稳定的.

例 8.1　密度 ρ 的不可压缩液体置于一开口的圆柱形容器内，若此容器绕对称轴作高速旋转，角速度为 ω，求液体内压强分布和液体表面的形状.

解　此题在第 2 章中解过，现在再从流体静力学角度求解. 以容器为参考系，以液面中心为原点，如图 8.8 所示. 此时流体内任一流体质点都受到重力与惯性力的作用，相应的体力密度为 $-\rho g\boldsymbol{k}$ 和 $\rho\omega^2 r\hat{\boldsymbol{r}}$，其中 $\hat{\boldsymbol{r}}$ 为沿水平方向的单位向量. 由流体静力学方程

$$\nabla P = -\rho g\boldsymbol{k} + \rho\omega^2 r\hat{\boldsymbol{r}}$$

得到

$$\frac{\partial P}{\partial r} = \rho\omega^2 r, \qquad \frac{\partial P}{\partial z} = -\rho g$$

所以有

$$\mathrm{d}P = \frac{\partial P}{\partial r}\mathrm{d}r + \frac{\partial P}{\partial z}\mathrm{d}z = \rho\omega^2 r\mathrm{d}r - \rho g\,\mathrm{d}z$$

积分后得

$$P = \frac{1}{2}\rho\omega^2 r^2 - \rho g z + c$$

当 $r=0$ 时，$z=0$，$P=P_0$（P_0 是液体表面的压强，即大气压强），代入上式得 $c=P_0$，最后求得液体压强分布

$$P = \frac{1}{2}\rho\omega^2 r^2 - \rho g z + P_0$$

由于液体表面上任一点的压强为大气压强 $P=P_0$. 最后得到液体表面的曲线方程

$$z = \frac{\omega^2 r^2}{2g}$$

由此式知道液体表面为一旋转抛物线.

8.4　流体的定常流动

8.4.1　描述流体运动的两种方法

在建立流体力学的基本方程之前，我们先介绍用以描述流体运动的两种基本方法，第一种方法是和普通描写运动相似的方法，称为拉格朗日方法；第二种是得到更广泛应用的欧拉方法.

1. 拉格朗日方法（随体法）

在拉格朗日方法中，着眼点是流体中的一流块或流元，追踪它，研究它的运动轨迹和规律，即它们的位置随时间的变化规律，十分明显，如果知道了所有流体质点的运动规律，那么整个流体运动的状况也就清楚了. 因为这种方法现在已不是主流方法，我们就不详细讨论了.

2. 欧拉法

在物理学中，常把某个物理量的空间分布称为场. 如果这个物理量是标量，如高度、温度、电势等，它们在空间的分布称为标量场；若物理量是矢量，如速度、力、电场强度、磁感应强度等，它们在空间的分布称为矢量场. 欧拉方法是更先进的场论方法，它不直接考虑个别流体质点如何运动，而是着眼于整个流场，研究流场中速度随空间的分布，随时间变化的规律. 这样，欧拉方法是把空间某一固定点(x，y，z)的流体质点的速度当作时间的函数来研究的，显然这个速度也是坐标(x，y，z)的函数，因此

$$\boldsymbol{v} = \boldsymbol{v}(t,\boldsymbol{r}) \tag{8.12}$$

其分量为

$$\begin{cases} v_x = v_x(t,x,y,z) \\ v_y = v_y(t,x,y,z) \\ v_z = v_z(t,x,y,z) \end{cases} \tag{8.13}$$

变数 t，x，y，z 称为欧拉变数，如果把 t 当作可变的，而 x，y，z 当作常数，则得到不同时刻 t 经过空间中确定点的不同流体质点的速度；若把 t 当作常数，x，y，z 当作变数，则可得到对于确定时刻空间中流体质点的速度分布. 由于我们研究的速度是定义在空间点上，它们是空间点坐标(x，y，z)的函数，所以我们研究的是速度场，这样我们就可以应用场论的知识. 若 $\boldsymbol{v}$ 不依赖矢径 $\boldsymbol{r}$，则称其为均匀场；否则称之为不均匀场，对应的流动称之为不均匀流动. 若场函数 $\boldsymbol{v}$ 不依赖时间 t，则称其为定常场，对应的流动为定常流动（也称稳定流动），否则称为非定常场，对应的流

动为非定常流动(或不稳定流动).

8.4.2　流线和流管

1. 流线

现在我们面对的研究对象是速度场. 为了形象地描述流场. 我们引入所谓流线的概念,就像在静电学中我们为了形象地研究电场强度而引入电场线一样. 流线是这样规定的,流线是流体内的一条连续的有向曲线,流线上每一点的切线方向代表流体内质点经过该点时的速度方向,图 8.9 给出了几种常见的流线. 一般情况下空间各点的流速随时间 t 变化,因此流线也是随时间变化的,由于流线分布与一定的瞬时相对应,所以流线并不代表流体中微粒的轨道. 只有在定常流动中,流线不随时间变化,此时的流线才表示流体中微粒实际经过的行迹.

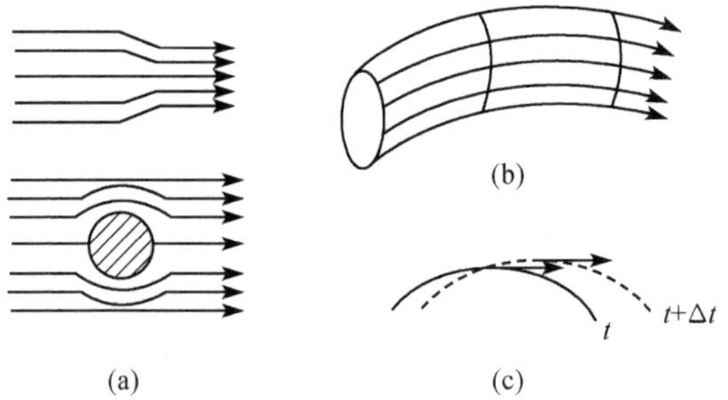

图 8.9

另外由于流线上每一点的切线方向代表该点流体质点的速度方向,由于流体质点在同一点不能有两个速度方向,所以流线永远不会相交. 能用流线描述的流场称为层流,层流运动的特征是流体运动规则,各层流动互不掺混,质点运动轨迹是光滑的,而且流场稳定,所以可用流线描述.

2. 流管

如果在流体内部取一微小的封闭曲线,通过曲线上各点的流线所围成的细管称为流管,如图 8.9(b)所示. 由于流线不会相交,因此流管内、外的流体都不具有穿过流管的速度,也就是说流管内部的流体不能流到流管外面,流管外的流体也不能流入管内. 掌握了各个流管内流体的运动规律,也就掌握了整个流体的运动规律.

3. 连续性方程

在流体流动区域内. 取一固定在空间的闭合曲面 S,则一般而言,既有流体从 S 面外流入 S 面内,也有流体从 S 面内流出 S 面外,如图 8.10 所示,为计算从 S

面流出的流体净量，可在 S 面上取面元 $\mathrm{d}S$，并规定它的正法线方向 $\boldsymbol{n}$ 从面内指向面外，则在单位时间内通过 $\mathrm{d}\boldsymbol{S}$ 面流出 S 面的流体质量为 $\rho\boldsymbol{v}\cdot\mathrm{d}\boldsymbol{S}$，当 $\boldsymbol{v}$ 与 $\mathrm{d}\boldsymbol{S}$ 的夹角 $\theta<\frac{\pi}{2}$ 时，$\boldsymbol{v}\cdot\mathrm{d}\boldsymbol{S}>0$，表示有流体从 S 面内流出，当 $\theta>\frac{\pi}{2}$ 时，$\boldsymbol{v}\cdot\mathrm{d}\boldsymbol{S}<0$，表示有流体从 S 面外流入. 因而单位时间内流出 S 面的净流量为 $\rho\boldsymbol{v}\cdot\mathrm{d}\boldsymbol{S}$ 对 S 面的积分 $\oiint_S \rho\boldsymbol{v}\cdot\mathrm{d}\boldsymbol{S}$，根据质量守恒定律，它应等于单位时间内 S 面内流体的减少，而 S 面内流体的总质量为 $\iiint_V \rho\mathrm{d}V$. 式中 ρ 为流体的密度，式中体积分区域 V 为闭合曲面 S 所围的体积. 于是有

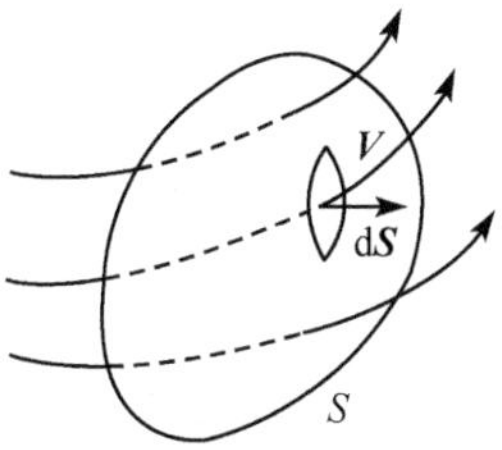

图 8.10

$$\oiint_S \rho\boldsymbol{v}\cdot\mathrm{d}\boldsymbol{S}=-\frac{\mathrm{d}}{\mathrm{d}t}\iiint_V \rho\mathrm{d}V \tag{8.14}$$

式(8.14)称为流体的**连续性方程的积分形式**.

当流体为定常流动时，流体密度 ρ 不随时间变化，所以

$$\frac{\mathrm{d}}{\mathrm{d}t}\iiint_V \rho\mathrm{d}V=\iiint_V \frac{\partial\rho}{\partial t}\mathrm{d}V=0$$

所以连续性方程化为

$$\oiint_S \rho\boldsymbol{v}\cdot\mathrm{d}\boldsymbol{S}=0$$

当流体密度恒定时，上式变为

$$\oiint_S \boldsymbol{v}\cdot\mathrm{d}\boldsymbol{S}=0 \tag{8.15}$$

它表示在定常流动下，单位时间内从面外流入 S 面内的流量等于从 S 面内流出 S 面的流量.

如果我们取一段细流管，其闭合曲面 S 由三部分组成，流管的侧面 $S_{侧}$，流管的左横截面 $S_{左}$ 和流管的右横截面 $S_{右}$，如图 8.11 所示. 可以得到

$$S=S_{侧}+S_{左}+S_{右}$$

计算通过这一闭合曲面的流量. 曲面积分变为

$$\oiint_S \boldsymbol{v}\cdot\mathrm{d}\boldsymbol{S}=\iint_{S_{侧}}\boldsymbol{v}\cdot\mathrm{d}\boldsymbol{S}+\iint_{S_{左}}\boldsymbol{v}\cdot\mathrm{d}\boldsymbol{S}+\iint_{S_{右}}\boldsymbol{v}\cdot\mathrm{d}\boldsymbol{S}$$

上式右边第一项积分为零，因在流管侧面上 $\boldsymbol{v}\perp\mathrm{d}\boldsymbol{S}$，所以

$$\boldsymbol{v}\cdot\mathrm{d}\boldsymbol{S}=v\mathrm{d}S\cos\frac{\pi}{2}=0$$

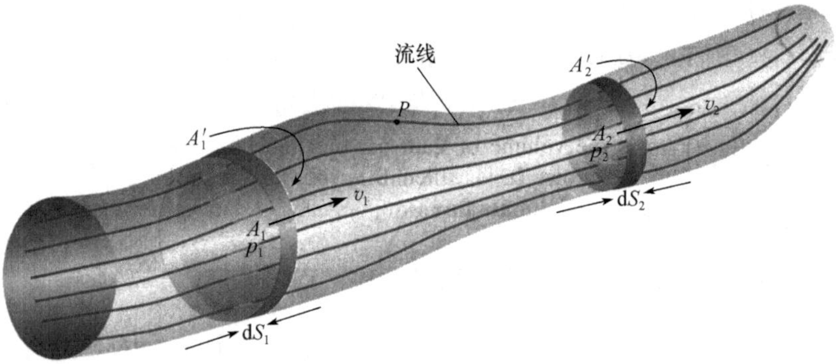

图 8.11

设在左横截面处流体的速度为 $\boldsymbol{v}_1$，横截面积大小为 A_1；在右横截面处流体的速度为 $\boldsymbol{v}_2$，横截面积大小为 A_2.

右边第二项积分为

$$\iint_{S_{左}} \boldsymbol{v} \cdot \mathrm{d}\boldsymbol{S} = \iint_{S_{右}} v_1 \cos\pi \mathrm{d}S = -v_1 A_1$$

右边第三项积分为

$$\iint_{S_{左}} \boldsymbol{v} \cdot \mathrm{d}\boldsymbol{S} = v_2 A_2$$

所以得

$$-v_1 A_1 + v_2 A_2 = 0$$

或

$$v_1 A_1 = v_2 A_2 \tag{8.16}$$

这就是**定常流体的连续性方程**.

连续性方程表明：流管入口端的流量等于出口端的流量，流管周壁的流量为零. 一流管的扩张处流速小，收缩处流速大，以保持速率和面积的乘积——流量为一常数. 流量符号用 Q，即

$$Q = v\Delta S = \frac{\Delta m}{\rho \Delta t}$$

其单位为 $\mathrm{m^3 \cdot s^{-1}}$.

8.5　伯努利方程及其应用

实际流体的流动性、可压缩性和黏性，构成了流体力学的物理基础，也预示着流体动力学问题的复杂性. 本小节我们从最简单的情况入手，研究理想流体的动力学规律. 即流速，压强与位置的关系. 设流体处于重力场中.

8.5.1　理想流体

无黏性且不可压缩的流体称为理想流体. 我们在 8.1 节中已讨论过，液体的压缩性很小，气体在流速小于 100m/s 可视为不可压缩流体.

实际流体的黏性在什么条件下可忽略呢？在运动流体与容器的边界层里黏性总是明显的，因为这里的速度梯度很大，但在远离边界层且速度变化不大的区域，无黏性假设是一个很好的近似. 总之，理想流体概念是在一定条件下对实际流体的一种抽象，并由此出发去建立流体力学的初级理论.

8.5.2　伯努利方程

伯努利方程是一个关于理想流体定常流动的动力学方程. 如图 8.12 所示，在重力场中存在一个定常流场. 任选其中一根流线经由 A 到达 B，两点的压强、流速和距地面的高度分别为：

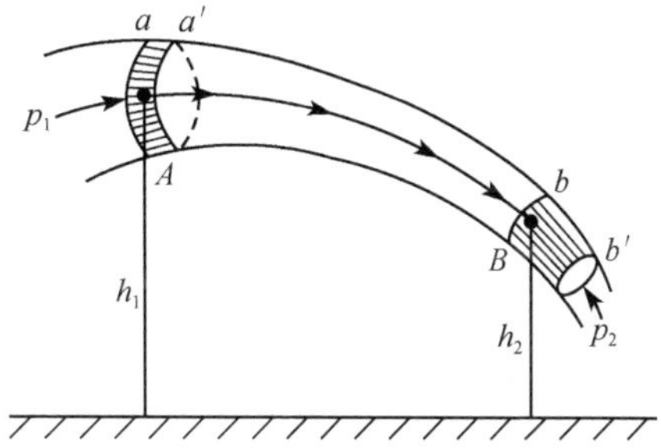

图 8.12

A：P_1, v_1, h_1

B：P_2, v_2, h_2

我们现在来建立这两组量的关系，运用牛顿力学中的机械能变化定理，以流线 AB 为轴形成一个细流管，取其中的 ab 段为研究对象，经历 Δt 时间成为 $a'b'$ 段，这两段在 $a'b$ 段是重叠的，重叠段有相同的动能和重力势能. 故机械能改变量 ΔE 等于流块 aa' 迁移到 bb' 所引起的机械能变化，虽然实际上并不存在这种迁移. 据此由

$$\begin{aligned}\Delta E &= E(bb') - E(aa') \\ &= \left(\frac{1}{2}v_2^2 + gh_2\right)\Delta m - \left(\frac{1}{2}v_1^2 + gh_1\right)\Delta m \qquad (8.17)\end{aligned}$$

再分析外力对这段流管 ab 变为 $a'b'$ 过程中所做的功，施于四周管壁的流体压力始终是法向力，它不做功；而理想流体的假设意味着无切向黏滞力. 做只需考虑两端面的压力所做的功，其代数和为

$$\Delta A = (f_1 v_1 - f_2 v_2)\Delta t = (P_1 \Delta S_1 v_1 - P_2 \Delta S_2 v_2)\Delta t$$

连续性方程表明

$$\Delta S_1 v_1 = \Delta S_2 v_2 = \frac{\Delta m}{\rho \Delta t}$$

于是

$$\Delta A = (P_1 - P_2)\frac{\Delta m}{\rho} \qquad (8.18)$$

最后根据机械能变化定理，外力对体系所做的功，等于体系机械能的增加，得

$$\left(\frac{1}{2}v_2^2 + gh_2\right)\Delta m - \left(\frac{1}{2}v_1^2 + gh_1\right)\Delta m = (P_1 - P_2)\frac{\Delta m}{\rho}$$

即

$$P_1 + \frac{1}{2}\rho v_1^2 + \rho g h_1 = P_2 + \frac{1}{2}\rho v_2^2 + \rho g h_2$$

或写成不变量形式

$$P + \frac{1}{2}\rho v^2 + \rho g h = \text{const} \tag{8.19}$$

这是法国科学家伯努利(Bernoulli)于1738年首先推导出来的,被称为**伯努利方程.**

它表明:**压强、动能体密度、势能体密度三项之和在流线上各点处处相同,保持为一恒量.**

在应用伯努利方程时要注意到,它是对同一根流线而言的,该方程中各量(ρ,v,h)均是点的函数. 虽然我们在导出伯努利方程时采用了细流管的图景,而细流管的极限便是流线.

最后我们强调几点:

(1) 如果理想流体沿水平管作定常流动,伯努利方程可写成

$$P + \frac{1}{2}\rho v^2 = \text{const} \tag{8.20}$$

它表明在同一条水平流管中,流速大的地方压强必定小,流速小的地方压强必定大. 前面从连续性方程我们得到流速大的地方流管狭窄,流速小的地方流管粗大,综合上面两个结果,我们得到结论:

当考察流体沿水平面作定常流动时,管道截面积小的地方流速大,压强小;管道截面积大的地方流速小,压强大. 喷雾器、水流抽气机等都是利用这个原理制成的.

(2) 我们可以把静止看作为一种特殊的运动状态,而将伯努利方程运用于静止流体中. 不过这时流体中任两点都可以看成是处于同一条流线上,若在密度为ρ的静止流体中有A、B两点,其高度分别为h_A和h_B,对于这两点列出伯努利方程为

$$P_A + \rho g h_A = P_B + \rho g h_B$$

或者

$$P_A - P_B = \rho g(h_B - h_A) \tag{8.21}$$

上式表示,静止流体中任意两点的压强差与流体的密度ρ及这两点的高度差成正比,如果这两点高度相等,则由上式

$$P_A = P_B$$

这表明,静止流体中同高度两点压强相等.

8.5.3 伯努利方程的应用

伯努力方程(8.19)在水利、造船、化工、航空等部门有着广泛的应用,伯努利方

程的应用应注意下面几点：

(1) 流体必须是无黏性、不可压缩、定常流动，实际流体要在能做上述近似时才能使用. 当然还要求流体不与外界有热量交换.

(2) 由于常需与连续性方程联立求解，往往对流管使用伯努利方程，流管要符合“细流管”的要求. 即：其截面处流线要相互平行或近似平行，截面上各点的压强差别可以忽略.

(3) 当所有的流线都源于同一流体库，且能量处处相同，这时伯努利方程中的常数不会因流线不同而有所不同. 这时对所有的流线来说，伯努利常数都相同，此时伯努利方程不限于对一条流线的应用.（参见例 8.2）

1. 射流速率

例 8.2　如图 8.13 所示，水桶侧壁有一小孔，截面面积为 A，桶中水面距小孔高度为 h，求水从小孔中流出的速率和流量.

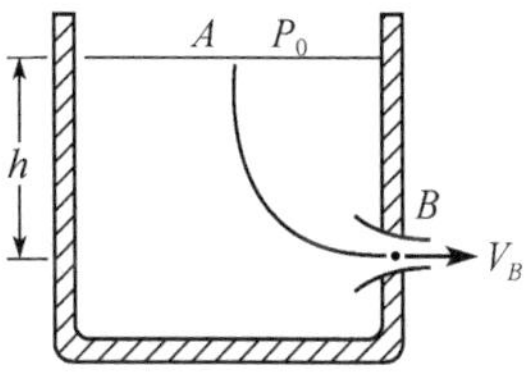

图 8.13

解　取一根从水面到小孔的流线，由于桶的横截面积比小孔大得多，在水面那一端速度几乎为零. 此流线两端的压强皆为 P_0（大气压），由伯努利方程

$$P_0 + \rho gh = P_0 + \frac{1}{2}\rho v^2 \tag{1}$$

可得小孔中水的流速为

$$v = \sqrt{2gh} \tag{2}$$

$$\text{流量 } Q = vA \tag{3}$$

式(2)的速度恰好与物体从 h 高处自由落体所获得的速度相同. 这是可以理解的，因为在流管中水的重力势能的减少，应该等于其动能的增加. 上述关系首先由托里拆里发现，故又称为托里拆里定律.

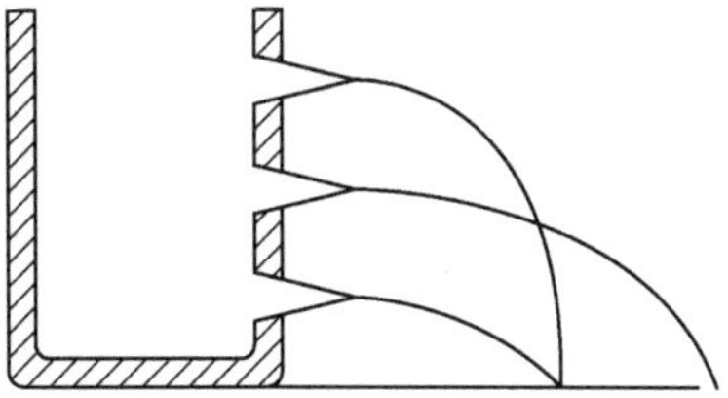

图 8.14

在一个液面高度为 H 的水桶侧壁上开一系列高度为 h 不同的小孔，如图 8.14 所示，若问从多高的孔流出的水射程最远？不难计算，此孔的高度应为 $h=H/2$.

需要注意的是，图 8.13 和图 8.14 水桶侧壁上开的小孔严格来说不是小孔，而是带小孔的喷嘴，喷嘴的目的是为了让接近小孔处流体的流线互相平行. 如若不然，直接在水桶侧壁上开小孔，如图 8.15 所示，则水桶内越接近小孔，流线就越密. 由于水流的惯性，即使在水流出小孔后一短距离内，水流的横截面仍在减小. 水流截面最小的地方叫做缩脉. 缩脉 A_2 的截面积约为小孔 A_1 面积的 65%. 只有在到达 A_2 处后，流线才成平行线，此处流体的压强才可认为等于大气压. 故在用式(3)计算流量时,式中的 A 应为缩脉处 A_2 水流的截面积.

虹吸现象的原理与此类似,如图 8.16 所示,出射处 B 的流速也由式(2)决定. 一般认为液体不能承受负压,因而 A、C 和 B、C 的高度差 h_1、h_2 不能太大,以保证液体中的压强为正. 实际上,液体分子间有内聚力,可以承受一定的负压,因而,上述条件并不是必须的. 事实上已有人在真空中实现了虹吸现象. 虹吸现象的高度不能无限地增加,而且在液体承受负压的情况下,稍一扰动,液柱就会断裂.

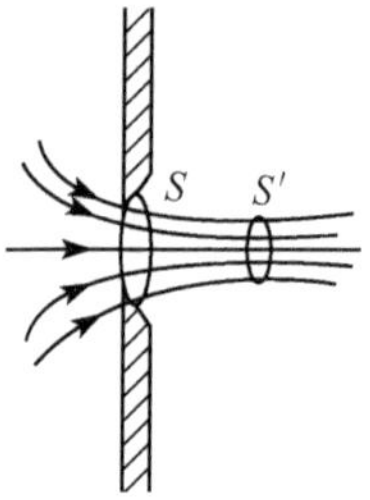

图 8.15

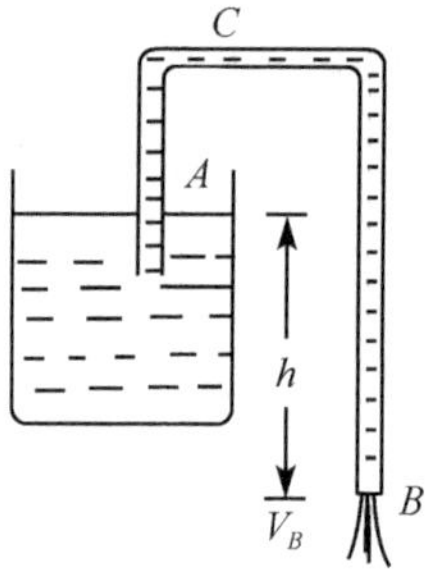

图 8.16　虹吸管

例 8.3　某水手想用木板抵住船舱中一个正在漏水的孔,但力气不足,水总是把板冲开. 后来在另一个水手的帮助下,共同把板紧压住漏水的孔以后,他就可以一个人抵住木板了. 试解释为什么两种情况需要的力不同?

解　由伯努利方程可知,水由小孔喷出的速度为 $v=\sqrt{2gh}$. 未盖木板时在时间间隔 Δt 内从小孔流出的水的质量为 $\Delta m=\rho Sv\Delta t$(S 为小孔面积),它所带进的动量为 $\Delta P=v\Delta m=\rho Sv^2\Delta t$,从而板所受的力 $F=\dfrac{\Delta P}{\Delta t}=\rho Sv^2=2\rho ghS$,盖住木板后所受的是流体的静压 $F'=PS=\rho ghS$,可见,$F'=F/2$.

2. 汾丘里流量计

流体通过管子的流量可直接接上汾丘里流量计测量. 汾丘里流量计为汾丘里所发明,如图 8.17 所示,它串接在流体主管道中,为了保证流体的定常流动,中间一段细管和主管连接处都是特别设计而逐渐变细的. 主管和细管处都接上竖直的细管,从竖直管中流体的高度差即可求得这两处流体的压强差. 设主管的横截面为 A_1,该处的流速为 v_1,压强为 P_1;细管的横截面为 A_2,该处的流速为 v_2,压强为 P_2;两处竖直管中流体的高度差为 h,因为流量计是水平装置的,$z_1=z_2$,故根据伯努利方程式,有

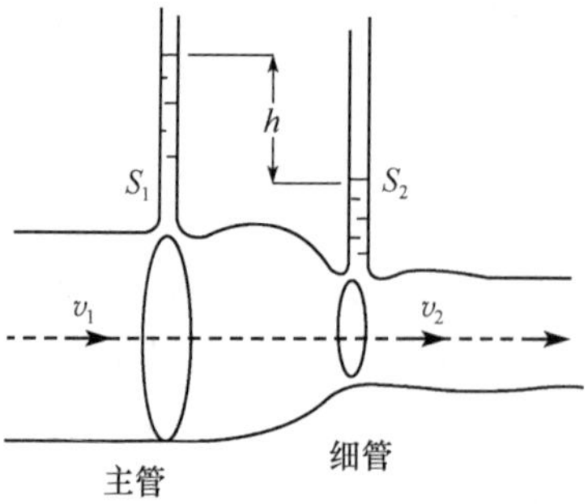

图 8.17

$$\frac{1}{2}\rho v_2^2 + P_2 = \frac{1}{2}\rho v_1^2 + P_1$$

而压强差

$$P_1 - P_2 = \rho gh$$

由连续性方程

$$A_1 v_1 = A_2 v_2$$

从以上各式可解得

$$\frac{1}{2}\rho\left[\frac{A_1^2}{A_2^2} - 1\right]v_1^2 = \rho gh$$

故流量为

$$Q = v_1 A_1 = A_1 A_2 \sqrt{\frac{2gh}{A_1^2 - A_2^2}} \tag{8.22}$$

实际应用时,由于流体黏滞性等因素的影响,上式要修正为

$$Q = c_v A_1 A_2 \sqrt{\frac{2gh}{A_1^2 - A_2^2}} \tag{8.23}$$

这里的 c_v 是小于 1 的系数,叫做速度系数,它的数值视流量计的形状和流速的大小等因素而定,可通过实验来测得.

3. 流速的测量

皮托管是皮托发明的测量流速用的一种比较古老的仪器,最简单的皮托管是一个管口迎着流动流体的 L 形管子,如图 8.18 所示,其中左边的弯管就是皮托管,主管中流体的压强 P_A 利用右边的直管测量. A 点的流速为 v, B 点在管口之前,因水流被管口内的水挡住,水流绕着管口周围流去,故管口前的流速为 0,而管口处的压强则等于 $P_B = P_A + \rho gh$. 根据伯努利方程,有

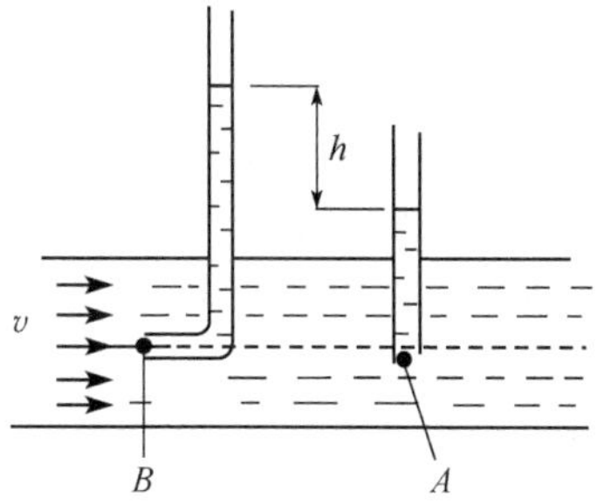

图 8.18

$$P_B = P_A + \frac{1}{2}\rho v^2$$

故

$$v = \sqrt{\frac{2(P_B - P_A)}{\rho}} = \sqrt{2gh} \tag{8.24}$$

在实际应用时,由于液体黏滞性等因素的影响,上式必须修正为

$$v = c\sqrt{2gh} \tag{8.25}$$

其中 c 为皮托管的修正系数,由实验来测定.

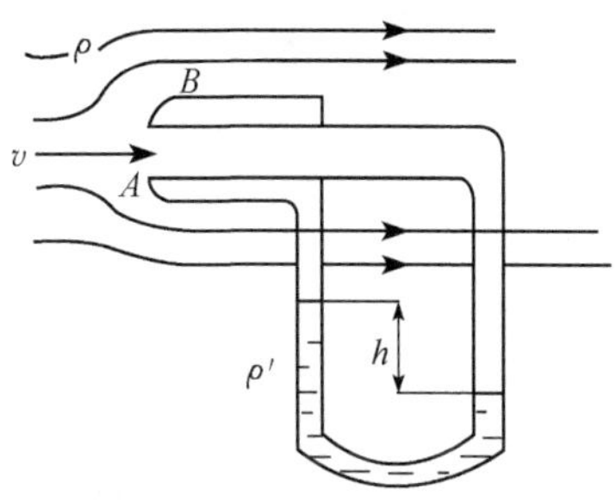

图 8.19

图 8.19 称为皮托-普朗特管,它是一种既可

用在船上测液体流速，又可用在飞机上测气体流速的装置. 其原理是直接测出总压与静压之差(即动压). 开口 A 的压强为静压，开口 B 的压强为总压，压强计直接读出压强差 ΔP，不难求出流速

$$v=\sqrt{\frac{2\Delta P}{\rho}} \tag{8.26}$$

用皮托管来测量流速，必须与流体相接触，多少要扰乱流体原来的流动状况，这是接触式仪器不可避免的缺点. 随着激光技术的发展，已设计出各种非接触式的激光流速仪，在测量流速时不会影响流体的流动状况. 它的测量动态范围大，精度高，能够测出局部的流速的瞬时值和流管截面内的流速分布，可以应用于测量风洞中空气的流速、火箭燃料的流速、飞机所产生的涡流的时间空间流速的分布状况等，成为现代研究流体动力学的重要工具.

4. 其他一些应用

喷雾器(图 8.20)、水流机(图 10.21)、内燃机中用的汽化器等都是利用流体在流管细的地方流速大，压强小的原理制成的. 由于同样的道理，两艘同向行驶的船靠近时，就有相撞的危险. 此时，两船之间的水流快，压强低，水面也比远处和外缘低，外缘水的巨大压力可以把两船挤压到一起. 历史上这样的事故不止一次地发生. 例如，二十世纪初，一支法国舰队在地中海演习，勃林奴斯号装甲旗舰召来一艘驱逐舰接受命令. 驱逐舰高速开来，到了旗舰附近突然向它的船头方向急转弯，结果撞在它的船头上，被劈成两半. 1942 年玛丽皇后号运兵船从美国开往英国，与之并行的一艘护航巡洋舰突然向左急转弯，撞在运兵船的船头上，被劈成两半. 现在在船长的航海指南里，对两条平行同向而行的船舶的速度和容许靠近的距离，有明确的规定.

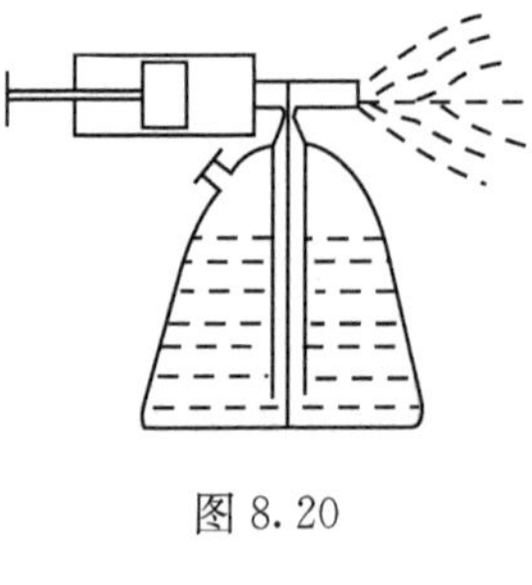

图 8.20

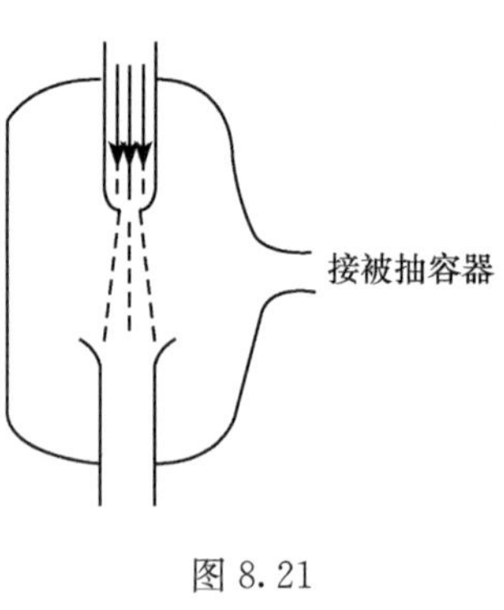

图 8.21

例 8.4　某大楼由铺设在地下的同一自来水管道供水. 打开二楼的水龙头，测得流速为 12.0m/s. 求打开一楼水龙头时水的流速. 设大楼的层高为 4m.

解　设地下管道中水的压强为 P，流速为 v，高度为 z，一楼、二楼水龙头的高度分别为 z_1、z_2，相应流速分别为 v_1、v_2，由伯努利方程，有

$$\frac{1}{2}\rho v^2 + \rho g z + P = \frac{1}{2}\rho v_1^2 + \rho g z_1 + P_0$$

$$\frac{1}{2}\rho v^2 + \rho g z + P = \frac{1}{2}\rho v_2^2 + \rho g z_2 + P_0$$

式中 ρ 为水的密度，P_0 为大气压. 由以上两式即可解得

$$v_1 = \sqrt{v_2^2 + 2g(z_2 - z_1)}$$

以 $v_2 = 12\mathrm{m \cdot s^{-1}}$，$z_2 - z_1 = 4\mathrm{m}$ 代入，得

$$v_1 = \sqrt{12^2 + 2 \times 9.8 \times 4} = 14.9\mathrm{m \cdot s^{-1}}$$

例 8.5　一注射器的活塞的截面积为 A_1，而喷口的截面积为 A_2，如用力 F 压活塞，使活塞向前移动，从而使注射器中的密度 ρ 的液体从喷口中流出，问活塞向前移动距离 l 需时多少？假定注射器水平放置，阻力可不计.

解　设活塞移动速度为 v_1，喷口液体出射速度为 v_2，则由连续性方程：

$$A_1 v_1 = A_2 v_2$$

及伯努利方程

$$\frac{1}{2}\rho v_1^2 + \frac{F}{A_1} + P_0 = \frac{1}{2}\rho v_2^2 + P_0$$

此处 P_0 为大气压，由上两式可解出

$$v_1 = \sqrt{\frac{2FA_2^2}{\rho A_1 (A_1^2 - A_2^2)}}$$

于是

$$t = \frac{l}{v_1} = \frac{l}{A_2}\sqrt{\frac{\rho A_1 (A_1^2 - A_2^2)}{2F}} \approx \frac{lA_1}{A_2}\sqrt{\frac{\rho A_1}{2F}}$$

其最后一个等号使用了条件 $A_1 \gg A_2$.

8.6　黏性流体的运动

实际的流体都具有一定的黏性. 即使是黏性很小的流体，如水、空气等，在长距离流动的过程中，由黏性所造成的与理想流体的偏差也是不可忽视的. 从能量角度看，黏性产生附加的能量损耗（转变为热），使实际流体的流动变成不可逆可程，这是流体输运、流动过程中不可忽视的问题，实际流体能否看成理想流体，与所讨论问题的性质及具体条件有关. 如求解物体在流体中的运动，在固体表面附近流体的流动，黏性是不可能忽略的，否则就会得到与实际情况完全不同的结果.

8.6.1　黏滞定律

为了解流动时流体内部的力学性质,考虑如图 8.22 所示的实验. 在两个靠得很近的大平板之间放入流体,下板固定,在上板面施加一个沿流体表面切向的力 f. 此时上板面下的流体将受到一个平均剪应力 f/S 的作用,式中的 S 是上板的面积. 实验证明,无论力 f 多么小都能引起两板间的流体以某个速度流动,这正是流体的特征,当受到剪应力时会发生连续形变并开始流动. 通过观察,可以发现,在流体与板面直接接触处的流体与板有相同的速度. 若图 8.22 中的上板以速度 v 沿 x 方向运动,下板静止,那么中间各层流体的速度是从 0(下板)到 v(上板)的一种分布,流体内各层之间形成流速差或速度梯度 $\frac{\mathrm{d}v}{\mathrm{d}z}$,实验表明,流体内部相邻两流体层之间的黏滞力 f 的大小正比于这两层之间的接触面积 ΔS,正比于该处速率梯度的大小 $\left(\frac{\mathrm{d}v}{\mathrm{d}z}\right)_{z_0}$,即

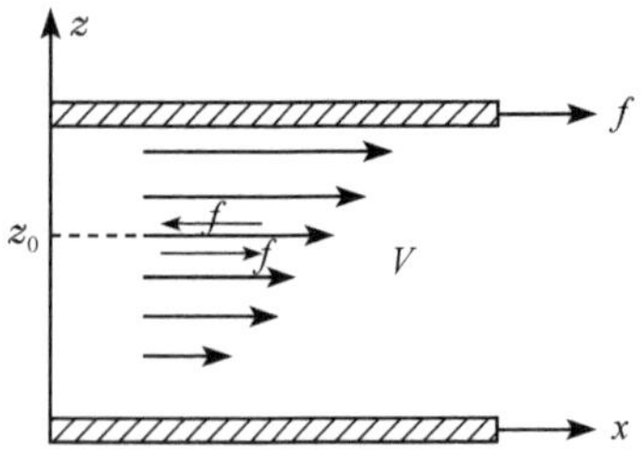

图 8.22

$$f = \pm \eta \left(\frac{\mathrm{d}v}{\mathrm{d}z}\right)_{z_0} \Delta S \tag{8.27}$$

黏滞力 f 的方向如图 8.22 所示. 式中系数 η 称为黏度,或称黏性系数.

式(8.27)称为**牛顿黏滞定律**.

黏度 η 的量纲为 $\eta=[\mathrm{M}][\mathrm{L}]^{-1}[\mathrm{T}]^{-1}$,在 M、K、S 单位制中黏度的单位为帕·秒(Pa·s),在 CGS 单位制中黏度单位为泊(P),为纪念法国科学家泊肃叶.

$$1\mathrm{P} = 0.1\mathrm{Pa \cdot s}$$

黏度 η 除了因材料而异外,还比较敏感地依赖于温度,液体的黏性主要来自于分子的内聚力,黏度随温度升高而减小;气体的黏性是由于分子的热碰撞而导致动量的输运引起的,黏度随温度的升高而增大. 在常温下,液体的黏度有 $10^{-3}\sim10^{-1}$ Pa·s 的数量级,气体的黏度为 $10^{-6}\sim10^{-5}$ Pa·s 的数量级.

牛顿黏性定律在一定程度上反映了实际流体的情况. 符合此定律的流体称为牛顿流体. 大多数流体与牛顿流体相接近,但也有重要的非牛顿流体,如血液.

8.6.2　黏性流体的运动规律

当黏性流体作定常流动时,必须考虑由黏滞力所引起的能量损耗. 在导出伯努利方程时,只考虑了所取细流管内部的流体作用于流体块前、后的压力所做的功,求得

$$\Delta A=(P_1-P_2)\frac{\Delta m}{\rho}$$

对于黏性流体,只考虑这个功是不够的,还必须考虑细流管周围流体对流体块施加的黏滞力所做的功.为简单起见,我们仿照上式,将黏滞力所做的功写成

$$\Delta A'=-W\frac{\Delta m}{\rho} \tag{8.28}$$

式中 W 是单位体积的流体块从截面 S_1 流过截面 S_2 所做的功,称为黏性损耗.根据功能原理,应有下面的关系

$$\Delta E=\Delta A+\Delta A'$$

即

$$\frac{1}{2}v_2^2+gh_2-\frac{1}{2}v_1^2-gh_1=\frac{1}{\rho}(P_1-P_2-W)$$

将上式整理后可写成

$$P_1+\frac{1}{2}\rho v_1^2+\rho gh_1=P_2+\frac{1}{2}\rho v_2^2+\rho gh_2+W \tag{8.29}$$

式(8.29)就是黏性流体作稳定流动时所遵从的规律.

如果黏性流体沿着粗细均匀的管道作定常流动,则沿管道长度方向上流速应处处相等,这时式(8.29)可写为

$$P_1+\rho gh_1=P_2+\rho gh_2+W$$

或者写成

$$(P_1-P_2)+\rho g(h_1-h_2)=W \tag{8.30}$$

式(8.30)表示由于黏滞力的存在,为了维持黏性流体在管道中作定常流动,要么必须保证管道两端的压强差(P_1-P_2),以外力对流体做功的方式来弥补由于黏滞力所引起的能量损耗;要么必须保证管道两端的高度差(h_1-h_2),以降低流体重力势能的方式来弥补由于黏滞力所引起的能量损耗;或者两者兼而有之.

8.6.3 圆管内定常层流、泊肃叶公式

当黏性流体在半径为 R 的圆管内定常流动时,截面上各点的速度是不同的.对作定常流动的黏性流体,当速度不大时,通常是分层流动的,流速只与离轴的距离有关,在管壁处流体质点的速度为零.由于流体的流动具有圆柱形对称性,故取一轴对称圆柱形的流管作为研究对象,如图 10.23 所示.流管的半径为 r,管长为 l.作用在流管左端的压强为 P_1,作用在流体右端的压强为 P_2,以流速方向为正方向,这段流体所受的压力差为

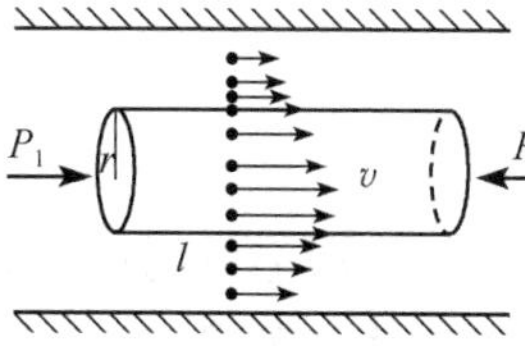

图 8.23

$$F=(P_1-P_2)\pi r^2 \tag{8.31}$$

除压力外，这段流体还受其他流体对它的黏滞力作用. 由于中心速度大，此力必为阻力. 黏滞阻力的值由黏性定律式(8.27)求得，为

$$f = \eta \cdot 2\pi r l \frac{dv}{dr} \tag{8.32}$$

侧面所受的正压力四周相互抵消，既然流体作定常流动，且各质点的速度不变，这段流体的动量不随时间改变，故它所受的水平外力的合力为零，即 $F+f=0$. 由上两式知

$$(P_1 - P_2)\pi r^2 + 2\pi r l \eta \frac{dv}{dr} = 0$$

或

$$dv = -\frac{P_1 - P_2}{2l\eta} r dr$$

对 r 从 0 到 r 积分，得

$$v - v_0 = -\frac{P_1 - P_2}{4l\eta} r^2 \tag{8.33}$$

其中 v_0 为 $r=0$ 处的流速，其值可由 $r=R$ 处 $v=0$ 的条件求得

$$v_0 = \frac{P_1 - P_2}{4l\eta} R^2$$

代入式(8.31)得

$$v = \frac{P_1 - P_2}{4l\eta}(R^2 - r^2) \tag{8.34}$$

即 v 与 r 的关系曲线是一条抛物线.

现在计算流量，在截面上取半径为 $r \to r + dr$ 的一个圆环，单位时间内流过此圆环的流体体积，即流量为

$$dQ = v \cdot 2\pi r dr = \frac{\pi(P_1 - P_2)}{2l\eta}(R^2 - r^2) r dr$$

积分，得总流量

$$Q = \int_0^r \frac{\pi(P_1 - P_2)}{2l\eta}(R^2 - r^2) r dr$$

即

$$Q = \frac{\pi(P_1 - P_2)R^4}{8l\eta} \tag{8.35}$$

该式就是著名的泊肃叶公式. 泊肃叶公式与伯努利方程最明显的差别在于前者考虑了流体的黏滞性，认为流体在水平管内连续流动时，必须在该流体两端存在压力差，而按照伯努利方程，流体在水平管内稳定流动时，没有压力差流体照样能连续流动，相比较之下泊肃叶公式更接近实际流体.

泊肃叶公式为我们提供了一种测量黏度的方法，只要测出流量、压强差、管径

和管长，即可求得黏度 η.

8.6.4 层流与湍流、雷诺数

当流体作稳定层流时，流体内大多数分子的定向运动基本上是在某个薄层状的平面内，流动层与相邻流动层之间只有少量的分子交换. 各流动层之间的纵向力是导致层流不稳定的根本因素，它会引起相邻流动层之间的分子进行动量交换. 当纵向力大到一定的程度时，各流动层之间的分子发生激烈交换，完全破坏层流发展成一种无规则的流动运动—湍流. 所谓湍流**就是流体中出现了沿垂直于管轴方向的速度分量的不规则流动.**

如何判定流体内部出现的是层流还是湍流呢? 1880 年前后，英国的实验流体力学家雷诺用在长管里的均匀流动来研究产生湍流的过程，实验结果表明，发生湍流的临界流速与一无量纲的量 Re 相对应. Re 由下式表示

$$Re=\frac{\rho vr}{\eta} \tag{8.36}$$

式中 Re 称为**雷诺数**，式中 ρ、η 和 v 分别是流体的密度、黏度和流速，r 是管道的半径. 由层流过渡到湍流的雷诺数，称为临界雷诺数，记为 Rec. 圆形管道的临界雷诺数 Re 在 2000～2600 的范围内. 对于给定的管道和给定的流体，并保持温度不变，则式中的 ρ、η 和 r 都是确定的，只有 v 是可以改变的. 当流速 v 的值使雷诺数 Re 处于临界值 Rec 时，此时的流速就是临界流速 v_c，v_c 由下式定义：

$$v_c=\frac{Rec\eta}{\rho r} \tag{8.37}$$

如果流速从低于 v_c 值增大到高于 v_c 值，那么流动将会从层流转变为湍流. 由于雷诺数不是一个确定的数而是一个数值范围，所以 v_c 也是一个数值范围.

雷诺数的重要意义是它提供了一个用一种流体的实验结果来预言另一种流体在同样条件下可能会发生结果的科学方法. 实验发现，两种流动，只要雷诺数相同，其动力学性质也相似，即流线形态、流线分布等都是相似的，这称为动力相似性. 这就为航空、航海及水利工程等提供了一个做模型试验的方法. 例如要试验一架设计好的飞机的飞行性能，就不必用实物直接做试验，只需把飞机的模型放在风洞中进行试验，若试验的雷诺数与实际情况相同，则试验结果就与实际情况相符合. 而此时 Re 表达式中的 r 应为飞机的线度.

8.6.5 斯托克斯黏性公式

当固体物在黏性流体中作相对运动时，固体物将受到流体的阻力作用. 在相对运动速率不大时，阻力主要来自流体的黏滞力，并称为黏性阻力. 由于固体表面附着一层流体，这层流体随固体一起运动，在固体物表面周围的流体中必然形成一定的速度梯度，从而在各流层之间产生黏滞力，阻碍固体物作相对运动.

当固体小球以不大的流速在流体中运动时，理论上可以证明它所受的粘阻力 $\boldsymbol{F}$ 的大小由下式决定

$$F = 6\pi\eta r v \tag{8.38}$$

式中 η 是流体的黏度，r 是小球的半径，v 是小球相对流体的运动速率. 上式称为**斯托克斯**(G. G. stokes，1819～1903)黏性公式. 这个公式有很多重要应用，如测定流体的黏度，测定小液滴的半径，测定电子的电量，以及测定阿伏伽德罗常量等.

当固体小球在静止的黏性流体内由于重力作用而下落时，实验上可以观察到，开始小球作加速运动，随速率的增大，黏滞阻力增大，当速率增大到一定值时，小球开始作等速运动，此时作用于小球的黏滞阻力、浮力与重力相平衡. 设流体的密度为 ρ，小球的密度为 ρ'、半径为 r，速率为 v，则下式成立

$$\frac{4}{3}\pi r^3 \rho' g = 6\pi\eta r v + \frac{4}{3}\pi r^3 \rho g$$

由此可求得小球下落的速度

$$v = \frac{2r^2}{9\eta}(\rho' - \rho)g \tag{8.39}$$

由上式可以看出，两个相同材料做成的小球，在同种黏性流体中由于重力而下落，大球的速率必定大于小球的速率. 仔细观察雨滴下落的情景，可以证明这个结论. 假如实验中测出速率 v，则可根据上式求出液体的黏度 η；假如流体的黏度已由实验测出，则可根据式(8.36)可求得小球(或液滴)的半径.

习　题

8.1　一根长为 l、密度为 ρ 的均质细杆，浮在密度为 ρ_0 的液体里，杆的一端由一竖直细绳悬挂着，使该端高出液面的距离为 d，如题 8.1 图所示. 试求：

(1) 杆与液面的夹角 θ.

(2) 绳中的张力 T. 设杆的截面积为 S.

8.2　若上题中细杆的一端由一竖直细绳与装液体的容器底面相连，使该端低于液面的距离为 d，如题 8.2 图所示. 求解上题中的两个问题.

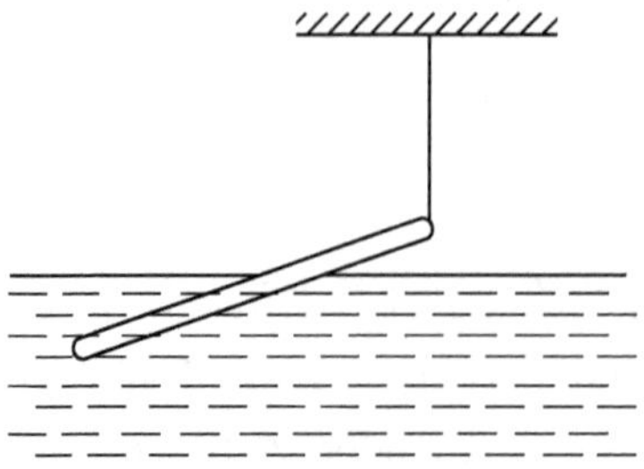

题 8.1 图

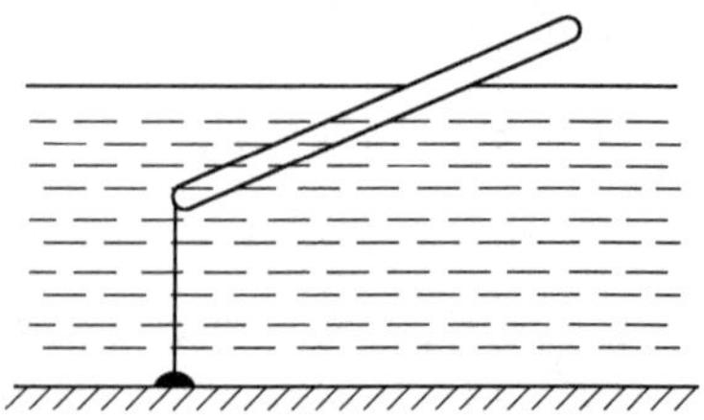

题 8.2 图

8.3　一长方形容器长、宽、高分别是 2m、0.7m 和 0.6m，内贮 0.3m 深的水，若容器沿长边方向作水平加速运动，加速度为 $a=3\text{m}\cdot\text{s}^{-2}$. 求水作用在容器各壁上的力.

8.4　一个直立的密闭圆柱形容器，直径 1m、高 2m，内贮 0.5m 深的水，以 $\omega=20\text{rad}\cdot\text{s}^{-1}$ 的角速度绕中心轴线旋转，问容器底部有多少面积不为水覆盖?

8.5　水在一个露天渠道中流动，如题 8.5 图所示，其深为 $h_1=2.00\text{m}$，流速为 $v_1=3.00\text{m}\cdot\text{s}^{-1}$. 然后流进另一露天渠道，其深为 $h_2=1.00\text{m}$，$v_2=10.0\text{m}\cdot\text{s}^{-1}$. 假定水流在截面上是均的，并且无摩擦. 求两渠道底部高度差 y.

8.6　圆柱形木料的一端装有铅块，故木料能够竖直地浮在水中，如题 8.6 图所示. 设木料处于平衡时，浸没在水中的长度为 h，圆柱的底面积为 S，现使木料作竖直振动.

(1) 求证振动为简谐振动.

(2) 求振动周期(忽略水对木料振动的阻尼作用).

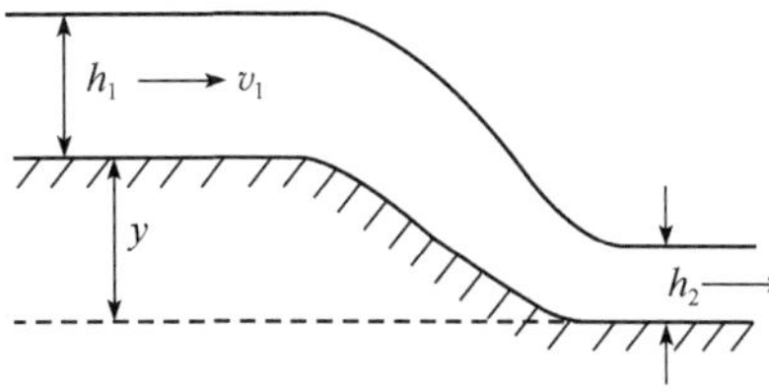

题 8.5 图

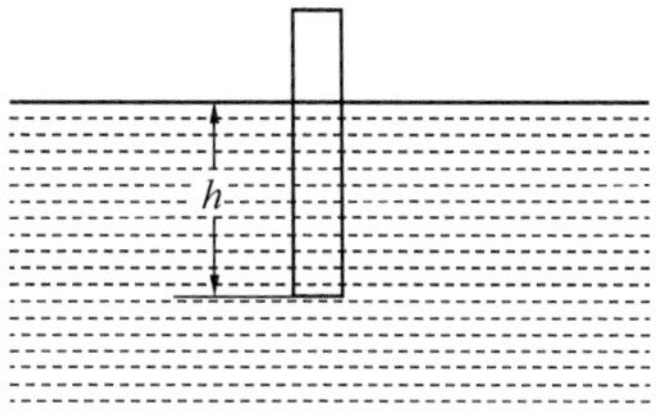

题 8.6 图

8.7　液体在一水平管近中流动，A 处和 B 处的横截面积分别为 S_A 和 S_B. B 管口与大气相通，压强为 P_0，若在 A 处用一细管与容器相通，如题 8.7 图所示，试证明：当 h 满足下式

$$h=\frac{Q^2}{2g}\left(\frac{1}{S_A^2}-\frac{1}{S_B^2}\right)$$

时，A 处的压强刚好能将从比水平管低 h 处的同种液体吸上来，其中 Q 为体积流量.

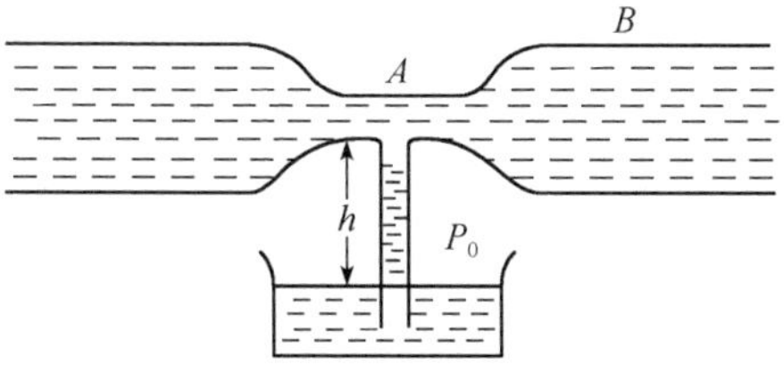

题 8.7 图

8.8　一喷泉竖直喷出高度为 H 的水流，喷泉的喷嘴具有上细下粗的形状，上截面的直径为 d，下截面的直径为 D，喷嘴高为 h. 设大气压强为 P_0. 求

(1) 水的体积流量；

(2) 喷嘴的下截面处的压强.

8.9　在一大容器的底部有一小孔，容器截面积与小孔面积之比为 100，容器内盛有高度 $h=0.80\text{m}$ 的水. 求容器内水流完所需的时间. 设在整个过程中，水的流动可视为定常流动.

8.10 一桶的底部有一洞，水面距离桶底 30cm，当桶以 $1.2\mathrm{m\cdot s^{-2}}$ 的加速度上升时，水自洞漏出的速度为多大？

8.11 在重力作用下，某液体在半径为 R 的竖直圆管中向下做稳定流动，已知液体的密度为 ρ，测得从管口流出的流量为 Q，求液体的黏度及管轴处的流速.

8.12 一个半径为 $r=0.10\times10^{-2}\mathrm{m}$ 的小空气泡在黏滞液体中上升，液体的黏滞系数 $\eta=0.11\mathrm{Pa\cdot s^{-1}}$，密度为 $0.72\times10^{3}\mathrm{kg\cdot m^{-3}}$. 求其上升的收尾速度.

8.13 在直径为 305mm 的输油管内，安装了一个开口面积为原来 1/5 的隔层. 管中的石油流量为 $0.07\mathrm{m^3\cdot s^{-1}}$，其运动黏度 $\eta/\rho=0.0001\mathrm{m^2\cdot s^{-1}}$. 石油经过隔片时是否变为湍流？

8.14 水坝放水时水沿着倾角为 30°，长为 20m 的斜坡稳定流下. 已知水流宽度为 10m，层流的高度为 0.2m，表面层的流速为 $2\mathrm{m\cdot s^{-1}}$，并测得斜坡两端水的压力差为 800Pa，问水的流量多大？（忽略边界效应，水的黏度取 $1\mathrm{NS\cdot m^{-2}}$）

第 9 章　机 械 振 动

本章和下一章我们要讨论一种特殊而又常见的运动形态——振动与波，这种运动形态不仅存在于力学领域，而且广泛存在于物理学的其他领域，如电学、光学、原子物理和量子物理等领域中. 例如弹簧振子的运动，挂钟的摆动；声波场中介质元的振动，地震波场中地壳的振动，大风冲击下桥梁的振动；弦乐器中弦的振动，管乐器中空气的振动；多原子分子中原子的振动，固体中晶格的热振动；电磁学中，电场和磁场的振动，而电磁振动在空间的传播就形成电磁波，我们天天见到的五彩缤纷的光就是特定频率的电磁波……. 人类生活在振动与波动的环境之中. 尽管在不同的领域中，产生这种运动形态的动力学机制不同，但在数学形式、处理方法上有极大的相似性，因此力学中的振动与波即机械振动和机械波的研究，将有助于其他物理领域类似运动形态的学习和理解.

那么什么叫振动？什么叫波？我们说，**一个物理量在一定值附近作循环往复的运动**，就叫做**振动**；**而振动在空间的传播就称为波**.

本章讨论机械振动，下一章讨论机械波.

9.1　简 谐 振 动

我们以弹簧振子为例来讨论最重要、也是最基本的振动——简谐振动. 一个固定的轻弹簧的自由端，系一质量为 m 的物体，置于光滑的水平台面上，就构成一个弹簧振子. 如图 9.1 所示.

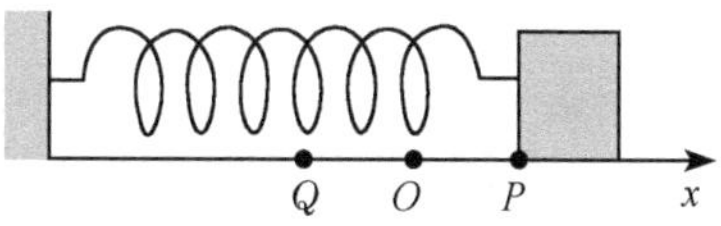

图 9.1

9.1.1　简谐振动的物理机制

弹簧振子有一个平衡位置 O，在那个位置弹簧既没有伸长也没有压缩，对物体不施加作用力，物体处于平衡状态.

现在把物体从平衡位置沿 x 方向移开，譬如移到 P 点. P 点到 O 点的距离为 x. 然后放手，拉长的弹簧有收缩的趋势，它施于物体的作用力驱使物体向平衡位置 O 运动，这种驱使物体向平衡位置运动的力称为**恢复力**. 在恢复力的作用下，物体向 O 移动并到达 O，虽然 O 点是平衡位置，此时恢复力等于 O，但物体并不停在 O 点，这是因为从 P 向 O 点的运动是加速的，到达 O 时物体已具有一定的速度，由于惯性，物体必然超过 O 而继续运动.

物体越过平衡位置 O 后，压缩弹簧，物体所受的恢复力方向向右，这个恢复力使物体减速，到达位置 Q，物体速度减小到零，因 Q 点不是平衡位置，物体不可能保持静止，恢复力驱使它回头向平衡位置 O 移动，当物体到达 O 点时，因它的速度最大，惯性将驱使它越过平衡位置而继续向 P 点运动，到达 P 点其速度变为零，位移最大，所以受到的向左的恢复力最大，于是物体又向 O 点运动…….就这样，在恢复力和物体的惯性这一对矛盾不断的斗争中，它们对物体的作用此消彼长，于是使力学系统在平衡位置左右一定的范围内来回运动，这种运动称为**简谐振动**.

弹簧振子的恢复力是弹簧的弹性力，它服从虎克定律

$$F=-kx \tag{9.1}$$

式中 x 是物体对平衡位置的位移，k 是弹簧的倔强系数. 弹性力 F 有两个特点.

(1) 它的方向总与位移方向相反. 故弹性力总是指向平衡位置，总是力图把物体拉回到平衡位置.

(2) 弹性力 F 的数值与位移 x 的大小成正比，物体偏离平衡位置越远，则它受到的拉回平衡位置的力越大.

当物体受到像弹性力这样特性的作用力，它就会在平衡位置附近作简谐振动.

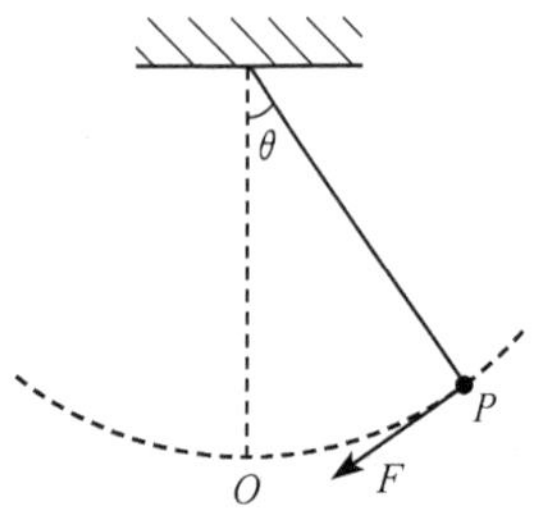

图 9.2

例如像图 9.2 所示的单摆，若将小球从平衡位置 O 拉到 P 点再松手，小球就会在 O 点附近往复摆动.

我们将角位移作为描述小球位置的变量，并规定小球在平衡位置右方时 θ 为正，在左方时，θ 为负，如果 θ 足够小，小球受到的重力与绳的张力的合力为

$$F=-mg\sin\theta\approx-mg\theta \tag{9.2}$$

式中负号表示 F 与角位移方向相反，当小球偏向右方，即 $\theta>0$ 时，F 指向左方($F<0$)；当小球偏向左方，即 $\theta<0$ 时，所以 $F>0$，F 指向右方. 亦即 F 永远指向平衡位置，其大小与角位移 θ 的大小成正比.

可见，单摆所受的不是弹性力，但式(9.2)和式(9.1)完全相似，我们把这种与弹性力有相似表达式的力，叫做**准弹性力**.

下面我们来证明一维保守力在稳定平衡位置附近一定是准弹性力.

设 $F(x)$ 是保守力，则它具有势能 $V(x)$. 把势能函数 $V(x)$ 在平衡点 x 附近作泰勒展开

$$V(x)=V_0+\left.\frac{\mathrm{d}V}{\mathrm{d}x}\right|_{x=x_0}(x-x_0)+\frac{1}{2}\left.\frac{\mathrm{d}^2V}{\mathrm{d}x^2}\right|_{x=x_0}(x-x_0)^2+\cdots \tag{9.3}$$

因 $F(x)=-\dfrac{\mathrm{d}V}{\mathrm{d}x}$，$x_0$ 是平衡点，在该点有 $F(x_0)=0$ 即 $\left.\dfrac{\mathrm{d}V}{\mathrm{d}x}\right|_{x=x_0}=0$ 故

$$V(x)=V_0+\frac{1}{2}\left.\frac{\mathrm{d}^2V}{\mathrm{d}x^2}\right|_{x=x_0}(x-x_0)^2+\cdots \tag{9.4}$$

$$F(x)=-\frac{\mathrm{d}V}{\mathrm{d}x}=-\left.\frac{\mathrm{d}^2V}{\mathrm{d}x^2}\right|_{x=x_0}(x-x_0)+\cdots \tag{9.5}$$

令

$$k=\left.\frac{\mathrm{d}^2V}{\mathrm{d}x^2}\right|_{x=x_0} \tag{9.6}$$

由于 x_0 是平衡点，故 $k>0$，将式(9.6)代入式(9.5)只保留第一项得

$$F=-k(x-x_0) \tag{9.7}$$

可见只要把平衡点 x_0 取为原点，它的形式就与式(9.1)完全一样. 这就证明了 $F(x)$是准弹性力.

取 $V_0=0$，$x_0=0$，在式(9.4)中只保留一项得势能

$$V(x)=\frac{1}{2}kx^2 \tag{9.8}$$

势能曲线示于图 9.3，由图可见，在一个严格的弹性力作用下的质点只可能作束缚运动，对任何大的能量 E，质点都不能作自由运动，而只能在范围 $x_{\min}\leqslant x\leqslant x_{\max}$内运动.

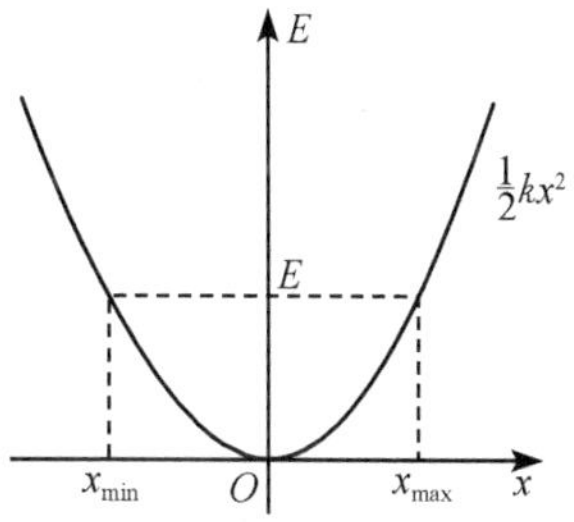

图 9.3

因为

$$E=\frac{1}{2}kx_{\max}^2$$

所以

$$x_{\max}=\sqrt{\frac{2E}{k}} \tag{9.9}$$

同理

$$x_{\min}=-\sqrt{\frac{2E}{k}} \tag{9.10}$$

9.1.2　简谐振动的动力学方程

根据虎克定律和牛顿第二定律

$$f=-kx,\quad m\frac{\mathrm{d}^2x}{\mathrm{d}t^2}=f$$

得振子的动力学方程

$$\frac{\mathrm{d}^2x}{\mathrm{d}t^2}+\frac{k}{m}x=0 \tag{9.11}$$

令

$$\omega^2 = \frac{k}{m}$$

即

$$\omega = \sqrt{\frac{k}{m}} \tag{9.12}$$

得方程

$$\frac{d^2x}{dt^2} + \omega^2 x = 0 \tag{9.13}$$

这个二阶微分方程就是典型的**简谐振动的动力学方程**.

方程的通解为

$$x = A\cos(\omega t + \varphi_0) \tag{9.14}$$

式中 A 和 φ_0 为待定常数,由初始条件确定.此方程为**简谐振动的运动学方程**.

综上所述,我们可以得到结论:

(1) 一个质点若受弹性力或准弹性力作用,则该质点将在平衡位置附近作简谐振动;

(2) 若一个物理量对时间的变化规律可以写成式(9.13)的形式,则该物理量随时间作简谐振动;

(3) 若质点的位移随时间 t 作如式(9.14)的正弦(或余弦)变化,则质点作简谐振动.

9.1.3　简谐振动的特征量

由简谐振动的运动方程

$$x = A\cos(\omega t + \varphi_0)$$

可以看到,简谐振动有三个特征量

(1) 振幅 A.

由三角函数性质 $|\cos\theta| \leqslant 1$ 可知,位移 x 的绝对值不可能大于 A,即

$$|x| = |A\cos(\omega t + \varphi_0)| = A|\cos(\omega t + \varphi_0)| \leqslant A$$

这说明 A 是振子离开平衡位置的最大距离,称为**振幅**.另外从上面的讨论

$$x_{\max} = \sqrt{\frac{2E}{k}}$$

所以

$$A = \sqrt{\frac{2E}{k}} \quad 或 \quad E = \frac{1}{2}kA^2 \tag{9.15}$$

即振幅的平方与弹簧振子的能量成正比.

(2) 周期 T 和角频率 ω.

在运动函数 $x=A\cos(\omega t+\varphi_0)$ 中的时间 t 增加一个数值 $\frac{2\pi}{\omega}$，则有

$$x = A\cos\left[\omega\left(t+\frac{2\pi}{\omega}\right)+\varphi_0\right]= A\cos(\omega t + 2\pi + \varphi_0) = A\cos(\omega t + \varphi_0)$$

也就是说，相隔 $\frac{2\pi}{\omega}$ 的两个时刻，振子的运动状态相同，即运动是以 $\frac{2\pi}{\omega}$ 为间隔重复的，我们把**振子相邻的两个相同状态所需的时间称为周期**，记为 T，即

$$T = \frac{2\pi}{\omega}$$

又因

$$\omega = \sqrt{\frac{k}{m}} \tag{9.16}$$

所以

$$T = 2\pi\sqrt{\frac{m}{k}} \tag{9.17}$$

由此可见，周期仅由振子的质量 m 和弹簧的倔强系数 k 决定，而与振子的能量 E 无关，这是简谐振动的重要特征.

振子在单位时间的振动次数，称为频率 ν

$$\nu = \frac{1}{T} = \frac{\omega}{2\pi} = \frac{1}{2\pi}\sqrt{\frac{k}{m}} \tag{9.18}$$

所以

$$\omega = 2\pi\nu = \frac{2\pi}{T}$$

式中 ω 称为简谐振动的**角频率**，它与频率差一个因子 2π，由于 ω 只由 m 和 k 确定，所以也称为弹簧的**固有频率**.

(3) 位相 $(\omega t+\varphi_0)$.

振幅 A 和频率 ν 给出了振子的振动幅度和振动的快慢，但它们还不能确定某一时刻的振动的状态. 当 A 和 ω 确定后，t 时刻振子的位置决定于 $(\omega_0 t+\varphi_0)$，也就是说振子的振动状态只决定于 $(\omega_0 t+\varphi_0)$，我们称 $\boldsymbol{\varphi}=(\boldsymbol{\omega t}+\boldsymbol{\varphi}_0)$ **为位相**，如当位相为 $\frac{\pi}{2}$，或 $\frac{\pi}{2}+2n\pi$（其中 n 为整数时），就必有 $x=0$. 常数 φ_0 是时间 $t=0$ 的位相，称为**初位相**，它决定于 $t=0$ 时刻振子的位置 $x_0=A\cos\varphi_0$. 振幅，角频率（或频率，周期），位相是描绘简谐振动的三个特征参量，有了它们，振子的运动状态就完全确定下来了.

9.1.4　简谐振子的能量

下面我们讨论简谐振子的能量，简谐振子具有动能和势能.

振子的坐标和速度分别为

$$x = A\cos(\omega t + \varphi_0), \quad v = \frac{\mathrm{d}x}{\mathrm{d}t} = -A\omega\sin(\omega t + \varphi_0)$$

动能

$$E_{\mathrm{k}} = \frac{1}{2}mv^2 = \frac{A^2}{2}m\omega^2\sin^2(\omega t + \varphi_0) = \frac{1}{2}kA^2 \cdot \frac{1}{2}[1 - \cos2(\omega t + \varphi_0)]$$

势能

$$V = \frac{1}{2}kx^2 = \frac{1}{2}kA^2\cos^2(\omega + \varphi_0) = \frac{1}{2}kA^2 \cdot \frac{1}{2}[1 + \cos2(\omega t + \varphi_0)]$$

机械能

$$E = \frac{1}{2}mv^2 + \frac{1}{2}kx^2 = \frac{kA^2}{2}[\sin^2(\omega t + \varphi_0) + \cos^2(\omega t + \varphi_0)] = \frac{1}{2}kA^2 \tag{9.19}$$

此式表示作简谐振动的弹簧振子的机械能是守恒的. 在不同的时刻振子的动能和势能的值可以是不同的,但它们之和不变.

从动能和势能的表达式可看到,它们都随时间而变化,变化的频率是振子振动频率的 2 倍. 不难求出一个周期内动能、势能的时间平均值,它们都等于总能量的二分之一

$$\langle E_{\mathrm{k}} \rangle = \frac{1}{T}\int_0^T E_{\mathrm{k}}\mathrm{d}t = \frac{1}{T}\int_0^T \frac{1}{2}kA^2\,\frac{1}{2}[1 - \cos2(\omega t + \varphi_0)]\mathrm{d}t = \frac{1}{2}E$$

$$\langle V \rangle = \frac{1}{T}\int_0^T V\mathrm{d}t = \frac{1}{T}\int_0^T \frac{1}{2}kA^2 \cdot \frac{1}{2}[1 + m2(\omega t + \varphi_0)]\mathrm{d}t = \frac{1}{2}E \tag{9.20}$$

9.1.5 简谐振动的表示法

1. 三角函数表示法

可以用余弦(或正弦)函数来表述一个简谐振动,如 $x = A\cos(\omega t + \varphi_0)$,也可以把它画成 x-t 曲线图,如图 9.4.

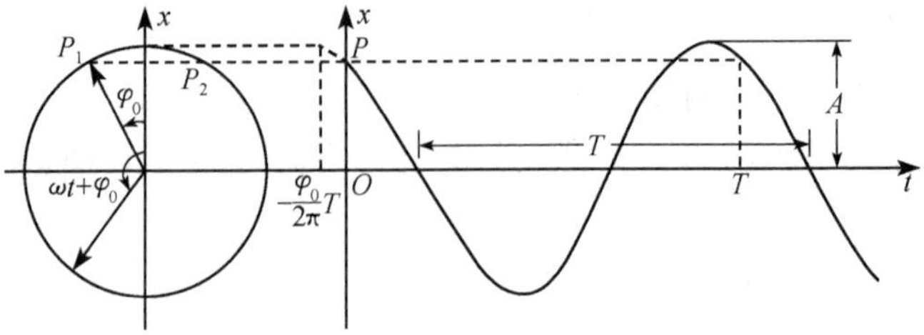

图 9.4

图上已将振幅、周期和初相位标出.

用三角函数表示法是最通常的表示法,但在涉及振动的相加、相减等运算时,比较繁琐.

2. 旋转振幅矢量表示法

如图 9.5 所示,自原点画一模等于所要表示的简谐振动的振幅 A 的矢量 $\boldsymbol{A}$,在 $t=0$ 时刻,让矢量 $\boldsymbol{A}$ 与 x 轴的夹角等于该振动的初相位 φ_0,令 $\boldsymbol{A}$ 以该振动的角频率 ω 作为角速度绕原点 O 沿逆时针方向旋转,则 t 时刻 $\boldsymbol{A}$ 矢量与 x 轴的夹角为 $\omega t+\varphi_0$,此时 $\boldsymbol{A}$ 矢量在 x 轴上的投影 $x=A\cos(\omega t+\varphi_0)$,就是所要表示的简谐振动,这种表示法清晰明了,它能比较直观地把振幅,频率和初相位表示出来,我们以后会经常使用这种表示法.

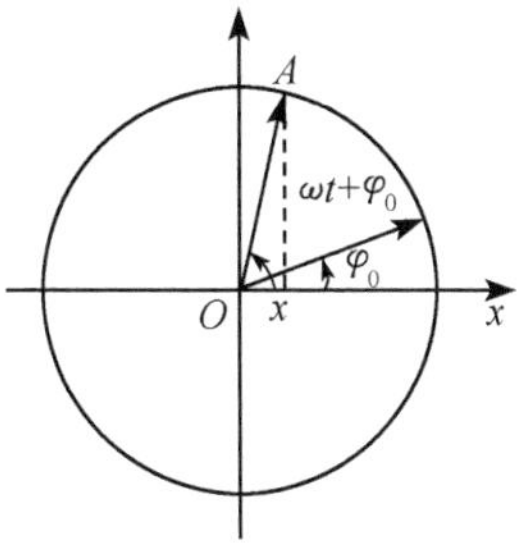

图 9.5

3. 复数表示法

利用三角函数与复数的关系,简谐振动也可以用一个复数的实部或虚部表示,因为复数

$$Ae^{i(\omega t+\varphi_0)} = A[\cos(\omega t+\varphi_0)+i\sin(\omega t+\varphi_0)]$$
$$= A\cos(\omega t+\varphi_0)+iA\sin(\omega t+\varphi_0)$$

它的实部与简谐振动的表示完全相同.

用复数表示法的优点是对复数指数形式进行微分运算与分别对其实部和虚部进行微分运算的结果相同.

我们的思想方法是,根据谐振方程

$$x = A\cos(\omega t+\varphi_0)$$

构建一个伴随方程

$$y = A\sin(\omega t+\varphi_0)$$

构成一个复数

$$z = x+iy = A\cos(\omega t+\varphi_0)+iA\sin(\omega t+\varphi_0) = Ae^{i(\omega t+\varphi_0)}$$

然后对指数形式的复数进行数学运算,因对指数形式进行数学运算比较简单. 计算完后,取其实部,就是我们所要的结果.

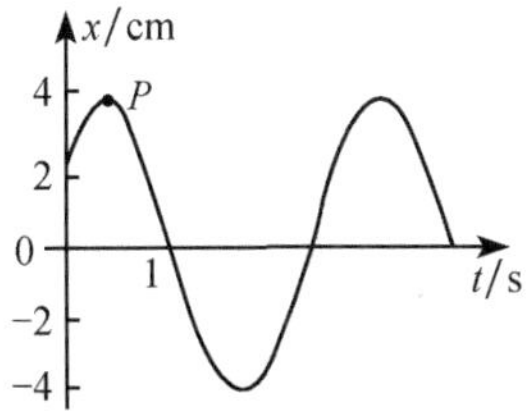

图 9.6

例 9.1　已知某简谐振动的振动曲线如图 9.6 所示,试写出该振动的位移与时间的关系.

解　任何简谐振动都可以表示为

$$x = A\cos(\omega t+\varphi_0)$$

关键是要从振动曲线求得振幅 A、角频率 ω 和初位相 φ_0.

振幅 A 可以从振动曲线上得到. 最大位移的点 P 所对应的位移的大小就是振幅

$$A = 4.0 \times 10^{-2}\,\mathrm{m}$$

因为振动的初相位是由初始条件决定的,所以应该根据初始时刻的位移 x_0 和速度 v_0 来确定 φ_0. $t=0$ 时的位移 x_0 和速度 v_0 分别由以下两式表示

$$x_0 = A\cos\varphi_0 \tag{1}$$

$$v_0 = -A\omega\sin\varphi_0 \tag{2}$$

从振动曲线上可以得到 $x_0=\dfrac{A}{2}$,将此值代入(1)得

$$\cos\varphi_0 = \frac{1}{2}, \quad \varphi_0 = \pm\frac{\pi}{3}$$

由振动曲线在 $t=0$ 附近的状况可知,$v_0>0$,同时因为 A 和 ω 都大于零,根据(2),必定有

$$\sin\varphi_0 < 0$$

这样我们就可以确定,在 $t=0$ 时旋转矢量是处于第四象限内,故取初相位为

$$\varphi_0 = -\frac{\pi}{3}$$

最后求角频率. 从振动曲线可以看到,在 $t=1\mathrm{s}$ 时,位移 $x=0$,代入下式

$$x = 4.0 \times 10^{-2}\cos\left(\omega t - \frac{\pi}{3}\right)$$

可得

$$0 = 4.0 \times 10^{-2}\cos\left(\omega - \frac{\pi}{3}\right)$$

所以

$$\cos\left(\omega - \frac{\pi}{3}\right) = 0, \quad \omega - \frac{\pi}{3} = \pm\frac{\pi}{2}$$

因为 $\omega>0$,所以上式只能取 $+\dfrac{\pi}{2}$. 另外,从振动曲线可以看到,在 $t=1\mathrm{s}$ 时,位移 x 由正值变为负值. 在旋转矢量图上,位移由正值变为负值,对应于旋转矢量处于 $+\dfrac{\pi}{2}$ 的位置,而不是处于 $-\dfrac{\pi}{2}$ 的位置,故应取 $\omega-\dfrac{\pi}{3}=\dfrac{\pi}{2}$,所以

$$\omega = \left(\frac{\pi}{2} + \frac{\pi}{3}\right)\mathrm{rad\cdot s^{-1}} = \frac{5\pi}{6}\mathrm{rad\cdot s^{-1}}$$

这样,我们可以将该简谐振动具体地写为

$$x = 4.0 \times 10^{-2}\cos\left(\frac{5\pi}{6}t - \frac{\pi}{3}\right)\mathrm{m}$$

9.2 振动的合成与分解

简谐振动是最简单、最基本的振动，任何一个复杂的振动都可以看成若干个简谐振动的合成. 例如，当两列声波同时传到空间某一点时，该处的空气质点的运动就是两个振动的合成. 一般的振动合成比较复杂，我们先从简单的情况入手.

9.2.1 同方向、同频率、有恒定位相差的两个简谐振动的合成

设物体同时参与两个同方向、同频率的简谐振动，每个振动的位移与时间的关系可表示为

$$x_1 = A_1\cos(\omega t + \varphi_1)$$
$$x_2 = A_2\cos(\omega t + \varphi_2)$$

则任意时刻合振动的位移为

$$x = x_1 + x_2 = A_1\cos(\omega t + \varphi_1) + A_2\cos(\omega t + \varphi_2)$$

对这种简单情况，虽然可以用三角公式不难求得合成结果. 但利用旋转矢量图法，可以更简捷直观地得到有关结论.

如图 9.7 所示，$\boldsymbol{A}_1$ 和 $\boldsymbol{A}_2$ 分别表示简谐振动 x_1 和 x_2 的振幅矢量，根据矢量合成的平行四边形法则，它们的合矢量为 $\boldsymbol{A}$，因为 $\boldsymbol{A}_1$ 和 $\boldsymbol{A}_2$ 以相同的角速度 ω 绕原点 O 点旋转. 所以在旋转过程中平行四边形的形状保持不变，因而矢量 $\boldsymbol{A}$ 的长度保持不变，并以同样的角速度 ω 旋转，因此合成矢量 $\boldsymbol{A}$ 就是相应的合振动的振幅矢量，所以合振动的表达式为

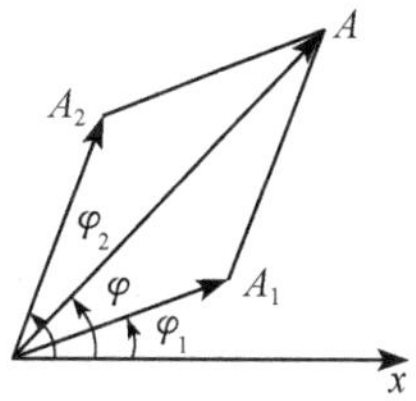

图 9.7

$$x = A\cos(\omega t + \varphi) \tag{9.21}$$

其中 A 的大小，可用余弦定理求得

$$\begin{cases} A = \sqrt{A_1^2 + A_2^2 - 2A_1A_2\cos[\pi - (\varphi_2 - \varphi_1)]} \\ \quad = \sqrt{A_1^2 + A_2^2 + 2A_1A_2\cos(\varphi_2 - \varphi_1)} & (9.22) \\ \varphi_1 = \arctan\dfrac{A_1\sin\varphi_1 + A_2\sin\varphi_2}{A_1\cos\varphi_1 + A_2\cos\varphi_2} & (9.23) \end{cases}$$

讨论：

(1) 若两分振动同相位时，即

$$\Delta\varphi = \varphi_2 - \varphi_1 = 2k\pi \qquad k = 0, \pm 1, \pm 2, \cdots$$
$$A = A_1 + A_2 \qquad \text{合振幅最大}$$

(2) 当 $\Delta\varphi=\varphi_2-\varphi_1=(2k+1)\pi, k=0,\pm1,\pm2,\cdots$时,有

$$\cos(\varphi_2-\varphi_1)=-1$$

所以合振幅

$$A=|A_1-A_2| \qquad \text{合振幅最小}$$

(3) 在一般情况下,$\varphi_2-\varphi_1$ 是其他任意值时,

$$|A_1-A_2|\leqslant A\leqslant A_1+A_2$$

9.2.2 同方向不同频率的两个简谐振动的合成

设

$$\begin{cases} x_1=A_1\cos(\omega_1 t+\varphi_1) \\ x_2=A_2\cos(\omega_2 t+\varphi_2) \end{cases}$$

这两个振动的合成,情况比较复杂,为简单起见,我们假设两振动的振幅相同

$$A_1=A_2=A$$

初相位相同

$$\varphi_1=\varphi_2=\varphi$$

则合运动为

$$\begin{aligned} x &= x_1+x_2=A[\cos(\omega_1 t+\varphi)+\cos(\omega_2 t+\varphi)] \\ &= 2A\cos\frac{\omega_2-\omega_1}{2}t\cdot\cos\left(\frac{\omega_1+\omega_2}{2}t+\varphi\right) \end{aligned} \tag{9.24}$$

我们讨论一个特殊情况:

角频率 ω_1 和 ω_2 的值相当大,但 ω_1 和 ω_2 又非常接近的情况.

在这种情况下,$\frac{\omega_2-\omega_1}{2}$是一个很小的值,而$\frac{\omega_1+\omega_2}{2}\approx\omega_1$ 所以 $\cos\frac{\omega_1-\omega_2}{2}t$ 比 $\cos\frac{\omega_1+\omega_2}{2}t$ 的变化缓慢得多,因而 x 就犹如振幅随时间缓慢变化着的简谐振动,此简谐振动的频率为$\frac{\omega_1+\omega_2}{2}\approx\omega_1\approx\omega_2$,即与原来两振动的频率几乎相等,而振幅随时间的变化由 $\cos\frac{\omega_1-\omega_2}{2}t$ 决定. 由于振幅所涉及的是绝对值,故其变化周期即 $\left|\cos\frac{\omega_1-\omega_2}{2}t\right|$ 的周期,它由$\frac{|\omega_1-\omega_2|}{2}\cdot T=\pi$ 决定,因而振幅变化频率为

$$\nu=\frac{1}{T}=\left|\frac{\omega_1-\omega_2}{2\pi}\right|=|\nu_1-\nu_2|=|\Delta\nu| \tag{9.25}$$

即为两频率之差.

这一现象称为**拍**,$\Delta\nu$ 称为**拍频**,拍的振动曲线,如图 9.8(a)所示.

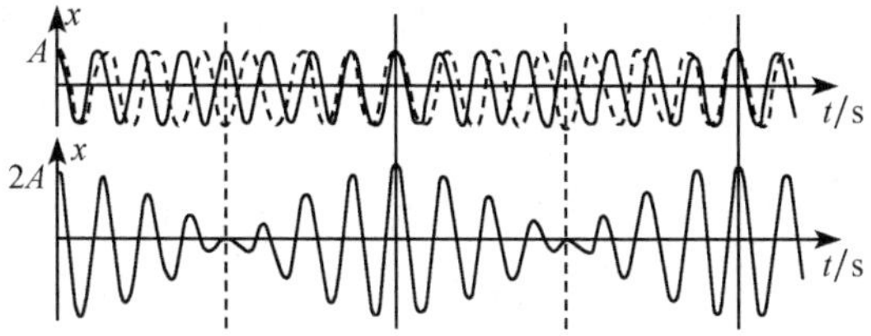

(a) 两振动等幅

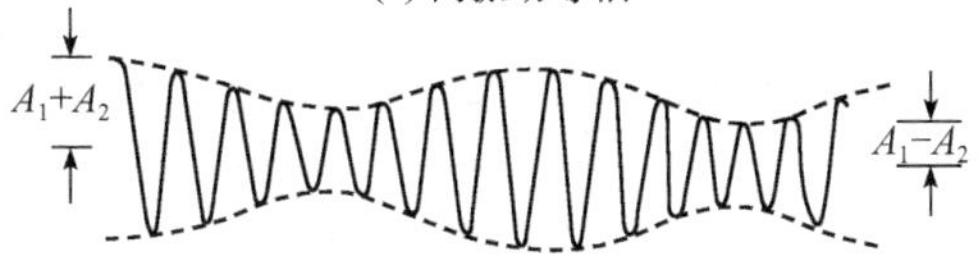

(b) 两振动不等幅

图 9.8

当两振动的振幅不同，即 $A_1 \neq A_2$ 时，也有拍现象，此时合振幅仍有时大时小的变化，但不会到达零. 如图 9.8(b)所示.

拍现象常可利用来测量频率，如果已知一个高频振动的频率 ν_1，使它和另一频率未知、但和 ν_1 接近的振动叠加，测量合振动的拍频，就可以求出后者的频率. 例如校正钢琴，往往拿待校的钢琴同已校好的钢琴作比较，弹奏两架钢琴的同一个音键，细听有无拍现象，如果听得出拍的现象，说明尚未校正，必须再校，使得拍频越来越小直至完全消失为止，这一音键才算校正.

9.2.3 方向垂直、频率相同的两个简谐振动的合成(二维振动)

设两个简谐振动分别在 x 轴和 y 轴上进行，它们的频率相同，振动表达式为：

$$x = A_1\cos(\omega t + \varphi_x)$$
$$y = A_2\cos(\omega t + \varphi_y)$$

在任意时刻 t，质点的位置坐标为(x,y)，t 改变时，x、y 值也随着改变，即质点的位置随着改变，所以上两式是用参量 t 表示的质点的运动轨迹的参量方程，消去 t，即可得到质点的轨迹方程

$$\frac{x^2}{A_1^2} + \frac{y^2}{A_2^2} - \frac{2xy}{A_1A_2}\cos(\varphi_y - \varphi_x) = \sin^2(\varphi_y - \varphi_x) \qquad (9.26)$$

讨论：

(1) 当 $\varphi_y = \varphi_x$ 时，得$\dfrac{x}{A_1} = \dfrac{y}{A_2}$为直线方程，即合振动的轨迹为直线.

(2) 当 $\varphi_y - \varphi_x = \dfrac{\pi}{2}$时，得$\dfrac{x^2}{A_1^2} + \dfrac{y^2}{A_2^2} = 1$ 即合振动的轨迹为一椭圆，特别当 $A_1 = A_2 = A$ 时，得 $x^2 + y^2 = A^2$，轨迹为一圆.

总之,两个振动方向互相垂直,频率相同的简谐振动,其合成的轨迹为直线,椭圆或圆,轨迹的形状、运动方向都由两个分振动的振幅和相位差决定. 如图 9.9.

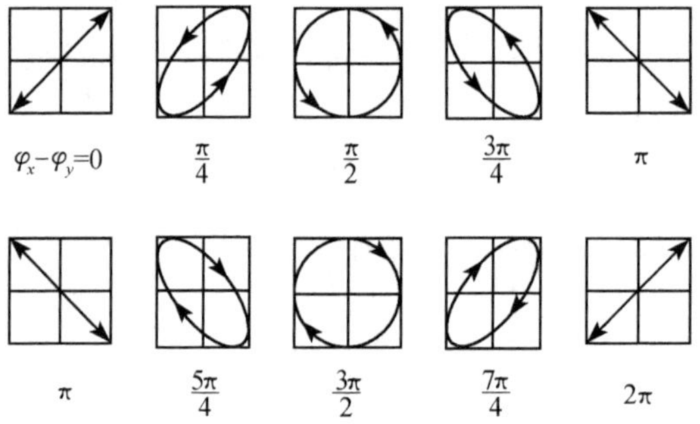

图 9.9

9.2.4　方向垂直、频率不同的两个简谐振动的合成

设

$$\begin{aligned} x &= A_1\cos(\omega_1 t+\varphi_1) \\ y &= A_2\cos(\omega_2 t+\varphi_2) \end{aligned} \tag{9.27}$$

它们的合成振动也可以由振幅矢量法求得,不再赘述,当 ω_1 和 ω_2 成整数比时,合振动的轨迹仍为一些闭合曲线,称为李萨如图形,如图 9.10 所示.

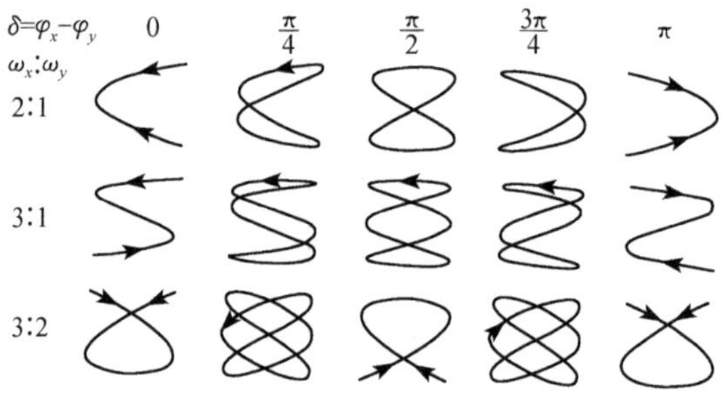

图 9.10

当 ω_1 和 ω_2 的比例一定时,若初相位不同,对应的曲线形状和走向也不同.

当 ω_1 和 ω_2 不成整数比时,合振动的轨迹就不再是闭合曲线. 利用李萨如图形的这些性质,可精确判定两种频率是否成整数比,并据此可由已知频率确定未知频率.

9.2.5　振动的分解、谐波分析(傅里叶分析)

对于非简谐振动,直接分析它们比较困难,如果把它们分解为许多简谐振动的叠加，事情就好办得多，数学上称这种分解为傅里叶(Fourier)分析. 我们不打算在这里讲数学的定理和相应的推导，下面只给出一些定性的结论：

(1) 任何一个周期性的振动都可分解为一系列频率为原振动频率(称为基频)整数倍的简谐振动，这在数学上称为谐波分析. 以频率 ν 为横坐标，各谐频振幅为纵坐标所做的图解，叫做频谱，此时的频谱为分立谱，不同的乐器有不同的频谱，反映在它们不同的音色上.

(2) 非周期振动，也可以用频谱表示. 这时频谱不再是分立谱，而是连续谱.

例 9.2　一可绕水平固定轴摆动的刚体称为复摆(图 9.11). 求复摆的振动周期.

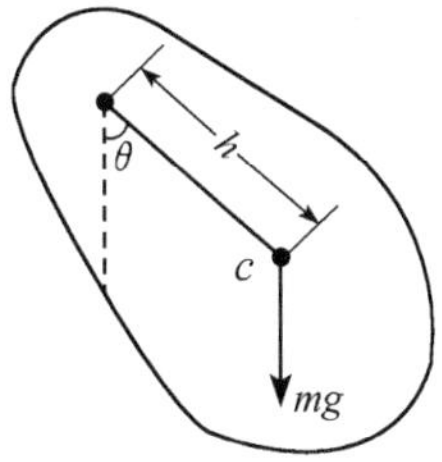

图 9.11

解　设复摆的转动惯量为 J，质量为 m，质心与固定轴的距离为 h，则当摆角较小时，复摆的转动运动方程为

$$J\ddot{\theta}=-mgh\sin\theta\approx-mgh\theta$$

即

$$\ddot{\theta}=-\frac{mgh}{J}\theta \tag{1}$$

令

$$\omega=\sqrt{\frac{mgh}{J}} \tag{2}$$

将式(2)代入式(1)，式(1)就成为标准的简谐振子运动方程，即

$$\ddot{x}+\omega^2x=0$$

因而复摆的角位移也作简谐振动.

若令

$$L=\frac{J}{mh}$$

则角频率表示式(2)又可写成

$$\omega=\sqrt{\frac{g}{L}}$$

周期为

$$T=2\pi\sqrt{\frac{L}{g}}$$

与单摆的角频率表示式和周期表示式形式相似. L 称为等值单摆长.

9.3　阻 尼 振 动

上一节我们讨论了弹簧振子的简谐振动，这是一种理想情况，这种情况下，物体只受到一个与位移成正比，方向与位移相反的恢复力的作用，在恢复力的作用下，物体作简谐振动，振幅 A 保持不变，振动能量 E 也保持不变. 但在真实情况下，物体还会受到各种阻力，当无外界能量补充时，振幅会逐渐衰减，当阻力较大时，物体甚至振动不起来，力学上将物体在恢复力和阻力共同作用下的运动称为阻尼振动.

9.3.1 阻尼振动的动力学方程及其解

我们主要考虑与速度成正比的黏滞阻力的作用，例如置于气体或液体中的弹簧振子，此时物体受到两个力的作用，一是弹性恢复力 $f_1=-kx$，二是黏滞力的作用 $f_2=-\gamma\frac{dx}{dt}$，这里 γ 称为阻力系数.

由牛顿第二定律

$$m\frac{d^2x}{dt^2}=-kx-\gamma\frac{dx}{dt}$$

整理后得

$$\frac{d^2x}{dt^2}+\frac{\gamma}{m}\frac{dx}{dt}+\frac{k}{m}x=0 \tag{9.28}$$

令

$$2\beta=\frac{\gamma}{m}\qquad \beta\text{称为阻尼系数}$$

$$\omega_0^2=\frac{k}{m}$$

于是得

$$\frac{d^2x}{dt^2}+2\beta\frac{dx}{dt}+\omega_0^2x=0 \tag{9.29}$$

这就是阻尼振动的动力学方程.

请注意，只有在低速运动的情况下，阻尼系数 β 为常数，即黏滞力 $f\propto v$，这对上述方程才是一个常系数的二阶线性齐次微分方程，才有解析解. 在高速运动的情况下，将出现 $f\propto v^2$ 的情况，方程就变成一个非线性微分方程.

在数学上对于常系数二阶线性齐次方程有标准的解法，其通解形式按阻尼系数 β 的大小，呈现三种不同状态.

1. 弱阻尼的衰减振动

当 $\beta^2\ll\omega_0^2$ 时，方程(1)的通解形式为

$$x=A_0e^{-\beta t}\cos(\omega t+\varphi_0) \tag{9.30}$$

式中

$$\omega = \sqrt{\omega_0^2 - \beta^2}$$

在这种情况下，由于阻尼较小，振子受力以弹性恢复力为主，因而振子仍将在平衡位置附近作振动，但因受阻力作用，能量逐渐减少，所以振幅随时间衰减. 黏滞力越大，β 也越大，振幅衰减越快，此时振子的运动可以看作振幅逐渐衰减的周期运动. 但此时的角频率 $\omega = \sqrt{\omega_0^2 - \beta^2}$，比简谐振动的小，即振动减缓，周期增长，仍可用 $T = \frac{2\pi}{\omega}$ 表示，如图 9.12 所示.

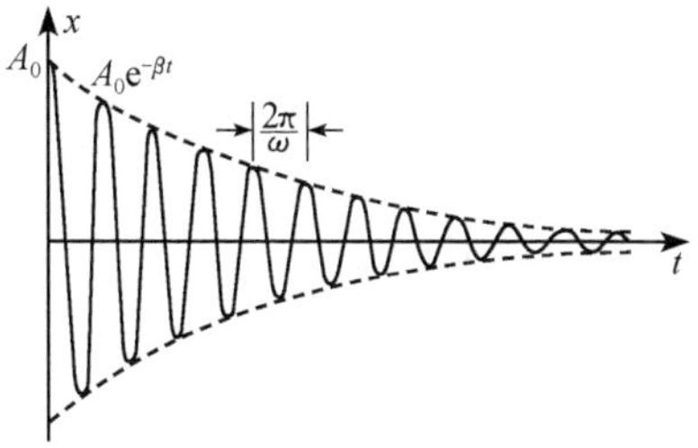

图 9.12

2. 临界阻尼与强阻尼

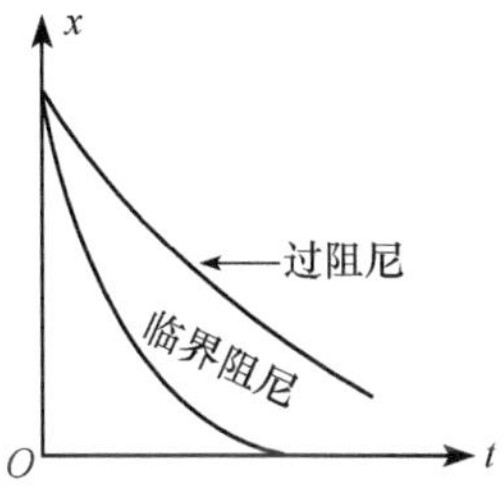

图 9.13

当 $\beta > \omega_0$ 时，振子受力以阻力为主，因而振子不再作振动，而仅作由初始位置逐渐趋向平衡的缓慢运动，这种情况称为强阻尼运动，见图 9.13. 当 $\beta = \omega_0$ 时，阻力与弹性恢复力的大小相近，这时振子仍无振动，其运动情况与过阻尼情况相似，x 与 t 的关系曲线也相似，但过程所经历的时间比过阻尼要短许多，这种情况称为临界阻尼.

9.3.2　阻尼振子的能量

阻尼振子的能量仍等于动能与势能之和，但总能量不再为常量.

$$E = \frac{1}{2}kx^2 + \frac{1}{2}mv^2$$

先求动能

速度

$$v = \frac{dx}{dt} = -\beta A_0 e^{-\beta t}\cos(\omega t + \varphi) - \omega A_0 e^{-\beta t}\sin(\omega t + \varphi)$$

对于弱阻尼情况，因为 $\beta \ll \omega_0 \approx \omega$，上式第一项可略去，所以

$$v \approx -\omega A_0 e^{-\beta t}\sin(\omega t + \varphi)$$

于是

$$\frac{1}{2}mv^2 = \frac{1}{2}m\omega^2 A_0^2 e^{-2\beta t}\sin^2(\omega t + \varphi) \tag{9.31}$$

再看势能

$$\frac{1}{2}kx^2 = \frac{1}{2}kA_0^2 \cdot e^{-2\beta t}\cos^2(\omega t + \varphi),\quad k = m\omega_0^2 \approx m\omega^2 \tag{9.32}$$

所以

$$E \approx \frac{1}{2}m\omega_0^2 A_0^2 \mathrm{e}^{-2\beta t} = \frac{1}{2}m\omega_0^2 A^2 \tag{9.33}$$

式中 $A=A_0\mathrm{e}^{-\beta t}$ 为 t 时刻的振幅.

所以阻尼振动的机械能仍与振幅平方成正比，不过它不再守恒，而是随时间衰减，损失的能量用于克服黏滞力做功.

9.3.3　品质因素

对于阻尼振动，我们也可以用一个周期中振子损失的能量在总能量中所占的比值来描写阻尼的大小，通常定义时刻 t 振子的能量 E 与经过一周后损失的能量 ΔE 之比的 2π 倍为振子的**品质因素**，并用 θ 表示

$$\theta = 2\pi\frac{E}{\Delta E}$$

在欠阻尼情况下，根据上面的能量表示式，可得

$$\theta = 2\pi\frac{\frac{1}{2}m\omega_0^2 A_0^2 \mathrm{e}^{-2\beta t}}{\frac{1}{2}m\omega_0^2 A_0^2 \mathrm{e}^{-2\beta t}(1-\mathrm{e}^{-2\beta T})} = \frac{2\pi}{1-\mathrm{e}^{-2\beta T}}$$

因

$$\beta \ll \omega_0 = \frac{2\pi}{T}$$

故

$$\beta T \ll 1$$

所以

$$\mathrm{e}^{-2\beta T} \approx 1-2\beta T$$

于是

$$\theta = \frac{2\pi}{1-\mathrm{e}^{-2\beta T}} = \frac{2\pi}{2\beta T} = \frac{\omega_0}{2\beta} \tag{9.34}$$

θ 值越大，意味着相对系统所储存的能量来说，所付出的能量消耗越小，即谐振回路储能效率越高.

9.4　受迫振动与共振

一个受弹性力或准弹性力作用的振动系统由于总是要受黏滞阻力的作用，故其振幅将随时间衰减，振动不能持久. 如果欲使振动持久不衰，就必须由外界不断供给能量. 对机械振动来说，可由外界策动力对系统不断做功，向系统提供能量. 振动系统在周期性外界强迫力作用下的振动称为**受迫振动**.

9.4.1 动力学方程及其解

现在振动系统受三个力作用，弹性恢复力 $f=-kx$，阻尼力 $f_{阻}=-\gamma\dfrac{dx}{dt}$ 和周期性的策动力 $F(t)=F_0\cos\omega t$，所以其动力学方程为

$$m\frac{d^2x}{dt^2}+\gamma\frac{dx}{dt}+kx=F_0\cos\omega t \tag{9.35}$$

令

$$\frac{k}{m}=\omega_0^2,\quad \frac{\gamma}{m}=2\beta,\quad \frac{F_0}{m}=f_0$$

于是方程变为

$$\frac{d^2x}{dt^2}+2\beta\frac{dx}{dt}+\omega_0^2x=f_0\cos\omega t \tag{9.36}$$

我们比较一下受迫振动的动力学方程和弹性振子的阻尼运动方程(9.29)，它们的区别是方程(9.36)的右端不为零，这是一个二阶常系数线性非齐次的微分方程. 微分方程理论表明，非齐次微分方程的通解等于，"齐次方程的通解"加上"非齐次方程的特解". 而目前齐次方程的通解正是弹性系统的阻尼运动，其三种可解的过程均系衰减运动，在此称其为暂态过程，它在稍长时间后便不复存在. 非齐次方程的特解是长时间能维持下来的定态，我们现在就来寻找这个定态解. 因为方程右边是 $\cos\omega t$，而三角函数的导数还是同宗的三角函数，故方程(9.36)的解可设为

$$x=B\cos(\omega t-\varphi) \tag{9.37}$$

振动的速度和加速度分别为

$$\frac{dx}{dt}=-\omega B\sin(\omega t-\varphi)=\omega B\cos\left(\omega t-\varphi+\frac{\pi}{2}\right) \tag{9.38}$$

$$\frac{d^2x}{dt^2}=-\omega^2B\cos(\omega t-\varphi) \tag{9.39}$$

故动力学方程中各项分别用旋转矢量表示如图 9.14 所示，各量的相位关系也一目了然. 由矢量加法原则，可得

$$f_0^2=[(\omega_0^2-\omega^2)^2+(2\beta\omega)^2]B^2$$

所以

$$B=\frac{f_0}{\sqrt{(\omega_0^2-\omega^2)^2+4\beta^2\omega^2}} \tag{9.40}$$

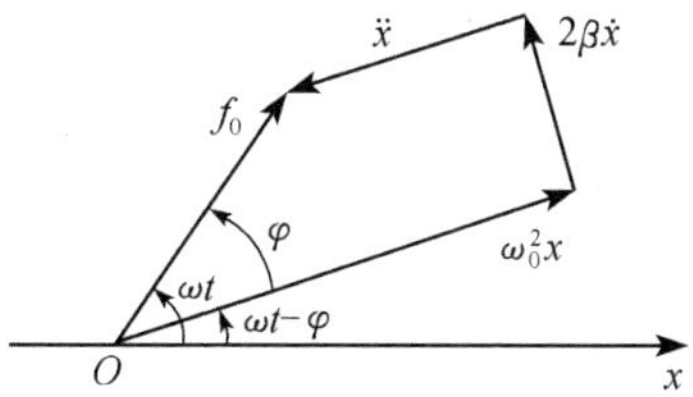

图 9.14

由图还可看出

$$\tan\varphi=\frac{2\beta\omega}{\omega_0^2-\omega^2} \tag{9.41}$$

9.4.2 受迫振动的振幅、相位与强迫力频率的关系

我们只讨论 $\beta<\omega_0$ 的欠阻尼情况.

1. 当 $\frac{\omega}{\omega_0}\ll 1$(强迫力频率甚低)

此时

$$\omega^2 \ll \omega_0^2, \quad \beta\omega \ll \omega_0^2$$

由式(9.40)得

$$B = B_0 = \frac{f_0}{\omega_0^2} = \frac{F_0}{k} \tag{9.42}$$

此即弹簧在力 F_0 作用下的静伸长,因 ω 很小,物体加速度和速度都很小,故阻力可忽略. 弹力几乎时时与外力相平衡. 由式(9.41)得

$$\varphi \approx \arctan\frac{2\beta\omega}{\omega_0^2} \approx 0$$

故有

$$x = \frac{F_0}{k}\cos\omega t$$

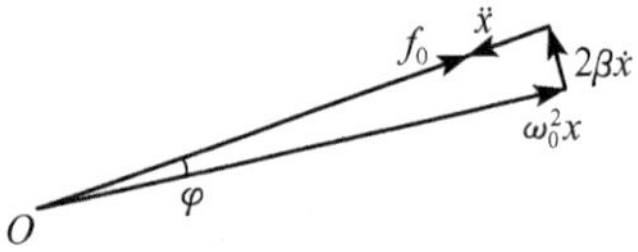

图 9.15

对应振幅矢量图如图 9.15 所示.

2. $\frac{\omega}{\omega_0}\gg 1$(强迫力频率甚高)

此时

$$\omega^2 \gg \omega_0^2, \quad \omega^2 \gg \omega\omega_0 > \beta\omega$$

所以

$$B = B_\infty \approx \frac{f_0}{\omega^2} \approx 0$$

$$\varphi = \arctan\frac{2\beta\omega}{-\omega^2} \approx \arctan(-0) \approx \pi$$

故得

$$x = -\frac{f_0}{\omega^2}\cos\omega t \tag{9.43}$$

对应的振幅矢量如图 9.16.

由上分析可看到,当 ω 很大时,即使加速度很大,速度并不大,位移更不大,阻力与弹力均可忽略,物体几乎只在外力作用下振动,而且振幅很小,也因 ω 很大,物体有惯性,使位移与外力几乎反位相.

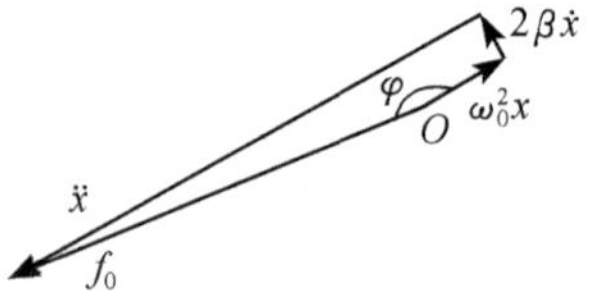

图 9.16

3. $\dfrac{\omega}{\omega_0}\approx 1$ 共振

由式(9.40)和式(9.41)，得

$$\begin{cases} B = B_r \approx \dfrac{f_0}{2\beta\omega} \\ \varphi \approx \arctan\infty = \dfrac{\pi}{2} \end{cases} \tag{9.44}$$

所以

$$x \approx \frac{f_0}{2\beta\omega}\sin\omega t = \frac{f_0}{2\beta\omega}\cos\left(\omega t - \frac{\pi}{2}\right)$$

随着强迫力频率 ω 逐渐接近振子固有频率 ω_0，振幅 B 急剧增大，当 $\omega\approx\omega_0$ 时，振幅将达到很大的值 B_r，这种现象称为**共振**，不难看出

$$B_r \approx \frac{f_0}{\omega_0^2}\cdot\frac{\omega_0}{2\beta} = QB_0$$

即共振时的振幅为 $\omega\ll\omega_0$ 时的振幅的 Q 倍. 此时外力与阻力相抵消，振子只在弹力作用下作振幅不衰减的自由振动，位移比外力落后位相$\dfrac{\pi}{2}$. 对应的振幅矢量如图 9.17.

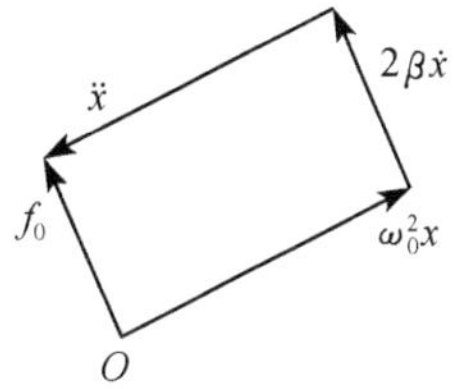

图 9.17

共振时振幅与外力的振幅及阻尼大小有关，阻尼越小，共振时的振幅越大. 因为此时外力与阻力等值反向，而阻力与速度成正比(从而与振幅成正比)，与阻尼系数成正比，当阻尼小时，只有大的振幅才能造成与外力相抵的阻力.

综上讨论，可将振幅 B、相位 φ 与角频率 ω 的关系画成曲线，如图 9.18 所示，B-ω 图称为频率响应曲线或称共振曲线，由图可见，在阻尼较大(Q 小)时，共振曲线的峰值并不出现在 $\omega=\omega_0$ 处，而略向 ω 小的方向偏，这反映了阻尼项的影响.

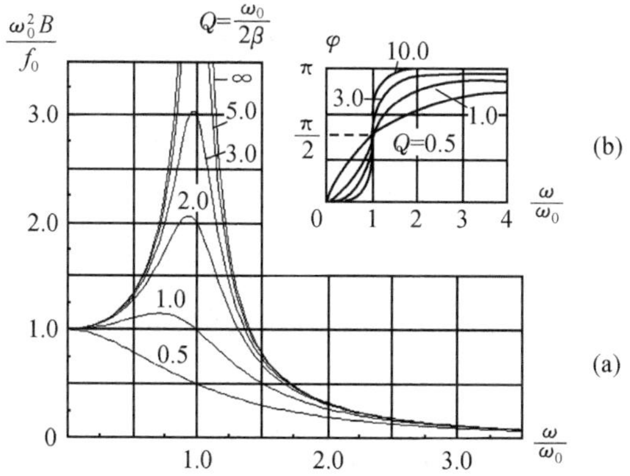

图 9.18　振幅

由式(9.40)得

$$B=\frac{f_0}{\sqrt{(\omega_0^2-\omega^2)^2+4\beta^2\omega^2}} \tag{9.45}$$

将 B 对 ω 求导令其等于零,可求得 B 取极大值的条件

$$\frac{\mathrm{d}B}{\mathrm{d}\omega}=0$$

得

$$\omega=\omega_r=\sqrt{\omega_0^2-2\beta^2} \tag{9.46}$$

即当 $\omega=\omega_r$ 时,振幅 B 最大,所以 ω_r 称为位移共振频率,此时

$$\begin{cases} B=B_r=\dfrac{f_0}{2\beta\sqrt{\omega_0^2-\beta^2}} \\ \varphi=\varphi_r=\arctan\dfrac{\sqrt{\omega_0^2-2\beta^2}}{\beta} \end{cases} \tag{9.47}$$

而速度幅的极值出现在 $\omega=\omega_0$ 处,故 ω_0 称为速度共振频率.

9.4.3　共振曲线的锐度

由共振曲线图可见,当阻尼小时,曲线尖锐,阻尼大时,曲线不尖锐.可将共振曲线的尖锐程度和阻尼因素或品质因素 Q 联系起来.通常用锐度来描述共振曲线的尖锐程度.

当 $\omega=\omega_r\approx\omega_0$ 即共振时,(我们设 β 很小),$B=B_r$,当 ω 偏离 ω_r 时,B 值将迅速减小.当 $B=\dfrac{B_r}{\sqrt{2}}$ 时,对应的角频率分别为 $\omega_1=\omega_r-\Delta\omega_1$ 和 $\omega_2=\omega_r+\Delta\omega_2$.如图 9.19 所示,则定义共振峰锐度为

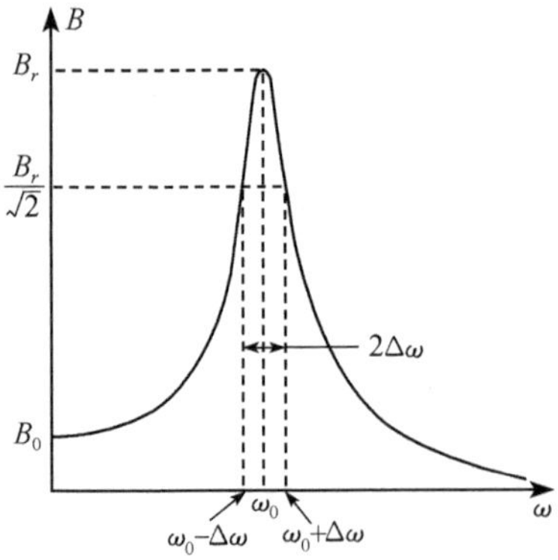

图 9.19

$$S\equiv\frac{\omega_r}{\omega_2-\omega_1}\approx\frac{\omega_0}{\omega_2-\omega_1} \tag{9.48}$$

称 $\omega_2-\omega_1=\Delta\omega_1+\Delta\omega_2$ 为共振峰宽度,当 β 很小时,$\Delta\omega_1$ 和 $\Delta\omega_2$ 实际上相等,即 $\Delta\omega_1\approx\Delta\omega_2=\Delta\omega$,所以锐度又可写成 $S=\dfrac{\omega_0}{2\Delta\omega}$.当 $B=\dfrac{B_r}{\sqrt{2}}$ 时,必有

$$\omega_0^2-\omega^2=\pm 2\beta\omega$$

即

$$(\omega_0 + \omega)(\omega_0 - \omega) = \pm 2\beta\omega$$

因 $\omega \approx \omega_0$，所以

$$\omega_0 + \omega \approx 2\omega_0, \quad \omega_0 - \omega = \pm \Delta\omega$$

即

$$2\omega_0(\pm \Delta\omega) = \pm 2\beta\omega_0$$

故有

$$\Delta\omega = \beta$$

于是锐度

$$S = \frac{\omega_0}{2\beta} = Q$$

即锐度等于振动系统的品质因数，这是品质因素 Q 的第二种物理意义. Q 越大，共振峰的锐度越尖锐.

9.4.4 系统放大倍数，Q 的第三种物理意义

我们曾在(1)中讨论策动力的频率 ω 很低时，即 $\frac{\omega}{\omega_0} \ll 1$ 时，$B = B_0 = \frac{f_0}{\omega_0^2}$，现在，我们定义系统的放大倍数 $k \equiv \frac{B_r}{B_0}$，而 $B_r = \frac{f_0}{2\beta\omega_0}$，所以

$$k = \frac{f_0/2\beta\omega_0}{f_0/\omega_0^2} = \frac{\omega_0}{2\beta} = Q \tag{9.49}$$

于是，系统的放大倍数正好等于品质因素，这是 Q 值的第三种物理意义.

共振现象极为普遍，在声、光、电、无线电、原子物理、核物理以及工程技术中广泛遇到. 声乐仪器就是应用共振原理设计的；核磁共振是研究固体性能的有力工具；在机械制造中要防止共振，因机器工作时要产生与转动频率相同的周期性外力，若此力与机器某部分的固有频率相同，即引起某部件共振，从而影响加工精度，甚至损坏. 因此，各种机器的转动部件必须做动平衡试验进行调整. 某些精密机床的工作台为避免外来机械干扰所引起的振动，通常筑有较大的混凝土基础以增大质量，并铺设弹性垫层，以减小劲度系数，从而降低固有频率，使它远小于外来干扰的频率，有效地避免外来干扰的影响.

当火车通过桥梁时，车轮在铁轨接头处的撞击力是周期性外力，如它的频率接近桥梁的固有频率，就可使桥梁激烈振动到足以被破坏的程度. 1906 年，当骑兵通过俄国彼德堡的一座桥时，马队的步伐与桥的固有频率发生共振，使桥倒塌. 1940 年著名的美国塔科马海峡大桥，刚交付使用 4 个月，就被一场大风暴的冲击下，主跨度部分被破坏坠入水中. 其部分原因就是冲击力的频率与桥的固有频率发生共振的缘故.

习　题

9.1　把简谐振动

$$x = A\cos\left(\omega t + \frac{\pi}{3}\right)$$

(1) 写成正弦函数的表达式；

(2) 分别以周期 T 和频率 ν 代替 ω，写出两种表达式；

(3) 求速度 v 和加速度 a；

(4) 作 x-t、v-t、a-t 图(一个周期)，时间轴分别以 t、T、ωt 表出.

9.2　简谐运动 $x=6\cos\left(5t-\frac{\pi}{4}\right)$cm，试问

(1) 振幅、周期、频率各是多少?

(2) 起始位移、速度、加速度各是多少?

(3) π 秒末的位移、速度、加速度各是多少?

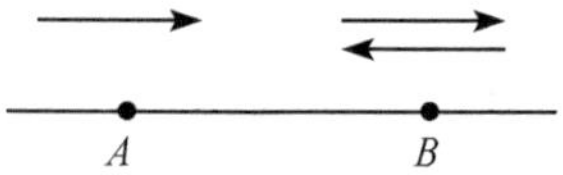

题 9.3 图

9.3　如题 9.3 图所示，一质点作简谐振动，在一个周期内相继通过相距为 11cm 的两点 A、B，历时 2.0s，并具有相同的速率；再经过 2.0s 后，质点又从另一方向通过 B 点. 求质点运动的周期和振幅.

9.4　如题 9.4 图所示，两个质点 A、B 相距 7.0cm，都沿 x 轴作简谐振动，它们的位置表达式为

$$x_A = A_1\sin\left(\omega_A t - \frac{\pi}{2}\right)$$

$$x_B = A_2\sin\left(\omega_B t - \frac{\pi}{2}\right)$$

题 9.4 图

其中 $\omega_A=20\text{s}^{-1}$，$\omega_B=21\text{s}^{-1}$，$A_1=3.0\text{cm}$，$A_2=40\text{cm}$. 若在 $t=0$ 时开始振动，试问：

(1) 开始振动后 0.035s 时，A、B 间的距离是多少?

(2) 这时刻它们之间的相对速度是多少?

9.5　一质点在一直线上作简谐振动，当其距平衡点 O 为 2.0cm 时，加速度为 $4.0\text{cm}\cdot\text{s}^{-2}$，求该质点从一端(静止点)运动到另一端所需的时间.

9.6　证明，每个复摆都有两个支点，当摆动轴通过其中一个支点的摆动周期与通过另一点的摆动周期相等时，这两个支点到质心的距离 l_1 和 l_2 满足：$Ml_1l_2=I_C$，式中 M 是复摆的总质量，I_C 是复摆对过质心的水平轴的转动惯量.

9.7　在光滑的水平面上开有一小孔，一条穿过小孔的细绳两头各系一质量分别为 m_1 和 m_2 的小球，位于桌面上的小球 m_1 以 v_0 的速度绕小孔作匀速圆周运动，而小球 m_2 则悬在空中，保持静止.

(1) 求位于桌面部分的细绳的长度 l_0；

(2) 若给 m_1 一个径向的小冲量，则 m_2 将作上、下小振动，求振动角频率 ω_0.

9.8　如在质量均匀分布的球形行星上沿任一直径挖一隧道，将一物体由静止开始从一道

口自由掉下.

(1) 求证物体到达隧道的另一道口所需的时间与物体的质量无关,与行星的直径无关,另与行星的密度 ρ 有关,并计算该时间.

(2) 若隧道是沿行星的任一弦挖的,求证该时间与弦的长短、位置均无关,并证明该时间与(1)中的完全一样.

(3) 若行星以角速度 ω_0 匀速自旋,角速度方向与隧道垂直,则(1)、(2)中的时间又为多大?

(4) 若上述行星为地球,已知地球密度 $\rho=5.52\times10^3\text{kg}\cdot\text{m}^{-3}$, $G=6.67\times10^{-11}\text{N}\cdot\text{m}^3\cdot\text{kg}^{-2}$. 由于地球自旋角速度很小,故可忽略,试计算(1)、(2)两问中所提及的时间.

9.9 如题9.9图所示,半径为 r 的均匀重球,可以在一半径为 R 的球形碗底部作线滚动.求圆球在平衡位置附近作小振动的周期.

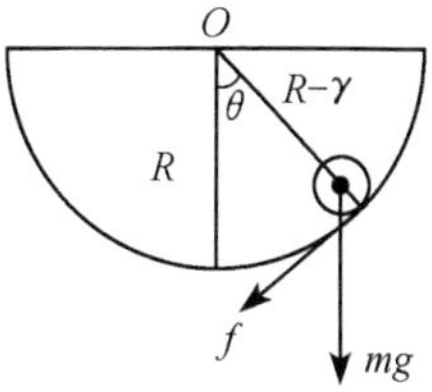

题9.9图

9.10 同一简谐振动的位移、速度、加速度之间的相位差是多少?谁比谁超前?

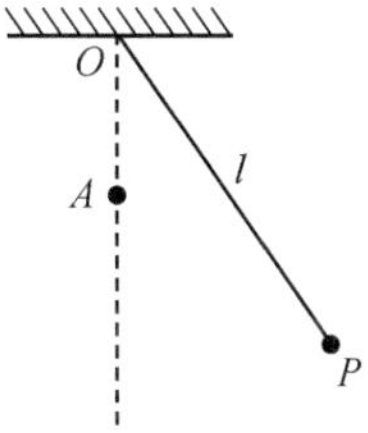

题9.11图

9.11 一个单摆如题9.11图所示,摆长 $l=150\text{cm}$,悬点 O 的正下方有一固定的钉子 A, $OA=54\text{cm}$,设摆动角度很小,求此摆的周期.

9.12 在一平板上放一质量为1.0kg的物体,平板在竖直方向上下地作简谐振动,周期为0.50s,振幅为2.0cm.试求:

(1) 位移最大时,物体对平板的压力;

(2) 平板以多大振幅振动时,物体刚好要跳离平板.

9.13 一物体静止于一水平板上,此板沿水平方向作简谐振动,频率为 2.0s^{-1},物体与板面的静摩擦系数为0.50.试问:

(1) 要使物体在板上不至发生滑动,能允许振幅的最大值是多少?

(2) 若此板沿竖直方向作简谐振动,振幅为5.0cm,要使物体不离开板,最大频率是多少?

9.14 能否在复摆上找一点,在此点上加上一质量有很大的质点而不改变复摆的周期?如能找到,此点应在何处?

9.15 甲地的重力加速度为 $979.442\text{cm}\cdot\text{s}^{-2}$,乙地的重力加速度为 $980.129\text{cm}\cdot\text{s}^{-2}$.问在甲对准一个摆钟移到乙地后,每24小时快或慢几秒?设其他条件不变.

9.16 用扭摆可以测物体的转动惯量.扭摆的底为一质量均匀分布的圆盘,半径为 R,质量为 m,悬点通过中心轴,如题9.16图所示.把圆盘扭转一个角度后放手.它便以悬线为轴来回扭摆,测得其摆动周期为 T_1.加上一待测物体 M 后,其摆动周期为 T_2,求 M 绕摆轴的转动惯量.

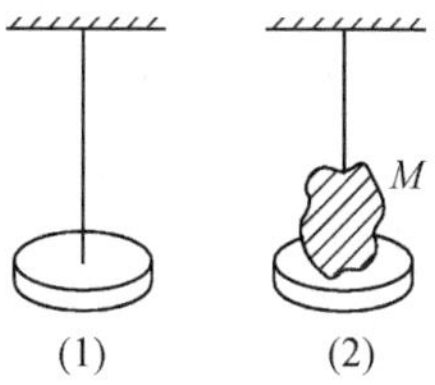

题9.16图

9.17 如题9.17图所示,一质量为 m 的均匀木板水平地搁在两个以相同角速度 ω 相向旋转的滚子上,两滚子轴间的距离为 d,它们具有相同的直径.滚子与木板之间的滑动摩擦系数为 μ.问当木板偏离对称位置后,它如何运动?如果是作简谐振动,其周期是多少?

9.18 两个方向相同,频率相同的简谐振动,其表达式为: $x_1=5\sin(10t+0.75\pi)\text{cm}$, $x_2=6\sin(10t+0.25\pi)\text{cm}$,分别用矢量图法和计算法求合振动,如题9.18图所示.

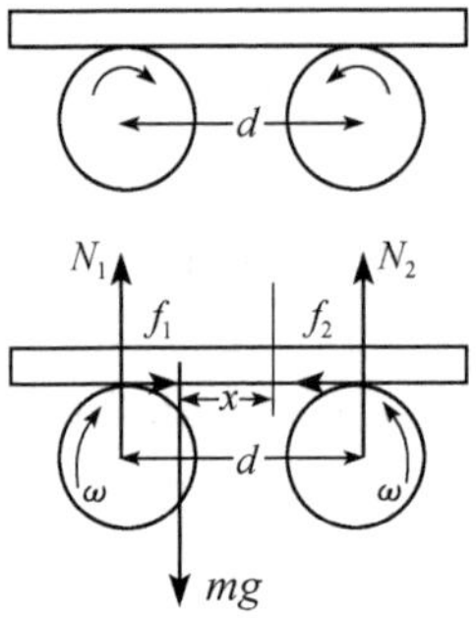

题 9.17 图

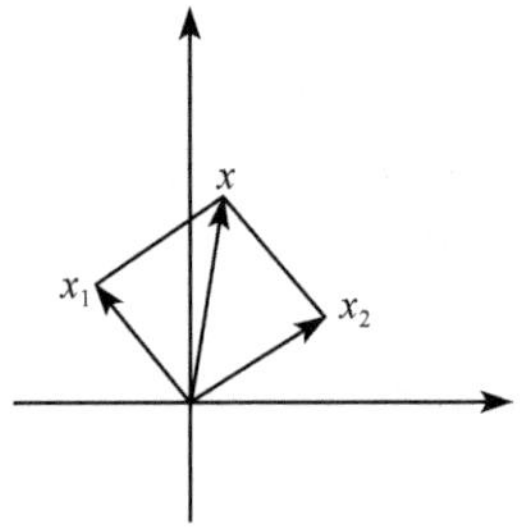

题 9.18 图

9.19　两个方向相同(频率相同的简谐振动),其合振幅为 10cm,合振动的位相与第一个振动的相位差 30°.若第一个振动的振幅为 $A_1=8.0$cm,求第二个振动的振幅 A_2 及第一与第二两振动的相位差.

9.20　已知两组相互垂直的振动为:

(1) $\begin{cases} x=a\sin\omega t \\ y=b\cos\omega t \end{cases}$　　(2) $\begin{cases} x=a\cos\omega t \\ y=b\cos\omega t \end{cases}$

每个组合的结果各是什么运动?它们之间有何不同?

9.21　地震的瑞利面波在地面沿 x 方向以速度 v 传播时,介质质点在波的传播方向和垂直地面方向所组成的平面内运动,其水平分量 v 和垂直分量 w 分别为

$$v=0.42\sin\left[\omega\left(t-\frac{x}{v}\right)\right],\quad w=-0.62\cos\left[\omega\left(t-\frac{x}{v}\right)\right]$$

问质点在 v-w 平面内做什么运动?并试画出其图形.

9.22　一质点同时在两正交方向作简谐运动,振幅相等,频率为 3∶2,起始位移都为零.画出它的李萨如图形.

9.23　某阻尼振动的振幅在一个周期后减为原来的$\frac{1}{3}$,问此振动周期较无阻尼存在时的周期 T_0 大百分之几?

9.24　一个摆作阻尼振动,初振幅为 $A_0=3.0$cm,过 10s 后振幅衰减为 1.0cm.问再过多少时间振幅衰减为 0.30cm?

9.25　火车在铁轨上行驶时,每经过一接轨处便受到一次震动,使车厢在弹簧上作上下振动.设铁轨每段长 12.5m,车厢上每个弹簧承受的重量为 0.50t,弹簧每受 1.0t 重的力将压缩 1.0mm.若弹簧本身重量不计,问火车以什么速率行驶时,弹簧的振幅最大?

9.26　一物体挂在弹簧下,物体一弹簧系统的固有振动周期为 $T_0=0.5$s.今在物体上加一竖直方向的正弦力,其最大值为 $F=10^{-3}$N,此外,还有一不大的摩擦力存在.设系统在共振时的振幅为 $A=5.0$cm,并设摩擦力与速度成正比,即 $f=\alpha\dot{x}$.求摩擦阻力系数 α 和最大摩擦力的数值 f_{max}.

9.27　由倔强系数为 k 的轻弹簧和质量为 m 的质点构成的两个相同的弹簧振子串联地竖直悬挂,求此系统沿铅垂方向作振动的简正频率.

第 10 章　机　械　波

上一章我们讨论了振动，而且重点讨论了简谐振动的规律. 这一章我们要讨论波动. 波动现象在整个物理学的许多领域都涉及，如水波、声波、绳子中传播的波……，它们属于机械波，还有电磁波、物质波等等. 虽然它们有着不同的机制，但它们服从相同的规律，是物质运动的一种重要形态. 那么什么叫波？我们说在空间某处发生的扰动，以一定的速度由近及远地向四处传播，这种**在空间传播着的扰动就称为波. 机械扰动在弹性介质中的传播形成机械波，电磁扰动在真空中的传播形成电磁波**. 本章以机械波为具体内容，讨论波的运动规律.

10.1　机械波的一般概念

10.1.1　机械波产生的条件

根据波的定义，要形成机械波必须有两个条件：

(1) 要有振动源或称为波源；

(2) 要有弹性介质.

介质可以看作大量质元的集合，各质元之间有弹性力相联系，各质元间的弹性相互作用使波得以传播，每质元具有质量，从而具有惯性，使波以有限的速度传播.

10.1.2　机械波的产生与传播

根据波的传播方向与振动方向的不同可以把波分为两类：质元的振动方向与波的传播方向垂直的波称为横波；质元的振动方向与波的传播方向相同，称为纵波.

下面，我们以绳子中传播的横波为例来讨论机械波的形成与传播. 如图 10.1 所示. 假设我们把绳子细分成无限多质元，如 0，1，2，…，每个质元的质量为 Δm，质元之间有弹性相互作用互相联系，我们在图中用假想的小弹簧把质元互相联系起来. 现在我们让绳端质元"0"上下作简谐振动，其周期为 T. 当质元"0"受到扰动并向上运动后，它就对质元"1"施一向上的作用力，同时第一质点（即质元，以下称为质点）又要受到第二个质点的向下作用力，于是第一个质点有回复到平衡位置的趋势，而第 2 个质点有向上运动的趋势. 由于质点有惯性，第 2 个质点并未立即向上位移. 第一个质点也不会立即回到平衡位置，而需经过一定的时间后，第 2 个质点才离开自己的平衡位置,并向上有一定的位移,结果第 2 个质点与第 3 个质点间发生相互作用力,再经过一定时间,第 3 个质点离开平衡位置,并与第 4 个质点产生相互作用力,再经过一定时间,第 4 个质点发生位移,如此等等,这样扰动就以一定的速度由一个质点传给另一个质点. 如图中所示,经过四分之一个周期,质点 0 到达最大位移时,质点 3 开始向上运动;经过二分之一个周期,质点 0 从最大位移向下回到平衡位置时,质点 3 向上到达最大位移,质点 6 开始向上运动;经过四分之三个周期,质点 0 向下达到负的最大位移时,质点 3 回到平衡位置,质点 6 向上达最大位移,质点 9 开始向上运动;经过一个周期,质点 0 又从负的最大值回到平衡位置,质点 3 达到负的最大,质点 6 回到平衡位置,质点 9 达最大位移,质点 12 开始向上运动,如此等等,振动就在绳中传播,在绳中形成了波.

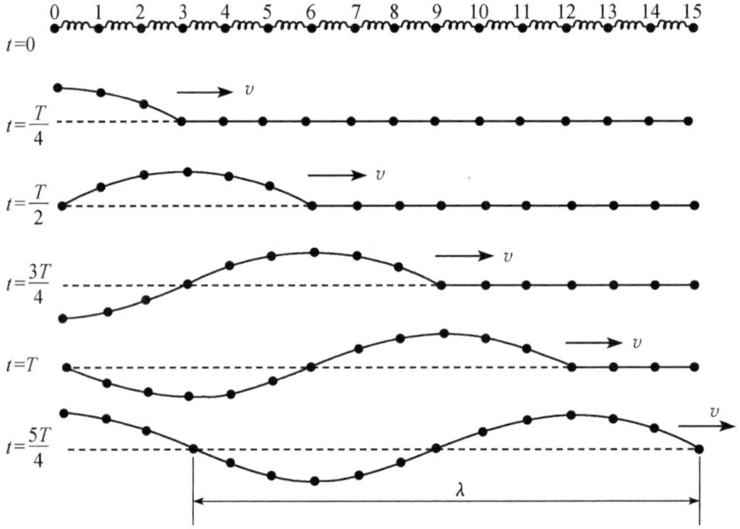

图 10.1

从上面的分析,我们可以看到,周期性波的传播的几个特点:

1. 各质点都在平衡位置附近作与波源同方向、同频率的振动

虽然波在 x 方向传播,但每个质元却只在 y 方向振动,并没有在 x 方向移动,可见波传播的只是振动状态.

2. 波具有时间周期性

从上面的分析知,质元 0 自从平衡位置向上运动,经过一个周期 T 后,又回到平衡位置,状态复原,而此时质点 0 与质点 12 同位相,可见波具有时间周期性. **波的时间周期 T 就是质点完成一次全振动的周期 T.**

3. 波具有空间周期性

在波的传播方向上，质点 0 与质点 12 同位相，(质点 12 的位相比质点 0 的位相落后 2π). 质点 1 与质点 13 同位相……，我们发现质点 0 与质点 12 之间的距离与质点 1 到质点 13 之间的距离相等. 我们定义**两个相邻的同位相质点之间的距离叫做一个波长，记为** λ. 但是质点 0 与质点 12 之间的相位差为 2π，也就是说波前进距离 λ，位相落后 2π，所以波前进单位距离，位相落后 $\frac{2\pi}{\lambda}$.

4. 波的传播速度

因为在一个周期 T 的时间内，波前进了 λ 的距离，我们定义**波的传播速度**

$$v=\frac{\lambda}{T}=\lambda\nu$$

从上面的分析，我们已经知道，这个速度是**振动状态的传播速度**也称为**相速度**.

波速的大小取决于介质的性质，波在不同介质中传播，其速度不同，实验证明：

(1) 在拉紧的绳索或细绳中的横波的波速为

$$u_t=\sqrt{\frac{T}{\eta}}$$

式中 T 为绳索或细绳中的张力，η 为质量线密度.

(2) 在弹性细棒中纵波的波速

$$u_l=\sqrt{\frac{y}{\rho}}$$

式中 y 为**媒质的杨氏模量**，ρ 为棒的质量密度.

(3) 在无限大的各向同性固体介质中的横波波速

$$u_t=\sqrt{\frac{N}{\rho}}$$

式中 N 为介质的**切变弹性模量**，ρ 为介质的体密度.

(4) 在液体或气体中，由于不可能发生切变，所以不能传播横波，但有体变模量，所以能传播纵波，其波速为

$$u_l=\sqrt{\frac{B}{\rho}}$$

式中 B 为介质的**体变弹性模量**，ρ 为介质的体密度.

5. 机械振动的传播伴随着能量的传播

因为每个振动着的质元都具有动能和势能，所以振动的传播伴随着能量的传播，这是波的一个重要特点. 能传播能量的波称为行波，不能传播能量的波称为驻波.

10.1.3 球面波和平面波

如果波在各向同性介质中传播，那么从一个点波源发出的扰动，经过一段时间后，将到达一个球面上，如果扰动是周期性的，介质中各处也相继发生同频率的周期性扰动，介质中振动位相相同的点的轨迹称为**波阵面**，简称**波面**，最前面的波阵面称为**波前**. 波阵面是球面的波称为**球面波**. 在离波源足够远处，在观察的不大范围内，球面可看作平面，这种波就称为**平面波**. 自波源出发且沿着波的传播方向所画的线叫**波线**. 在各向同性介质中，波线与波面互相垂直. 如图 10.2 所示.

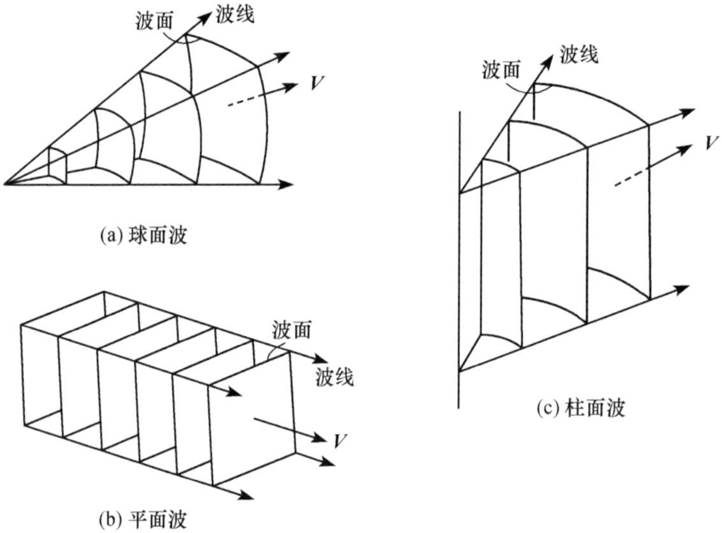

图 10.2

10.2 简谐波的运动学方程

仍以绳上的横波为例，如图 10.3 所示，设质点 O 为振源，其振动方程为

$$y = A\cos(\omega t + \varphi_0) \tag{10.1}$$

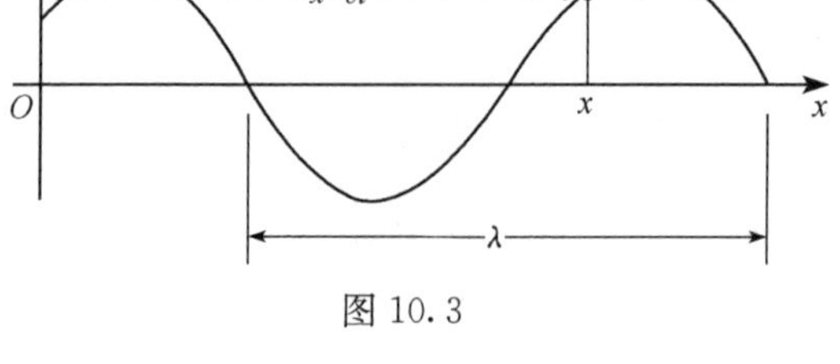

图 10.3

在同一时刻，离 O 为 x 处的 P 点的振动表达式与 O 点的振动具有相同的振幅和频率，但位相比 O 点落后，这是因为 P 点开始振动的时刻比 O 点晚，所晚的时间就是波从 O 点传到 P 点所经历的时间 $t'=\frac{x}{v}$，式中 v 为波速，于是 P 点质元在 t 时刻的位移为

$$y = A\cos\left[\omega\left(t-\frac{x}{v}\right)+\varphi_0\right] \tag{10.2}$$

式(10.2)就是简谐波的运动方程. 由于波是向右传播的，又称右行波.

令

$$\lambda = \nu T$$

式中 λ 为波长，ν 为频率，T 为周期.

式(10.2)还可以写成

$$y = A\cos\left[2\pi\left(\frac{t}{T}-\frac{x}{\lambda}\right)+\varphi_0\right] \tag{10.3}$$

再令 $k=\frac{2\pi}{\lambda}$称为波数，即 2π 长度内所含完整波长的个数，式(10.2)还可写成

$$y = A\cos(\omega t - kx + \varphi_0) \tag{10.4}$$

式(10.2)～式(10.4)都是简谐波的运动学方程，ω、T 是与时间有关的量，而 k、λ 是和空间有关的量，它们之间的关系为

$$v = \frac{\lambda}{T} = \frac{\omega}{k}$$

波速 v 取决于介质的性质，波速不随频率而变的介质称为无色散介质.

简谐波运动学方程的物理意义：

波的运动方程是一个二元函数，位移 y 既是时间 t 的函数，又是位置 x 的函数.

(1) 当 x 一定，y 仅为 t 的函数.

例如 $x=x_1$ 时，即盯住 x_1 处的质元观察，看到的是 x_1 处质元随时间的简谐振动

$$\begin{aligned} y &= A\cos\left[\omega\left(t-\frac{x_1}{v}\right)+\varphi_0\right] \\ &= A\cos(\omega t + \varphi_1) \end{aligned} \tag{10.5}$$

式中

$$\varphi_1 = \varphi_0 - \frac{\omega x_1}{v} = \varphi_0 - \frac{2\pi}{\lambda}x_1$$

时刻 t 和 $t+T$ 的振动状态相同，说明波动过程在时间上具有周期性，振动的周期、频率、振幅均与波源相同，位相落后 $\varphi_1-\varphi_0=\frac{2\pi}{\lambda}x_1$

(2) 当 t 一定，则 y 仅为 x 的函数.

当 $t=t_1$ 时，相当于在 t_1 时刻给波拍了一张照片，照片上反映的是绳上各质元位移随坐标 x 的分布. 此时

$$
\begin{aligned}
y &= A\cos(\omega t_1 - kx + \varphi_0) \\
&= A\cos(kx - \varphi_1)
\end{aligned}
\tag{10.6}
$$

式中

$$\varphi_1 = \omega t_1 + \varphi_0$$

方程(10.6)表示 t_1 时刻绳上各质元离开平衡位置的位移随 x 的分布，就好像在 t_1 时刻给波照了一张相，可以看到，波动过程在空间上具有周期性，其空间周期为波长 λ

$$
\begin{aligned}
y &= A\cos[k(x-\lambda) - \varphi_1] \\
&= A\cos(kx - 2\pi - \varphi_1) = A\cos(kx - \varphi_1)
\end{aligned}
$$

(3) y 一定表示波的相位一定，即

$$\omega t - kx + \varphi_0 = \text{常数} \tag{10.7}$$

意味着随时间的增加，波必须在空间传播一定的距离. 将上式对时间求导，得

$$v = \frac{\mathrm{d}x}{\mathrm{d}t} = \frac{\omega}{k} = v_p \tag{10.8}$$

式中 v_p 称为波的位相速度，简称**相速，它表示确定的位相在单位时间内传播的距离.**

(4) 将以上各方程中的 v 换成 $(-v)$，即得向坐标轴负方向传播的平面简谐波的运动方程

$$
\begin{aligned}
y &= A\cos\left[\omega\left(t + \frac{x}{v}\right) + \varphi_0\right] \\
&= A\cos(\omega t + kx + \varphi_0)
\end{aligned}
\tag{10.9}
$$

该波又称左行波.

(5) 在波的传播过程中，波线上各质元只在平衡位置附近作简谐振动，其速度和加速度分别为

$$
\begin{aligned}
\frac{\partial y}{\partial t} &= -A\omega\sin\left[\omega\left(t - \frac{x}{v}\right) + \varphi_0\right] \\
\frac{\partial^2 y}{\partial t^2} &= -A\omega^2\cos\left[\omega\left(t - \frac{x}{v}\right) + \varphi_0\right]
\end{aligned}
\tag{10.10}
$$

(6) 在三维空间中传播的平面简谐波的运动学方程为

$$\boldsymbol{B}(\boldsymbol{r},t) = \boldsymbol{A}\cos(\omega t - \boldsymbol{k}\cdot\boldsymbol{r} + \varphi_0) \tag{10.11}$$

式中 $\boldsymbol{k}$ 称为波矢，它是一个矢量，其方向代表着波传播的方向，它的大小就是波数.

例 10.1　有一列平面简谐波，坐标原点按照 $y=A\cos(\omega t+\varphi)$ 的规律振动. 已知 $A=0.10\text{m}$，$T=0.50\text{s}$，$\lambda=10\text{m}$，试求解以下问题：

(1) 写出此平面简谐波的波函数；

(2) 求波线上相距 2.5m 的两点的相位差；

(3) 假如 $t=0$ 时处于坐标原点的质点的振动位移为 $y_0=+0.050\text{m}$，且向平衡位置运动，求初相位并写出波函数.

解 (1) 要写出波函数,第一步是建立坐标系. 既然坐标系原点已经给定,则可以取过坐标原点的波线为 x 轴,x 轴的指向与波线的方向一致. 对于这样的选择,在波函数中,x 前的符号必定是负号. 第二步就是求出坐标为 x 的质点在任意时刻的位移. 因为处于 x 的质点在任意时刻的相位都比处于坐标原点的质点的相位落后 $2\pi x/\lambda$,根据已知条件,坐标原点在 t 时刻的相位为 $\omega t+\varphi$,所以在同一瞬间 x 点的相位必定为 $\omega t+\varphi-2\pi\dfrac{x}{2}$. 这样,我们就得到了下面的波函数通式

$$y = A\cos\left(\omega t - 2\pi\frac{x}{\lambda} + \varphi\right) = A\cos\left[2\pi\left(\nu t - \frac{x}{\lambda}\right) + \varphi\right]$$

其中 $A=0.10\text{m}$,$\lambda=10\text{m}$,$\nu=\dfrac{1}{T}=2.0\text{s}^{-1}$,代入上式,得

$$y = 0.10\cos\left[2\pi\left(2.0t - \frac{x}{10}\right) + \varphi\right]\text{m}$$

(2) 因为波线上 x 和 $(x+2.5)$ 处的质点在任意时刻的相位都比坐标原点的质点的相位分别落后 $2\pi x/\lambda$ 和 $2\pi(x+2.5)/\lambda$. 所以,这两点的相位差为

$$\Delta\varphi = 2\pi\left(\frac{x+2.5}{\lambda} - \frac{x}{\lambda}\right) = 2\pi\frac{2.5}{10} = \frac{\pi}{2}$$

(3) 这一问的要求就是根据所给条件求出 φ,并将 φ 值代入(1)中. 将 $t=0$ 和 $y=+0.050\text{m}$ 代入坐标原点的振动方程中,可得

$$0.050 = 0.10\cos\varphi$$

于是

$$\cos\varphi = 0.50, \quad \varphi = \pm\frac{\pi}{3}$$

φ 值取正值还是取负值,或者两根都取,这要根据 $t=0$ 时刻处于坐标原点的质点的运动趋势来决定. 已知条件告诉我们,初始时刻该质点的位移为正值,并向平衡位置运动,所以与这个质点的振动相对应的旋转矢量在初始时刻处于第一象限,应取 $\varphi=+\dfrac{\pi}{3}$. 于是波函数应写为

$$y = 0.10\cos\left[2\pi\left(2.0t - \frac{x}{10}\right) + \frac{\pi}{3}\right]\text{m}$$

例 10.2 一条长线用水平力张紧,其上产生一列简谐横波向左传播,波速为 20m/s. 在 $t=0$ 时它的波形如图 10.4 所示.

(1) 求波的振幅、波长和波的周期;

(2) 按图设 x 轴方向写出波函数;

(3) 写出质点振动速度表达式.

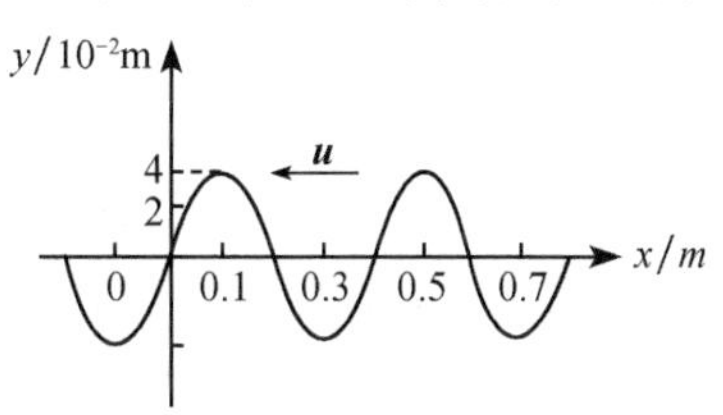

图 10.4

解 (1) 由图可直接看出 $A=4.0\times10^{-2}\text{m}$,$\lambda=0.4\text{m}$,于是得

$$T = \frac{\lambda}{u} = \frac{0.4}{20} = \frac{1}{50}(\mathrm{s})$$

(2) 在波的传播的过程中，整个波形图向左平移，于是可得原点 O 处质元的振动表达式为

$$y_0 = A\cos\left(2\pi \frac{t}{T} - \frac{\pi}{2}\right)$$

而波函数为

$$y = A\cos\left(2\pi \frac{t}{T} - \frac{\pi}{2} + \frac{2\pi}{\lambda}x\right)$$

将上面的 A，T 和 λ 值代入可得

$$y = 4.0 \times 10^{-2}\cos\left(100\pi t + 5\pi x - \frac{\pi}{2}\right)$$

(3) 位于 x 处的介质质元的振动速度为

$$v = \frac{\partial y}{\partial t} = 12.6\cos(100\pi t + 5\pi x)$$

将此函数和波函数相比较，可知振动速度也以波的形式向左传播. 要注意质元的振动速度（其最大值为 12.6m/s）和波速（为恒定值 20m/s）的区别.

10.3 波的动力学方程和波的传播速度

将波的运动学方程(10.2)，对时间 t 和空间 x 分别求二阶偏导，可得

$$\frac{\partial^2 y}{\partial x^2} = \frac{1}{v^2}\frac{\partial^2 y}{\partial t^2} \tag{10.12}$$

式中 v 为波速. 该式就是 x 方向传播的波动所满足的动力学方程，称为波动方程，这是一个线性偏微分方程. 本节从动力学角度来分析波动过程，导出该方程，并且求出波速.

10.3.1 弹性棒中纵波的波动方程和波速

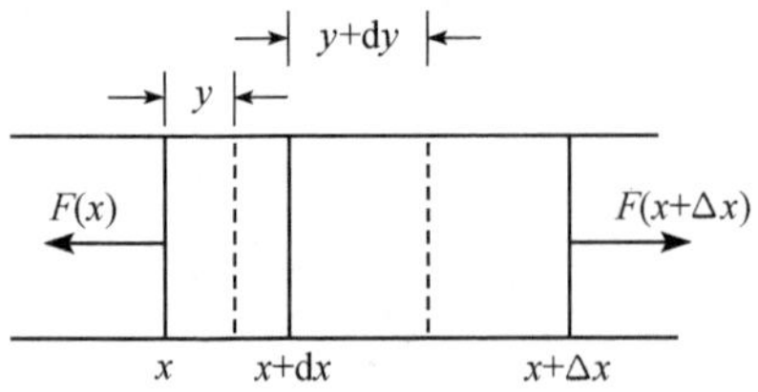

图 10.5

设波在其中传播的介质是质量连续分布的弹性棒. 在棒中取横截面坐标为 x 到 $x+\Delta x$ 的一段作为考察对象，如图 10.5 所示. 令棒的截面积为 S，密度为 ρ. 当棒中有纵向扰动传播时，各截面的位移并不相同，棒中发生纵向形变（张变），从而出现应力（弹性力）. 所考察的这段棒受到左方介质所施的弹力

$F(x)$和右方介质所施弹力 $F(x+\Delta x)$的作用，$F(x)$由 x 处的相对形变决定. 设 x 处的横截面的位移为 y，$x+\mathrm{d}x$ 处的横截面的位移为 $y+\mathrm{d}y$，则 x 处的相对形变为 $\mathrm{d}y/\mathrm{d}x$. 根据胡克定律，作用在 x 处横截面上单位面积的正应力 T 与该处纵向相对形变(应变)成正比：

$$T = Y\frac{\mathrm{d}y}{\mathrm{d}x}\bigg|_x$$

式中 Y 称为杨氏模量，于是，x 处的弹力为

$$F(x) = SY\frac{\mathrm{d}y}{\mathrm{d}x}\bigg|_x$$

同理，在 $x+\Delta x$ 处的弹力.

$$F(x+\Delta x) = SY\frac{\mathrm{d}y}{\mathrm{d}x}\bigg|_{x+\Delta x}$$

当 $\mathrm{d}y/\mathrm{d}x>0$ 时为伸长形变，应力是张力，相应的 $F(x)$应取负号，$F(x+\Delta x)$应取正号，故所考察的这段棒的运动方程为

$$\rho S\Delta x\,\frac{\mathrm{d}^2 y}{\mathrm{d}t^2} = SY\frac{\mathrm{d}y}{\mathrm{d}x}\bigg|_{x+\Delta x} - SY\frac{\mathrm{d}y}{\mathrm{d}x}\bigg|_x = SY\,\frac{\mathrm{d}^2 y}{\mathrm{d}x^2}\Delta x$$

两边除以 $\rho S\Delta x$，并将求导符号改为求偏导的符号得

$$\frac{\partial^2 y}{\partial t^2} = \frac{Y\partial^2 y}{\rho\partial x^2} \tag{10.13}$$

与(10.12)比较知，这就是波动方程，于是可知波速为

$$v = v_{\parallel} = \pm\sqrt{\frac{Y}{\rho}} \tag{10.14}$$

这就将波速与介质的常量 Y、ρ 联系起来了，Y 反映介质的弹性，ρ 反映介质的惯性. 由于所讨论的是纵波，故在 v 旁加了脚标“$\parallel$”. 式中正号对应于右行波，负号对应于左行波.

10.3.2　横波的传播速度

当介质中有横向扰动传播时，介质发生切向形变，在与波传播方向相垂直的横截面上出现切应力. 因而横波的传播速度与介质的切向弹性模量有关，类似于上面的推导，可以求得横波的波速为

$$v = v_{\perp} = \pm\sqrt{\frac{N}{\rho}} \tag{10.15}$$

式中 N 称为切变模量，它是切应力 T 与横向相对形变 $\mathrm{d}y/\mathrm{d}x$ 之比，即

$$T = N\,\frac{\mathrm{d}y}{\mathrm{d}x} \tag{10.16}$$

对于在三维空间中传播的波，若以 $\boldsymbol{B}(r,t)$表示其振幅矢量，则波动方程为

$$\frac{\partial^2 \boldsymbol{B}}{\partial t^2}=v^2\left(\frac{\partial^2 \boldsymbol{B}}{\partial x^2}+\frac{\partial^2 \boldsymbol{B}}{\partial y^2}+\frac{\partial^2 \boldsymbol{B}}{\partial z^2}\right) \tag{10.17}$$

如上所述，由式(10.14)和式(10.15)知，弹性介质中的波速只与介质的参量有关，而与所传播的简谐波的频率无关. 这样的波为无色散波.

我们知道，空气中的声波为纵波，其传播速度应由 $v=\sqrt{\dfrac{B}{\rho}}$ 式求得，空气的杨氏模量 B 应为空气的压强 p、于是声波的速度：

$$v=\sqrt{\frac{p}{\rho}}$$

对于温度为 15°、一个大气压的空气，$p=10^5$ 牛顿/米^2，$\rho=1.2$kg/米^3，代入上式得 $v=289$ 米/秒，而实验测得的声速约为 340 米/秒，相差竟达 20%之多！这个矛盾一个世纪内竟无法解释. 后来才有人指出，不应该忽略了空气在传声中，一伸一缩，其温度(因而其弹性)有变化的缘故，该问题才告解决. 这个问题，我们留待热学中再探讨.

10.4　波的能量和强度

10.4.1　波的能量

当波在介质中传播时，介质中的所有质元都在各自的平衡位置附近振动，每个质元都具有振动速度，所以具有动能；同时因为各部分位移不同，介质各质元相对位形发生变化，因而具有势能. 扰动由近及远地传播，能量也由近及远地传播，所以波的传播过程也是能量的传播过程. 下面我们以弹性棒中的简谐纵波为例来讨论波的能量.

取截面为 ΔS，长为 Δx 的体积元作为考察对象，设介质的体密度为 ρ，则此体积元在某一瞬时 t 的动能为

$$\Delta E_k=\frac{1}{2}\rho\Delta S\Delta x\left(\frac{\partial y}{\partial t}\right)^2 \tag{10.18}$$

下面我们来求弹性势能，先考察一段长为 L，截面积为 S 的弹性介质棒发生形变时具有的弹性势能，这势能就是外力在迫使介质形变过程中克服弹性力所做的功. 在棒伸长 ΔL 的过程中，外力 F 所做的功(即为势能)为

$$E_p=\int_0^{\Delta L}F\mathrm{d}x=\int_0^{\Delta L}ES\,\frac{x}{L}\mathrm{d}x=\frac{ES}{L}\,\frac{(\Delta L)^2}{2}=\frac{1}{2}ESL\left(\frac{\Delta L}{L}\right)^2$$

式中 E 为棒的弹性模量，$\dfrac{\Delta L}{L}$ 即相对形变. 对我们所考察的体积元来说，相对形变即 $\dfrac{\partial y}{\partial x}$，故所考察的体积元的势能为

$$\Delta E_p = \frac{1}{2}E\Delta V\left(\frac{\partial y}{\partial x}\right)^2 \tag{10.19}$$

设简谐波的运动方程为

$$y = A\cos\omega\left(t - \frac{x}{v}\right)$$

则不难求得

$$\Delta E_k = \frac{1}{2}\rho\Delta V\omega^2 A^2 \sin^2\omega\left(t - \frac{x}{v}\right)$$

$$\Delta E_p = \frac{1}{2}E\Delta V\frac{\omega^2}{v^2}A^2 \sin^2\omega\left(t - \frac{x}{v}\right) \tag{10.20}$$

但

$$v = \sqrt{\frac{E}{\rho}}$$

所以

$$\Delta E_k = \Delta E_p = \frac{1}{2}\rho\Delta V\omega^2 A^2 \sin^2\omega\left(t - \frac{x}{v}\right)$$

总机械能为

$$\Delta E = \Delta E_k + \Delta E_p = \rho\Delta V\omega^2 A^2 \sin^2\omega\left(t - \frac{x}{v}\right) \tag{10.21}$$

从上面得到的结果，我们看到波的能量有以下特点：

(1) 质元的动能 $\Delta E_k(x,t)$ 和势能 $\Delta E_p(x,t)$ 两者相位一致，动能与势能同时达到最大或最小，同处达到最大或最小.

这与单个简振子的情况不同，对单个谐振子，当动能最大时，势能最小为零，当势能最大时，动能最小为零，但在波的传播过程中，介质的势能取决于所考察质元的形变，从波形曲线(图 10.6)可以看出，在 A 处，质点已达到最大位移，动能为零，但此时相邻质点间的相对位移最小，该处质元几乎无形变，故势能亦为零；而在 B 处，质点通过平衡位置，速度最大，故动能最大，而此时相邻质点间的相对位移最大(最密集)所以质元的形变亦最大，故势能亦最大，C 处与 A 处相仿，D 处与 B 处相仿(但 D 处质点最稀疏).

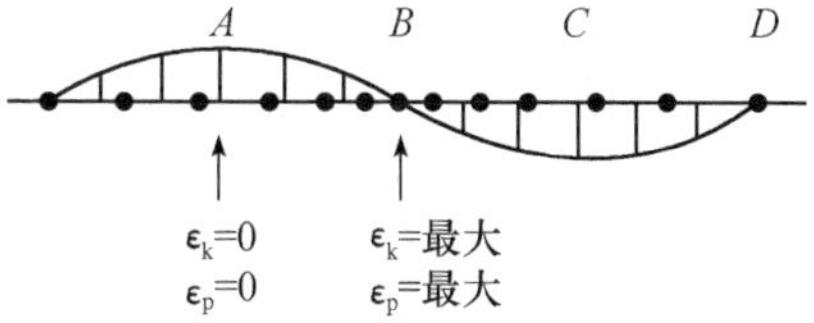

图 10.6

(2) 在波的传播过程中，介质中每个质元的机械能不守恒，而是随时间变化. 这也与单个简谐振子不同，在振子作简谐振动时，总机械能守恒. 这是因为在波的传播过程中，介质中的任一质元与其邻近的质元之间在不断进行能量交换，机械能不守恒，正表明波的传播过程也是能量的传播过程. 而且在能量的表达式中，含有行波的相位传播因子$(\omega t-kx)$，因此能量传输速度等于波的相速度 $v_E=\omega/k=v$，所以相位传播——运动状态传播——能量传输，三者一致.

10.4.2 波的能量密度

波的能量与所考察的质元的体积有关，通常用单位体积介质所具有的能量即**能量密度**来表示波的能量在介质中的分布情况，我们用 ε 来表示

$$\varepsilon=\frac{\Delta E}{\Delta V}=\rho\omega^2A^2\sin^2\omega\left(t-\frac{x}{v}\right) \tag{10.22}$$

以上对能量的讨论是针对纵波而论的，但其结论对横波也成立.

10.4.3 波的能流密度

正如上面所讨论的，波在传播过程中伴随着能量的传播，我们定义**单位时间内，波通过与其传播方向垂直的单位截面积的能量称为波的瞬时能流密度**.

在介质中，垂直波传播方向取一面元 ΔS，则在 Δt 时间内通过 ΔS 的能量，等于 ΔS 面后方体积为 $\Delta V=\Delta S\cdot v\Delta t$ 中的能量，换句话说，在 $\Delta S\cdot v\cdot\Delta t$ 体积内的波的能量在 Δt 时间内全部通过 ΔS 面，所以单位时间内通过垂直于波传播方向的单位面积的波的能量为

$$i=\frac{\varepsilon\cdot\Delta S\cdot v\Delta t}{\Delta t\cdot\Delta S}=\varepsilon v \tag{10.23}$$

即瞬时能流密度 i 等于波的能量密度 ε 与波速 v 的乘积.

由于 ε 与时间和位置有关，所以 i 也与时间和位置有关，在确定位置处，i 与时间有关，因为波的周期通常比大多数仪器的反应时间小得多，所以常取 i 对一个周期的平均值作为对波的能流的量度，称为**平均能流密度**，简称**能流密度**，或波的**强度**，用 I 表示，显然

$$I=\bar{\varepsilon}v \tag{10.24}$$

通常把 I 看成矢量，方向沿波的传播方向，即 $\boldsymbol{v}$ 的方向，并写成 $\boldsymbol{I}=\bar{\varepsilon}\boldsymbol{v}$.

对弹性介质中的简谐波，由于

$$\bar{\varepsilon}=\frac{1}{T}\int_0^T\varepsilon(x,t)\,\mathrm{d}t=\frac{1}{T}\int_0^T\rho^2\omega^2A^2\sin^2(\omega t-kx)\,\mathrm{d}x=\frac{1}{2}\rho\omega^2A^2 \tag{10.25}$$

所以

$$\boldsymbol{I}=\frac{1}{2}\rho^2\omega^2A^2\boldsymbol{v} \tag{10.26}$$

式中 $\boldsymbol{I}$ 又称为**坡印亭矢量**.

10.4.4 声强级

机械振动的频率范围很宽，但能引起听觉的频率只占很小的频段，对大多数人

而言，能引起听觉的频率范围约为 16Hz～2×10^4Hz. 这一频段称为声频，低于 16Hz 的称为次声，高于 2×10^4Hz 的称为超声.

人的听觉不仅与频率有关，还与声波的强度(简称声强)有关. 能引起听觉的最低声强称为闻阈，声强超过某一上限，也不能引起听觉而只能引起痛觉，这一声强的上限称为痛阈. 闻阈和痛阈对不同的频率有不同值. 即使对声频范围内的某一频率而言，人耳对声音的感觉也并不与声强成正比，更接近于与声强的对数成正比，所以通常用声强级来表示声音的强弱，它定义为声强 I 对某一基准值 $I_0=10^{-12}\text{W/m}^2$ (I_0 接近 1000Hz 时的闻阈)之比的以 10 为底的对数，用 L 表示，即

$$L=\lg\frac{I}{I_0}(B) \tag{10.27}$$

单位为 Bel(贝尔).

在听觉范围内，I 的最大值约为 10W/m^2，故声强级的最大值为 13B. 更常用的声强级单位为分贝，它是贝尔的十分之一，记为 dB，于是

$$L=10\lg\frac{I}{I_0}(\text{dB}) \tag{10.28}$$

因而在听觉范围，声强级的数值从零到 130dB

当然仅用声强级尚不能完全反映人耳对声音响度的感觉、因为人对声音的感觉还与频率有关. 例如为 50dB 的声音，当频率为 1000Hz 时，人耳听起来之相当响，而当频率为 50Hz 时则还听不见.

下表列出了日常遇到的声强、声强级与人耳的感觉

	声强(W/m^2)	声强级(dB)	响 度
聚焦超声波	10^9	210	
炮声	1	120	震耳
痛觉阈	1	120	
闹市车声	10^{-5}	70	响
通常说话	10^{-6}	60	正常
耳语	10^{-10}	20	轻
树叶沙沙声	10^{-11}	10	极轻
听觉	10^{-12}	0	

10.5 波在空间中的传播

10.5.1 惠更斯原理

波在行进过程中遇到小孔、障碍物或两种介质的交界面时，会发生衍射、反射、折射等各种情况. 在历史上，曾提出过几种理论来解释这些现象，其中比较成功的是惠更斯原理. 惠更斯提出：在波的传播过程中，波前上的每一点均可看成一个子

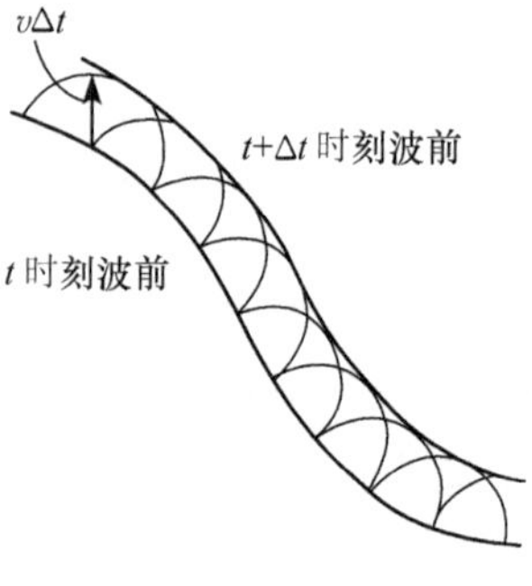

图 10.7

波源,在 t 时刻的波前上的这些波源发出的子波,经 Δt 时间后形成半径为 $v\Delta t$(v 为波速)的球面,在波的前进方向上,这些子波的包迹就成为 $t+\Delta t$ 时刻的新波前(如图 10.7 所示). 这种借助于子波概念解释波前怎样推进的原理叫做**惠更斯原理**. 惠更斯原理不仅适用于电磁波,也适用于机械波.

利用上述惠更斯原理,很容易解释波绕过障碍物的衍射及波遇到两种介质交界面时的反射和折射现象. 但惠更斯原理不仅给出朝前推进的波前,而且给出倒退的波前,而实践证明,子波是前后不对称的,在正前方最强,正后方为零,其他方位的强度在这两极端之间. 经过修改的惠更斯原理不仅能给出波前的推进,而且可以用来计算波强的分布,比较严谨的理论是基尔霍夫公式,它已超出本书范围,将在光学课程中讲述.

10.5.2　波的反射定律

当平面波以入射角 θ(即入射波的波线与界面法线之间的夹角)倾斜地入射到两种介质的交界面 MN 时,如图 10.8 所示,波前 AB 上各点将先后到达交界面,当 A 点到达交界面时,C、B 诸点均尚未到达,A 点先发射子波. 入射波继续前进,于是,C、B 等诸点依此先后到达交界面 MN,并发射子波. 当 B 点到达交界面上 B' 点时,

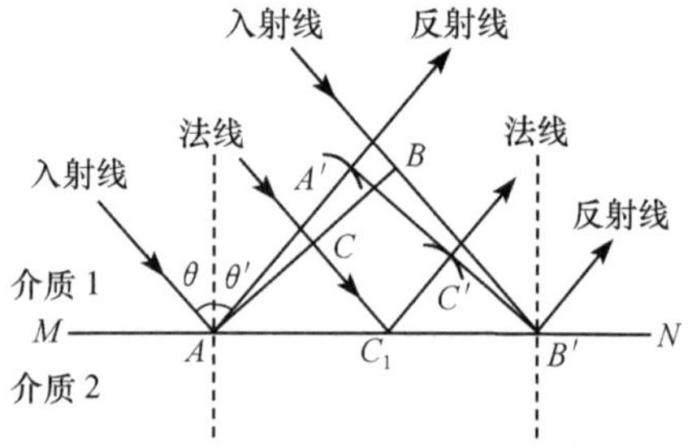

图 10.8

A 点所发子波已到达了 A' 点,C 点所发子波已到达了 C' 点,作出各子波的包络面 $A'B'$,这就是反射波的波前. 反射波的波线叫反射线,反射线与交界面的法线的夹角 θ' 叫做反射角.

由图可见,入射线、法线、反射线都在同一平面内. 考察三角形 ABB' 与 $AA'B'$,由于是在同种介质中传播,$AA'=BB'$,且因为 AB 与 $A'B'$ 都是包络面,故这两个三角形是直角三角形,于是可知

$$\triangle ABB' \cong \triangle AA'B',\text{即 } \theta=\theta' \tag{10.29}$$

于是我们得到:反射波的波线在入射波的波线与交界面法线所构成的平面(称为入射面)内,且反射角等于入射角. 这称为波的**反射定律**.

10.5.3　波的折射定律

由图 10.9 可见,在介质 2 中,子波的包络面 $A''B'$ 也是平面,透射波的传播方

向沿 AA''，它也在入射面内，它与交界面法线的夹角为 γ（称该角为折射角），若以 v_1、v_2 分别表示波在介质 1 和 2 中的相速度，由图 10.9 不难看出，γ 满足

$$\frac{\sin\theta}{\sin\gamma}=\frac{BB'}{AA''}=\frac{v_1}{v_2} \tag{10.30}$$

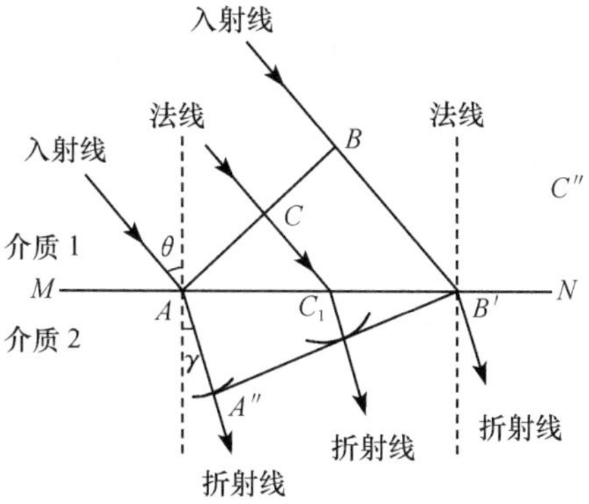

图 10.9

即波的入射角正弦之比等于波在这两种介质中的相速度之比，这称为波的折射定律，这时的透射波又称折射波. 例如，光从真空进入水中，实验测定折射率为

$$\eta=\frac{\sin\theta}{\sin\gamma}=\frac{v_1}{v_2}=1.33 \tag{10.31}$$

于是，可知 $v_2<v_1$，即光在水中的传播速度小于光在空气中的传播速度.

需要注意的是，波在被反射或折射后，由于波的传播方向发生了改变，波的传播方向与振动方向的夹角会随之改变，于是，纵波可能变成横波或部分纵波部分横波（如果横波可以在介质中传播的话），当然，横波也可能变成纵波，或部分横波部分纵波.

10.5.4 波的衍射

设平面波在行进中遇到开有小孔的障碍物，当波前到达孔面时，孔面上各点成为子波源，它们所发子波的包迹不再是平面，在边缘成为球面，使波线偏离原方向而向外延展（如图 10.10）. 这就解释了波会绕过障碍物而转弯的衍射现象. 实验表明，当孔的线度可与波长相比拟时，衍射现象明显，孔越小，衍射越严重.

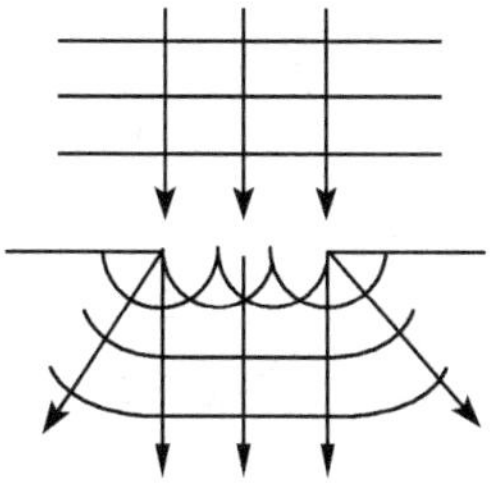

图 10.10

尽管惠更斯原理能定性解释波的衍射、反射和折射现象，但它不能解释为什么孔越小衍射越严重及衍射波的强度分布，也不能得出反射波和折射波相对入射波的强度. 在光学中将对这些问题作更深入的讨论.

10.6 波的叠加

实验证明,当空间同时存在两列或者两列以上的波时,每列波在传播中将不受其他波的干扰而保持其原有特性(频率、波长、振幅、振动方向和传播方向)不变,而空间任一点的振动位移则等于各列波单独在该点引起的振动位移的矢量和.这一表述称为波的叠加原理或惠更斯-菲涅尔原理.

波为什么可以叠加?这是因为描述波的波动方程(10.12)为线性偏微分方程.

10.6.1 波的干涉

介质中同时传播着的两列简谐波,它们满足下列条件:

(1) 振动方向相同;

(2) 频率相同;

(3) 有恒定位相差.

当这两列简谐波相遇时,在它们重叠区域的某些点振动始终加强,某些点振动始终减弱,形成稳定的叠加图样,这种现象称为波的干涉.能产生干涉现象的必要条件称为波的相干条件.满足波的相干条件而能产生干涉现象的两列波称为相干波.产生相干波的波源称为相干波源.

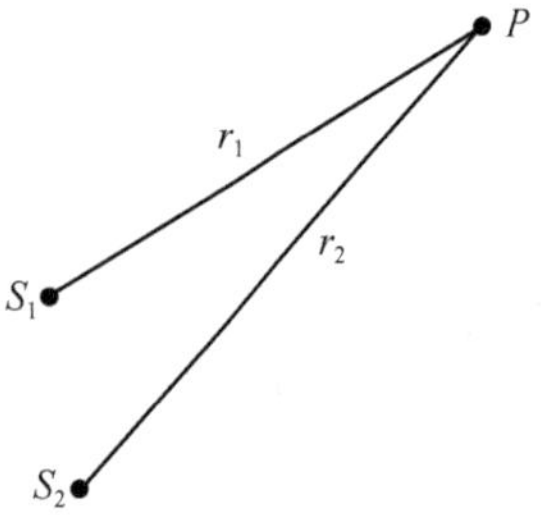

图 10.11

如图 10.11 所示,设两波源 S_1 和 S_2 的振动方程各为

$$y_{10} = A_1\cos(\omega t + \varphi_1)$$
$$y_{20} = A_2\cos(\omega t + \varphi_2) \qquad (10.32)$$

假定振动的方向都垂直于纸面,由 S_1、S_2 发出的两列波在空间 P 点引起的振动各为

$$y_1 = A_1\cos(\omega t + \varphi_1 - kr_1)$$
$$y_2 = A_2\cos(\omega t + \varphi_2 - kr_2) \qquad (10.33)$$

式中 k 为波数,r_1、r_2 分别为 P 点到 S_1、S_2 的距离.根据波的叠加原理,P 点的合振动为

$$y = y_1 + y_2 = A_1\cos(\omega t + \varphi_1 - kr_1) + A_2\cos(\omega t + \varphi_2 - kr_2) \qquad (10.34)$$

这是两个同方向、同频率的振动的合成.根据 9.2.1 节的讨论,当两振动的相位差

$$\Delta = \varphi_1 - \varphi_2 + k(r_2 - r_1) = 2n\pi,(n = 0,\pm 1,\pm 2\cdots) \qquad (10.35)$$

时,P 点的振动的振幅为 $A_1 + A_2$,振动加强,这样的点称为干涉相长点.当相位差

$$\Delta = \varphi_1 - \varphi_2 + k(r_2 - r_1) = (2n+1)\pi$$
$$(n = 0,\pm 1,\pm 2,\cdots) \qquad (10.36)$$

时,P 点振动的振幅为 $|A_1 - A_2|$,振动减弱,这样的点称为干涉相消点.相位差等于其他值的点的振幅介于 $(A_1 + A_2)$ 与 $|A_1 - A_2|$ 之间.

维持两个波源满足相干条件,特别是相位差恒定的条件很不易,常用同一波源产生的波通过两个狭缝后形成两列相干波.

如果空间存在多个相干波源,也会产生干涉现象.例如光学中的多缝干涉.

10.6.2 驻波

当介质中有反向行进的两列同频率、同方向的波存在时,这两个波叠加后也会产生干涉现象.为简单起见,设弹性弦上传播着具有相同的振幅、相反传播方向的两列波,它们的运动方程为

$$y_1 = A\cos(\omega t - kx + \varphi_1) \tag{10.37}$$

$$y_2 = A\cos(\omega t + kx + \varphi_2) \tag{10.38}$$

式(10.37)为右行波,它沿 x 轴正向行进,(10.38)式为左行波,它沿 x 轴负向行进.合成后,弦上的运动成为

$$y = y_1 + y_2 = 2A\cos\left(kx + \frac{\varphi_2 - \varphi_1}{2}\right)\cos\left(\omega t + \frac{\varphi_2 + \varphi_1}{2}\right) \tag{10.39}$$

由式(10.39)可见,y 与 t 和 x 的关系分别出现在两个因子之中,当 x 不同时,合成波的振幅不同,由因子 $2A\cos[kx+(\varphi_2-\varphi_1)/2]$决定,只要 $2A\cos[kx+(\varphi_2-\varphi_1)/2]$不变符号,不同 x 处的合成振动的位相都是$[\omega t+(\varphi_1+\varphi_2)/2]$,这些点的振动位相仅随 t 增加,不再随 x 的增加而减少,亦即不呈现位相在空间的传播,仅在 $\cos[kx+(\varphi_2-\varphi_1)/2]$易号时,位相才发生 π 的变化.因此,合成波实际上是一种振动,不再是振动的传播,称这种特殊的波为**驻波**.以前我们讨论的位相逐点传播的波,可以称为**行波**.驻波中,振动的振幅在空间有一定的分布规律.

(1) 当 $kx+\dfrac{\varphi_2-\varphi_1}{2}=n\pi$,$(n=0,\pm1,\pm2,\cdots)$即

$$x = \frac{n\pi}{k} - \frac{\varphi_2 - \varphi_1}{2k} = \frac{n\lambda}{2} - \frac{\lambda}{2\pi}\frac{\varphi_2 - \varphi_1}{2}\text{时,}\quad \left|\cos\left(kx + \frac{\varphi_2 - \varphi_1}{2}\right)\right| = 1 \tag{10.40}$$

振幅最大,这种位置称为**波腹**,这时质点的振幅为分波振幅的两倍.相邻波腹的距离为 $\lambda/2$.

(2) 当 $kx+\dfrac{\varphi_2-\varphi_1}{2}=n\pi+\dfrac{\pi}{2}$,$(n=0,\pm1,\pm2,\cdots)$即

$$\begin{aligned} x &= \frac{(2n+1)\pi}{2k} - \frac{(\varphi_2 - \varphi_1)}{2k} \\ &= \frac{(2n+1)\lambda}{4} - \frac{\lambda}{2\pi}\frac{(\varphi_2 - \varphi_1)}{2}\text{时,}\quad \left|\cos\left(kx + \frac{\varphi_2 - \varphi_1}{2}\right)\right| = 0 \end{aligned} \tag{10.41}$$

振幅为零,这种位置称为**波节**.相邻波节的距离也为$\dfrac{\lambda}{2}$.

驻波可以用波形曲线具体地表示出来,如图 10.12 所示.

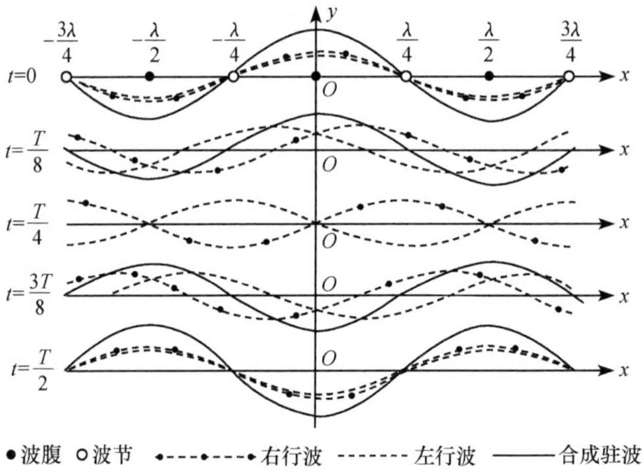

图 10.12

行波在传播过程中如遇到端点,会发生反射,设入射波 $y_1=A\cos(\omega t-kx)$,端点为 $x=l$,如反射波振幅不变,有以下两种情况

(1) 对自由端点,反射波为

$$y_2=A\cos[\omega t-k(2l-x)]=A\cos(\omega t+kx-2kl)$$

合成的驻波为

$$y=y_1+y_2=2A\cos(kx-kl)\cos(\omega t-kl) \tag{10.42}$$

端点 $x=l$ 为波腹.

(2) 对固定端点,反射波应为

$$y_2=A\cos(\omega t+kx-2kl-\pi)$$

合成的驻波为

$$y=y_1+y_2=2A\cos\left(kx-kl-\frac{\pi}{2}\right)\cos\left(\omega t-kl-\frac{\pi}{2}\right) \tag{10.43}$$

端点 $x=l$ 为波节,我们称波在端点具有**半波损失**.

如正向传播的波和反向传播的波振幅不等,仍然合成驻波,但波节的振幅不为零而是两列波振幅之差的绝对值.

和横波一样,纵波也可以形成驻波. 在纵波中,波节两边的质点在某一时刻涌向波节,使波节附近成为质点密集区,半周期后,又向两边散开,使波节附近成为质点稀疏区,相邻节点附近质点的密集和稀疏情况正好相反.

10.7 介质色散和波包群速度

10.7.1 介质色散

色散一词源于光学——一束白光通过玻璃棱镜时,被散开而形成一彩色光谱,这是由于玻璃对不同的频率的光波的折射率不同的缘故. 此后，凡是不同波长或不同频率的波在同一种介质中具有不同的传播速度的现象，在物理学中被统称为色散. 我们知道，波的相速 v 等于角频率 ω 除以波数 k，即 $v=\frac{\omega}{k}$. 现在我们将波的角频率与波数的关系 $\omega(k)$ 称作色散关系或色散公式. 若 $\omega(k)=ck$，c 为常数，则相速 $v=\frac{\omega}{k}=\frac{ck}{k}=c$，$v$ 与 k 无关，此时介质无色散，光在真空中的传播就是这种情况；若 $v=\frac{\omega(k)}{k}$ 与 k 有关，则介质存在色散. 任何介质多少都存在色散，如对于声波的色散公式 $\omega(k)$ 要从深入分析弹性模量 E 或 G 的微观机别中求得. 深水表面重力波的色散关系为 $\omega=\sqrt{gk}$，所以 $v=\sqrt{\frac{g}{k}}$，这表明波长越短，波相速越小，属正常色散.

10.7.2 波包群速度

介质的色散对波包的传播行为带来重要影响，根据傅里叶分析，一波包可以被分解为一系列不同波长的平面简谐波的合成，其中每个波长成分各有自由的传播速度，这使得波包传播速度具有新的含义.

我们先来看两列频率与波长稍有差别的等幅简谐波的叠加.

设

$$y_1=A\cos(\omega_1 t-k_1 x)$$
$$y_2=A\cos(\omega_2 t-k_2 x) \tag{10.44}$$

利用三角公式

$$\cos\alpha+\cos\beta=2\cos\frac{\alpha+\beta}{2}\cos\frac{\alpha-\beta}{2}$$

合成波为

$$\begin{aligned} y&=y_1+y_2\\ &=2A\cos\left(\frac{\omega_1-\omega_2}{2}t-\frac{k_1-k_2}{2}x\right)\cos\left(\frac{\omega_1+\omega_2}{2}t-\frac{k_1+k_2}{2}x\right) \end{aligned} \tag{10.45}$$

合成波的振幅和相位分别为

振幅为

$$A_m=2A\cos\left(\frac{\omega_1-\omega_2}{2}t-\frac{k_1-k_2}{2}x\right)$$

相位为

$$\varphi=\frac{\omega_1+\omega_2}{2}t-\frac{k_1+k_2}{2}x$$

当 $\omega_1\approx\omega_2\approx\omega$，$k_1\approx k_2\approx k$ 时，则

$$\omega_1 - \omega_2 \ll \omega_1 + \omega_2$$
$$k_1 - k_2 \ll k_1 + k_2$$

在不长的时间和不大的空间范围内,可以认为合成波的振幅几乎不变,一定的振动状态的传播速度也就是合成波的一定相位传播的速度,即相速度

$$v_p = \frac{\omega_1 + \omega_2}{2} \bigg/ \frac{k_1 + k_2}{2} \approx \frac{\omega}{k} \tag{10.46}$$

与原成分波的相速度基本相同. 而合成波的振幅由 $\cos\left(\frac{\omega_1 - \omega_2}{2}t - \frac{k_1 - k_2}{2}x\right)$决定,一定的振幅(如最大振幅)与$\frac{\omega_1 - \omega_2}{2}t - \frac{k_1 - k_2}{2}x$=恒量相对应(如最大振幅,恒量$=2n\pi$),当 t 增加 dt 时,该一定的振幅将沿 x 方向移动,增加的 dx 应保证$\left(\frac{\omega_1 - \omega_2}{2}t - \frac{k_1 - k_2}{2}x\right)$的变化为零,即

$$\frac{\omega_1 - \omega_2}{2}dt - \frac{k_1 - k_2}{2}dx = 0$$

于是,一定值的振幅在空间的移动速度为

$$v_g = \frac{dx}{dt} = \frac{\frac{\omega_1 - \omega_2}{2}}{\frac{k_1 - k_2}{2}} = \frac{\omega_1 - \omega_2}{k_1 - k_2} = \frac{\Delta\omega}{\Delta k} \tag{10.47}$$

合成波的任一给定的振幅传播的速度称为**群速度**.

当两列波的频率差无限小时,波数差也无限小,在此极限情况下有 $v_g = \frac{d\omega}{dk}$. 为了和波的群速度相区别,我们记相速度为 v_p,即有 $v_p = \frac{\omega}{k}$.

利用 $\omega = kv_p$, $k = \frac{2\pi}{\lambda}$代入上式,得

$$v_g = \frac{d}{dk}(kv_p) = v_p + k\frac{dv_p}{dk} = v_p - \lambda\frac{dv_p}{d\lambda} \tag{10.48}$$

式(10.48)就是著名的瑞利群速度等式

当$\frac{dv_p}{d\lambda} > 0$ 的色散,叫正常色散,对正常色散的介质,$v_g < v_p$,深水波属正常色散;

当$\frac{dv_p}{d\lambda} < 0$ 的色散,叫反常色散,对反常色散的介质,$v_g > v_p$;

当$\frac{dv_p}{d\lambda} = 0$,$v_g = v_p$,无色散.

式中 v_g 是波包中心前进的速度,即振幅 A 最大的地方,所以也是能量最集中的地

方，所以群速度即能量传播的速度.

例 10.3　已知深水波的相速度为 $v_p=\sqrt{\frac{g\lambda}{2\pi}}$，试求其群速度.

解　因为相速度的定义

$$v_p=\frac{\omega}{k}=\sqrt{\frac{g\lambda}{2\pi}}$$

两边平方得

$$\frac{\omega^2}{k^2}=\frac{g}{k}$$

所以

$$\omega^2=gk$$

由群速度的定义

$$v_g=\frac{d\omega}{dk}$$

$$2\omega d\omega=g dk$$

所以

$$v_g=\frac{d\omega}{dk}=\frac{g}{2\omega}$$

又因为

$$\omega=\sqrt{gk}$$

所以

$$v_g=\frac{g}{2\sqrt{gk}}=\frac{1}{2}\sqrt{\frac{g}{k}}=\frac{1}{2}v_p$$

10.8　多普勒效应

一辆汽车在我们身旁急驰而过，车上喇叭的音调有一个从高到低的突然变化；站在铁路旁边听列车的汽笛声也能够发现，列车迅速迎面而来时音调较静止时为高，而列车迅速离去时则音调较静止时为低. 此外，若声源静止而观察者运动，或者声源和观察者都运动，也会发生收听频率和声源频率不一致的现象. **这种由于波源或观察者(或两者)相对介质运动而造成观察者接收的波的频率发生改变的现象**称为**多普勒效应**.

下面推导多普勒频移的公式. 为了简单，先讨论波源 S 或观察者 D 都在波源与观察者的连线上运动，并以 v_D 表示观察者相对于介质的速度，以趋近波源为正；以 v_S 表示波源相对介质的速度，以趋近观察者为正；介质中的波速为 v.

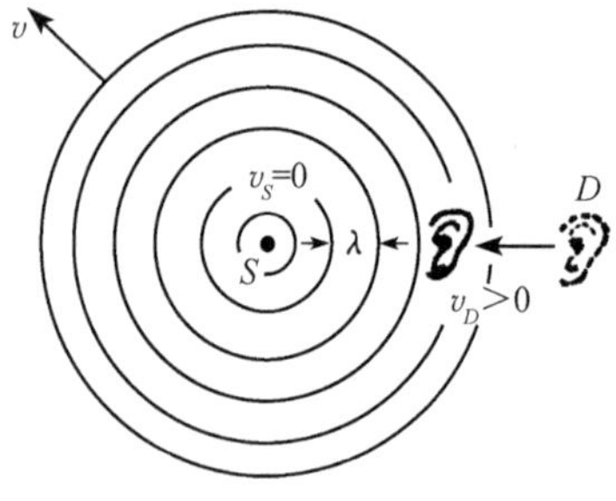

图 10.13

10.8.1　波源静止，观察者运动

如图 10.13 所示，这时 $v_S=0$，若观察者也静止，他接收到的波的频率为 $\nu_0=\frac{v}{\lambda}$. 静止点波源发出的球面波波面是同心的，现观察者以速度 v_D 向波源运动，则波动相对于观察者的传播速度变为 $v'=v+v_D$. 于是，观察者感受到的频率为

$$\nu'=\frac{v'}{\lambda}=\frac{v+v_D}{\lambda}$$
$$=\frac{v}{\lambda}\left(1+\frac{v_D}{v}\right)=\left(1+\frac{v_D}{v}\right)\nu_0 \tag{10.49}$$

故它与波源频率 ν_0 之比为

$$\frac{\nu'}{\nu_0}=\frac{v+v_D}{v} \tag{10.50}$$

式中的 v_D 可正可负，当 $v_D<0$ 时表示观察者向离开波源的方向运动.

若 $v_D>0$，则 $\nu'>\nu_0$；若 $v_D<0$，则 $\nu'<\nu_0$.

10.8.2　波源运动，观察者静止

如图 10.14 所示，若波源以速度 v_S 向着观察者运动，它发出的球面波波面不再同心. 由于波源的运动，将使波长缩短. 当波源静止时，相邻两位相相等的等相面之间的距离为 λ. 波源运动时，当第一个等相面自波源发出后，该面即以速度 v 向前行进. 经过一周期 T 后，波源已向前移动了 v_ST 的距离，此时，它发出第二个等相面. 而这时第一等相面已向前行进 $vT=\lambda$ 的距离，结果两等相面之间的距离变为 $\lambda-v_ST$，此即现在的波长 λ'，故

$$\lambda'=\lambda-v_ST \tag{10.51}$$

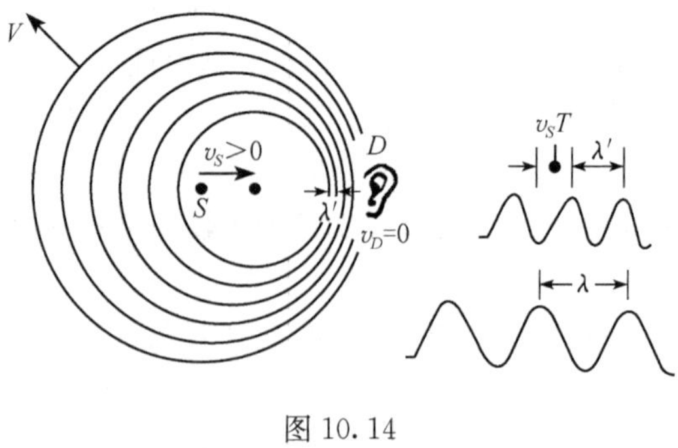

图 10.14

如图 10.14 所示，观察者接收到的频率为

$$\nu' = \frac{v}{\lambda'} = \frac{v}{\lambda - v_S T} = \frac{v}{(v - v_S)T} = \frac{v\nu_0}{v - v_S} \tag{10.52}$$

故它与波源频率 ν_0 之比为

$$\frac{\nu'}{\nu_0} = \frac{v}{v - v_S} \tag{10.53}$$

上式中 v_S 可正可负，$v_S>0$，表示波源朝观察者运动；$v_S<0$ 时表示波源向离开观察者的方向运动.

当 $v_S>0$ 时，$\nu'>\nu_0$；当 $v_S<0$ 时，$\nu'<\nu_0$.

10.8.3 波源和观察者都运动

这时 $v_S\neq 0$，$v_D\neq 0$，只要把上述两种情况结合起来，即可得波源和观察者都运动时观察者接收到的频率 ν' 与波源频率 ν_0 之比为

$$\frac{\nu'}{\nu_0} = \frac{v + v_D}{v - v_S} \tag{10.54}$$

机械波总在一定的介质中传播，上面所说的静止和运动，都是相对于介质而言的，在这里波源速度 v_S 和观察者速度 v_D 在公式里的地位不对称. 多普勒效应不限于机械波，对于真空中的电磁波(光波)，由于光速 c 与参考系无关，多普勒效应的公式中只出现观察者对波源的相对速度 v(设相互靠近时 v 为正，相互远离时 v 为负)，按照(狭义)相对论，多普勒效应的公式是

$$\frac{\nu'}{\nu} = \sqrt{\frac{c + \nu}{c - \nu}} = \sqrt{\frac{1 + \beta}{1 - \beta}} \tag{10.55}$$

式中 $\beta = v/c$.

通过天文观测，人们发现，来自遥远星系的光，其光谱可与地面光源的光谱相比，但前者显著地偏向红的方面，即是说偏向低频方向，这叫做**红移**. 一般认为这红移是一种多普勒效应，说明这些遥远星系正在离我们而去，因而我们接收到的频率显得偏低. 天文学观测还发现越是远的星系离开我们的速度越大，离开的速度 v 正比于它和我们的距离 r，即

$$v = ar, (a^{-1} \approx 6 \times 10^{17}\ 秒 \approx 2 \times 10^{10}\ 年)$$

上式可用一种"大爆炸学说"解释. 这种学说认为，我们的宇宙是从一次"大爆炸"中诞生的. 这次"大爆炸"大约发生在 2×10^{10} 年以前，速度为 v 的星系在这 2×10^{10} 年里共移动 $r=a^{-1}v$ 的距离，这就是上面那个公式.

目前，多普勒效应已在科学研究、工程技术、交通管理、医疗诊断等各方面有着十分广泛的应用. 例如，分子、原子和离子由于热运动产生的多普勒效应使其发射和吸收的谱线增宽，在天体物理和受控热核聚变实验装置中谱线的多普勒增宽已

成为一种分析恒星大气、等离子体物理状态的重要测量和诊断手段. 基于反射波多普勒效应的原理,雷达系统已广泛地应用于车辆、导弹、人造卫星等运动目标速度的监测. 在医学上所谓"B超",是利用超声波的多普勒效应来检查人体内脏、血管的运动和血液的流速、流量等情况. 在工矿企业中则利用多普勒效应来测量管道中有悬浮物液体的流速.

图 10.15 是一系列运动点波源的波面图. 在图(a)中波源静止,波面是同心的. 在图(b)中波源在运动,但其速度小于波速,波面的中心错开了,产生多普勒效应. 在图(c)中波源的速度趋于波速,所有波面在一点相切,频率 $\nu'\to\infty$. 在图(d)中波源的速度超过了波速,波面的包络面呈圆锥状,称马赫锥. 由于在这种情况下波的传播不会超过运动物体本身,马赫锥面是波的前缘,其外没有扰动波及. 这种形式的波动,叫做冲击波. 令马赫锥的顶角为 α,由图可以看出

$$\sin\alpha = \frac{V}{v_S} \tag{10.56}$$

(a)　(b)　(c)　(d)

图 10.15

无量纲参数 v_S/V 叫做马赫数,它是空气动力学中一个很有用的参数.

冲击波的例子是很多的. 子弹掠空而过发出的呼啸声,超音速飞机发出震耳的裂空之声,都是这种波. 由于水波的传播速度较小,船速很易超过它,因而这种现象在水面上很易观察到. 这时,由波前包迹所造成的波叫舷波. 当带电粒子在介质中以大于介质中光速的速度运动时,相应的波前包迹所造成的波形成切仑柯夫辐射. 利用切仑科夫辐射原理制成的切仑柯夫计数器,可以探测高能粒子的速度,已广泛应用于实验高能物理学中.

习　题

10.1　在波的传播路程上有 A、B 两点,媒质的质点都作简谐振动,B 点的位相比 A 点落后 30°. 已知 A、B 之间的距离为 2.0cm,振动周期为 2.0s,求波速 v 和波长 λ.

10.2　某简谐波波长为 10 米,传至 A 处引起 A 处质点振动,振动周期为 0.20s,振幅为 0.50cm. 试问:

(1) 波的传播速度 v 是多少?

(2) 质点经过平衡位置时的运动速度是多少?

10.3　一平面波的表达式为 $x=a\cos(bt-cx)$，

(1) 指出它的振幅、角频率、周期、波长、频率和波速；

(2) 如果 $x=20\cos\pi(2.5t-0.01x)\mathrm{cm}$，算出上述各物理量的数值.

10.4　平面简谐波的振幅为 1.0cm，频率为 100Hz，波速为 $400\mathrm{m\cdot s^{-1}}$. 以波源处的质点经平衡位置向正方向运动时作为时间起点，求距波源 800cm 处媒质质点振动的表达式.

10.5　两个不同的音叉在完全相同的两段绳上产生稳定的简谐波，振幅为 $A_1=2A_2$，波长为 $\lambda_1=\lambda_2/2$. 设绳子除与音叉不与其他物体交换能量. 求两音叉给予绳子的功率之比为 p_1/p_2.

10.6　一正弦式空气波，沿直径为 14cm 的圆柱形管子的轴向传播，波的平均强度为 $9.0\times10^{-7}\mathrm{J\cdot s^{-1}\cdot cm^{-2}}$，频率为 300Hz，波速为 $300\mathrm{m\cdot s^{-1}}$. 试问：

(1) 波中的平均能量密度和最大能量密度各是多少？

(2) 每两个相邻同位相面间的区域中含有多少能量？

10.7　如机械波的能量在传播过程中不断被媒质吸收，因而波往前传播时振幅逐渐减小. 有一平面简谐波的表达式为 $S=Ae^{-\alpha x}\cos\omega\left(t-\dfrac{x}{v}\right)$，$\alpha$ 是一个正的实数. 证明其平均能量密度 $\bar{\varepsilon}_x$ 随 x 的变化为

$$\bar{\varepsilon}_x=\bar{\varepsilon}_0 e^{-2\alpha x}$$

其中 $\bar{\varepsilon}_0$ 为 $x=0$ 处的平均能量密度.

10.8　如题 10.8 图所示，波遇到两种媒质的界面时发生反射，设入射波与反射波的振动方向不变. 如果入射波是一纵波，要使反射波是一横波，设纵波在媒质中的传播速度是横波传播速度的 $\sqrt{3}$ 倍. 问入射角是多少？

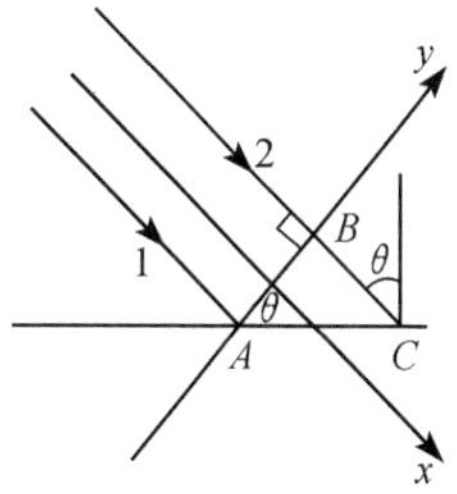

题 10.8 图

10.9　两正弦波向同一方向前进，波速分别为 v_1 和 v_2，波长分别为 λ_1 和 λ_2，试求：

(1) 对应于这两个波，其振动具有相同位相之各点在空间的移动速度 u；

(2) 相邻两个上述点之间的距离 D；

(3) 由上得到，如果 $v_1\approx v_2$，$\lambda_1\approx\lambda_2$，则

$$u=v-\lambda\frac{\mathrm{d}v}{\mathrm{d}x}$$

即群速度；

(4) 由此证明拍频的频率为两个频率之差.

10.10　媒质中两相干简谐点波源 A、B 相距为 30m，振幅相等，频率均为 100Hz，相位差为 π，波的传动速度是 $400\mathrm{m\cdot s^{-1}}$. 求 A、B 间连线上因干涉而静止的点的位置.

10.11　P 点与两振源 A、B 等距，相对位置如题 10.11 图所示，A、B 的振动方向相同，自 A、B 发出的两简谐波，频率都是 100Hz，相位差为 π，媒质中波速为 $10\mathrm{m\cdot s^{-1}}$，到达 P 点时，振幅都是 5.0cm.

(1) 求 P 点振动的表达式；

(2) 求 A、B 的相位差为 0，则又如何？

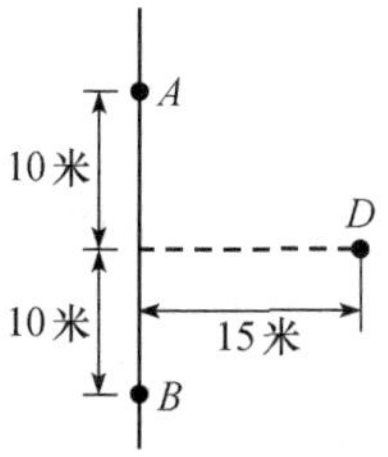

题 10.11 图

(3) 若 A、B 的相位差为$\frac{\pi}{2}$，则又如何？

10.12　弦上一驻波中相邻两节点的距离为 65cm，弦的振动频率为 $\nu=2.3\times10^2$ Hz. 求波的传播速度 v 和波长 λ.

10.13　说明驻波的能量在相邻波节与波腹之间来回传输，其能量振动的周期为驻波振动周期的一半. 画图说明当振动达到最大振幅时能量集中在波节位置附近；当振动经过平衡位置时，能量集中在波腹位置附近. 见题 10.13 图.

题 10.13 图

10.14　设入射波方程为 $y_1=A\sin\left(\omega t+\frac{2\pi x}{\lambda}\right)$，在 $x=0$ 处反射. 在下述两种情况下，求当没有衰减时合成的驻波方程，并说明何处是波腹？何处是波节？

(1) 反射端是自由端；

(2) 反射端是固定的.

10.15　以下两列波在媒质中叠加：

$$\begin{cases} y_1 = A\cos(6t-5x) \\ y_2 = A\cos(5t-4x) \end{cases}$$

式中 y_1 和 y_2，x 的单位是 m，t 的单位是 s.

(1) 求此两列波的相速度 v_{p_1} 和 v_{p_2}；

(2) 写出合成波的方程，并求出振幅为零的相邻两点之间的距离；

(3) 求群速度 v_g.

10.16　水上短波长(≤1cm)的涟波运动，是受表面张力控制的. 这种涟波的相速度为

$$v_p=\sqrt{\frac{2\pi S}{\rho\lambda}}$$

式中 S 为表面张力系数，ρ 为水的密度.

(1) 试证明：由接近某给定波长 λ 的诸波长所构成的扰动，其群速度等于 $1.5v_p$；

(2) 若波群只有两个波组成，此两波的波长分别是 0.99cm 和 1.01cm，则波群两相邻峰值间的距离为多大？

10.17　对于深水波，考虑到表面张力，其色散关系为

$$\omega^2=gk+\frac{Sk^2}{\rho}$$

式中水的密度 $\rho=1.0\times10^3\,\mathrm{kg\cdot m^{-3}}$，表面张力 $S=7.2\,\mathrm{N\cdot m^{-1}}$.

(1) 求出相速度和群速度与 k 的函数关系；

(2) 证明对于波长接近于 1.7×10^{-2} m 的诸波所构成的水波，其相速度与群速度相等，并求出速度值.

10.18　一机车汽笛频率为 650Hz，机车以时速 54 千米驶向观察者，问观察者听到的声音频率是多少？设空气中声速为 $340\,\mathrm{m\cdot s^{-1}}$.

10.19　甲火车以 $43.2\,\mathrm{km\cdot h^{-1}}$ 的速度行驶，其上一乘客听到对面驶来的乙火车鸣笛声的频率为 $\nu_1=512$Hz；当这一火车过后，听其鸣笛声的频率为 $\nu_2=428$Hz. 求乙火车上的人听到乙火车鸣笛的频率 ν_0 和乙火车对于地面的速度 u. 设空气中声波的速度为 $340\,\mathrm{m\cdot s^{-1}}$.

10.20 一个人在大而光滑的墙前，手里拿着一个频率 $\nu=500\text{Hz}$ 的音叉，以速度 $u=1.0\text{m}\cdot\text{s}^{-1}$ 向墙壁前进，他同时听到直接由音叉发出的声音和由墙壁反射回来的声音. 如空气中声速为 $v=334\text{m}\cdot\text{s}^{-1}$. 问他听到的拍频是多少?

10.21 在空气温度是 -17℃时(空气中声速为 $v=320\text{m}\cdot\text{s}^{-1}$)，一辆以 $72\text{km}\cdot\text{h}^{-1}$ 的速度前进的机车鸣笛 2.0 秒. 站在铁轨上的人，(1)有的看到机车迎面而来，(2)有的看到机车背离而去，问他们听到的声音分别比鸣笛时间缩短或延长了多久?

10.22 一个很重的音叉以速度 $u=25\text{cm/s}^{-1}$ 向墙壁接近，音叉在静止的观察者与墙壁之间. 观察者听得拍频为 $\nu=3\text{s}^{-1}$. 设声速 $v=340\text{m}\cdot\text{s}^{-1}$，求音叉振动频率.

第 11 章　狭义相对论

19 世纪末，随着赫兹发现了电磁波，经典物理学的发展达到了顶峰. 地面上物体的运动和天体的运行，遵循牛顿力学的规律；一切电磁和光现象遵循麦克斯韦电磁场理论；由大量无规热运动的原子、分子组成的体系，遵循热力学统计物理的规律. 物理学形成了一个完整的理论体系. 英国物理学家开尔文乐观的描述，物理学的大厦已经建成，后代人的任务只需在实验测量数据后多增加几位有效数字. 但他也指出，在物理学晴朗天空的远处有两朵令人不安的乌云，即 1887 年的迈克尔逊-莫雷实验的零结果和黑体辐射规律的理论解释. 其实，随着科学技术的发展和对微观领域研究的深入，19 世纪末还有许多实验现象如光电效应、康普顿散射、原子特征光谱等，这些实验现象与经典物理学产生了尖锐的矛盾，使经典物理陷入了无法解脱的困境.

20 世纪初，就是这两朵乌云酿成了暴风骤雨，使物理学发生了一场深刻的革命，几乎把经典物理的大厦倾倒，那就是 1905 年爱因斯坦狭义相对论的创立，和普朗克为解释黑体辐射而引入了能量子的假设，从而揭开了量子力学诞生的序幕. 相对论和量子力学是近代物理学中的两大支柱，是现代科学与高新技术的理论基础.

11.1　狭义相对论诞生的背景和条件

11.1.1　伽利略变换和力学相对性原理

我们已经在§1.8 中详细讨论了相对运动和伽利略变换，根据伽利略变换，所有的惯性系都是等价的，经典力学的规律在一切惯性系中都有相同的数学形式，这就是力学相对性原理. 所以说，伽利略变换是力学相对性原理的数学表述. 在伽利略变换下，时间和空间都与参考系的运动状态无关，时间和空间是不相联系的，是绝对的. 在所有惯性系中时间间隔是相同的，$\Delta t=\Delta t'$. 在所有惯性系中，任意时刻空间两点的长度都是相同的，即 $\Delta L=\Delta L'$. 所以说，伽利略变换是牛顿绝对时空观的集中体现.

11.1.2　麦克斯韦电磁场理论和伽利略变换的矛盾

19 世纪下半叶，英国伟大的物理学家麦克斯韦在总结了前人经验的基础上，创造性地建立了电磁场理论——麦克斯韦方程组，它不仅完整地反映了电磁运动的普遍规律，而且还预言了电磁波的存在，揭示了光的电磁本质，把电磁学与光学统一起来了. 这是继牛顿之后经典物理学的又一伟大成就. 1887 年，赫兹从实验中发现了电磁波，证明麦克斯韦理论的正确性.

但是长期以来，物理学界机械论盛行，认为物理学可以用单一的经典力学图像加以描述，其突出表现就是"以太假设". 我们在波动一章中讨论过，产生机械波的两个条件，一是要有振动源，二是要有弹性介质，波只有在弹性介质中才得以传播，而且波的传播速度取决于介质的性质，固体中横波的波速为 $v=\sqrt{\frac{G}{\rho}}$，式中 ρ 为介质的密度，G 为介质的剪切模量.

根据机械波的性质，人们自然就要思考既然波一定赖以介质才能传播，那么传播电磁波(或光波)的介质是什么？于是就假设了一种介质称为"以太"，是传递包括光波在内的所有电磁波的弹性介质. 电磁波是以太介质的机械运动状态，带电粒子的振动会引起以太的形变，而这种形变以弹性波形式的传播就是电磁波. 但我们知道包括光在内的电磁波在真空中的传递速度是每秒 30 万千米，而且由光的偏振实验证明，光是横波. 于是人们就赋予"以太"这种介质以奇突的性质：

1. "以太"是无色的，它充满整个空间；

2. 因为只有在固体中才能传播横波，所以"以太"是固体；

3. 因为光速如此之大，而介质中的波速 $v=\sqrt{\frac{G}{\rho}}$，所以"以太"有极高的剪切模量和极小的质量密度. 而具有如此大的剪切模量的固体却不能对空中运行的大大小小的星体有拖曳作用. 因为星体在空中的运行完全取决于万有引力.

此外，从麦克斯韦方程组出发，可以立即得到在自由空间中传播的电磁波的波动方程，而且波动方程中真空中的光速 c 是以普适常量出现的. 但是从伽利略变换的角度看，速度总是相对于具体的参考系而言的，所以在经典力学的基本方程中速度是不允许作为普适常量出现的. 当时，人们普遍认为，既然在电磁波的波动方程中出现了光速 c，这说明麦克斯韦方程组只在相对以太静止的参考系中成立，这个参考系中电磁波在真空中沿各个方向的传播速度都等于恒量 c，而在相对于以太运动的惯性系中则一般不等于恒量 c.

于是这样的情况出现了：经典力学和经典电磁学具有很不相同的性质. 前者满足伽利略相对性原理，所有的惯性系都是等价的；但麦克斯韦方程组不满足伽利略相对性原理，并存在一个相对于绝对参考系的运动称为绝对运动.

既然宇宙中存在"以太"这样的介质，而且它又是充满整个宇宙，于是人们就千方百计的想办法去寻找以太. 寻求地球对以太的速度就成了当时的焦点，正如在无风的时候，你欲知空间是否有空气存在，就去骑自行车，骑在自行车上你感到有风扑面而来，风就是空气的流动，风就证明空间有空气的存在. 而地球以 30km · s^{-1} 的速度绕太阳转动，人们就设法用它去测出以太风的存在. 测量地球相对以太的绝对运动，最美妙的实验就是 1887 年的迈克尔逊-莫雷实验.

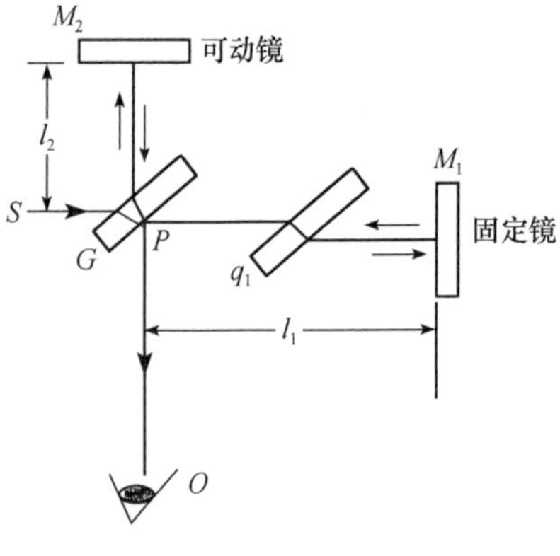

图 11.1

迈克尔逊-莫雷实验装置是设计精巧的迈克尔逊干涉仪. 图 11.1 是这种仪器的示意图. 从光源 S 射出一束单色光，经半透明膜 G 的透射和反射分解为互相垂直的两束光. 这两束光各自经历一定长度 l_1 和 l_2 的路径后分别被平面反射镜 M_1 和 M_2 反射回半透明膜 G，再次经反射和透射合成一束光并到达望远镜 O. 在望远镜中会观察到两束光的干涉条纹，如果两束光的相位差发生变化，望远镜中会观察到干涉条纹的移动. 实验时先让一条光路沿地球运动的方向，然后缓缓将整个仪器旋转 90°，使另一条光路沿地球运动的方向. 若以太的确存在，则地球相对"以太"的运动将对光速产生影响，从而应该观察到干涉条纹的移动. 根据"以太假设"计算，干涉条纹移动的数目为

$$\Delta N = \frac{l_1 + l_2}{\lambda} \cdot \left(\frac{v}{c}\right)^2$$

式中 λ 为光的波长，v 是地球相对以太的运动速度.

1881 年迈克尔逊首先完成了这一实验，没有观察到预期的干涉条纹的移动. 1887 年迈克尔逊和莫雷改进了实验装置，将两条光路的长度延长到 11m，预期的条纹移动数为 0.4，这是仪器最小可观测量的 40 倍. 但是他们再一次没有观测到条纹的移动！迈克尔逊-莫雷实验的零结果使笃信以太的人们强烈地感到意外和失望，因为这一零结果表明：地球相对以太的运动并不存在，作为绝对参考系的"以太"并不存在.

11.2 爱因斯坦狭义相对论的基本原理

11.2.1 狭义相对论的基本原理

电磁规律和伽利略变换之间出现了矛盾，其不相容的原因可能是：

(1) 相对性原理只适用于力学定律，不适用于电磁规律.

若果真如此，则有可能找到一个特殊的惯性系，这个参考系就是"以太". 相对这个绝对参考系，麦克斯韦方程组成立，包括光在内的电磁波的传播速度为 c. 但迈克尔逊-莫雷实验否定了“以太”的存在.

(2) 存在一个广义的相对性原理,它既适用于力学,也适用于电磁学,两惯性系之间的坐标变换为伽利略变换.而麦克斯韦方程组和伽利略变换不协变,表明麦克斯韦方程组不是电磁现象的基本规律,要去寻找新的和伽利略变换协变的电磁学规律.但赫兹实验证明了麦克斯韦理论的正确性.

(3) 存在一个广义的相对性原理,它既适用于力学,也适用于电磁学,而电磁学的基本规律是麦克斯韦方程组,但伽利略变换对麦克斯韦方程组不协变,所以必须寻找一个新的使电磁场规律协变的变换关系.如果对这个新的变换关系,牛顿定律不符合相对性原理,就得修改牛顿定律.

严峻的矛盾摆在面前,迫使物理学家作出痛苦的选择.正当人们忙着在经典物理的框架内,用形形色色的理论来修补“以太风”的学说时,爱因斯坦通过他缜密的思考,以其伟大的天才和雄伟的胆识,在 1905 年发表了《论动体的电动力学》这篇划时代的论文,提出了狭义相对论的两条基本原理:

(1) **相对性原理:在所有的惯性系中,一切物理规律都具有相同的数学形式.因此一切惯性系都是等价的;**

(2) **光速不变原理:在任何惯性系中,光在真空中的传播速度都等于 c.与光源的运动状态无关.**

11.2.2　相对论的时空变换关系——洛伦兹变换

狭义相对性否定了牛顿的绝对时空观,因而也否定了反映绝对时空观的伽利略变换.那么反映爱因斯坦的狭义相对论的两条基本原理的新的时空变换关系是什么? 它就是洛伦兹变换.

显然,作为相对论重要组成部分的时空变换关系必须同时满足以下三个条件:

(1) 满足相对性原理;

(2) 满足光速不变原理;

(3) 当物体的速率 $v \ll c$ 时,新的变换应回到伽利略变换,即伽利略变换是新的时空变换在 $v \ll c$ 时的近似情况.

下面我们来导出这个变换关系.

如图 11.2 所示,有两个惯性参考系 S 和 S',S' 系相对 S 系以速度 u 沿 x 轴正向运动.我们假设,当 S 系和 S' 系的原点 O 和 O' 重合时,位于原点 $O(O')$ 的点光源发生一光脉冲,并将此时刻作为 S 系和 S' 系中的计时起点.在 S 系中的观察者观测到光脉冲以速率 c 向各方向传播,波前到达 $P(x,y,z)$ 点所需时间为

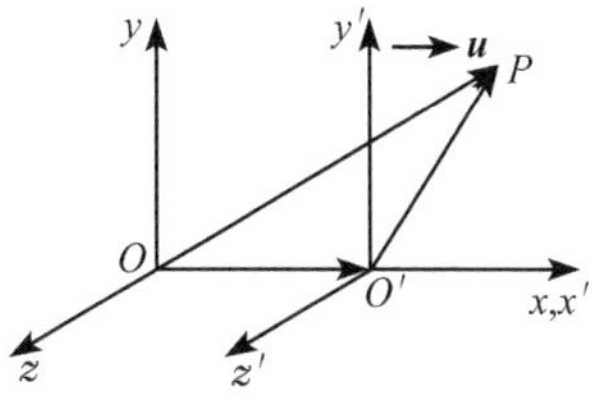

图 11.2　洛伦兹变换关系的推导

$$t = \frac{\sqrt{x^2 + y^2 + z^2}}{c}$$

此式可写为

$$x^2 + y^2 + z^2 - c^2 t^2 = 0 \tag{11.1}$$

实际上这就是描述光脉冲波前的球面方程.

根据爱因斯坦的基本假设,在 S'系中的观察者也同样观测到光脉冲以速率 c 自 O'向各方向传播,用(x',y',z')表示在 S'系中于时刻 t'波前到达的各点,得 S'系中光脉冲波前的球面方程为

$$x'^2 + y'^2 + z'^2 - c^2 t'^2 = 0 \tag{11.2}$$

我们分别用 x,y,z,t 和 x',y',z',t'表示同一事件在 S 系和 S'系中的时空坐标,现在我们来寻找它们之间的变换关系. 为简单计,假设 S 与 S'系的 x 和 x'轴完全重合,并考虑到在 y,z 方向两坐标系无相对运动,则(x,y,z,t)和(x',y',z',t')之间应满足如下的线性变换关系

$$\begin{cases} x' = a_{11}x + a_{12}t \\ y' = y \\ z' = z \\ t' = a_{41}x + a_{42}t \end{cases} \tag{11.3}$$

式中 a_{11},a_{12},a_{41},a_{42}为待定常数.

下面我们来求系数 a_{11},a_{12},a_{41}和 a_{42}.

在 $O'y'z'$坐标平面上的任一点,满足 $x'=0$,在 S 系中的观察者观测到这一点的速度为 $u\boldsymbol{i}$. 同理在 S'系中观察者观测到 $x=0$ 平面上各点的速度为 $-u\boldsymbol{i}$,因此有下述关系:

$$x' = 0, \quad \frac{\mathrm{d}x}{\mathrm{d}t} = u$$

$$x = 0, \quad \frac{\mathrm{d}x'}{\mathrm{d}t'} = -u \tag{11.4}$$

根据式(11.3),由

$$x' = a_{11}x + a_{12}t$$

当 $x'=0$ 时,$x=-\frac{a_{12}}{a_{11}}t$,所以

$$\frac{\mathrm{d}x}{\mathrm{d}t} = -\frac{a_{12}}{a_{11}} \tag{11.5}$$

由

$$t' = a_{41}x + a_{42}t$$

当 $x=0$ 时，$t=t'/a_{42}$，即有

$$x' = a_{11}x + a_{12}t = a_{12} \cdot \frac{t'}{a_{42}}$$

所以

$$\frac{\mathrm{d}x'}{\mathrm{d}t'} = \frac{a_{12}}{a_{42}} \tag{11.6}$$

把式(11.5)、式(11.6)两式和式(11.4)比较，得

$$u = -\frac{a_{12}}{a_{11}}, \quad u = -\frac{a_{12}}{a_{42}}$$

所以

$$a_{11} = a_{42}$$

考虑到系数 $a_{11}=a_{42}$，将式(11.3)代入式(11.2)得

$$(a_{11}^2 - c^2 a_{41})x^2 + (2a_{11}a_{12} - 2c^2 a_{41}a_{11})xt + y^2 + z^2 = (c^2 a_{11}^2 - a_{12}^2)t^2$$

将此式与式(11.1)比较，x,y,z,t 的相应系数应相等，必须有

$$\begin{cases} a_{11}^2 - c^2 a_{41} = 1 \\ 2a_{11}a_{12} - 2c^2 a_{41}a_{11} = 0 \\ c^2 a_{11}^2 - a_{12}^2 = c^2 \end{cases}$$

解此方程组，并注意到$\frac{a_{12}}{a_{11}}=-u$，得

$$a_{11} = \frac{1}{\sqrt{1-\frac{u^2}{c^2}}} = a_{42}, \quad a_{12} = \frac{-u}{\sqrt{1-\frac{u^2}{c^2}}}, \quad a_{41} = \frac{-\frac{u}{c^2}}{\sqrt{1-\frac{u^2}{c^2}}}$$

于是我们得到所需要的时空变换关系为

$$\begin{cases} x' = \dfrac{x-ut}{\sqrt{1-\frac{u^2}{c^2}}} \\ y' = y \\ z' = z \\ t' = \dfrac{t-\frac{u}{c^2}x}{\sqrt{1-\frac{u^2}{c^2}}} \end{cases} \tag{11.7}$$

这就是**洛伦兹变换**. 为简便，常采用符号

$$\beta \equiv \frac{u}{c}$$

它可以理解为以光速 c 为单位的速度值. 这样,洛伦兹变换可以表示为

$$\begin{cases} x' = \dfrac{(x-ut)}{\sqrt{1-\beta^2}} \\ y' = y \\ z' = z \\ t' = \dfrac{\left(t-\dfrac{u}{c^2}x\right)}{\sqrt{1-\beta^2}} \end{cases}$$

我们称上式为洛伦兹正交换,从它们可以解出**洛伦兹逆变换**(只要把上述公式中的 u 改为($-u$)即可)

$$\begin{cases} x = \dfrac{(x'+ut')}{\sqrt{1-\beta^2}} \\ y = y' \\ z = z' \\ t = \dfrac{\left(t'+\dfrac{u}{c^2}x'\right)}{\sqrt{1-\beta^2}} \end{cases} \tag{11.8}$$

上面我们说过,洛伦兹变换集中反映了狭义相对论的时空观,它在狭义相对论中占有十分重要的位置. 在这里我们强调指出如下几点:

(1) 洛伦兹变换指出,当时间从 t 变换到 t'时,t'不仅与 t 有关,而且与 S 系中的位置坐标 x 有关,也就是说时间不再是与空间无关了. 同时 t'还与两个惯性系的相对运动速度有关,这就是说时间的测量,将由于选择的惯性系不同(或观察者的相对运动)而有不同的结果.

同样,从 x 变换到 x'时,x'不仅与 x 有关,而且也和时间 t 及两惯性系的相对运动速度 u 有关. 这是与牛顿的绝对时间观完全不同的.

(2) 当两惯性系的相对运动速度 u 很小,以至 $u/c\to 0$ 时,换句话,对 u 来说,如能把光速 c 看作无穷大,则洛伦兹变换就回到伽利略变换,因此伽利略变换是洛伦兹变换在低速情况下的近似. 或者说牛顿力学是相对论力学在低速情况下的近似.

(3) 从洛伦兹变换还可看出,为使 x'和 t'保持实数,u 必须小于 c. 这表明在相对论范围内,任何物体的速率均不能超过光速 c. 或者说真空中的光速 c 是一切物体运动速度的极限.

11.3 狭义相对论时空观

由于洛伦兹变换所描述的时空性质,是根本不同于经典的时空观念的. 为了弄

清楚相对论时空观的特点，我们考查一下在新的时空观下，哪些物理量是相对的，哪些物理量是绝对的，亦即哪些测量结果依赖于所选用的参考系，哪些结果则与参考系无关.

11.3.1　运动的时钟变慢了

在这一节中，我们假设坐标系 S 为静止坐标系，坐标系 S' 为运动坐标系，它相对 S 系以速度 u 沿 x 轴正方向运动. 现在有 3 个结构完全相同的时钟 A、B、C，经校正后，将 A、B 置于 S 系中的 x 轴上，将 C 置于 S' 中，如图 11.3 所示. 我们把时钟 C 与时钟 A 恰好正对时称为事件 1，把经过某一时间间隔后时钟 C 与时钟 B 正对时，称为事件 2，分别测出两事件发生时，A、B 与 C 的读数，就能比较在两个参考系中测得的两事件的时间间隔. 从而比较静止的钟与运动的钟的快慢之不同.

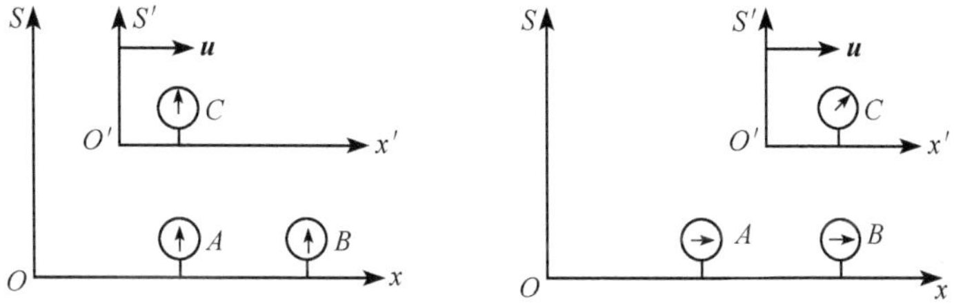

图 11.3

我们根据洛伦兹变换讨论这个问题. 用(x_1, O, O, t_1)和(x_2, O, O, t_2)分别表示上面两个事件在 S 系中的时空坐标；用(x_1', O, O, t_1')和(x_2', O, O, t_2')分别表示该两事件在 S'系的时空坐标. 因为 C 钟在 S'系中的位置没有变化，即两事件在 S'系中是在同一地点发生的，所以 $x_1' = x_2'$，于是，根据洛伦兹逆变换有

$$t_1 = \frac{t_1' + \frac{u}{c^2}x_1'}{\sqrt{1-\beta^2}},\quad t_2 = \frac{t_2' + \frac{u}{c^2}x_2'}{\sqrt{1-\beta^2}}$$

用第二式减去第一式，可得到

$$t_2 - t_1 = \frac{t_2' - t_1'}{\sqrt{1-\beta^2}} \quad 或 \quad \Delta t = \frac{\Delta t'}{\sqrt{1-\beta^2}} > \Delta t' \tag{11.9}$$

这表明，在 S 系中的观察者所测得事件 1 与 2 的时间间隔大于在 S'系中观察者的测量结果，换言之，**对 S' 系静止的时钟，从 S 系中的观察者看来，是走慢了.** 反之，同样可以证明对 S 系静止的时钟，从 S'系中的观察者看来，是走慢了. 这就是说，在一个惯性系中，运动的钟比静止的钟走得慢. 这种效应叫做**爱因斯坦时间延缓，或钟慢效应.**

必须指出，这里所说的“钟”应该是标准钟，把它们放在一起，应该走得一样快.

不是钟出了毛病，而是运动参考系中的时间节奏变缓了，在其中一切物理、化学过程，乃至观察者自己的生命节奏都变缓了. 而在运动参考系里的人认为一切正常，并不感到自己周围发生的一切变得沉闷呆滞. 还必须指出，运动是相对的，在地面上的人看高速宇宙飞船里的钟慢了，而宇宙飞船里的宇航员看地面站里的钟也比自己的慢. 今后我们把相对于物体（或观察者）静止的钟所显示的时间间隔 $\Delta\tau$ 叫做该物体的**固有时**. 式(11.9)中的 $\Delta t'=t_2'-t_1'$ 就是固有时.

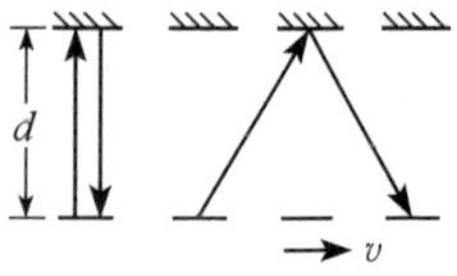

图 11.4　光信号钟

如何理解时间膨胀的概念呢？用光速不变原理设计一种非常简单的钟，称为光信号钟，如图 11.4 所示. 图中相距 d 两端各有一面镜子，当信号钟静止时，我们在镜子间发出一个光信号，光信号将一直在镜子间来回传送着，每一个来回相当于通常钟"滴答"响一次. 现把这个钟固定于 S' 系中，并一起以匀速 v 相对于 S 系沿垂直于 d 的方向运动. 在 S' 系中观测，光信号一个来回经历距离 $2d$，它的时间间隔为

$$\Delta t' = \frac{2d}{c} \tag{11.10}$$

但在 S 系中观测，光信号沿之字形路径，光信号一个来回在 S 系中经历两条斜线，设时间间隔为 Δt，按光速不变性，有

$$\left(\frac{1}{2}c\Delta t\right)^2 = \left(\frac{1}{2}v\Delta t\right)^2 + d^2 = \left(\frac{1}{2}v\Delta t\right)^2 + \left(\frac{1}{2}c\Delta t'\right)^2$$

解得

$$\Delta t = \frac{\Delta t'}{\sqrt{1-\dfrac{v^2}{c^2}}} \tag{11.11}$$

该式与式(11.9)是一致的. 时间膨胀或相对观测者运动的钟变慢的效应与钟的具体结构无关.

在日常生活中时间膨胀是完全可以忽略的，但在运动速度接近于光速时，钟慢效应就变得重要了. 在高能物理的领域里，此效应得到大量实验的证实. 例如，一种叫做 μ 子的粒子，是一种不稳定的粒子，在静止参考系中观察，它们平均经 2×10^{-6}s(其固有寿命)就衰变为电子和中微子. 宇宙线在大气上层产生的 μ 子速度很大，可达 $v=0.998c$，如果没有钟慢效应，它们从产生到衰变的这段时间里平均走过的距离只有 $0.998\times(3\times10^8)\times(2\times10^{-6})\approx600$m，这样，$\mu$ 子就不可能达到地面的实验室. 但实际上 μ 子可穿透约 9000m 的大气层而到达地面实验室. 我们用钟慢效应来解释：以地面为参考系，μ 子的"运动寿命"为

$$\tau = \frac{\text{固有寿命}\ \tau'}{\sqrt{1-\dfrac{v^2}{c^2}}} = \frac{2\times10^{-6}}{\sqrt{1-0.998^2}} = 3.16\times10^{-5}\text{s}$$

按此计算，μ 子在这段时间内通过的距离为 $s=v\tau\approx 9500\text{m}$，这就与实验观测结果基本上一致了.

例 11.1　孪生子佯谬　设想一对年华正茂的孪生兄弟，哥哥告别弟弟，坐飞船登上访问牛郎织女星的旅程(牛郎星远 16 光年，织女星远 26.3 光年). 在地面上的弟弟看，宇宙飞船在高速运动，所以飞船上的钟走慢了，所以当哥哥归来时，仍是风度翩翩的少年，而前来迎接他的胞弟却是白发苍苍的老翁了. 这真应了古代神话里"天上方一日，地上已数年"的说法！但按照相对论，运动是相对的，航天器里的哥哥认为他是静止的，而地球在作高速运动，地球上的时钟变慢了，所以弟弟应比他年轻. 那么到底谁更年轻些？这便是通常所说的"孪生子佯谬".

从逻辑上看，这个佯谬并不存在，因为天、地两个参考系是不对称的. 从原则上讲，地可以是一个惯性参考系，而"天"却不能. 否则它将一去不复返，兄弟永别了，谁也不再有机会直接看到对方的年龄. "天"之所以能返回，必有加速度，这就超出狭义相对论的理论范围，需要用广义相对论去讨论. 广义相对论对上述被看成"佯谬"的效应是肯定的. 哥哥确实比弟弟年轻！

11.3.2　运动的直尺缩短了

如图 11.5 所示，我们将直尺置于 S' 系的 x' 轴上，直尺相对 S' 系静止. 如果直尺两端的坐标分别是 x_1' 及 x_2'，则从 S' 中观测，直尺的长度是

$$\Delta l' = x_2' - x_1' = l_0$$

在相对于棒静止的参考系测得的棒的长度称为**棒的固有长度**或**原长**，记为 l_0. 如果在 S 系中的观察者，在同一时刻 t，测得直尺两端的坐标分别为 x_1, x_2，则按式(11.7)有

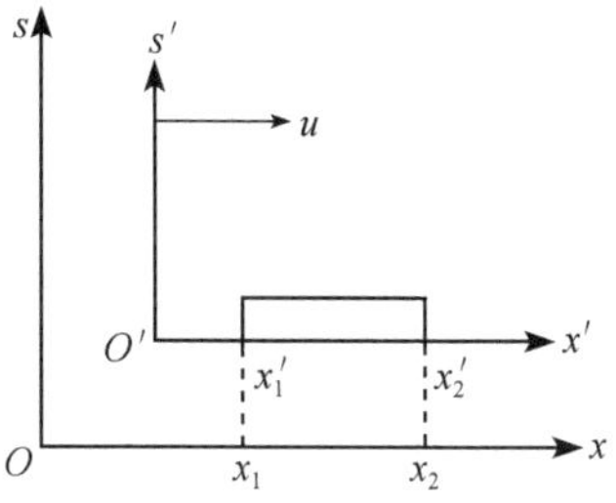

图 11.5

$$x_1' = \frac{x_1 - ut}{\sqrt{1-\dfrac{u^2}{c^2}}}, \quad x_2' = \frac{x_2 - ut}{\sqrt{1-\dfrac{u^2}{c^2}}}$$

所以，对于 S 中的观察者，观测到直尺长度为

$$\Delta l = x_2 - x_1 = (x_2' - x_1')\sqrt{1-\beta^2} = l_0\sqrt{1-\beta^2} < l_0 \qquad (11.12)$$

这表明，在 S 中的观察者所测得的直尺长度总小于在 S' 中的观察者所测得的结果. 换言之，**对于 S' 静止的直尺，在 S 系中的观察者看来，是缩短了**. 反之，可以证明，对于 S 系中静止的直尺，在 S' 系中的观测者看来，也是缩短了.

总之，相对于观察者运动着的直尺，总比该直尺静止时短一些. 即物体沿运动方向的长度比其固有长度短. 这种效应称为**洛伦兹收缩**，或**尺缩效应**.

由上面的讨论，我们看到与一个物体(包括时钟)固定在一起的参考系似乎特

别重要，我们称这参考系为**本征参考系**，在本征参考系测得的物体长度称为本征长度或固有长度，测得的时间称为本征时间间隔或原时间间隔或固有时间.

11.3.3　同时的相对性

如果对于 S'，当时刻 t' 在两个不同地点 x_1' 和 x_2' 处同时发生了两个物理事件 A 及 B. 按照经典观点，在 S' 中同时发生的两事件，在其他惯性系中来看，也是同时发生的，即"同时"是绝对的.

但是，在相对论中却有完全不同的结论. 由式(11.8)容易得到，对于 S 系中的观察者测得事件 A 及 B 发生的时刻应是

$$t_1=\frac{t'+\frac{u}{c^2}x_1'}{\sqrt{1-\frac{u^2}{c^2}}},\quad t_2=\frac{t'+\frac{u}{c^2}x_2'}{\sqrt{1-\frac{u^2}{c^2}}}$$

所以对 S 系的观测者而言，这两个事件不是同时发生的. 它们相隔的时间为

$$\begin{aligned}\Delta t&=t_2-t_1\\&=\frac{u}{c^2}\cdot\frac{x_2'-x_1'}{\sqrt{1-\frac{u^2}{c^2}}}=\frac{u}{c^2}\cdot\frac{x_2'-x_1'}{\sqrt{1-\beta^2}}\end{aligned}\tag{11.13}$$

Δt 可能是正，也可能是负，这取决于$(x_2'-x_1')$的符号. 它表明，事件 A 可能发生于事件 B 之前，也可能发生于后. 这就证明了，在相对论中**同时是相对的**.

11.3.4　时序与因果关系

不仅同时是相对的，而且事件发生的时间次序也是相对的. 设事件 A 及 B 对 S' 来说，发生的地点与时间分别是(x_1',t_1')及(x_2',t_2')，然而对于 S 系，事件 A 与 B 发生的时间分别是

$$t_1=\frac{t_1'+\frac{u}{c^2}x_1'}{\sqrt{1-\frac{u^2}{c^2}}},\quad t_2=\frac{t_2'+\frac{u}{c^2}x_2'}{\sqrt{1-\frac{u^2}{c^2}}}$$

故

$$t_1-t_2=\frac{t_1'-t_2'+\frac{u}{c^2}(x_1'-x_2')}{\sqrt{1-\frac{u^2}{c^2}}}$$

假定对于 S'，事件的时序是先 A 后 B，则 $t_1'-t_2'<0$，那么当$\frac{u}{c^2}(x_1'-x_2')$足够大，以

致下式成立

$$t_1'-t_2'+\frac{u}{c^2}(x_1'-x_2')>0$$

或者

$$\left|\frac{x_1'-x_2'}{t_1'-t_2'}\right|>\frac{c^2}{u} \tag{11.14}$$

则事件的时序在 S 中就颠倒过来了. 是先 B 后 A，即 $t_1-t_2>0$. 这就证明了时序的相对性.

乍一看来，时序的相对性与因果关系发生了矛盾. 我们知道，原因总应该发生在结果之前，如果事件 A 与 B 之间有因果关系，那么先 A 后 B 的时序就应当是绝对的，即无论在哪个惯性系中观察，总应该得到先 A 后 B 的结果. 但是，洛伦兹变换却可能使时序改变，亦即可能因果倒置. 怎样才能把因果关系的绝对性与时序的相对性统一起来呢？

为此，我们分析一下事件之间因果关系的必要条件. 假若事件 A 与 B 之间有因果关系，就应当有某种作用从 x_1' 出发经过时间间隔 $t_2'-t_1'$ 传递到了 x_2'. 这种作用使原因 A 得以产生结果 B. 亦即，因果事件之间相互作用的传递速度 u_i 至少应当为

$$u_i=\left|\frac{x_2'-x_1'}{t_2'-t_1'}\right|$$

代入式(11.14)，就得到

$$u_i u>c^2 \tag{11.15}$$

这表明，只有当 u_i 或 u 之一大于 c 时，才会可能出现因果倒置的情况. 也就是说，只在下列两种情况之一成立时，才会观察到先果后因的现象：

(1) 因果作用的传递速度 u_i 超过光速；

(2) 事件对于观察者的运动速度超过光速. 但是，正如在§9.2 指出的，一切物体的运动速度不可能超过光速，即在实际情形中，我们永远不可能把原来小于光速运动的物体加速到超过光速，所以上述两种情况是不会发生的. 这就统一了因果次序的绝对性与时序的相对性. 总之，可能有因果关系的两个事件 $|x_1'-x_2'|/|t_1'-t_2'|<c$ 的时序不会经洛伦兹变换而改变的. 没有因果联系的两个事件 $(|x_1'-x_2'|/|t_1'-t_2'|>c)$ 的时序是有可能改变的.

11.3.5 时空间隔的绝对性

洛伦兹变换下，两个事件 (x_1,y_1,z_1,t_1)、(x_2,y_2,z_2,t_2) 的时间间隔及空间间隔都是相对的，而它们的时空间隔是绝对的. 时空间隔被定义为：$\Delta S=[c^2(t_1-t_2)^2-(x_1-x_2)^2-(y_1-y_2)^2-(z_1-z_2)^2]^{\frac{1}{2}}$，利用洛伦兹变换，容易证明

$$[c^2(t_1-t_2)^2-(x_1-x_2)^2-(y_1-y_2)^2-(z_1-z_2)^2]^{\frac{1}{2}}$$

$$=[c^2(t'_1-t'_2)^2-(x'_1-x'_2)^2-(y'_1-y'_2)^2-(z'_1-z'_2)^2]^{\frac{1}{2}}$$

即 $\Delta S=\Delta S'$

这表明，对 ΔS 的测量结果不依赖于参考系的选择.

对于时空上无限邻近的两个事件，其时空间隔可以写成微分形式

$$\mathrm{d}S=\sqrt{c^2\mathrm{d}t^2-\mathrm{d}x^2-\mathrm{d}y^2-\mathrm{d}z^2} \tag{11.16}$$

还常常利用如下定义的量

$$\tau=\frac{1}{c}S \quad 或 \quad \mathrm{d}\tau=\frac{1}{c}\mathrm{d}S \tag{11.17}$$

它被称为原时间隔. 由于光速是个绝对量，故原时间隔也是个绝对量. 一个质点的运动可以看成一系列连续出现的物理事件，这时，两个无限邻近的运动状态的原时间隔是

$$\begin{aligned}\mathrm{d}\tau&=\frac{1}{c}\sqrt{c^2\mathrm{d}t^2-\mathrm{d}x^2-\mathrm{d}y^2-\mathrm{d}z^2}\\&=\mathrm{d}t\sqrt{1-\frac{1}{c^2}\left[\left(\frac{\mathrm{d}x}{\mathrm{d}t}\right)^2+\left(\frac{\mathrm{d}y}{\mathrm{d}t}\right)^2+\left(\frac{\mathrm{d}z}{\mathrm{d}t}\right)^2\right]}\\&=\mathrm{d}t\sqrt{1-\frac{u^2}{c^2}}\end{aligned} \tag{11.18}$$

式中 u 是质点相对于 S 系的速度大小，$\mathrm{d}\tau$ 的绝对性表明，若质点相对于 S' 系的速度为 u'，就将有

$$\mathrm{d}\tau=\mathrm{d}t\sqrt{1-\frac{u^2}{c^2}}=\mathrm{d}t'\sqrt{1-\frac{u'^2}{c^2}}$$

11.4 相对论的速度合成律

为了求得相对论的速度合成公式，我们首先把洛伦兹变换式(11.7)和式(11.8)分别写成微分形式

$$\left\{\begin{aligned}\mathrm{d}x'&=\frac{\mathrm{d}x-u\mathrm{d}t}{\sqrt{1-\frac{u^2}{c^2}}}\\\mathrm{d}y'&=\mathrm{d}y\\\mathrm{d}z'&=\mathrm{d}z\\\mathrm{d}t'&=\frac{\mathrm{d}t-\frac{u}{c^2}\mathrm{d}x}{\sqrt{1-\frac{u^2}{c^2}}}\end{aligned}\right. \quad 和 \quad \left\{\begin{aligned}\mathrm{d}x&=\frac{\mathrm{d}x'+u\mathrm{d}t'}{\sqrt{1-\frac{u^2}{c^2}}}\\\mathrm{d}y&=\mathrm{d}y'\\\mathrm{d}z&=\mathrm{d}z'\\\mathrm{d}t&=\frac{\mathrm{d}t'+\frac{u}{c^2}\mathrm{d}x'}{\sqrt{1-\frac{u^2}{c^2}}}\end{aligned}\right. \tag{11.19}$$

显然，对于 S 系，质点的速度分量是

$$v_x = \frac{dx}{dt},\quad v_y = \frac{dy}{dt},\quad v_z = \frac{dz}{dt}$$

对于 S'，质点的速度分量是

$$v'_x = \frac{dx'}{dt'},\quad v'_y = \frac{dy'}{dt'},\quad v'_z = \frac{dz'}{dt'}$$

利用式(11.19)和上述速度的定义式，就得到

$$\begin{cases} v'_x = \dfrac{dx'}{dt'} = \dfrac{\dfrac{dx'}{dt}}{\dfrac{dt'}{dt}} = \dfrac{\dfrac{dx}{dt} - u}{1 - \dfrac{u dx}{c^2 dt}} = \dfrac{v_x - u}{1 - \dfrac{u}{c^2} v_x} \\ v'_y = \dfrac{dy'}{dt'} = \dfrac{\dfrac{dy'}{dt}}{\dfrac{dt'}{dt}} = \dfrac{v_y \sqrt{1 - \dfrac{u^2}{c^2}}}{1 - \dfrac{u v_x}{c^2}} \\ v'_z = \dfrac{dz'}{dt'} = \dfrac{\dfrac{dz'}{dt}}{\dfrac{dt'}{dt}} = \dfrac{v_z \sqrt{1 - \dfrac{u^2}{c^2}}}{1 - \dfrac{u v_x}{c^2}} \end{cases} \tag{11.20}$$

其逆转变为

$$\begin{cases} v_x = \dfrac{v'_x + u}{1 + v'_x \dfrac{u}{c^2}} \\ v_y = \dfrac{v'_y \sqrt{1 - \dfrac{u^2}{c^2}}}{1 + v'_x \dfrac{u}{c^2}} \\ v_z = \dfrac{v'_z \sqrt{1 - \dfrac{u^2}{c^2}}}{1 + v'_x \dfrac{u}{c^2}} \end{cases} \tag{11.21}$$

式(11.20)称为**爱因斯坦速度合成律**. 在低速情况 $u \ll c$，略掉上式中含 $\frac{u}{c^2}$ 和 $\frac{u^2}{c^2}$ 的项，它就过渡为

$$v_x \approx v'_x + u,\quad v_y \approx v'_y,\quad v_z \approx v'_z$$

这就是牛顿力学中的速度合成率.

爱因斯坦速度合成律的一个有趣的性质是：两个小于或等于 c 的速度之和，永远不能超过 c. 为了看清这一点，我们来讨论一个运动光源. 光源发的光相对于光源的速度为 c，若光源相对于实验室的速度为 $0.5c$，并且二者速度皆在 x 方向上. 则 $u = 0.5c$，$v'_x = c$，$v'_y = v'_z = 0$，所以由式(9.20)有

$$\begin{cases} v_x = \dfrac{c + 0.5c}{\left(1 + \dfrac{0.5c^2}{c^2}\right)} = c \\ v_y = v_z = 0 \end{cases}$$

即光相对实验室的速度仍为 c. 这个速度合成公式表明了，我们不可能把一个原以小于光速运动的质点慢慢加速到光速以上. 所以，光速 c 是这种加速所能达到的极限.

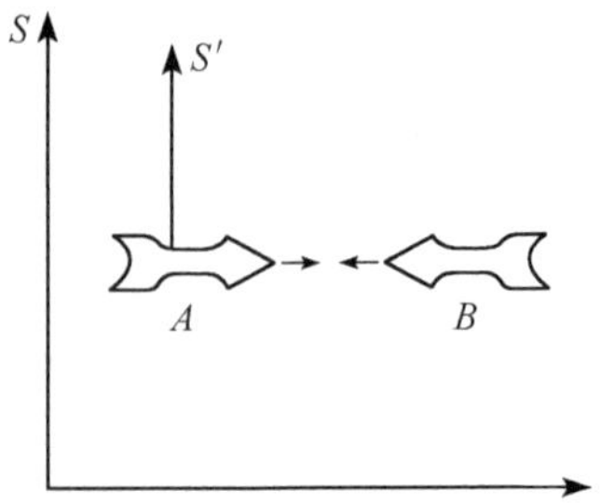

图 11.6

例 11.2 如图 11.6 所示，设有两个可控光子火箭 A、B 相向运动，地面上测得 A、B 的速度沿 x 轴正向，各为 $v_A = 0.9c$，$v_B = -0.9c$. 试求：相对火箭 A，火箭 B 的速度为多少？

解 解此题的关键是 S 系和 S' 系的选取.

选取地面为 S 系，S' 系选在火箭 A 上，则 S' 系相对于 S 系的速度为 $u = 0.9c$，方向为沿 x 轴正方向.

在 S 系测得火箭 B 的速度为 $v_B = -0.9c = v_x$

所以在 S' 系观测火箭 B 的速度为

$$v'_B = \frac{v_B - u}{1 - \dfrac{u}{c^2} v_B} = \frac{-0.9c - 0.9c}{1 + \dfrac{0.9c}{c^2} \times 0.9c} = -0.995c$$

式中"－"号表示 A 火箭中的观测者看到 B 火箭沿 x 轴负方向运动.

例 11.3 π^0 介子在高速运动中衰变，衰变时辐射出光子. 如果 π^0 介子的运动速度为 $0.99975c$，求它向运动的正前方辐射的光子的速度.

解 选取实验室参考系为 S 系，随同 π^0 介子一起运动的惯性系为 S' 系，取 π^0 和光子运动的方向为 x 轴，由题意，S' 相对 S 的速度为 $v = 0.99975c$，光子相对 S' 的速度为 $u'_x = c$. 根据相时论速度逆变换公式

$$u_x = \frac{u'_x + v}{1 + \dfrac{v u'_x}{c^2}} = \frac{c + v}{c + v} c = c$$

可见光子的速度仍然为 c，这已为实验所证实. 若按照伽利略变换，光子相对于实验室参考系的速度是 $1.99975c$，这显然是错误的.

11.5 狭义相对论动力学

狭义相对论采用了洛伦兹变换以后，建立了新的时空观，同时也带来了新的问题，这就是经典力学不满足洛伦兹变换，自然也就不满足新变换下的相对性原理.

爱因斯坦认为，应该对经典力学进行改造和修正，以使它满足洛伦兹变换和洛伦兹变换下的相对性原理，经这种改造的力学就是相对论力学.

11.5.1　质速关系

在经典力学中，根据动能定理，外力对质点做功将会使质点的动能增加，质点的运动速率将增大，速率增大到多大，原则上是没有上限的. 而实验证明这是错误的. 例如，在真空管的两个电极之间施加电压，用以对其中的电子加速. 实验发现，当电子速率越高时，加速越困难，并且无论施加多大的电压，电子的速率都不会达到光速，这一事实意味着物体的质量不是绝对不变量，可能是速率的函数，随速率的增大而增大. 下面我们来探求质量和速率的函数关系.

取两个惯性系 S 和 S' 与以上各节的规定相同，现在 S 系中有一静止在 $x=x_0$ 处的粒子，由于内力的作用而分裂为质量相等的两部分 A 和 B，即 $M_A=M_B$ 如图 11.7 所示. 分裂后 M_A 以速度 $\boldsymbol{v}$ 沿 x 轴正方向运动，M_B 以速度 $-\boldsymbol{v}$ 沿 x 轴负方向运动. S'系也相对 S 系以速度 $\boldsymbol{v}$ 沿 x 轴正方向运动，所以在 S'系看 M_A 是静止不动的，即 $v'_A=0$. 而 M_B 相对 S'系的速度 v'_B可由洛伦兹速度变换公式得到

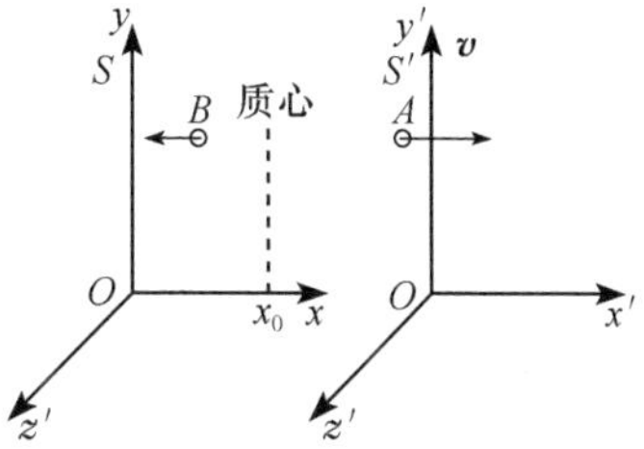

图 11.7　质速关系的推导

$$v'_B=\frac{-v-v}{1-\frac{(-v)v}{c^2}}=\frac{-2v}{1+\frac{v^2}{c^2}} \tag{11.22}$$

从 S 系看，粒子分裂后，其质心仍在 x_0 处不动，但从 S' 系看，质心是以速度 $-\boldsymbol{v}$沿 x 轴负方向运动.

此外，我们也可以根据质心的定义求质心相对于 S'系运动的速度 v'_0，

$$v'_0=-v=\frac{M_A v'_A+M_B v'_B}{M_A+M_B}=\frac{M_B}{M_A+M_B}v'_B$$

在上式中考虑了 $v'_A=0$.

从上式可解得

$$\frac{M_B}{M_A}=\frac{v'_0}{v'_B-v'_0}=\frac{-v}{v'_B+v} \tag{11.23}$$

由式(11.22)解得

$$v=\frac{-c^2}{v'_B}\left[1-\sqrt{1-\left(\frac{v'_B}{c}\right)^2}\right]$$

将上式代入式(11.23)得

$$\frac{M_B}{M_A} = \frac{1}{\sqrt{1-\left(\frac{v_B'}{c}\right)^2}}$$

或者

$$M_B = \frac{M_A}{\sqrt{1-\left(\frac{v_B'}{c}\right)^2}} \tag{11.24}$$

由(11.24)可以看到，在 S 系观测，粒子分裂后的两部分以相同速率运动，质量相等；但从 S' 系观测，由于它们的运动速率不同，质量也不相等. M_A 静止，可看作静止质量，用 m_0 表示；M_B 以速率 v_B' 运动，可视为运动质量，称为相对论质量，用 m 表示. 去掉 v_B' 的上下标，于是就得到运动物体的质量和它的静止质量的一般关系为

$$m = \frac{m_0}{\sqrt{1-\frac{v^2}{c^2}}} \tag{11.25}$$

这个重要结论就是**相对论质速关系**. 这个关系改变了人们在经典力学中认为质量是不变量的观念.

静质量 m_0 可以看作为物体静止时测到的相对论性质量，它在洛伦兹变换下是不变的. 相对论性质量 m 是运动速率的函数，在不同惯性系中有不同的值，是在相对论中物体惯性的量度，简称**动质量**. 从式(11.24)可看到，当物体的速率无限接近光速 c 时，其相对论质量将无限增大，其惯性也无限增大. 所以施以任何有限大的力都不可能将静质量不为零的物体加速到光速. 可见，用任何动力学手段都无法获得超光速运动，在相对论中，光速是物体运动的极限速度.

11.5.2　相对论动量和力

1. 相对论动量

在相对论中**动量定义为动质量和速度的乘积**，即

$$\boldsymbol{p} = m\boldsymbol{v} = \frac{m_0}{\sqrt{1-\frac{v^2}{c^2}}}\boldsymbol{v} \tag{11.26}$$

当动量具有以上形式时，孤立体系的动量在所有惯性系中都守恒.

2. 相对论中的力

在牛顿力学中，作用于质点上的力等于该质点的动量的时间变化率. 在相对论中，仍然保留力作为动量的时间变化率这一定义，但动量由式(11.26)决定，故

$$\boldsymbol{F}=\frac{\mathrm{d}}{\mathrm{d}t}(m\boldsymbol{v})=\frac{\mathrm{d}}{\mathrm{d}t}\left[\frac{m_0}{\sqrt{l-\frac{u^2}{c^2}}}\boldsymbol{v}\right] \tag{11.27}$$

这就是**相对论动力学基本方程**.

这时,力与加速度 $\boldsymbol{a}$ 不再是正比关系,即 $\boldsymbol{F}=m\boldsymbol{a}$ 这个形式失效了.但当 $v\ll c$ 时,$m\approx m_0$.相对论动力学方程将回到牛顿第二定律,所以可以说牛顿第二定律是相对论动力学方程在低速情况下的近似.事实上,不仅质量,还有力都将不再是不变的量了,它们对于不同的参考系,数值是不同的.

按照牛顿力学,在原则上总是可以把任何物体加速直到超过光速,只要对该物体施以长时间的足够大的力.但是在相对论力学中,这是不可能的.在相对论力学中,物体不断得到的不是速度,而是动量.在低速时,质量修正不明显,动量增加速度随之增加,在速率很大时,事实上不存在速度变化意义上的加速运动.但是动量却在继续增加,这种情形已被大量的事实证明.例如,在加速器中为了偏转高速电子,假如所需的磁感应强度比依据牛顿力学预言的大 2000 倍,这相当于加速器中的电子质量为低速时质量的 2000 倍,意味着

$$\frac{m}{m_0}=\frac{1}{\sqrt{1-\frac{v^2}{c^2}}}=2000$$

由此可解得 $v=c\cdot(1-1.25\times10^{-7})^{\frac{1}{2}}=0.999999375c$,这个电子的速率已经非常接近光速.

11.5.3　质能关系

根据相对论动力学方程可以得到

$$\boldsymbol{F}=\frac{\mathrm{d}}{\mathrm{d}t}(m\boldsymbol{v})=m\frac{\mathrm{d}\boldsymbol{v}}{\mathrm{d}t}+\boldsymbol{v}\frac{\mathrm{d}m}{\mathrm{d}t} \tag{11.28}$$

为简便起见,设质点沿 x 方向作直线运动,在上式中的力和速度都可以表示为标量,在经典力学中,质点动能的增量等于合外力所做的功,我们将这一概念运用到相对论力学中,于是有

$$\begin{aligned}E_{\mathrm{k}}&=\int F\mathrm{d}x=\int\left(m\frac{\mathrm{d}v}{\mathrm{d}t}+v\frac{\mathrm{d}m}{\mathrm{d}t}\right)\mathrm{d}x\\&=\int(mv\mathrm{d}v+v^2\mathrm{d}m)\end{aligned} \tag{11.29}$$

对质速关系求微分得

$$\mathrm{d}m=\frac{m_0v\mathrm{d}v}{c^2\left(1-\frac{v^2}{c^2}\right)^{\frac{3}{2}}} \tag{11.30}$$

将上式代入(11.29)得

$$E_k = \int\left[\frac{m_0 v\mathrm{d}v}{\left(1-\frac{v^2}{c^2}\right)^{\frac{1}{2}}} + \frac{m_0 v^3 \mathrm{d}v}{c^2\left(1-\frac{v^2}{c^2}\right)^{\frac{3}{2}}}\right]$$

$$= \int \frac{c^2 m_0 v\mathrm{d}v}{c^2\left(1-\frac{v^2}{c^2}\right)^{\frac{3}{2}}} = \int c^2\mathrm{d}m = mc^2 + C$$

$$= \frac{m_0 c^2}{\sqrt{1-\frac{v^2}{c^2}}} + C$$

式中 C 为积分常数，当 $v=0$ 时，质点的动能为 $E_k=0$，即可求得

$$C = -m_0 c^2$$

于是得

$$E_k = mc^2 - m_0 c^2 = m_0 c^2\left(\frac{1}{\sqrt{1-\frac{v^2}{c^2}}} - 1\right) \tag{11.31}$$

这就是相对论中质点动能的表达式

显然，当 $v \ll c$ 时，可将 $\left(1-\frac{v^2}{c^2}\right)^{-\frac{1}{2}}$ 作泰勒展开，得

$$\left(1-\frac{v^2}{c^2}\right)^{-\frac{1}{2}} = 1 + \frac{1}{2}\frac{v^2}{c^2} + \frac{3}{8}\frac{v^4}{c^4} + \cdots\cdots$$

取上式的前两项代入(11.10)得

$$E_k = m_0 c^2\left(1 + \frac{v^2}{2c^2} - 1\right) = \frac{1}{2}m_0 v^2$$

这正是经典力学中动能的表达式.

下面我们将式(11.31)改写为

$$mc^2 = E_k + m_0 c^2 \tag{11.32}$$

爱因斯坦认为上式中的 $m_0 c^2$ 是物体静止时的能量，称为物体的**静能**，而 mc^2 是物体的总能量，它等于静能与动能之和. 若物体的总能量用 E 表示，可写为

$$E = mc^2 = \frac{m_0 c^2}{\sqrt{1-\frac{v^2}{c^2}}} \tag{11.33}$$

这就是著名的**相对论质能关系**

在相对论建立之前，人们是将质量守恒定律与能量守恒定律看成是两个互相独立的定律. 质能关系把它们统一起来了，认为质量的变化必伴随着能量的变化，而能量的变化同样伴随着质量的变化，质量守恒定律和能量守恒定律是一对不可分割的定律.

关于静能,在上面的讨论中是作为一个积分常量引入的,实际上它代表了物体静止时内部一切能量的总和. 即物体内能的总和. 在粒子的碰撞、不稳定粒子的衰变以及粒子的湮灭或产生等各种高能物理过程中,都证明静能的存在.

根据相对论的观点,几个粒子相互作用过程(如碰撞)中,最一般的能量守恒定律为

$$\sum E_i = \sum (m_i c^2) = 常量 \tag{11.34}$$

式中光速 c 为恒量,所以能量守恒定律又可表示为 $\sum m_i=$常量.

因此,能量守恒定律和质量守恒定律在相对论中统一起来了.

例如:在一次核反应中,我们假设 m_{01} 和 E_{k1} 分别为反应前参与反应的粒子的总静止质量和总动能. m_{02} 和 E_{k2} 分别为反应后生成物的总静止质量和总动能. 则根据能量守恒

$$m_{01}c^2 + E_{k1} = m_{02}c^2 + E_{k2}$$

所以

$$E_{k2} - E_{k1} = (m_{01} - m_{02})c^2$$

即

$$\Delta E_k = \Delta m_0 c^2 \tag{11.35}$$

$\Delta E_k = E_{k2} - E_{k1}$ 表示粒子在反应后比反应前系统总动能的增加,这就是粒子反应所释放的能量.

$\Delta m_0 = m_{01} - m_{02}$ 表示反应前后系统总静止质量的减少,即质量亏损. 系统释放的能量是以系统静止质量损失为代价的.

这就是重核裂变和轻核聚变能释放大量能量的依据,所以狭义相对论为核能的和平利用开辟了广阔的前景.

例 11.4　一个质子和一个中子反应,生成一个氘核,计算聚合成 1kg 氘核所释放的能量. 已知一个质子的静质量为 $m_p=1.67265\times10^{-27}$ kg,一个中子的静质量为 $m_n=1.67495\times10^{-27}$ kg,一个氘核的静质量为 $m_D=3.34359\times10^{-27}$ kg.

解　一个质子和一个中子反应生成一个氘核的质量亏损为

$$\begin{aligned}\Delta m_0 &= m_p + m_n - m_D = 1.67265\times10^{-27} + 1.67495\times10^{-27} - 3.34359\times10^{-27} \\ &= 3.96\times10^{-30}\,(\text{kg})\end{aligned}$$

它能释放的能量

$$\Delta E = (\Delta m_0)c^2 = 5.56\times10^{-13}\,\text{J}$$

于是聚合 1kg 氘核所释放的总能量为

$$\frac{\Delta E}{m_{0D}} = \frac{3.56\times10^{-13}}{3.34\times10^{-27}} = 1.66\times10^{14}\,(\text{J})$$

这个能量相当于 1kg 汽油燃烧放出的能量 4.6×10^7 J 的 230 万倍!

11.5.4 相对论能量——动量关系

由质能关系：$E=mc^2=\dfrac{m_0c^2}{\sqrt{1-\dfrac{v^2}{c^2}}}$两边平方，并利用 $p=mv$，得：

$$E^2=\frac{m_0^2c^4}{1-\dfrac{p^2}{m^2c^2}}=\frac{m_0^2c^4}{1-\dfrac{p^2c^2}{E^2}}$$

所以

$$E^2-p^2c^2=m_0^2c^4$$

或

$$E^2=p^2c^2+m_0^2c^4 \tag{11.36}$$

这就是相对论能量——动量关系.

11.5.5 静质量为零的粒子

在牛顿力学中，一个没有质量的粒子，既无动量，也无能量，也无其他任何可测量的性质.但在相对论中则不然，没有静质量的可测量实体是能够存在的.我们知道自然界中存在无静止质量的粒子，光子就是其中之一.我们知道一个粒子的能量和动量分别为

$$E=\frac{m_0c^2}{\sqrt{1-\dfrac{v^2}{c^2}}},\quad \boldsymbol{P}=\frac{m_0\boldsymbol{v}}{\sqrt{l-\dfrac{v^2}{c^2}}}$$

当这个粒子的静止质量为零时，能量和动量表达式的分子都为零，但如果同时让分母也趋向为零，保持 E 和 $\boldsymbol{P}$ 为有限值是可能的.这表明，具有确定能量和动量的静止质量为零的粒子，其速度必为光速.

根据能量——动量关系：

$$E^2=p^2c^2+m_0^2c^4$$

当 $m_0=0$ 时，$E=Pc$ (11.37)

光子的能量和动量就满足式(11.37).

根据爱因斯坦在1905年为解释光电效应所提出的光量子假设，一个光子具有能量 $E=h\nu$，式中 h 为普朗克常数，ν 为光波的频率，则光子的动量为

$$P=\frac{E}{c}=\frac{h\nu}{c}=\frac{h}{\lambda} \tag{11.38}$$

式中 λ 为光波的波长.

这就说明光具有能量和动量$\begin{cases}E=h\nu\\ P=\dfrac{h}{\lambda}\end{cases}$，能量和动量是表征粒子特性的物理量，

所以它具有粒子性. 但另一方面在能量和动量表达式的右边出现频率 ν 和波长 λ，ν 和 λ 是波的特征量，所以说明光具有波动性. 结合起来，光具有波粒二象性，这就是目前我们对光的认识.

11.6　广义相对论简介

爱因斯坦在 1905 年创立了狭义相对论后，他在继续思考，感到狭义相对论有两个缺陷，第一，相对性原理只适用于惯性系，能否推广到包括加速参考系在内的一切参考系；第二，狭义相对论不能建立令人满意的引力理论. 爱因斯坦指出："…在引力场中，一切物体都具有同一加速度. 这条定律也可以表述为惯性质量同引力质量相等的定律. 它当时就使我认识到它的全部重要性，我为它的存在而感到极为惊奇，并猜想其中必定有一把可以更加深入地了解惯性和引力的钥匙". 正是这个事实，导致他于 1915 年创立了广义相对论. 广义相对论也有两条基原理，即等效原理及广义相对性原理.

11.6.1　等效原理

1. 惯性质量和引力质量

我们在第二章中讨论了牛顿第二定律，$\boldsymbol{F}=m\boldsymbol{a}$，在这里，质量 m 是物体惯性大小的量度，称为惯性质量，用 m_{I} 表示；而出现在万有引力定律中的质量，是物体在引力场中所受引力大小的量度，称为引力质量，用 m_{G} 表示. 二者的概念是不相同的.

将一个质点置于引力场中，质点所受的引力就是它改变运动状态的外力，根据牛顿第二定律，有

$$\boldsymbol{F}_{\text{引}}=-G\frac{M\boldsymbol{r}^0}{r^2}\cdot m_{\mathrm{G}}=m_{\mathrm{G}}\boldsymbol{g}=m_{\mathrm{I}}\boldsymbol{a} \tag{11.39}$$

式中 $\boldsymbol{g}=-G\frac{M\boldsymbol{r}^0}{r^2}$ 是引力场强度，简称引力场强，$\boldsymbol{r}^0$ 是产生引力场的质点 M 到场点的单位矢量，$\boldsymbol{a}$ 为质点 m 的加速度.

实验证明：质点的加速度等于引力场强度，与质点的质量无关，即

$$\boldsymbol{a}=\boldsymbol{g} \tag{11.40}$$

这就是爱因斯坦说的，在引力场中一切物体的加速度都相等. 这样由式(11.39)可得到

$$m_{\mathrm{I}}=m_{\mathrm{G}} \tag{11.41}$$

此式说明同一物体的惯性质量与引力质量相等.

2. 等效原理

爱因斯坦将惯性质量和引力质量相等这一事实推广为等效原理.

爱因斯坦设计了一个理想实验.

在一宇宙飞船中,有人手持一引力质量为 m_G、惯性质量为 m_I 的物体. 当飞船停在地面上时,物体受到地球的引力 $\boldsymbol{F}_{引}=m\boldsymbol{g}$ 的作用,当人松手时,物体将以加速度 $\boldsymbol{g}$ 落向飞船底部. 现在让飞船在远离各种星球的太空中自由飞行,打开火箭推进器使其具有 $\boldsymbol{a}=-\boldsymbol{g}$ 的加速度(方向是由飞船底部指向飞船顶部)物体受到惯性力 $\boldsymbol{F}_{惯}=-m_I\boldsymbol{a}=m_I\boldsymbol{g}$ 的作用,当人松手时,物体也以加速度 $\boldsymbol{g}$ 落向飞船底部. 由于 $m_I=m_G$,即 $\boldsymbol{F}_{惯}=\boldsymbol{F}_{引}$,关闭在飞船内的观测者,无法判断飞船是相对地球静止而受到地球的引力作用呢,还是该飞船远离地球不受引力作用而本身在作加速运动. 亦即对于在飞船中所进行的实验,引力的作用与惯性力的作用完全等价,一个均匀的引力场与一个作匀加速直线运动的非惯性系等价. 如图 11.8 所示.

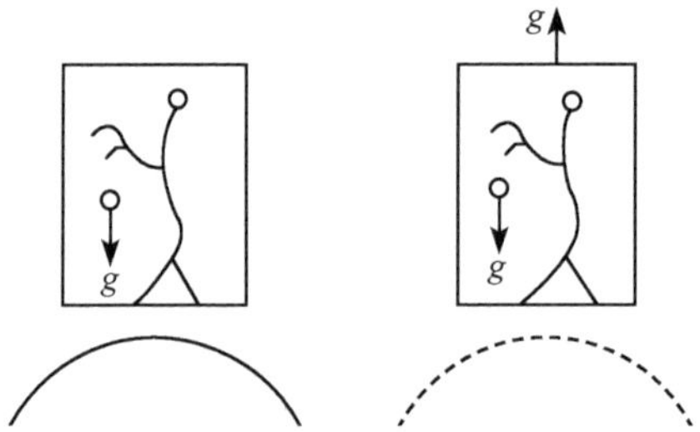

图 11.8

由于惯性力 $\boldsymbol{F}_{惯}=-m_I\boldsymbol{a}$,在一个加速度为 $\boldsymbol{a}$ 的非惯性系中是一个常矢量,即大小和方向处处相同;而引力 $\boldsymbol{F}_{引}=-G\dfrac{M\boldsymbol{r}^0}{r}m_G$ 不是一个常矢量,即大小和方向因地而异,所以惯性力与引力等效是局域的,必须指明等效的位置与局域空间.

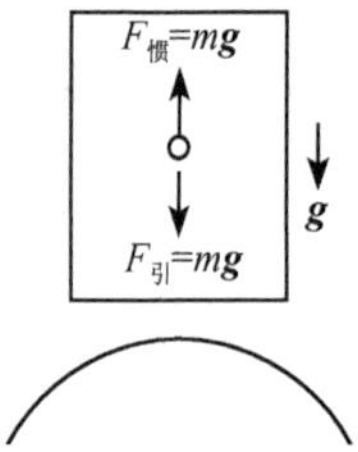

图 11.9　局域惯性系

再设想一个实验:在地面引力场中有一自由下落的升降机,在一个很小的空间区域内,升降机以恒定的加速度自由下落. 机内有一随升降机一起下落的自由粒子. 由于它的惯性质量等于引力质量,粒子所受的惯性力和引力的大小相等,方向相反,合力为零,如图 11.9. 该自由粒子将保持静止或匀速直线运动的状态不变,和在惯性系的情况完全相同. 这就是说,在一个很小的空间范围内,在引力场中自由下落的加速参考系与惯性系等效. 这种加速参考系被称为局域惯性系. 任何相对于某一局域惯性系做匀速直线运动的参考系也是局域惯性系. 在局域惯性系中,无法用物理实验方法判断自身的运动状态,即无法判定自身在作加速运动,还是受到万有引力的作用.

据此,爱因斯坦得到了广义相对论的第一条原理——即等效原理.

对于一切物理过程,匀加速运动的参考系与引力场局域等效,惯性力和引力局域等效.

11.6.2　广义相对性原理

狭义相对论指出一切惯性系都是等价的,但惯性系与非惯性系却不等价.在广义相对论中,由于惯性质量与引力质量等价,惯性系与非惯性系之间的差别可看作是有无引力场的差别,一个作加速运动的非惯性系可以与有引力作用的惯性系等效.选择一个在引力场中自由下落的加速参考系,可将引力消除而成为一个局域惯性系.1911 年,爱因斯坦就指出:"在一个局域惯性系中,重力的效应消除了;在这样一个参考系中,所有物理定律和在一个太空中远离任何物体的真正惯性系中的一样.反过来说,一个在太空中加速的参考系中将会出现表观的引力.在这样的参考系中,物理定律和该参考系静止于一个引力场附近一样."据此,爱因斯坦把相对性原理推广到一切惯性系和非惯性系.

所有参考系都是平权的.即无论是惯性系还是非惯性系,物理定律的数学形式相同.这就是广义相对性原理.

11.6.3　光线在引力场中的弯曲

广义相对论由等效原理得到一个重要的推论:光线通过引力场时将发生弯曲.

设想一处在无引力场作用的区域中的封闭电梯,这电梯以恒定的加速度 $\boldsymbol{g}$ 相对某一固定的恒量向上运动,在电梯上方的侧壁上有一小狭缝,一束光线从狭缝透入电梯,如图 11.10 所示.

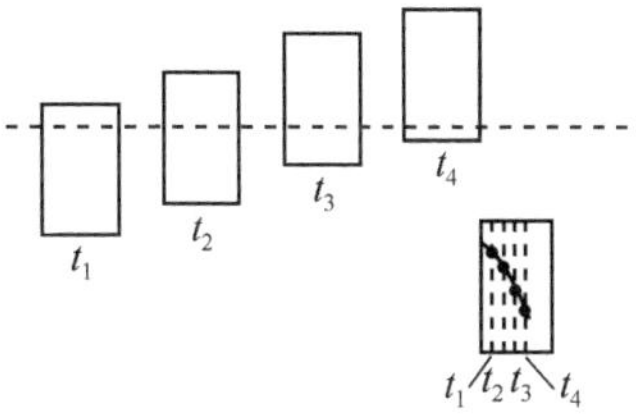

图 11.10　光线在引力场中弯曲

在图 11.10 中给出了四个不同时刻电梯在空间的连续位置.因为电梯在加速,在每一段相同的时间间隔中移动的距离随时间而增加,故关闭在电梯中的观测者测得光速相对电梯的路径是一条抛物线.根据等效原理,我们无法把不受引力场作用的加速电梯与在引力作用下静止或做匀速直线运动的电梯区分开来.因此我们可以断言,光束在引力场中被加速的方式与质量较大的物体在引力作用被加速的方式相同.在接近地面的区域中,因光束受地球引力场的作用,所以会以加速度 $\boldsymbol{g}$ 向地面一侧偏转.这一现象与我们所具备的经验很不一致,其原因是因为光速太大,对于 300km 的距离,光行进只花 0.01s,在这段时间内,光束向下偏转的距离为 0.5mm.爱因斯坦指出,来自遥远星体的光靠近太阳时,光束在太阳引力作用下的弯曲可被观测到.但是,由于太阳光很强,无法看到那些在天空中位于太阳附近的星体.只有在日全食时,才可能对太阳附近一些星体的表观位置进行短时间的测量.1919 年日全食时所进行测量的结果证实了爱因斯坦

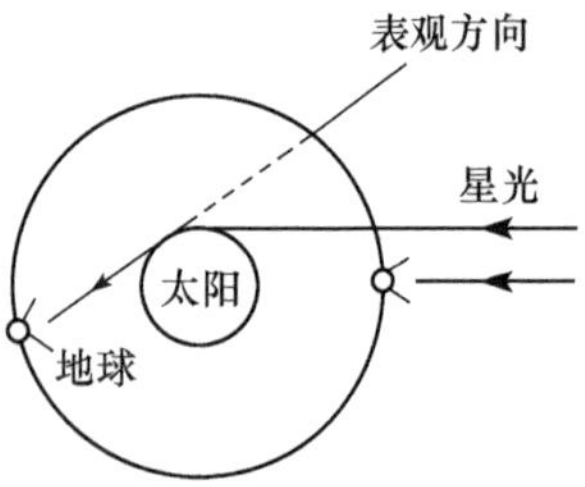

图 11.11　太阳使星光偏折

的预言:引力使光线发生偏折. 如图 11.11 所示.

11.6.4　引力时间延缓、引力红移

设有一个圆盘 k',绕通过圆心且与盘面垂直的轴旋转,其角速度 ω 为恒定值(相对于一惯性系 K 而言). 在与圆心相距 r 处的速率为 $v=r\omega$. 在 r 处的物体受到一个沿半径向外的惯性离心力 $m\omega^2 r$,对于一个坐在圆盘 k'上的观测者来说,他认为圆盘是静止的. 根据引力和惯性力等效原理,他把作用在他身上的这种惯性离心力看作是一个完全等效的引力场效应. 设圆心处为引力势零点,则距离圆心 r 处的引力势为

$$\varphi=\int_r^0 \omega^2 r\mathrm{d}r=-\frac{1}{2}\omega^2 r^2=-\frac{1}{2}v^2 \tag{11.42}$$

设想这个观察者在圆盘的中心以及距圆心 r 处放上两个完全一样的时钟(时钟相对 k'静止),他想考察一下引力场对时间的影响. 从惯性参考系 k 来看,放在圆盘中心的时钟 A 是静止的,而另一个时钟 B 则以速度 $v=r\omega$ 在运动. 按照狭义相对论的钟慢效应,B 钟比 A 钟走得慢. 设 $\mathrm{d}t'$为 B 钟测出的引力场中的固有时间间隔,$\mathrm{d}t$ 为 A 钟测出的无引力地方的时间间隔,两者的关系为

$$\mathrm{d}t'=\mathrm{d}t\sqrt{1-\frac{v^2}{c^2}} \tag{11.43}$$

显然,坐在圆盘中心 A 钟旁边的那个观察者也会看到同样的结果. 但是,他把这一效应归之于引力场的影响. 将式(11.42)代入式(11.43),得

$$\mathrm{d}t'=\mathrm{d}t\sqrt{1+\frac{2\varphi}{c^2}} \tag{11.44}$$

式中的引力势 φ 为负值. 上式表明引力场延缓了时间的流逝,若在某一点引力势 φ 的绝对值越大,则在该点静止的钟就越慢. 对于质量为 M 的星球,距球心 r 处的引力势为 $\varphi=-\frac{GM}{r}$,将此值代入上式,得

$$\mathrm{d}t'=\mathrm{d}t\sqrt{1-\frac{2GM}{c^2 r}} \tag{11.45}$$

式中 $\mathrm{d}t$ 应理解为无穷远处无引力地方的时间间隔,$\mathrm{d}t'$是引力场中的固有时间间隔. 由上式知 $\mathrm{d}t'<\mathrm{d}t$,这就是说,在引力场中发生的物理过程,在远处观察,其时间节奏比当地的固有时间长.

引力时间延缓的一个可观测的效应是星光谱线的引力红移. 当光子在稳定的引力场中传播时,不同地点的静观测者将测得不同的频率,这叫做光频的引力红移. 每种物质谱线用光源固有频率 ν_0 来衡量是确定的. 从星球表面 $r=R$ 处的物质

发出固有频率 ν_0 和固有周期 T_0 的光，传播至远处时，频率变为 ν，周期变为 T. T 和 T_0 的关系服从(11.45)式，即有

$$T_0 = T\sqrt{1-\frac{2GM}{c^2R}} \tag{11.46}$$

而频率 ν 和 ν_0 的关系为

$$\nu = \nu_0\sqrt{1-\frac{2GM}{c^2R}} \approx \nu_0\left(1-\frac{GM}{c^2R}\right) \tag{11.47}$$

由上式可知 $T>T_0$，$\nu<\nu_0$，这就是说在离引力中心远处测到的光的频率小于在星球表面测出来的光的固有频率. 光谱线的频率较低，意味着光波波长较长，这就叫做星光谱线的红移. 红移量 z 定义为

$$z = \frac{\Delta\nu}{\nu_0} = \frac{\nu-\nu_0}{\nu_0} = \sqrt{1-\frac{2GM}{c^2R}}-1 \approx \frac{GM}{c^2R} \tag{11.48}$$

对于太阳，$M=1.99\times10^{30}\mathrm{kg}$，$R=6.96\times10^5\mathrm{km}$，由此算得

$$z = \frac{\Delta\nu}{\nu_0} = -2.12\times10^{-6} \tag{11.49}$$

可见，太阳的引力红移效应是非常小的，很容易为其他因素所淹没，例如太阳表面大气湍流所产生的多普勒红移可能大于它，所以很难用测量来检验. 白矮星的质量大，半径小，引力红移效应较强，但天文学对它们的质量和半径的数据掌握得不怎么确切，因而难作理论计算. 由于存在这些困难，直到 60 年代，才得到比较确定的结果. 1961 年观测了太阳光谱中的钠 5896Å(1Å$=10^{-10}$m)谱线的引力红移，结果与理论值的偏离小于 5%；1971 年观测了太阳光谱中钾 7699Å 谱线的引力红移，结果与理论值的偏离小于 6%.

我们也可以从能量守恒的观点来说明引力红移，光子虽无静止质量，但具有惯性质量，能量为 $h\nu$ 的光子的惯性质量为 $h\nu/c^2$. 光子不仅有惯性质量，也有引力质量. 当光子从恒星表面逃逸到无穷远处，因引力势能增加，光子的一部分能量转化为势能，所以能量减少，于是频率降低，这就是引力红移.

11.6.5　引力的长度收缩、水星的进动

广义相对论预言，引力将影响长度的测量，物体的长度将在强引力场中收缩.

设一转台，相对惯性系以恒定的角速度 ω 旋转. 从地面参考系看，位于转台中心处的尺，相对于地面接近静止，沿转台边缘放置的尺相对地面运动，根据长度收缩效应，位于边缘的尺的长度将收缩. 但从转台参考系看，位于转台中心和边缘的尺都是静止的，它们仅有的差别是位于边缘处的尺受到惯性离心力作用. 根据等效原理，惯性离心力等效于引力，在转台中心处，等效引力场比较弱，在转台边缘处，等效引力场比较强. 即在引力场作用下，长度要收缩，引力场越强，长度缩短

越多. 1915 年,当爱因斯坦得到了关于引力和时空性质的完整数学表达形式时,他根据等效原理,对行星运动的修正作了预言,并指出了对水星运动的影响. 当水星沿椭圆轨道运动时,它将周期性地进入引力势较大和较小的区域,从而经历时空性质的周期性变化,这种变化导致水星的椭圆轨道本身绕太阳缓慢地进动. 尽管水星轨道的运动还包含了其他因素的作用,但广义相对论的作用确实存在,而且有关的效应早已发现,只是当爱因斯坦作出此预言后,才得到解释,并由此使预言得到证实.

根据广义相对论的基本原理,爱因斯坦认为时间和空间的几何不能先验地给定,而应当由物质及其运动所决定. 这个思想直接导致用黎曼几何来描述存在引力场的时间和空间,并成为写下引力场方程的依据. 爱因斯坦场方程建立了时空几何同物质分布的必然联系,认为引力是一种几何效应,引力的存在,使时空弯曲. 因此,广义相对论研究的时空是弯曲的时空.

近几十年来,广义相对论得到了新的验证和发展,特别是 20 世纪 60 年代以来,在天文学方面得到了广泛的应用. 引力红移,雷达回波等实验进一步证实了这一理论的预言,脉冲星和微波背景辐射的发现,证实了以广义相对论为基础的中子星理论和大爆炸宇宙论的预言. 近年来,对于脉冲双星的观测也提供了有关引力波存在的证据. 20 世纪 60 年代以来,奇性理论和黑洞理论的研究取得很大进展. 近来,关于正能定理的精测得到了证明;有关引力的量子理论以及把引力同其他相互作用统一起来的研究也极为活跃. 所有这些,不仅丰富了我们对广义相对论理论基础的认识;同时也揭示了广义相对论本身所不能解决的一些重大疑难问题,为进一步探索引力相互作用,以及时间—空间和宇宙的奥秘提出了新的途径.

习　题

11.1　一飞船以 $v=0.6c$ 的速率沿平行于地面的轨道飞行,飞船上沿运动方向放置一根杆子,在地面上的人测得此杆子的长度为 1. 求此杆子的本征长度 l_0.

11.2　在一惯性系的同一地点,先后发生两个事件,其时间间隔为 0.2s,而在另一惯性系中测得此两事件的时间间隔为 0.3s,求两惯性系之间的相对运动速率.

11.3　一火箭飞船经地球飞往某空间站,该空间站相对地球静止,与地球之间的距离为 9.0×10^9m. 在地球上和空间站上的钟是校正同步的. 当火箭飞船飞经地球时,宇航员将飞船上的钟拨到与地球上的钟相同的示数. 当火箭飞船飞经空间站时,宇航员发现飞船上的钟比空间站上的钟慢了 3s,求火箭飞船的飞行速率.

11.4　静长为 l 的车厢,以 v 的恒定速率沿地面向右运动,自车厢的左端 A 发出一光信号,经右端 B 的镜面反射后回至 A 端.

(1) 在车厢里的人看来,光信号经多少时间 $\Delta t_1'$ 到达 B 端? 从 A 发出经 B 反射后回至 A,共需多少时间 $\Delta t'$?

(2) 在地面上的人看来，光信号经多少时间 Δt_1 到达 B 端？从 A 发出经 B 反射后回到 A，共需多少时间 Δt？

11.5　一艘静长为 90m 的飞船以速度 $v=0.8c$ 飞行. 当飞船的尾部经过地面上某信号站时，该信号站发出一光信号.

(1) 当光信号到达飞船头部时，飞船头部离地面信号站的距离为多远？

(2) 按地面上的时间，信号从信号站发出共需多少时间 Δt 才到达飞船头部？

11.6　两根静长均为 l_0 的棒 A、B，相向沿棒做匀速运动. A 棒上的观测者发现两棒的左端先重合，相隔时间 Δt 后，两棒的右端再重合. 试问：

(1) B 棒上的观测者看到两棒的端点以怎样的次序重合？

(2) 两棒的相对速度是多大？

(3) 对于看到两棒以大小相等，而方向相反的速度运动的观测者来说，两棒端点以怎样的次序重合？

11.7　在某一惯性参考系 k 里看来，物体 A 以匀速 v_A，沿 x 轴运动，物体 B 以匀速 v_B 沿 x 轴运动，但方向与 A 相反.

(1) 在参考系 k 看来，A 与 B 之间相对运动的速度 v 是多大？

(2) 以 c 代表真空中的光速，当 $v_A=0.8c$，$v_B=0.6c$ 时，v 是多少？

(3) 在同一惯性参考系 k 中看来，两个物体 A 与 B 之间相对运动的速度 $v>c$，是否违反狭义相对论？为什么？

(4)在 A 看来，(即在随 A 一起运动的坐标系 k 里看来)，B 的速度 v_B'是多少？

11.8　设有一车，以匀速率 $v_0=100\text{km}\cdot\text{s}^{-1}$ 作直线运动.

(1) 在车上以速率 $v_1=60\text{km}\cdot\text{s}^{-1}$ 向前投一球，按伽利略变换计算，站在路边的观察者看来，球的速度是多少？

(2) 在车上以速率 $v_1=60\text{km}\cdot\text{s}^{-1}$ 向后投一球，按伽利略变换计算，站在路边的观察者看来，球的速度是多少？

(3) 对于上述两种情况，用狭义相对论的速度合成公式，分别求出结果.

11.9　一根长杆与 x 轴为轴线做匀速转动. 设 k' 为沿 x 轴作匀速 v 运动的坐标系，问在 k' 系中观测，这长杆将是什么样子？它怎样运动？

11.10　在实验室中观测到一个运动着的 μ 子在实验室坐标系中的寿命等于在它自己坐标系中的寿命的 50 倍，求它对于实验室坐标系运动的速度 v.

11.11　爱因斯坦在 1905 年创立狭义相对论的论文中说："一个在地球赤道上的钟，比起放在两极的一只在性能上完全一样的钟表，在别的条件都相同的情况下，它要走得慢些."根据各种观测，地球从形成到现在约为 50 亿年，假定地球形成时，就有爱因斯坦所说的那样两个钟，问现在它们的所指的时间相差多少？所得结果就是两极与赤道年龄之差. 已知地球半径为 6378km.

11.12　按上题同样的道理，一个在地球上的钟，要比一个性质完全相同，所处条件也完全相同，假设放在太阳上的钟略为走得慢些，设太阳年龄 $\tau=50$ 亿年，已知地球公转的平均速率 $\nu=29.76\text{km}\cdot\text{s}^{-1}$. 求地球与太阳年龄之差.

11.13　按上题同样的道理，一个在月球上的钟，要比一个性质完全相同、所处条件也完全相同、放在地球上的钟略为走得慢些，设地球年龄为 τ=50 亿年，月球绕地球转动的平均速率为 $\nu=1.02\text{km}\cdot\text{s}^{-1}$. 求月球年龄与地球年龄之差.

11.14 在 k' 系中，一光束在与 x' 轴成 θ_0 角的方向射出. 求在 k 系中光束与 x 轴所成的角 θ. k' 系以速度 v 沿 x 轴相对 k 系运动.

11.15 一粒子的动能等于静能的一半，试求其运动速度.

11.16 一个质点，受力作用，力的方向和它的运动方向一致.

(1) 用动量关系 $F=d(mv)/\text{d}t$，证明 $F\text{d}s=mv\text{d}v+v^2\text{d}m$；

(2) 利用关系式 $v^2=\left[1-\dfrac{m_0^2}{m^2}\right]c^2$ 证明 $mv\text{d}v=\dfrac{m_0^2c^2}{m^2}\text{d}m$；

(3) 利用上面两个结果证明：$w=\int F\text{d}s=(m-m_0)c^2$.

11.17 一个电子(静止质量为 9.11×10^{-31} kg)以 $0.99c$ 的速率运动. 试问：

(1) 它的总能量为多少？

(2) 按牛顿力学算出的动能和按相对论力学算出的动能各为多少？它们的比值是多少？

11.18 已知电子的静止质量为 9.11×10^{31} kg，1.0 电子伏特 $=1.60\times10^{-19}$ J，问电子的动能为(1)100000eV；(2)1000000eV 时，它的速度各是多少？

11.19 一个物体的静止质量为 10g. 问

(1) 当它相对于观察者以 $3.0\times10^7\text{m}\cdot\text{s}^{-1}$ 的速率运动时，其质量是多少？以 $2.7\times10^8\text{m}\cdot\text{s}^{-1}$ 的速率运动时，质量又是多少？

(2) 比较上述两种情况下牛顿力学和相对论力学的动能；

(3) 如果观察者或测量仪器随着物体一起运动，则结果如何？

11.20 假设一个火箭飞船的静质量为 8000kg，从地球飞向金星，速率为 $30\text{kg}\cdot\text{s}^{-1}$. 估算一下，如果用非相对论公式 $E_k=m_0v^2/2$ 计算它动能，则少算了多少焦耳？用这能量，能将飞船从地面升高多少？

11.21 一质量数为 42 的静止粒子，蜕变成两个碎片，其中一个碎片的静质量为 20，以速度 $0.6c$ 运动. 求另一碎片的动量 P、能量 E、静质量 m. ($1\text{u}=1.66\times10^{-27}$ kg).

11.22 ^{235}U 原子核裂变时，约有千分之一的质量转化为能量，每 kg 好煤燃烧时，约放出 7000cal 的能量. 问 1kg^{235}U 裂变放出的能量，相当于燃烧多少吨好煤放出的能量？

11.23 在铀的裂变中，裂变产物的静质量仅为裂变前静质量的 99.9%，设所失去的质量转变为能量，设 1kg 铀裂变产生的全部能量都能转变为电能，问

(1) 可得多少度电？

(2) 某工厂每年消耗的电能为 $5.63\times10^7\text{w}\cdot\text{h}$，如果这些电能完全由质量转化而成，问这工厂一年消耗了多少 kg 的物质？

11.24 已知 4 个氢原子核(质子)结合成一个氦原子核(α 粒子)时，有 5.0×10^{-29} kg 的质量转化为能量. 试计算 1kg 水里的氢原子核都结合成氦原子核时所放出的能量. 这些能量能把多少水从 0℃加热到 100℃(氢核质量为 1.0081u，$1\text{u}=1.66\times10^{-27}$ kg).

11.25 一个 α 粒子(质量为 0.67×10^{-26} kg)以速率 $0.8c$ 进入水泥防护墙(c 为真空中光速)，墙厚 0.35m，这粒子从墙的另一面出来时速率减小为 $5c/13$.

(1) 求墙作用于粒子的减速力(设为常数)F_0 的大小；

(2) 粒子穿过墙需要多长时间？

11.26　静止的电子偶(即一个电子和一个正电子)湮没时产生两个光子,如果其中一个光子再与另一个静止电子碰撞,求它能给予这电子的最大速度.

11.27　康普顿散射(电子、光子散射)和其他碰撞过程一样,从零动量参考系来看特别简洁.假设一个光子与一个以速率为 $0.6c$ 的运动电子(c 为真空中光速)发生正碰撞,作为相互作用的结果,电子和光子两者都简单地反转其运动方向.

(1) 用电子的静质量 m_0 表出碰前光子的动量和能量;

(2) 用实验室坐标系(在其中电子原先是静止的)描述同一碰撞过程.

11.28　设有一宇宙飞船完全通过发射光子而获得加速.当该宇宙飞船从静止开始加速至 $v=0.6c$ 时,其静质量为初始值的几分之几?

11.29　半人马座 α 星与地球相距 4.3 光年.两个孪生兄弟中的 A 乘坐速度为 $0.8c$ 的宇宙飞船去该星旅行,他在往程和返程途中每隔 0.01 年的时间(飞船静止参考系的时间)发出一个无线电信号,另一个留在地球上的孪生兄弟 B,也在相应过程中每隔 0.01 年的时间(地球静止参考系的时间)发出一个无线电信号.

(1) 在 A 到达该星以前,B 收到多少个 A 发出的信号?

(2) 在 A 到达该星以前,A 收到多少个 B 发出的信号?

(3) A 和 B 各自共收到多少个从对方发出的信号?

(4) 当 A 返回地球时,A 比 B 年青了几岁?试证明两孪生兄弟都同意此观点.

习 题 答 案

第1章 质点运动学

1.1 (1) 无穷多次 (2) $t_{鸟}=1h, s_{鸟}=60km$

1.2 $|r|=5.02, \mathrm{Arg}r=28°40'$

1.3 (1) ① 3.00～3.10s, $\bar{v}=61.0m \cdot s^{-1}$ ② 3.00～3.01s, $\bar{v}=60.1m \cdot s^{-1}$ ③ 3.00～3.001s, $\bar{v}=60.01m \cdot s^{-1}$ (2) $v=60m \cdot s^{-1}$ (3) $v=60m \cdot s^{-1}, a=20m \cdot s^{-2}$

1.4 (1) $s=-0.5m$ (2) $v_1=3m \cdot s^{-1}, v_2=-6m \cdot s^{-1}$ (3) $s=2.25m$
(4) $a_1=3m \cdot s^{-2}, a_2=-3m \cdot s^{-2}$

1.6 $v_m \approx 12.8m \cdot s^{-1}$

1.7 (1) $t=50s$ (2) $v_m=64m \cdot s^{-1}$

1.8 $v_m=\sqrt{L\alpha}$

1.9 $a_1/a_2=4/3$

1.10 $\bar{a} \approx 9.85 \times 10^2 m \cdot s^{-2}$

1.11 不能超过

1.13 $a=0.4m \cdot s^{-2}$

1.14 $t=2s, h=60.4m$

1.15 $\bar{v}=15.3m \cdot s^{-1}$

1.16 (1) $t=2.25s$ (2) 第二个球还没抛，第一个球已落地了

1.17 $s=2v_0 t$

1.18 (1) $t=0.37s$ (2) $s=13.8m$

1.19 $h=92.0m$

1.20 (1) $v_0=17.8m \cdot s^{-1}$ (2) $v_0=8.16m \cdot s^{-1}$

1.21 $\varphi=16°42'$

1.22 $s=1.82km$

1.23 (1) $v_0=169m \cdot s^{-1}$ (2) $s=509m$ (3) $\mathrm{tg}\alpha=v_{竖}/v_{水平}, \alpha=61°$

1.24 $\alpha=65°$或$25°$

1.25 $v_0=\left[\dfrac{Lg\cos\alpha}{\alpha\cos\beta\sin(\beta-\alpha)}\right]^{\frac{1}{2}}$

1.26 $\beta=20°3'$或$88°14'$

1.27 $v_0=83m \cdot s^{-1}$

1.28 球首先撞在第五级台阶上

1.29　法向加速度 $a_n=0.25\text{m}\cdot\text{s}^{-2}$，总加速度 $a=0.32\text{m}\cdot\text{s}^{-2}$

1.30　(1) 0.05rad　(2) 0.005rad　(3) $\theta\to 0$

1.31　(1) $t=1\text{s}$　(2) $s=1.5\text{m}$

1.32　$v=\dfrac{\sqrt{h^2+s^2}}{s}v_0$，$a=\dfrac{v_0^2h^2}{s^3}$

1.33　$\boldsymbol{v}=a_0t\hat{\boldsymbol{r}}+\dfrac{1}{2}a_0\omega_0t^2\hat{\boldsymbol{\theta}}$，$\boldsymbol{a}=-\hat{\boldsymbol{r}}\omega_0$

1.34　风向：正西北，风速 $=3.5\text{m}\cdot\text{s}^{-1}$

1.35　$v_{风}=17.5\text{km}\cdot\text{h}^{-1}$，$\theta=59°$

1.36　$|v|=54.1\text{km}\cdot\text{h}^{-1}$，$\alpha\approx 56.3°$

1.37　$\theta=104°29'$

1.39　轨迹为圆弧，曲率半径 $R'=\dfrac{v}{2\omega}$

第2章　质点动力学

2.1　$\mu=\dfrac{m_B(g-a)-m_Aa}{m_Ag}$

2.2　$\dfrac{F_2}{F_1}=\dfrac{1}{\cos\theta-\mu\sin\theta}$

2.3　(1) $F\approx 3.92\times10^4\text{N}$　(2) $F\approx 3.92\times10^4\text{N}$　(3) $F\approx 3.92\times10^4\text{N}$　(4) $a=2.45\text{m}\cdot\text{s}^{-2}$

2.4　$\mu_0=0.577$，$\mu=0.518$

2.5　(1) $\mu_1\approx 0.02$　(2) $\mu_2\approx 0.04$

2.6　$x=1.04\text{m}$

2.8　(1) $x=-0.02\cos\sqrt{\dfrac{k}{m}}t$，$\dot{x}_B=200\text{cm}\cdot\text{s}^{-2}$　(2) $x_A=\sqrt{2}\text{cm}$

2.9　$F=(m_A+m_B)g$

2.10　(1) $F=(M+m)g\tan\theta$　(2) $a=g\tan\theta$

2.11　(1) $mg-\beta\dot{z}=m\ddot{z}$　①　(2) $V(t_0)=mg/\beta$

2.12　$v_{2R}:v_R=\sqrt{2}:1$

2.13　$v_0=10.4\text{m/s}$

2.15　(1) $m_1=3m_2$　(2) $\dfrac{m_1}{m_2}=\dfrac{n+1}{n-1}$

2.16　$F=5\text{kg}$ 力

2.18　(2) $N_0=\dfrac{M(M+m)g\cos\alpha}{M+m\sin^2\alpha}$

2.19　$F=m_1g\cos\alpha\left[\dfrac{m_1\sin\alpha-m_2}{m_1+m_2}\right]$

2.20　$T_1=T_2=T_3=T_4=T=\dfrac{4g}{\dfrac{1}{m_1}+\dfrac{1}{m_2}+\dfrac{1}{m_3}+\dfrac{1}{m_4}}$，$a_1=g-\dfrac{T}{m_1}$，$a_2=g-\dfrac{T}{m_2}$，$a_3=g-\dfrac{T}{m_3}$，$a_4=$

$g-\frac{T}{m_4}$

2.21 $T_1=\frac{1}{2}w_1\left(1-\frac{a_2}{g}\right)=\frac{1}{2}w_2\frac{2^n(2^n+1)w_1}{(2^{2n}w_1+w_2)}, T_n=\left(\frac{1}{2}\right)^{n-1}T_1$

2.22 $w_3=\frac{1}{2}w_2$

2.23 $s=\frac{v_0^2}{g+\sqrt{2}v_0k}$

2.24 $T=\frac{1}{2\pi}Mg\text{ctan}\alpha$

2.25 $n=2.29$ 圈

2.26 $\mu=0.394$

2.27 $R\geqslant 328\text{m}$

2.28 (1) $v_0=1.98\text{m}\cdot\text{s}^{-1}$ (2) $T=2.94\text{N}$

2.29 $r=\frac{1}{2}\frac{\omega^2}{g}x^2$

2.30 (1) $v_0=\sqrt{v_0^2+2\omega^2y_0^2}$ (2) $t=\frac{1}{\omega}\ln\left[\frac{\omega y_0}{v_0}+\sqrt{\frac{1+\omega^2y_0^2}{v_0^2}}\right]$ (3) $F=m\omega\sqrt{v_0^2+2\omega^2y_0^2}$

2.31 $m\ddot{x}=m\omega^2x\sin^2\alpha-mg\cos\alpha-\mu\sqrt{(m\omega^2x\sin\alpha\cos\alpha+mg\sin\alpha)^2+(2m\omega\dot{x}\sin\alpha)^2}$

2.32 设小球受力为 θ,下标 τ 为垂直于 l 的切向分量 $\alpha'_\tau+a_{p\tau}=l\ddot{\theta}+\omega^2b\sin\theta=0$

第 3 章 动量守恒定律

3.1 冲量至少为 0.857(N·s)

3.2 $F=14\text{N}$

3.3 冲量 $\Delta I=4.2\times10^{-2}\text{N}\cdot\text{s}$

3.4 $h\approx 3.2\text{cm}$

3.5 $m_{船}=180\text{kg}$

3.6 $v_1=F\Delta t_1/(m_1+m_2), v_2=F\Delta t_1/(m_1+m_2)+F\Delta t_2/m_2$

3.7 轨迹方程为$\frac{x_1^2}{\left[\frac{M}{M+m}R\right]^2}+\frac{y_1^2}{R^2}=1$

3.8 (1) $t\approx 0.633\text{s}$ (2) $v\approx 2.068\text{m}\cdot\text{s}^{-1}$

3.9 $h_{\max}=\left(\frac{m'}{m+m'}\right)^2\text{h}$

3.10 (1) $v=40\text{m}\cdot\text{s}^{-1}$时,$t=0.37\text{s}$ (2) $v_m\approx 330\text{m}\cdot\text{s}^{-1}$

3.11 (1) $v_n=\left[\frac{m}{m+M}+\frac{m}{(n-1)m+M}+\cdots+\frac{m}{m+M}\right]v+v_0$ (2) $v_{车}=v_0+\frac{nm}{n+nm}v$

3.12 (1) $a_0=\frac{r_0v_0}{M}$ (2) $r_0=490\text{kg}\cdot\text{s}^{-1}$ (3) $v(t)=-v_0\int_{M_0}^{M}\frac{\text{d}m}{M}$

3.13 $\ddot{x}=-11\text{m}\cdot\text{s}^{-2}$ 即当 $x=10$ 时，加速度为竖直向下，大小为 $11\text{m}\cdot\text{s}^{-2}$.

3.14 $v=\dfrac{v_r}{2}$，此时的 a 最大为 $\dfrac{\rho A v_r^2}{4M}$

3.15 $v(t)=0.91\text{m}\cdot\text{s}^{-1}$

3.16 $v(t)=\sqrt{\dfrac{g}{k}}$

第 4 章　机械能守恒定律

4.1 $W=-22.5\text{kg}\cdot\text{m}$

4.2 $p=1.06\times10^6\text{W}$

4.3 (1) $t_1=1\text{s}$ 时，$p_1=8.0\text{W}$；$t_2=5\text{s}$ 时，$p_2=40\text{W}$　(2) $p_1=4.0\text{W}$，$p_2=20\text{W}$

4.4 (1) $a_1=0.7\text{m}\cdot\text{s}^{-2}$，$a_2=-0.018\text{m}\cdot\text{s}^{-2}$　(2) $u_m=8.16\text{m}\cdot\text{s}^{-1}$

4.6 $A_f=\dfrac{1}{2}mv_0^2-mgh$

4.7 (1) $\mu=\dfrac{Mv_0^2}{2(M+m)gl}$　(2) $L=\dfrac{m}{M+m}l$

4.8 $u_1=\sqrt{\dfrac{k-mga}{k+mga}}v_0$

4.9 $-\dfrac{GMm}{2}\left[\dfrac{1}{r_2}-\dfrac{1}{r_1}\right]$

4.10 (1) $F=\dfrac{k(x^2-a^2)}{(x^2+a^2)^2}$　(2) $x=a$ 即为质点平衡位置

4.11 (1) 画势能曲线图：

$x>0$，$x=\sqrt{\dfrac{A}{B}}$ 时，$v(x)=0$；$x=\sqrt{\dfrac{3A}{B}}$ 时，$\dfrac{\mathrm{d}^1}{\mathrm{d}x}v(x)=0$；$x=\sqrt{\dfrac{6A}{B}}$ 时，$\dfrac{\mathrm{d}^2}{\mathrm{d}x^2}v(x)=0$

(2) $x_0=\sqrt{\dfrac{6A}{B}}$　(3) $\sqrt{\dfrac{A}{B}}\leqslant x<+\infty$

4.12 $h_{\max}=\dfrac{50}{27}l$

4.13 (1) 第一次弹簧压缩量大

(2) m_1 动能 $\dfrac{m_2}{m_1+m_2}E_0$；m_2 动能 $\dfrac{m_1}{m_1+m_2}E_0$

4.14 $h_{\min}=\dfrac{1}{2km^2}(M_1+m)(M_1+M_2)(M_1+M_2+2m)g$

4.15 (1) $x_0=ut_0-\left[\dfrac{M}{m}+1\right]s_z$　(s_z 为架子位移)　(2) $t_0=\dfrac{\pi}{2}\sqrt{\dfrac{Mm}{(M+m)}k}$　(3) 架子位移为

$s_2=\dfrac{mu}{M+m}\left(\dfrac{\pi}{2}-1\right)\sqrt{\dfrac{Mm}{k(M+m)}}$

4.16 $x_m=\dfrac{\mu mg}{k(M+m)}\sqrt{M(5M-m)}$

4.18 （1）动量之和为 $2.5\times10^{-2}\text{kg}\cdot\text{m}\cdot\text{s}^{-1}$ （2）动能之和为 $2.1\times10^{-3}j$ （3）弹性位能为 $4.15\times10^{-3}j$

4.19 $a=1$ 时，$E_{k靶}$ 为最大

4.22 $\frac{m_1}{m_2}=3$

4.23 （1）$\beta_{\max}=\frac{\pi}{2}$ （2）$E_k=\frac{4a}{(1+a)^2}\cos^2\beta\cdot E_0$

4.24 $H=18.65\text{m}$

4.25 （1）$\theta=\arctan\sqrt{\frac{M-m}{M+m}}$ （2）$\theta=\arctan\sqrt{\frac{\alpha^2M-m}{M+m}}$

第 5 章 角动量守恒定律

5.1 $J=2.64\times10^{47}\text{g}\cdot\text{cm}^2\cdot\text{s}^{-1}$

5.2 $J=7.13\times10^{12}\text{kg}\cdot\text{m}^2\cdot\text{s}^{-1}$

5.3 动能 $E=\frac{L^2}{\alpha mr^2}$，位能 $V=-\frac{L^2}{mr^2}$，总能量 $E_{总}=-\frac{L^2}{\alpha mr^2}$

5.4 （1）$\Delta\omega=9\text{rad}\cdot\text{s}^{-1}$ （2）$\Delta E=2.7\times10^{-2}j$

5.5 （1）$v_{0'}=0$ （2）碰前 $j=\frac{1}{2}M\omega a^2$ 碰后 $j'=j=\frac{1}{2}M\omega a^2$ （3）$\omega'=\frac{3}{4}\omega$

（4）碰前：$E=\frac{1}{2}\omega j$，碰后：$E'=\frac{3}{16}M\omega^2a^2$

5.6 （1）$L_{前}=3900\text{kg}\cdot\text{m}^2\cdot\text{s}^{-1}$ （2）$v=13\text{m}\cdot\text{s}^{-1}$ （3）$m\Delta v^2=7605\text{J}$ （4）$T=4056\text{N}$

5.7 （1）碰撞后绕粘接处转动 （2）$\omega=\frac{3v}{2l}$

5.8 $r_{\max}=3R$

5.9 $\theta=\sin^{-1}\left[\frac{1}{5}\sqrt{\frac{8GM}{5Rv_0^2}+1}\right]$

5.10 （1）$v=\sqrt{2}v_0$ （2）$r=\sqrt{\frac{GMm}{R_0}}$，$v'=\sqrt{\frac{GMm}{3R_0}}$

（3）$E=-\frac{GMm}{R_0}\left[1-\frac{r}{R_0}+\left(\frac{r}{R_0}\right)^2+\cdots\right]$ （4）$v=\sqrt{\frac{2GMy}{R_0^2}}$

5.11 $t=9.62\times10^7\text{s}$

5.12 离地面为 $3R$

5.13 $M>\frac{RC^2}{G}$

5.14 $R=1467.4\text{m}$

5.15 （1）$v_{逃}=5\times10^4\text{m}\cdot\text{s}^{-1}$ （2）小 3.6×10^7 倍

5.16 $R\geqslant4.23\times10^{10}$ 光年

5.19 $\sin\alpha=\frac{1}{\beta^2-1}$

当 $\beta=\sqrt{3}$时，$\alpha=\arcsin\dfrac{1}{2}=30°$，飞船飞行草图略

5.21 两珠与 O 点的距离 $r=a\sqrt{1+\omega_0^2t^2}$

t 时刻杆的角速度 $\omega=\dfrac{\omega_0}{1+\omega_0^2t^2}$，角加速度 $\beta=\dfrac{2\omega_0^3t}{(1+\omega_0^2t^2)^2}$

5.22 (1) $r\approx1.653a$ (2) $T_{\min}=0.435\dfrac{mv^2}{a}$

第6章 质心力学定理

6.1 质心的位置为$\left(\dfrac{40}{3}\text{cm},5\text{cm}\right)$

6.2 余下物体的质心位置为$\left(-\dfrac{1}{10},\dfrac{1}{10}\right)$

6.3 O_0：$d=-\dfrac{20}{3}\text{cm}$ 负值表示远离孔，而在圆盘的剩余部分.

6.4 质心为$\left[0,\dfrac{4a}{3\pi}\right]$

6.5 (1) 会骨折 (2) 冲力 $p'=365.2(\text{N/cm}^2)$，不会骨折

6.6 (+1,−1)

6.7 $2l/3$

6.8 $a_M=\dfrac{1}{M+m}(F-ma_m)-g$，$a_c=\dfrac{F}{M+m}-g$

6.9 $a=\dfrac{kx_0}{m_1+m_2}$，$v=\dfrac{x_0}{m_1+m_2}\sqrt{km_2}$

6.10 $a=g$，$v=\sqrt{\dfrac{m_1}{k}}g$

6.12 (1) $v_c=\dfrac{m_1v_0}{m_1+m_2}$；(2) μlv_0；(3) m_1 和 m_2 相对质心以 $v=v_0/l$ 做圆周运动.

6.13 $l(O)=\dfrac{1}{2}mlv$

第7章 刚 体 力 学

7.1 (1) $L=140\text{kN}\cdot\text{M}$ (2) $d=2.8\text{m}$ (3) $F_2=14\text{N}$

7.4 (1) $\Delta=\dfrac{1}{2}m(R_1^2+R_2^2)$ (2) $\Delta=\dfrac{3m(R_2^5-R_1^2)}{5(R_2^3-R_1^3)}$ (3) $I=\dfrac{1}{12}m(a^2+b^2)$

(4) $I=\dfrac{1}{12}mb^2$ (5) $I=\dfrac{1}{12}m(a^2+b^2)$ (6) $I=\dfrac{1}{12}ml^2$ (7) $I_D=\dfrac{1}{3}ml^2$

(8) $I_D=\dfrac{1}{3}ml^2\sin^2\alpha$

7.5 (1) $I_{总}=\frac{3}{2}ml^2$ (2) $I=\frac{3}{4}ml^2$ (3) $I=\frac{1}{2}ml^2$ (4) $I=\frac{1}{4}ml^2$

7.6 (1) $I=\frac{1}{12}m\left(a^2+b^2-\frac{6\pi r^4}{ab}\right)$

(2) $I=\frac{1}{12}m(a^2+b^2)-\frac{mc^2}{12ab}(3a^2-bac+3b^2-6bc+8c^2)$

7.7 距 m_2 与 cm 处转动惯量最小

7.9 (1) $\omega=\frac{3M+m}{3M+9m}\cdot\omega_0$ (2) $v'=\frac{l\omega_0}{3}\sqrt{\frac{8(3M+m)}{3M+9m}}$

(3) $v=\frac{l\omega_0}{3(3M+9m)}\sqrt{153M^2+294mM+81m^2}$

7.10 $L=15.7\text{N}\cdot\text{M}$

7.11 $\beta=6.4\text{m}\cdot\text{s}^{-2}$

7.12 $a=\frac{2(m_1-m_2)}{m_0+2(m_1+m_2)}g, T_1=\frac{m_1(m_0+4m_2)}{m_0+2(m_1+m_2)}g, T_2=m_2g+m_2a=\frac{m_2(m_0+4m_1)}{m_0+2(m_1+m_2)}g$

7.13 $a\approx2.8\text{m}\cdot\text{s}^{-2}, T_1\approx0.7\text{N}, T_2\approx0.56\text{N}$

7.14 $a=\frac{2(m_1-m_2)g}{(M_1+M_2)+2(m_2+m_1)}, T_2=\frac{m_1(4m_2+M_1+M_2)}{2(m_1+m_2)+M_1+M_2}g,$

$T_3=\frac{4m_1m_2+m_1m_2+m_2M_1}{2(m_1+m_2)+M_1+M_2}g$

7.16 $$a_1=\frac{(4m_2m_1-m_1m_2-m_1m_3)+\frac{M_2}{2}(3m_2+3m_3+M_2-m_1)}{(4m_2m_3+m_1m_2+m_1m_3)+\frac{M_2}{2}(3m_2+3m_3+M_2+m_1)+\frac{M_1}{2}\left(m_2+m_3+\frac{M_2}{2}\right)}g,$$

$$a_2=\frac{3(m_1m_3-m_1m_2-4m_2m_3)-\frac{M_2}{2}\left(3m_2+3m_3+\frac{3}{2}M_2-m_1\right)+\frac{M_1}{2}(m_3-m_2)}{(4m_2m_3+m_1m_2+m_1m_3)+\frac{M_2}{2}(3m_2+3m_3+M_2+m_1)+\frac{M_1}{2}\left(m_2+m_3+\frac{M_2}{2}\right)}g,$$

$$a_3=\frac{(4m_2m_3+m_1m_2-3m_1m_3)+\frac{M_2}{2}\left(3m_2+3m_3+\frac{M_2}{2}-m_1\right)+\frac{M_1}{2}(m_3-m_2)}{(4m_2m_3+m_1m_2+m_1m_3)+\frac{M_2}{2}(3m_2+3m_3+M_2+m_1)+\frac{M_1}{2}\left(m_2+m_3+\frac{M_2}{2}\right)}g$$

7.17 $t=\frac{2l\omega_0}{3\mu g}$

7.18 (1) $t=\frac{I}{2ak}\ln\frac{a+\omega_1}{a-\omega_1}$ (2) $N=\frac{I}{4\pi k}\ln\cdot\frac{a^2}{a^2-\omega_1^2}$

7.19 (1) $\bar{\omega}=\frac{I}{kt}\ln\frac{k\omega_0t+I}{I}$ (2) $t=\frac{2I}{k\omega_0}$

7.20 $f=283\text{N}$

7.21 $\tan\theta=\frac{I}{I+2\mu}$

7.22 (1)、(2)球较快

7.23 (1) 木柱滚到底的时间最短

7.24 $s_1:s_2:s_3:s_4=a_1:a_2:a_3:a_4=140:105:150:126$

7.25 $f=4.2\text{N}$

7.27 $a=\dfrac{mRg\cos\alpha[mR\sin\alpha-m_1(R-r)]}{(m+m_1+M+M_1)[m_1(R-r)^2+I+mR^2]-m^2R^2\cos^2\alpha}$,

$a_1=\dfrac{(m+m_1+M+M_1)(R-r)[mR\sin\alpha-m_1(R-r)]g}{(m+m_1+M+M_1)[m_1(R-r)^2+I+mR^2]-m^2R^2\cos^2\alpha}$, $T=m_1(a_1+g)$

7.28 $\theta=\arccos\dfrac{2}{3}$

第8章 流体力学

8.1 (1) $\sin\theta=\dfrac{d}{l\sqrt{1-\rho/\rho_0}}$ (2) $T=(\rho-\rho_0+\rho_0\sqrt{1-\rho/\rho_0})lsg$

8.2 (1) $\sin\theta=\dfrac{d}{l}\sqrt{\dfrac{\rho_0}{\rho}}$ (2) $T=(\sqrt{\rho_0/\rho}-\rho)lsg$

8.3 前端面$F=0$,后端面$F=1.25\times10^3\text{N}$,底面$F=4.16\times10^3\text{N}$,每个侧面$F=1.19\times10^3\text{N}$

8.4 $\approx0.48\text{m}^2$

8.5 3.64m

8.6 (2) $T=9.8\text{s}$

8.8 (1) $\dfrac{1}{4}\pi d^2\sqrt{2gh}$ (2) $p_0+\rho gh+\rho gH\left(1-\dfrac{d^4}{D^4}\right)$

8.9 40.3s

8.10 $v=2.57\text{m}\cdot\text{s}^{-1}$

8.11 $\eta=8Q/(\pi R^4\rho g)$, $V=R^2\rho g/(4\eta)$

8.12 $1.4\times10^{-2}\text{m}\cdot\text{s}^{-1}$

8.13 变为湍流

8.14 $35\text{m}^3\cdot\text{s}^{-1}$

第9章 机械振动

9.1 (1) $x=A\cos\left(\omega t+\dfrac{\pi}{3}\right)=A\sin\left(\omega t+\dfrac{5}{6}\pi\right)$

(2) $x=A\cos\left(\omega t+\dfrac{\pi}{3}\right)$

(3) $v=\dot{x}=-A\omega\sin\left(\omega t+\dfrac{\pi}{3}\right)$, $a=\ddot{x}=-A\omega^2\cos\left(\omega t+\dfrac{\pi}{3}\right)$

9.2 (1) $x=6\cos\left(5t-\dfrac{\pi}{l}\right)\text{cm}$, $A=6\text{cm}$, $T=\dfrac{2\pi}{5}\text{s}$, $\omega=5\text{rad/s}$, $v=\dfrac{5}{2\pi}\text{s}^{-1}$

(2) $x(0)=6\cos\left(-\dfrac{\pi}{k}\right)=3\sqrt{2}\text{cm}$, $v(0)=-30\sin\left(-\dfrac{\pi}{4}\right)=15\sqrt{2}\text{cm}\cdot\text{s}^{-1}$,

$a(0)=-150\cos\left(-\dfrac{\pi}{4}\right)=-75\sqrt{2}\text{cm}\cdot\text{s}^{-2}$

(3) $x(\pi)=-3\sqrt{2}\text{cm}, v(\pi)=-15\sqrt{2}\text{cm}\cdot\text{s}^{-1}, a(\pi)=75\sqrt{2}\text{cm}\cdot\text{s}^{-2}$

9.3　$T=8\text{s}, A=\dfrac{11\sqrt{2}}{2}\text{cm}$

9.4　(1) $S_{AB}|_{t=0.035\text{s}}=7\text{cm}+(-x_A+x_B)|_{t=0.035\text{s}}$　(2) A 相对于 B 以 95.0cm/s 的速度向 x 轴正方向运动

9.5　$t=2.22\text{s}$

9.7　(1) $l_0=\dfrac{m_1v_0^2}{m_2g}$　(2) $\omega_0=\dfrac{m_2g}{m_1v_0}\sqrt{\dfrac{3m_1}{m_1+m_2}}$

9.8　(3) $t=\pi\left(\dfrac{4G\pi\rho}{3}+\omega_0^2\right)^{\frac{-1}{2}}$　(4) $t\approx2.5\times10^3\text{s}$

9.9　$T=2\pi\sqrt{\dfrac{7(R-r)}{5g}}$

9.10　设 $x=A\cos(\omega t+\varphi)$ 为振动的位移，则 $v=\dot{x}=-A\omega\sin(\omega t+\varphi)=A\omega\cos\left(\omega t+\varphi+\dfrac{\pi}{2}\right)$

$a=\ddot{x}=A\omega^2\cos(\omega t+\varphi+\pi)$ 故 a 超前 v 为 $\dfrac{\pi}{2}$，v 超前 x 为 $\dfrac{\pi}{2}$.

9.11　$T=2.21\text{s}$

9.12　(1) $N=13.2\text{N}$ 或 6.8N　(2) $A=6.2\text{cm}$

9.13　(1) $A_m=3.1\text{cm}$　(2) 最大频率 ν_m 应满足 $A\cdot(2\pi\nu)^2=g\Rightarrow\nu=2.2\text{s}^{-1}$

9.14　在 $\overrightarrow{OC}$ 连线上距支点 O 为 $l_0=\dfrac{I}{mh}$ 处挂有限质量的物体，不影响复摆的周期.

9.15　$\Delta t=30.30\text{s}$

9.16　$I=\left[\dfrac{T_2^2}{T_1^2}-1\right]\times\dfrac{1}{2}mR^2$

9.17　是简谐振动，$T=2\pi\sqrt{\dfrac{d}{2\mu g}}$

9.18　矢量图法.

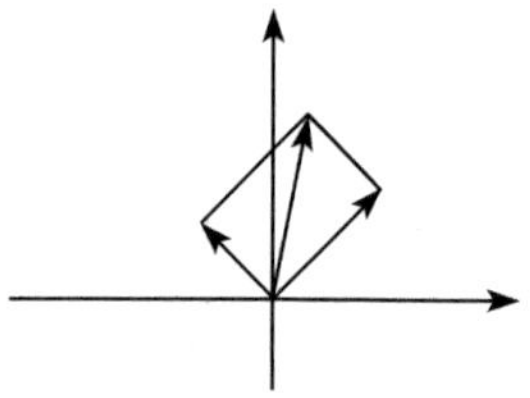

计算法：$x=\sqrt{61}\sin(10t+\phi)$，其中 $\varphi=\arctan 11$

9.19　$A_2=5.0\text{cm}$　$\varphi=82.5°$

9.20　(1) $\begin{cases}x=a\sin\omega t\\ y=b\cos\omega t\end{cases}\Rightarrow\dfrac{x^2}{a^2}+\dfrac{y^2}{b^2}=1$，为椭圆，半长轴为 a，半短轴为 b，且顺时针转动

(2) $\begin{cases}x=a\cos\omega t\\ y=b\sin\omega t\end{cases}\Rightarrow\dfrac{x^2}{a^2}+\dfrac{y^2}{b^2}=1$，为椭圆，半长轴为 a，半短轴为 b，但为逆时针转动

9.21　作逆时针转动

9.22　李萨如图形

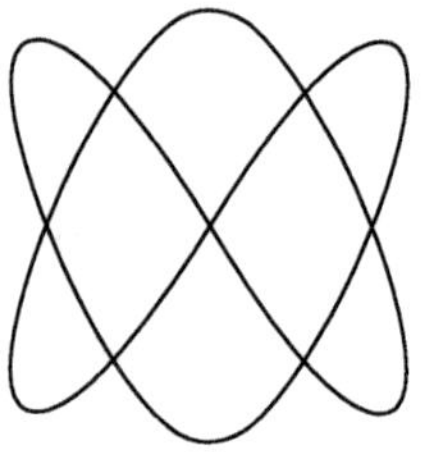

9.23　$\dfrac{T_f-T_0}{T_0}\approx1.5\%$

9.24 $t'=10.96\text{s}$

9.25 当 $v_0=\frac{1}{2\pi}\sqrt{\frac{k}{m}}$ 时弹簧的振幅最大

9.26 $f_m=0.001\text{N}, \alpha=1.6\times10^{-3}\text{N}\cdot\text{s}\cdot\text{m}^{-1}$

9.27 $\omega_1=\sqrt{\frac{3+\sqrt{5}}{2}\cdot\frac{k}{m}}, \omega_2=\sqrt{\frac{3-\sqrt{5}}{2}\cdot\frac{k}{m}}$

第10章 机 械 波

10.1 $\lambda=24\text{cm}, v=12\text{cm}\cdot\text{s}^{-1}$

10.2 (1) $v=50\text{m}\cdot\text{s}^{-1}$ (2) $v_m\approx15.7\text{cm}\cdot\text{s}^{-1}$

10.3 (1) 振幅 A 为 a，角频率 ω 为 b，周期 T 为 $\frac{2\pi}{b}$，波长 λ 为 $\frac{2\pi}{c}$，频率 ν 为 $\frac{b}{2\pi}$，波速 v 为 $\frac{b}{c}$

(2) $A=20\text{cm}, \omega=2.5\pi, T=0.8\text{s}$ $\lambda=200\text{cm}, \nu=1.25\text{Hz}, v=250\text{cm}\cdot\text{s}^{-1}$

10.4 $y=\sin(200\pi t)\text{cm}$

10.5 $\frac{p_1}{p_2}=16$

10.6 (1) 最大能量密度 $\varepsilon_m=6\times10^{-5}\text{J}\cdot\text{m}^{-3}$，平均能量密度 $\bar{\varepsilon}=3\times10^{-5}\text{J}\cdot\text{m}^{-3}$

(2) $E\approx4.6\times10^{-7}\text{J}$

10.8 $\theta=60^\circ$

10.9 (1) $u=\frac{v_1\lambda_2-v_2\lambda_1}{\lambda_2-\lambda_1}$ (2) $D=\left|\frac{\lambda_1\lambda_2}{\lambda_1-\lambda_2}\right|$

(3) $u=\frac{v_1\lambda_2-v_1\lambda_1}{\lambda_2-\lambda_1}+\frac{v_1\lambda_1-v_2\lambda_1}{\lambda_2-\lambda_1}=v_1-\lambda_1\frac{v_2-v_1}{\lambda_2-\lambda_1}=v-\lambda\frac{\text{d}v}{\text{d}\lambda}$ 为群速度

(4) 拍频 $\nu=|\nu_1-\nu_2|$

10.10 AB 之间距 A 为 $(2n+1)(m)$ 处均静止 $(n=0,1,\cdots,14)$

10.11 (1) $\Delta\varphi=t\pi, x_p=0$ (2) $\Delta\varphi=0, x_p=10\sin(200\pi t-100\sqrt{13}\pi+\varphi_0)$

(3) $\Delta\varphi=\pm\frac{\pi}{2}$，则 $x_p=5\sqrt{2}\sin\left(200\pi t-100\sqrt{13}\pi+\varphi_0+\frac{\pi}{4}\right)$

10.12 $\lambda=1.3\text{m}, \nu\approx300\text{m}\cdot\text{s}^{-1}$

10.13 (1) 自由端反射：波腹在 $x=\frac{n\lambda}{2}$ 波节在 $x=\frac{(2n+1)\lambda}{\varphi}n=0,1,2\cdots$ (2) 固定端反射：波腹在 $x=\frac{(2n+1)\lambda}{4}$；波节在 $x=\frac{n\lambda}{2}, n=0,1,2,\cdots$

10.14 (1) $v_{p_1}=1.2\text{m}\cdot\text{s}^{-1}, v_{p_2}=1.25\text{m}\cdot\text{s}^{-1}$

(2) $y=y_1+y_2=2A\cos\left(\frac{11}{2}t-\frac{9}{2}x\right)\cos\left(\frac{t}{2}-\frac{x}{2}\right)$ 相邻两点 $\Delta x=2\pi(m)$ (3) $v_g=1\text{m}\cdot\text{s}^{-1}$

10.15 (2) 相邻波峰距为 $D=0.50\text{cm}$

10.16 (1) 相速度 $v=\sqrt{\frac{g}{k}+\frac{Sk}{\rho}}$,群速度$=\frac{g+\frac{3Sk^2}{\rho}}{2\sqrt{gk+\frac{sk^3}{\rho}}}$ (2) $v\approx n\approx 0.23\mathrm{m\cdot s^{-1}}$

10.17 $\nu'=680\mathrm{Hz}$

10.18 $v_0=12\mathrm{m\cdot s^{-1}}$,$u=66.4\mathrm{km\cdot h^{-1}}$

10.19 拍频 $\nu\approx 3\mathrm{Hz}$

10.20 (1) 车迎面来:$\Delta t_1=-\frac{1}{8}\mathrm{s}$,缩短了$\frac{1}{8}\mathrm{s}$ (2) 车背离去:$\Delta t_2=\frac{1}{8}\mathrm{s}$,伸长了$\frac{1}{8}\mathrm{s}$

10.21 $v_0\approx 2040\mathrm{Hz}$

第 11 章 狭义相对论

11.1 $l_0=1.25l$

11.2 $v=\frac{\sqrt{5}}{3}c$

11.3 $v=0.198c$

11.4 (1) $\Delta t'=\frac{2L}{c}$ (2) $\Delta t=\frac{2L}{c}\cdot\frac{1}{\sqrt{1-\frac{v^2}{c^2}}}$

11.5 (1) $x=\frac{x'+vt'}{\sqrt{1-\frac{v^2}{c^2}}}=270\mathrm{m}$ (2) $\Delta t=\frac{t'+\frac{v}{c^2}x'}{\sqrt{1-\frac{v^2}{c^2}}}=9\times 10^9\mathrm{s}$

11.6 (1) 他看到两棒左端先重合,然后才右端合 (2) $v=\frac{2l_0\Delta t}{(\Delta t)^2+\frac{I_0^2}{c^2}}$ (3) 因为两棒长均为 $l_0\sqrt{1-\frac{u^2}{c^2}}$($u$ 为两棒的速度),所以两棒左右端点同时重合

11.7 (1) $v_{AB}=v_A+v_B$ (2) $v=1.4c$ (3) 不违反.狭义相对论中只是说在任一惯性系中光速不变,但在这个惯性系中,任意两物体相对速度仍满足伽利略变换.但若以两物体中之一为参考系,则另一物体的速度就要用相对论中的速度合成公式求得 (4) $v_B'=0.95c$

11.8 (1) $u_1=160\mathrm{km\cdot s^{-1}}$ (2) $u_2=40\mathrm{km\cdot s^{-1}}$ (3) $u_1=159.99998\mathrm{km\cdot s^{-1}}$ $u_2\approx 40.000003\mathrm{km\cdot s^{-1}}$

11.9 长杆样子:

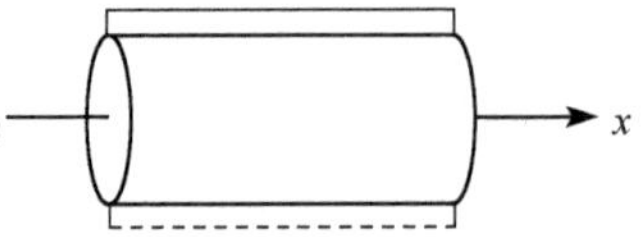

长杆以匀速 v 后退做螺旋运动,转速为原来的$\sqrt{1-\frac{v^2}{c^2}}$倍

11.10 $v=0.9998c$

11.11 $\Delta t=5.9750\times 10^{-3}$年

11.12 $\Delta T_{B地}=24.6$ 年

11.13 $\Delta T_{月地}=2.89\times10^{-2}$年

11.14 $\cos\theta=\dfrac{c\cos\theta_0+v}{c+v\cos\theta_0}$

11.15 $v=2.2\times10^{8}\,\mathrm{m\cdot s^{-1}}$

11.17 (1) $E=5.81\times10^{-13}\,\mathrm{J}$ (2) $E_k(牛)=4.02\times10^{-14}\,\mathrm{J}$, $E_k(相)=4.99\times10^{-13}\,\mathrm{J}$,所以 $\dfrac{E_k(牛)}{E_k(相)}=0.08$

11.18 (1) $v_1=1.64\times10^{8}\,\mathrm{m\cdot s^{-1}}$ (2) $v_2=2.82\times10^{8}\,\mathrm{m\cdot s^{-1}}$

10.19 (1) $m=10.05\mathrm{g}$, $m_1=22.94\mathrm{g}$ (2) $E_k(牛)=4.5\times10^{12}\,\mathrm{J}$, $E_k(相)=4.5\times10^{10}\,\mathrm{J}$ 所以 $\dfrac{E_k(牛)}{E_k(相)}\approx1$, $\dfrac{E_k'(牛)}{E_k'(相)}=0.3$

11.20 $\Delta h=0.34\mathrm{m}$

11.21 $P=7.47\times10^{-18}\,\mathrm{kg\cdot m\cdot s^{-1}}$, $E=2.54\times10^{-9}\,\mathrm{J}$, $m_0=6.34\times10^{-26}\,\mathrm{kg}=8$ 个质量数

11.22 $E=9\times10^{13}\,\mathrm{J}$, $m=3.07\times10^{6}\,\mathrm{J}$

11.23 (1) $E=2.5\times10^{7}$ 度电 (2) $m=2.25\times10^{-6}\,\mathrm{kg}$

11.24 $m=1.78\times10^{5}\,\mathrm{T}$

11.25 (1) $F_0=1\times10^{-9}\,\mathrm{N}$ (2) $t=2ns$

11.26 $v_m=0.8c$

11.27 (1) $P=\dfrac{3}{4}m_0c$, $E=\dfrac{3}{4}m_0c$

(2) $\begin{cases} h\nu+m_0c^2=h\nu'+mc^2 & \text{能量守恒} \\ \dfrac{h\nu}{c}=\dfrac{h\nu'}{c}+mv & \text{动量守恒} \end{cases}$

11.28 设宇宙飞船原静质量为 m_0,末态飞船的静质量为 m_0', $\dfrac{m_0'}{m_0}=\dfrac{1}{2}$

11.29 (1) 179 个信号 (2) 107 个信号 (3) 645 个信号 (4) 4.3 岁

参 考 书 目

刘克哲. 1998. 物理学. 北京:高等教育出版社

郑永令,贾起民. 1990. 力学. 北京:高等教育出版社

钟锡华,周岳民. 2000. 力学. 北京:北京大学出版社

Kleppner D, Kolenkow R J. 1980. 力学引论. 宁远源,刘受明译. 北京:人民教育出版社